대표 개념
46개
+
대표 유형
144개

본책 유사문항
496문항 수록

워크북 PDF 파일 제공

2022 개정 교육과정

수학의 바이블

개념 ON

본책

ON [켜다]
실력의 불을 켜다

온 [모두의]
모든 개념을 담다

중학 **1·1**

이투스북

STAFF

발행인 정선욱

퍼블리싱 총괄 남형주

개발 김태원 김한길 이유미 김윤희 남은희 이수현 하유빈

기획·디자인·마케팅 조비호 김정인 에딩크

유통·제작 서준성 신성철

수학의 바이블 개념ON 중학수학 1-1 | 202406 제4판 1쇄

펴낸곳 이투스에듀㈜ 서울시 서초구 남부순환로 2547

고객센터 1599-3225 **등록번호** 제2007-000035호 **ISBN** 979-11-389-2391-0 [53410]

강원

고민정 로이스 물맷돌 수학
고승희 고수수학
구영준 하이탑수학과학학원
김보건 영탑학원
김성영 빨리강해지는 수학과학학원
김정은 아이탑스터디
김지영 김지영 수학
김진수 MCR융합원/PF수학 (전문과외)
김호동 하이탑수학학원
김희수 이투스247원주
남정훈 으뜸장원학원
노명훈 노명훈쌤의 알수학학원
노명희 탑클래스
박미경 수올림수학전문학원
박상윤 박상윤수학
배형진 화천학습관
백경수 이코수학
서아영 스텝영수단과학원
신동혁 이코수학
심수경 PF math
안현지 전문과외
양광석 원주고등학교
오준환 수학다움학원
유선형 PF math
이윤서 더자람교실
이태현 하이탑 수학학원
이현우 베스트수학과학학원
장해연 영탑학원
정복인 하이탑수학과학학원
정인혁 수학과통하다학원
최수남 강릉 영.수배움교실
최재현 원탑M학원
홍지선 홍수학교습소

경기

강명식 매쓰온 수학학원
강민정 한진홈스쿨
강민종 필에듀학원
강소미 솜수학
강수정 노마드 수학학원
강신충 원리탐구학원
강영미 쌤과통하는학원
강유정 더배움학원
강정희 쏙보고쏙푼다
강진욱 고밀도 학원
강하나 강하나수학
강태희 한민고등학교
강현숙 루트엠수학교습소
경유진 오늘부터수학학원
경지현 화series탑이지수학
고규혁 고동국수학학원
고동국 고동국수학학원

고명지 고쌤수학학원
고상준 준수학교습소
고안나 기찬에듀 기찬수학
고지윤 고수학전문학원
고진희 지니Go수학
곽병무 뉴파인 동탄 특목관
곽진영 전문과외
구재희 오성학원
구창숙 이룸학원
권영미 에스이마고수학학원
권영아 늘봄수학
권은주 나만수학
권준환 와이솔루션수학
권지우 수학앤마루
기소연 지혜의 틀 수학기지
김강환 뉴파인 동탄고등1관
김강희 수학전문 일비충천
김경민 평촌 바른길수학학원
김경오 더하다학원
김경진 경진수학학원 다산점
김경태 함께수학
김경훈 행복한학생학원
김관태 케이스 수학학원
김국환 전문과외
김덕락 준수학 수학학원
김도완 프라매쓰 수학 학원
김도현 유캔매스수학교습소
김동수 김동수학원
김동은 수학의힘 평택지제캠퍼스
김동현 JK영어수학전문학원
김미선 안양예일영수학원
김미옥 알프 수학교실
김민겸 더퍼스트수학교습소
김민경 경화여자중학교
김민정 더원수학
김민석 전문과외
김보경 새로운미망 수학학원
김보람 효성 스마트해법수학
김복현 시온고등학교
김상욱 Wook Math
김상윤 막강한수학학원
김새로미 뉴파인동탄특목관
김서림 엠베스트갈매
김서영 다인수학교습소
김석호 푸른영수학원
김선혜 수학의아침(수내 중등관)
김선홍 고밀도학원
김성은 블랙박스수학과학전문학원
김세준 SMC수학학원
김소영 김소영수학학원
김소영 호매실 예스셈올림피아드
김소희 도촌동멘토해법수학
김수림 전문과외
김수연 김포셀파우등생학원
김수진 봉담 자이 라피네 진쌤수학
김슬기 용죽 센트로학원
김승현 대치매쓰포유 동탄캠퍼스
김시훈 smc수학학원
김연진 수학메디컬센터

김영아 브레인캐슬 사고력학원
김완수 고수학
김용덕 (주)매쓰토리수학학원
김용환 수학의아침
김용희 솔로몬학원
김유리 미사페르마수학
김윤경 구리국빈학원
김윤재 코스매쓰 수학학원
김은미 탑브레인수학과학학원
김은영 세교수학의힘
김은채 채채 수학 교습소
김은향 의왕하이클래스
김정현 채움스쿨
김종균 케이수학
김종남 제너스학원
김종화 퍼스널개별지도학원
김주영 정진학원
김주용 스타수학
김지선 고산원탑학원
김지선 다산참수학영어2관학원
김지영 수이학원
김지윤 광교오드수학
김지현 엠코드수학과학원
김지효 로고스에이
김진만 아빠수학엄마영어학원
김진민 에듀스템수학전문학원
김진영 예미지우등생교실
김창영 하이포스학원
김태익 설봉중학교
김태진 프라임리만수학학원
김태학 평택드림에듀
김하영 막강수학학원
김하현 로지플 수학
김학준 수담 수학 학원
김학진 별을셀수학
김현자 생각하는수학공간학원
김현정 생각하는Y.와이수학
김현주 서부세종학원
김현지 프라임대치수학교습소
김형숙 가우스수학학원
김혜정 수학을말하다
김혜지 전문과외
김혜진 동탄자이교실
김호숙 호수학원
나영우 평촌에듀플렉스
나혜림 마녀수학
남선규 로지플수학
노영하 노크온 수학학원
노진석 고밀도학원
노혜숙 지혜숲수학
도건민 목동 LEN
류은경 매쓰랩수학교습소
마소영 스터디MK
마정이 정이 수학
마지희 이안의학원 화정캠퍼스
문다영 평촌 에듀플렉스
문장원 에스원 영수학원
문재웅 수학의 공간
문제승 성공수학

문지현 문쌤수학
문진희 플랜에이수학학원
민건홍 칼수학학원 중.고등관
민동건 전문과외
민윤기 배곧 알파수학
박강희 끝장수학
박경훈 리버스수학학원
박대수 대수학
박도솔 도솔샘수학
박도현 진성고등학교
박민서 칼수학전문학원
박민정 악어수학
박민주 카라Math
박상일 생각의숲 수풀림수학학원
박성찬 성찬쌤's 수학의공간
박소연 이투스기숙학원
박수민 유레카 영수학원
박수현 용인능원 씨앗학원
박수현 리더가되는수학교습소
박신태 디엘수학전문학원
박연지 상승에듀
박영주 일산 후곡 쉬운수학
박우희 푸른보습학원
박유승 스터디모드
박윤호 이룸학원
박은자 솔로몬 공부방
박은주 은주쌤 수학공부방
박은주 스마일수학
박은진 지오수학학원
박은희 수학에 빠지다
박재연 아이셀프수학교습소
박재현 LETS
박재홍 열린학원
박정화 우리들의 수학원
박종림 박쌤수학
박종필 정석수학학원
박주리 수학에반하다
박지영 전문과외
박지윤 파란수학학원
박지혜 수이학원
박진한 엡실론학원
박진홍 상위권을만드는 고밀도학원
박찬현 박종호수학학원
박태수 전문과외
박하늘 일산 후곡 쉬운 수학
박현숙 전문과외
박장군 수리연학원
박현정 빡꼼수학학원
박현정 탑수학 공부방
박혜림 림스터디 수학
박희동 미르수학학원
방미양 JMI 수학학원
방혜정 리더스수학영어
배재준 연세영어고려수학 학원
배정혜 이화수학
배준용 변화의시작
배탐스 안양 삼성학원
백흥룡 성공수학학원
변상선 바른샘수학전문보습학원

임태관 매쓰멘토수학전문학원
장광현 장쌤수학
장민경 일대일코칭수학학원
장영진 새움수학전문학원
전주현 이창길수학학원
정다원 광주인성고등학교
정다희 다희쌤수학
정수인 더최선학원
정원섭 수리수학학원
정인용 일품수학학원
정종규 에스원수학학원
정태규 가우스수학전문학원
정형진 BMA롱맨영수학원
조일양 서안수학
조현진 조현진수학학원
조형서 조형서 수학교습소
채소연 마하나임 영수학원
천지선 고수학학원
최지웅 미라클학원
최혜정 이루다전문학원

대구
강민영 매씨지수학학원
고민정 전문과외
곽미선 좀다른수학
구정모 제니스클래스
구현태 대치깊은생각수학학원 시지본원
권기현 이렇게좋은수학교습소
권보경 학문당입시학원
권혜진 폴리아수학2호관학원
김기연 스텝업수학
김대운 그릿수학831
김도영 땡큐수학학원
김동영 통쾌한 수학
김득현 차수학 교습소 사월보성점
김명서 샘수학
김미경 풀린다수학교습소
김미랑 랑쌤수해
김미소 전문과외
김미정 일등수학학원
김상우 에이치투수학교습소
김선영 수학학원 바른
김성무 김성무수학 수학교습소
김수영 봉덕김쌤수학학원
김수진 지니수학
김연정 유니티영어
김유진 S.M과외교습소
김재홍 경북여자상업고등학교
김정우 이룸수학학원
김종희 학문당 입시학원
김지연 찐수학
김지영 김지영 수학교습소
김지은 정화여자고등학교
김채영 전문과외
김태진 구정남수학전문학원
김태환 로고스수학학원(성당원)
김해은 한상철수학과학학원 상인원

김현숙 메타매쓰
남인제 미쓰매쓰수학학원
노현진 트루매쓰 수학학원
민병문 선택과 집중
박경득 파란수학
박도희 전문과외
박민석 아크로수학학원
박민정 빡쎈수학교습소
박산성 Venn수학
박수연 쌤통수학학원
박순찬 찬스수학
박옥기 매쓰플랜수학학원
박장호 대구혜화여자고등학교
박정욱 연세스카이수학학원
박지훈 더엠수학학원
박태호 프라임수학교습소
박현주 매쓰플래너
방소연 대치깊은생각수학학원 시지본원
백승대 백박사학원
백승환 수학의봄 수학교습소
백재규 필즈수학공부방
백태민 학문당입시학원
백현식 바른입시학원
변용기 라온수학학원
서경도 서경도수학교습소
서재은 절대등급수학
성웅경 더빡쎈수학학원
소현주 정S과학수학학원
손승연 스카이수학
손태수 트루매쓰 학원
송영배 수학의정원
신묘숙 매쓰매티카 수학교습소
신수진 폴리아수학학원
신은경 황금라온수학
신은주 하이매쓰학원
양강일 양쌤수학과학학원
양은실 제니스 클래스
오세욱 IP수학과학학원
윤기호 샤인수학학원
이규철 좋은수학
이남희 이남희수학
이만희 오르라수학전문학원
이명희 잇츠생각수학 학원
이상훈 명석수학학원
이수현 하이매쓰 수학교습소
이원경 엠제이통수학영어학원
이인호 본투비수학교습소
이일균 수학의달인 수학교습소
이종환 이꼼수학
이준우 깊을준수학
이지민 아이플러스 수학
이진영 소나무학원
이진욱 시지이룸수학학원
이창우 강철FM수학학원
이태형 가토수학과학학원
이한조 닥터엠에스
이효진 진선생수학학원
임신옥 KS수학학원

임유진 박진수학
장두영 바움수학학원
장세완 장선생수학학원
장시현 전문과외
전동형 땡큐수학학원
전수민 전문과외
전준현 매쓰플랜수학학원
전지영 전지영수학
정민호 스테듀입시학원
정재현 율사학원
조미란 엠투엠수학 학원
조성애 조성애세움학원
조연호 Cho is Math
조유정 다원MDS
조인혁 루트원 수학과학학원
조지연 연쌤영수학원
주기헌 송현여자고등학교
진수정 마틸다수학
최대진 엠프로수학학원
최은미 수학다움 학원
최정이 탑수학교습소(국우동)
최현정 MQ멘토수학
최현희 다온수학학원
하태호 팀하이퍼 수학학원
한원기 한쌤수학
홍은아 탄탄수학교실
황가영 루나수학
황지현 위드제스트수학학원

대전
강유식 연세제일학원
강흥규 최강학원
고지훈 고지훈수학 지적공감입시학원
김 일 더브레인코어 학원
김근아 닥터매쓰205
김근하 엠씨스터디수학학원
김남홍 대전종로학원
김덕한 더칸수학학원
김동근 엠투오영재학원
김민지 (주)청명에페보스학원
김복응 더브레인코어 학원
김상현 세종입시학원
김수빈 제타수학전문학원
김승환 청운학원
김윤혜 슬기로운수학교습소
김주성 양영학원
김지현 파스칼 대덕학원
김 진 발상의전환 수학전문학원
김진수 김진수학
김태형 청명대입학원
김하은 고려바움수학학원
김한솔 시대인재 대전
김해찬 전문과외
김휘식 양영학원 고등관
나효명 열린아카데미
류재원 양영학원
박가와 마스터플랜 수학전문학원

박솔비 매쓰톡수학 교습소
박주희 빡쌤의 빡쎈수학
박지성 엠아이큐수학학원
배용제 굿티쳐강남학원
백승정 오르고 수학학원
서동원 수학의중심 학원
서영준 힐탑학원
선진규 로하스학원
송규성 하이클래스학원
송다인 더브라이트학원
송인석 송인수학학원
송정은 바른수학전문교실
신성철 도안베스트학원
신성호 수학과학하다
신원진 수학의 길
신익주 신 수학 교습소
심훈흠 일인주의학원
양지연 자람수학
오우진 양영학원
우현석 EBS 수학우수학원
유수림 수림수학학원
유준호 더브레인코어 학원
윤석주 윤석주수학전문학원
윤찬근 오르고학원
이국빈 케이플러스수학
이규영 쉐마수학학원
이민호 매쓰플랜수학학원 반석지점
이성재 알파수학학원
이소현 바칼로레아영수학원
이수진 대전관저중학교
이용희 수림학원
이일녕 양영학원
이재옥 청명대입학원
이준희 전문과외
이희도 전문과외
인승열 신성 수학나무 공부방
임병수 모티브에듀학원
임현호 전문과외
장용훈 프라임수학
전병전 더브레인코어 학원
전하윤 전문과외
정순영 공부방,여기
정지윤 더브레인코어 학원
조용호 오르고 수학학원
조창희 시그마수학교습소
조충현 로하스학원
차영진 연세언더우드수학
차지훈 모티브에듀학원
홍진국 저스트수학
황은실 나린학원

부산
고경희 대연고등학교
권병국 케이스학원
권순석 남천다수인
권영린 과사람학원
김건우 4퍼센트의 논리 수학
김경희 해운대영수전문 y-study
김대현 해운대중학교

김도현	해신수학학원	정의진	남천다수인
김도형	명작수학	정휘수	제이매쓰수학방
김민규	다비드수학학원	정희정	정쌤수학
김민영	정모클입시학원	조아영	플레이팩토 오션시티교육원
김성민	직관수학학원	조우영	위드유수학학원
김승호	과사람학원	조은영	MIT수학교습소
김애랑	채움수학교습소	조 훈	캔필학원
김원진	수성초등학교	주유미	엠투수학공부방
김지연	김지연수학교습소	채송화	채송화수학
김초록	수날다수학교습소	천현민	키움스터디
김태영	뉴스터디학원	최광은	럭스 (Lux) 수학학원
김태진	한빛단과학원	최수정	이루다수학
김효상	코스터디학원	최운교	삼성영어수학전문학원
나기열	프로매스수학교습소	최준승	주감학원
노지연	수학공간학원	하 현	하현수학교습소
노향희	노쌤수학학원	한주환	으뜸나무수학학원
류형수	연산 한샘학원	한혜경	한수학 교습소
박대성	키움수학교습소	허영재	자하연 학원
박성찬	프라임학원	허유정	올림수학전문학원
박연주	매쓰메이트수학학원	허 정은	전문과외
박재용	해운대영수전문y-study	황영찬	수피움 수학
박주형	삼성에듀학원	황진영	진심수학
배철우	명지 명성학원	황하남	과학수학의봄날학원
백용일	과사람학원		
부종민	부종민수학		
서유진	다올수학	**서울**	
서은지	ESM영수전문학원	강동은	반포 세정학원
서자현	과사람학원	강성철	목동 일타수학학원
서평승	신의학원	강수진	블루플랜
손희옥	매쓰폴수학학원	강영미	슬로비매쓰수학학원
	(부산진구부암동)	강은녕	탑수학학원
송다슬	전문과외	강종철	쿠메수학교습소
신동훈	과사람학원	강주석	염광고등학교
심현섭	과사람학원	강태윤	미래탐구 대치 중등센터
심혜정	명품수학	강현숙	유니크학원
안남희	명지 실력을키움수학	계훈범	MathK 공부방
안애경	오메가 수학 학원	고수환	상승곡선학원
안찬종	전문과외	고재일	대치 토브(TOV)수학
양인희	에센셜수학교습소	고지영	황금열쇠학원
오인혜	하단초등학교	고 현	네오 수학학원
오희영		공정현	대공수학학원
옥승길	옥승길수학학원	곽슬기	목동매쓰원수학학원
이가연	엠오엠수학학원	구난영	셀프스터디수학학원
이경덕	수학으로 물들어 가다	구순모	세진학원
이경수	경:수학	권가영	커스텀(CUSTOM)수학
이명희	조이수학학원	권경아	청담해법수학학원
이아름누리	청어람학원	권민경	전문과외
이정화	수학의 힘 가야캠퍼스	권상호	수학은권상호 수학학원
이지영	오늘도,영어그리고수학	권용만	은광여자고등학교
이지은	한수연하이매쓰	권은진	참수학뿌리국어학원
이 철	과사람 학원	김가회	에이원수학학원
이효정	해 수학	김강현	구주이배수학학원 송파점
장지원	해신수학학원	김경진	덕성여자중학교
장진권	오메가수학	김경희	전문과외
전경훈	대치명인학원	김규보	메리트수학원
전완재	강앤전 수학학원	김규연	수력발전소학원
전우빈	과사람학원	김금화	그루터기 수학학원
전찬용	다이나믹학원	김기덕	메가매쓰 수학학원
정운용	정쌤수학교습소	김나래	전문과외

김나영	대치 새움학원	김재헌	Creverse 고등관
김도규	김도규수학학원	김정민	청어람 수학원
김동균	아우다키아 수학학원	김정민	학원 개원 예정
김명후	김명후 수학학원	김정아	지올수학
김미란	퍼펙트수학	김지선	수학전문 순수
김미아	일등수학교습소	김지숙	김쌤수학의숲
김미애	스카이맥에듀	김지영	구주이배수학학원
김미영	명투수학교습소	김지은	티포인트 에듀
김미영	정일품 수학학원	김지은	수학대장
김미진	채움수학	김지은	분석수학 선두학원
김미희	행복한수학쌤	김지훈	드림에듀학원
김민수	대치 원수학	김지훈	형설학원
김민정	전문과외	김지훈	마타수학
김민지	강북 메가스터디학원	김진규	서울바움수학(역삼러키)
김민창	김민창 수학	김진영	이대부속고등학교
김병수	중계 학림학원	김찬열	라엘수학
김병호	국선수학학원	김창재	중계세일학원
김보민	이투스수학학원 상도점	김창주	고등부관 스카이학원
김부환	압구정정보강북수학학원	김태현	반포파인만
김상철	미래탐구마포	김태훈	성북 페르마
김상호	압구정 파인만 이촌특별관	김하늘	역경패도 수학전문
김선정	이룸학원	김하민	서강학원
김성숙	써큘러스리더 러닝센터	김하연	전문과외
김성현	하이탑수학학원	김항기	동대문중학교
김성호	개념상상(서초관)	김현미	김현미수학학원
김수민	통수학학원	김현욱	리마인드수학
김수정	유니크 수학	김현유	혜성여자고등학교
김수진	싸인매쓰수학학원	김현정	미래탐구 중계
김수진	깊은수학학원	김현주	숙명여자고등학교
김승원	솔(sol)수학학원	김현지	전문과외
김승훈	하이스트 염창관	김형진	소자수학학원
김양식	송파영재센터GTG	김혜연	수학작가
김여옥	매쓰홀릭학원	김호영	장학학원
김연정	전문과외	김홍수	김홍학원
김연주	목동쌤올림수학	김효선	토이300컴퓨터교습소
김영란	일심수학학원	김효정	블루스카이학원 반포점
김영미	제로미수학교습소	김후암	압구정파인만
김영숙	수 플러스학원	김희연	이룸공부방
김영재	한그루수학	김희원	대일외국어고등학교
김영준	강남매쓰탑학원	김희진	엑시엄 수학학원
김영헌	세움수학학원	나은영	메가스터디 러셀중계
김 유	전문과외	나태산	중계 학림학원
김유진	전문과외	남식훈	수학만
김윤태	두각학원, 김종철 국어수학	남호성	퍼씰수학전문학원
	전문학원	노동일	형설학원
김윤희	유니수학교습소	류도현	서초구 방배동
김은숙	전문과외	류정민	사사모플러스수학학원
김은영	선우수학	목영훈	목동 일타수학학원
김은영	와이즈만은평	목지아	수리티수학학원
김은영	휘경여자고등학교	문근실	시리우스수학
김은찬	엑시엄수학학원	문성호	차원이다른수학학원
김은현	김쌤깨알수학	문소정	대치명인학원
김의진	서울 성북구 채움수학	문용근	올림 고등수학
김이슬	전문과외	문지훈	문지훈수학
김이현	에듀플렉스 고덕지점	박경보	최고수챌린지에듀학원
김인기	중계 학림학원	박경원	대치메이드 반포관
김재산	목동 일타수학학원	박광남	올마이티캠퍼스
김재성	티포인트에듀학원	박교국	백인대장
김재연	규연 수학 학원	박근백	대치멘토스학원

박동진 더힐링수학 교습소
박리안 CMS서초고등부
박명훈 김샘학원 성북캠퍼스
박미라 매쓰몽
박민정 목동 깡수학과학학원
박상길 대길수학
박상후 강북 메가스터디학원
박설아 수학을삼키다학원 흑석2관
박성재 매쓰플러스수학학원
박소영 창동수학
박소윤 제이커브학원
박수견 비채수학원
박연주 물댄동산
박연희 박연희깨침수학교습소
박연희 열방수학
박영규 하이스트핏 수학 교습소
박영욱 태산학원
박용진 푸름을말하다학원
박정아 한신수학과외방
박정훈 전문과외
박종선 스터디153학원
박종원 상아탑 학원/대치 오르비
박종태 일타수학학원
박주현 장훈고등학교
박준하 전문과외
박진희 박선생수학전문학원
박 현 상일여자고등학교
박현주 나는별학원
박혜진 강북수재학원
박혜진 진매쓰
박흥식 송파연세수보습학원
방정은 백인대장 훈련소
방효건 서준학원 지혜관
배재형 배재형수학
백아름 아름쌤수학공부방
서근환 대진고등학교
서다인 수학의봄학원
서민국 시대인재
서민재 서준학원
서수연 수학전문 순수
서승희 딥브레인수학
서용준 와이제이학원
서원준 잠실 시그마 수학학원
서은애 하이탑수학학원
서중은 블루플렉스학원
서한나 라엘수학학원
석현욱 잇올스파르타
선 철 일신학원
설세령 뉴파인 용산중고등관
손권민경 원인학원
손민정 두드림에듀
손전모 다원교육
손정화 4퍼센트수학학원
손충모 공감수학
송경호 스마트스터디 학원
송동인 송동인수학명가
송재혁 엑시엄수학전문학원
송준민 송수학
송진우 도진우 수학 연구소
송해선 불곰에듀
신연우 개념폴리아 삼성청담관
신은숙 마곡펜타곤학원
신은진 상위권수학학원
신정훈 STEP EDU
신지영 아하 김일래 수학 전문학원
신지현 대치미래탐구
신채민 오스카 학원
신현수 현수쌤의 수학해설
심창섭 피앤에스수학학원
심혜진 반포파인만 의치대관
안나연 전문과외
안도연 목동정도수학
안주은 채움수학
양원규 일신학원
양지애 전문과외
양창진 수학의 숲 수림학원
양해영 청출어람학원
엄시온 올마이티캠퍼스
엄유빈 유빈쌤 수학
엄지희 티포인트에듀학원
엄태웅 엄선생수학
여혜연 성북미래탐구
염승훈 성동뉴파인 초중등관
오명석 대치 미래탐구 영과센터
오재경 성북 학림학원
오재현 강동파인만 고덕 고등관
오종택 에이원수학학원
오한별 광문고등학교
우동훈 헤파학원
위명훈 대치명인학원(마포)
위성웅 시대인재수학스쿨
위형채 에이치앤제이형설학원
유가영 탑솔루션 수학 교습소
유시준 목동깡수학과학학원
유정연 장훈고등학교
유환승 강북청솔학원
윤고은 한솔학원
윤상문 청어람수학원
윤석원 공감수학
윤여균 전문과외
윤영숙 윤영숙수학학원
윤인영 전문과외
윤형중 씨알학당
은 현 목동 cms입시센터 과고대비반
이경용 열공학원
이경주 생각하는 황소수학 서초학원
이경환 전문과외
이광락 펜타곤학원
이규만 수퍼매쓰학원
이동규 형설학원
이동훈 최강수학전문학원
이루마 김샘학원
이민아 정수학
이민호 강안교육
이상영 대치명인학원 은평캠퍼스
이상훈 골든벨수학학원
이서경 엘리트탑학원
이성용 수학의원리학원
이성재 지앤정 학원
이소윤 목동선수학
이수지 전문과외
이수호 준토에듀수학학원
이슬기 예친에듀
이시현 SKY미래연수학학원
이어진 신목중학교
이영하 키움수학
이용우 올림피아드 학원
이원용 필과수 학원
이원희 수학공작소
이유예 스카이플러스학원
이윤주 와이제이수학교습소
이은경 신길수학
이은숙 포르테수학 교습소
이은영 은수학교습소
이재봉 형설에듀이스트
이재용 이재용the쉬운수학학원
이정석 CMS서초영재관
이정섭 은지호 영감수학
이정호 정샘수학교습소
이제현 막강수학
이종혁 유인어스 학원
이종호 MathOne수학
이종환 카이수학전문학원
이주연 목동 하이씨앤씨
이준석 이가수학학원
이지연 단디수학학원
이지우 제이 앤 수 학원
이지혜 세레나영어수학학원
이지혜 대치파인만
이지훈 백향목에듀수학학원
이 진 수박에듀학원
이진덕 카이스트수학학원
이진희 서준학원
이창석 핵수학 수학전문학원
이채윤 전문과외
이충훈 QANDA
이학송 뷰티풀마인드 수학학원
이 혁 강동메르센수학학원
이현주 그레잇에듀
이형수 피앤아이수학영어학원
이혜림 다오른수학학원
이혜림 대동세무고등학교
이혜수 대치수학원
이호준 형설학원
이효준 다원교육
이효진 올토수학
이희선 브리스톨
임규철 원수학 대치
임기호 대치 원수학
임다혜 시대인재 수학스쿨
임민정 전문과외
임상혁 임상혁수학학원 (생각하는 두꺼비)
임소영 123수학
임영주 송파 세빛학원
임정빈 임정빈수학
임지혜 위드수학교습소
임현우 선덕고등학교
장석진 이덕재수학이미선국어학원
장성훈 미독수학
장세영 스펀지 영어수학 학원
장승희 명품이앤엠학원
장영신 송례중학교
장은영 목동깡수학과학학원
장지식 피큐브아카데미
장희준 대치 미래탐구
전기열 유니크학원
전상현 뉴클리어 수학 교습소
전성식 맥스전성식수학학원
전은나 상상수학학원
전지수 전문과외
전진남 지니어스 논술 교습소
전진아 메가스터디
정광조 로드맵수학
정다운 정다운수학교습소
정대영 대치파인만
정명련 유니크 수학학원
정무웅 강동드림보습학원
정문정 연세수학원
정민교 진학학원
정수정 대치수학클리닉 대치본점
정슬기 티포인트에듀학원
정승희 뉴파인
정연화 풀우리수학
정영아 정이수학교습소
정유미 휴브레인압구정학원
정은경 제이수학
정은영 CMS
정재윤 성덕고등학교
정진아 정선생수학
정찬민 목동매쓰원수학학원
정화진 진화수학학원
정환동 씨앤씨0.1%의대수학
정효석 최상위하다학원
조경미 레벨업수학(feat.과학)
조병훈 꿈을담는수학
조아라 유일수학
조아라 수학의시점
조아람 서울 양천구 목동
조원해 연세YT학원
조재묵 천광학원
조정은 전문과외
조한진 새미기픈수학
조햇봄 대치동(너의일등급수학)
조현탁 전문가집단
주용호 아찬수학교습소
주은재 주은재수학학원
주정미 수학의꽃수학교습소
지명훈 선덕고등학교
지민경 고래수학교습소
진임진 전문과외
진혜원 더올라수학교습소
차민준 이투스수학학원 중계점
차성철 목동깡수학과학학원
차슬기 사과나무학원 은평관

차용우 서울외국어고등학교
채성진 수학에빠진학원
채우리 라엘수학
채행원 전문과외
최경민 배움틀수학학원
최규식 최강수학학원 보라매캠퍼스
최동영 중계이투스수학학원
최동숙 숭의여자고등학교
최백화 최백화수학
최병옥 최코치수학학원
최서훈 피큐브 아카데미
최성수 알티스수학학원
최성희 최쌤수학학원
최세남 엑시엄수학학원
최소민 최쌤ON수학
최엄견 차수학학원
최영준 문일고등학교
최용주 피크에듀학원
최윤정 최쌤수학학원
최정언 진화수학학원
최종석 강북수재학원
최지나 목동PGA전문가집단학원
최지선
최찬희 CMS중고등관
최철우 탑수학학원
최향애 피크에듀학원
최효원 한국삼육중학교
편순창 알면쉽다연세수학학원
피경민 대치명인sky
하태성 은평G1230
한나희 우리해법수학 교습소
한명석 아드폰테스
한승우 같이상승수학
한승환 짱솔학원 반포점
한유리 강북청솔학원
한정우 휘문고등학교
한태인 러셀 강남
한현주 PMG학원
헌제윤 정명수학교습소
홍상민 전문과외
홍석화 강동홍석화수학학원
홍성윤 센티움
홍성주 굿매쓰 수학
홍성진 대치 김앤홍 수학전문학원
홍재화 티다른수학교습소
홍정아 서울사당
홍지혜 라온수학전문학원
황의숙 The 나은학원

세종
강태원 원수학
권정섭 너희가 꽃이다
권현수 권현수 수학전문학원
김광연 반곡고등학교
김기평 바른길수학학원
김서현 봄날영어수학학원
김수경 김수경 수학교실
김우진 정진수학학원

김편전 세종 데카르트 학원
김혜림 단하나수학
류바른 더 바른학원
박민겸 강남한국학원
배명욱 GTM 수학전문학원
배지후 해밀수학과학학원
설지연 수학적상상력
신석현 알파학원
오세은 플러스 학습교실
오현지 오 수학
윤여민 윤솔빈 수학하자
이준영 공부는습관이다
이지희 수학의강자
이진원 권현수수학학원
이혜란 마스터수학교습소
임채호 스파르타수학보람학원
장준영 백년대계입시학원
최성실 샤위너스학원
최시안 세종 데카르트 수학학원
황성관 카이젠프리미엄 학원

울산
강규리 퍼스트클래스 수학영어
　　　　전문학원
고규라 고수학
고영준 비엠더블유수학전문학원
권상수 호크마수학전문학원
김민정 전문과외
김봉조 퍼스트클래스 수학영어
　　　　전문학원
김수영 울산학명수학학원
김영배 이영수학학원
김제득 퍼스트클래스수학전문학원
김진희 김진수학학원
김현조 깊은생각수학학원
나순현 물푸레수학교습소
문명화 문쌤수학나무
박국진 강한수학전문학원
박민식 위더스 수학전문학원
반려진 우정 수학의달인
성수경 위룹수학영어전문학원
안지환 안누수학
오종민 수학공작소학원
이윤호 호크마수학
이은수 삼산차수학학원
이한나 꿈꾸는고래학원
정경래 로고스영어수학학원
최규종 울산 뉴토모수학전문학원
최이영 한양수학전문학원
허다민 대치동허쌤수학
황금주 제이티수학전문학원

인천
강동인 전문과외
고준호 베스트교육(마전직영점)
곽나래 일등수학
권경원 강수학학원
권기우 하늘스터디수학학원

금상원 수미다
기미나 기쌤수학
기혜선 체리온탑수학영어학원
김강현 강수학전문학원
김견우 G1230 검단아라캠퍼스
김남신 클라비스학원
김도원 태풍학원
김미희 희수학
김보건 대치S클래스 학원
김보경 오아수학
김연주 하나M수학
김영훈 청라공감수학
김윤경 엠베스트SE학원
김은주 형진수학학원
김응수 메타수학학원
김 준 쭌에듀학원
김준식 동춘아카데미 동춘수학
김진완 성일학원
김현기 옵티머스프라임학원
김현우 더원스터디학원
김현호 온풀이 수학 1관 학원
김형진 형진수학학원
김혜린 밀턴수학
김혜영 김혜영 수학
김혜지 전문과외
김효선 코다수학학원
남덕우 Fun수학
노기성 노기성개인과외교습
렴영순 이텀교육학원
박동석 매쓰플랜수학학원 청라지점
박소이 다빈치창의수학교습소
박용석 절대학원
박재섭 구월SKY수학과학전문학원
박정우 청라디에이블영어수학학원
박치문 제일고등학교
박해선 효성비상영수학원
박혜용 전문과외
박효성 지코스수학학원
서대원 구름주전자
서미란 파이데이아학원
석동방 송도GLA학원
손선진 일품수학과학전문학원
송대익 청라ATOZ수학과학학원
송세진 부평페르마
신현우 다원교육
안서은 Sun매쓰
안예원 전문과외
안지훈 인천수학의힘
오정민 갈루아수학학원
오지연 수학의힘 용현캠퍼스
왕건일 토모수학학원
유성규 현수학전문학원
유혜정 유쌤수학
이루다 이루다 교육학원
이민혁 혜윰학원
이애희 부평해법수학교실
이예나 E&M 아카데미
이필규 신현엠베스트SE학원
이혜경 이혜경고등수학학원

이혜선 우리공부
장태식 라이징수학학원
장혜림 와풀수학
전우진 인사이트 수학학원
정대웅 와이드수학
정진영 정선생 수학연구소
조미숙 수학의 신 학원
조민관 이앤에스 수학학원
조현숙 boo1class
차승민 황제수학학원
채선영 전문과외
최덕호 엠스퀘어수학교습소
최문경 (주)영웅아카데미
최웅철 큰샘수학학원
최은진 동춘수학
최 진 절대학원
한성윤 전문과외
한희영 더센플러스학원
허진선 수학나무
현미선 써니수학
현진명 에임학원
홍미영 연세영어수학과외
황규철 혜윰수학전문학원

전남
강선희 태강수학영어학원
김경민 한샘수학
김광현 한수위수학학원
김도형 하이수학교실
김도희 가람수학개인과외
김성문 창평고등학교
김윤선 전문과외
김은경 목포덕인고등학교
김은지 나주혁신위즈수학영어학원
김정은 바른사고력수학
박미옥 목포 폴리아학원
박유정 요리수연산&해봄학원
박진성 해남 한가람학원
배미경 창의논리upup
백지하 엠앤엠
서창현 전문과외
성준우 광양제철고등학교
위광복 엠베스트SE 나주혁신점
유혜정 전문과외
이강화 강승학원
이미아 한다수학
임정원 순천매산고등학교
임진아 브레인 수학
전윤정 라온수학학원
정은경 목포베스트수학
정정화 올라스터디
정현옥 JK영수전문
조두희 전문과외
조예은 스페셜 매쓰
조정인 나주엠베스트학원
주희정 주쌤의과수원
진양수 목포덕인고등학교
한용호 한샘수학

한지선	개인과외	최형진	수학본부	유창훈	시그마학원
황남일	SM 수학학원	황규종	황규종수학전문학원	윤보희	충남삼성고등학교
				윤재웅	베테랑수학전문학원
				이봉이	더수학교습소

전북

		제주		이승훈	공감(탑씨크리트)
강원택	탑시드 수학전문학원	강경혜	강경혜수학	이아람	퍼펙트브레인학원
고혜련	성영재수학학원	강나래	전문과외	이연지	하크니스 수학학원
권정욱	권정욱 수학	김기한	원탑학원	이예진	명성학원
김상호	휴민고등수학전문학원	김대환	The원 수학	이은아	한다수학학원
김선호	혜명학원	김보라	라딕스수학	이재장	깊은수학학원
김성혁	S수학전문학원	김연희	whyplus 수학교습소	이하나	에메트수학
김수연	전선생수학학원	김장훈	프로젝트M수학학원	이현주	수학다방
김윤빈	쿼크수학영어전문학원	류혜선	진정성영어수학노형학원	장다희	개인과외교습소
김재순	김재순수학학원	박 찬	찬수학학원	전혜영	타임수학학원
김준형	성영재 수학학원	박대희	실전수학	정광수	혜윰국영수단과학원
나승현	나승현전유나 수학전문학원	박승우	남녕고등학교	최소영	빛나는수학
노기한	포스 수학과학학원	박재현	위더스입시학원	최원석	명사특강학원
박광수	박선생수학학원	박진석	진리수	최지원	청수303수학
박미숙	전문과외	백민지	가우스수학학원	추교현	전문과외(더웨이수학)
박미화	엄쌤수학전문학원	양은석	신성여자중학교	한호선	두드림영어수학학원
박선미	박선생수학학원	여원구	피드백수학전문학원	허유미	전문과외
박세희	멘토이젠수학	오재일	터닝포인트영어수학학원		
박소영	황규종수학전문학원	이민경	공부의마침표		
박은미	박은미수학교습소	이상민	서이현아카데미학원	**충북**	
박재성	올림수학학원	이선혜	The ssen 수학	고정균	엠스터디수학학원
박재홍	예섬학원	이영주	전문과외	구강서	상류수학 전문학원
박지유	박지유수학전문학원	이현우	전문과외	김가흔	루트 수학학원
박철우	익산 청운학원	장영환	제로링수학교실	김경희	점프업수학학원
배태익	스키마아카데미 수학교실	편미경	편쌤수학	김대호	온수학전문학원
서영우	서영우수학교실	하혜림	제일아카데미	김미화	참수학공간학원
성영재	성영재수학전문학원	허은지	Hmath학원	김병용	동남수학하는사람들학원
송지연	아이비리그데칼트학원	현수진	학고제입시학원	김영은	연세고려E&M
신영진	유나이츠학원			김재광	노블가온수학학원
심우성	오늘은수학학원			김정호	생생수학
양은지	군산중앙고등학교	**충남**		김주희	매쓰프라임수학학원
양재호	양재호카이스트학원	강민주	수학하다 수학교습소	김하나	하나수학
양형준	대들보 수학	강범수	전문과외	김현주	루트수학학원
오혜진	YMS부송	강 석	에이커리어	문지혁	수학의 문 학원
유현수	수학당	고영지	전문과외	박연경	전문과외
윤병오	이투스247익산	권순필	권쌤수학	안진아	전문과외
이가영	마루수학국어학원	권오운	광풍중학교	윤성길	엑스클래스 수학학원
이보근	미라클입시학원	김경원	한일학원	윤성희	윤성수학
이송심	와이엠에스입시전문학원	김명은	더하다 수학학원	윤정화	페르마수학교습소
이인성	우림중학교	김미경	시티자이수학	이경미	행복한수학공부방
이지원	깃매쓰	김태화	김태화수학학원	이연수	오창로뎀학원
이한나	알파스터디영어수학전문학원	김한빛	한빛수학학원	이예나	수학여우 정철어학원 주니어
이혜상	S수학전문학원	김현영	마루공부방		옥산캠퍼스
임승진	이터널수학영어학원	남기용	전문과외	이예찬	입실론수학학원
장재은	YMS입시학원	박유진	제이홈스쿨	이윤성	블랙수학 교습소
정두리	전문과외	박재혁	명성수학학원	이지수	일신여자고등학교
정용재	성영재수학전문학원	박지화	MATH1022	전병호	이루다 수학 학원
정혜승	샤인학원	박혜정	전문과외	정수연	모두의 수학
정환희	릿지수학학원	서봉원	서산SM수학교습소	조병교	에르매쓰수학학원
조세진	수학의길	서승우	담다수학	조원미	원쌤수학과학교실
조영신	성영재 수학전문학원	서유리	더배움영수학원	조형우	와이파이수학학원
채승희	전문과외(윤영권수학전문학원)	서정기	시너지S클래스 불당	최윤아	피티엠수학학원
최성훈	최성훈수학학원	송은선	전문과외		
최영준	최영준수학학원	신경미	Honeytip		
최 윤	엠투엠수학학원	신유미	무한수학학원		
		유정수	천안고등학교		

수학의 바이블

개념 ON

본책

중학 1·1

개념ON 본책

1 개념 이해하기

- **개념 설명** 바이블만의 체계적이고 자세한 설명으로 개념의 원리와 공식을 쉽게 이해할 수 있습니다.
- **바이블 POINT** 중요 개념 및 공식, 성질이 성립하는 과정을 설명하고 핵심 내용을 도식화하여 개념을 더 쉽게 이해할 수 있습니다.
- **개념 CHECK** 개념이 직접적으로 적용된 문제를 풀어 봄으로써 개념이 문제에 어떻게 적용되는지 확인할 수 있습니다.

1 쉽게 이해할 수 있는 수학적 원리와 함께 정확한 개념을 학습할 수 있습니다.

수학의 바이블 개념ON은 쉬운 개념 설명과 바이블 POINT, Bible Says를 통해 개념을 이해할 수 있는 수학적 원리를 쉽게 풀어 설명하였습니다.

2 교과서를 기반으로 한 예제와 유제로 문제를 해결하는 방법을 깨칠 수 있습니다.

교과 내용을 기준으로 한 개념ON과 유형ON의 연계 학습! 개념을 다지고 유형으로 문제 해결력을 키울 수 있도록 단원 구성, 개념의 흐름을 통일하였습니다.

3 본책과 유사한 형태의 워크북으로 수학의 바이블만의 철저한 예복습 시스템 !!!

본책과 유사한 형태의 워크북을 제공하여 본책으로 학습한 개념을 워크북으로 한 번 더 체크함으로 개념을 정확히 이해했는지 확인할 수 있습니다.

※ 워크북은 PDF로 제공됩니다.

개념ON 워크북 　PDF로 제공

1 스스로 확인하기, 배운 개념 연습하기

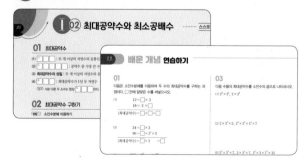

- **스스로 확인하기** 중요한 개념은 한 번 더 복습할 수 있도록 스스로 확인하기 코너를 만들었습니다.
- **배운 개념 연습하기** 연산 연습이 필요한 단원의 경우 충분히 연습할 수 있는 문항을 배운 개념 연습하기에 구성하였습니다.

② 대표 유형 학습하기

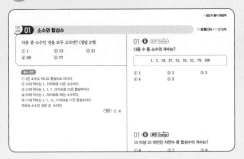

- 대표 유형 개념을 이해하고 적용 시키기에 가장 적합한 핵심 문항을 대표 유형으로 선정하였습니다.
- (숫자 Change) 대표 유형 문항에서 숫자만 바꾼 유사 문제입니다. 대표 유형 복습!
- (표현 Change) 대표 유형 문항에서 표현까지 바꾼 변형 문제 또는 개념 확장 문제입니다.

③ 배운대로 학습하기

- 앞에서 배운 내용을 완벽하게 이해했는지 확인할 수 있는 대표 유형의 유사 문항과 개념을 확장시킨 문항을 제공하고 있습니다.
- 학습의 완성도를 확인할 수 있도록 링크를 걸어 틀린 문항의 경우 대표 유형을 다시 확인할 수 있도록 활용도를 높였습니다.

④ 서술형 훈련하기

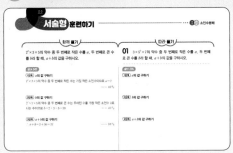

- 학교 시험에서 높은 비중을 차지하고 있는 서술형 문항에 대한 훈련을 위한 단계별 풀이 방법을 제시! 유사 문항과 변형 문항을 풀어 봄으로써 서술형 문항을 완벽하게 대비할 수 있도록 구성하였습니다.

⑤ 중단원 마무리하기

- 중단원에서 학습한 다양한 문제를 풀어 봄으로써 중단원 학습 내용을 최종 점검할 수 있도록 구성하였습니다.
- STEP1 기본 다지기, STEP2 실력 다지기 두 레벨로 나누어 난이도별 학습이 가능하도록 구성하였습니다.

② 배운대로 복습하기, 서술형 훈련하기

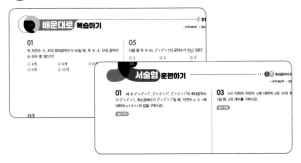

- 배운대로 복습하기 본책의 배운대로 학습하기와 유사 문항으로 구성하였습니다.
- 서술형 훈련하기 본책의 서술형 훈련하기와 유사 문항으로 구성하여 완벽한 서술형 훈련이 가능하도록 구성 하였습니다.

③ 중단원 마무리하기

- 중단원에서 학습한 다양한 문제를 유형 구분 없이 풀어 봄으로써 유형 학습으로 체화되어 모르고 넘어갈 수 있는 부족한 부분을 파악할 수 있도록 구성! 효과적인 학습이 가능합니다.

Contents 차례

문자와 식

좌표평면과 그래프

소인수분해

이 단원에서는

자연수의 소인수분해 및 이를 이용하여 최대공약수와 최소공배수 구하는 방법을 배웁니다.

이 단원에서의 내용

01

소인수분해

01 소수와 합성수

(1) **소수** : 1보다 큰 자연수 중 1과 자기 자신만을 약수로 갖는 수

   예시 2, 3, 5, 7, 11, 13, 17, 19, …

(2) **합성수** : 1보다 큰 자연수 중 소수가 아닌 수

   예시 4, 6, 8, 9, 10, 12, 14, 15, …

(3) **소수와 합성수의 성질**

  ① 소수의 약수는 2개이다.

  ② 합성수의 약수는 3개 이상이다. ◀ 1과 자기 자신 이외의 약수를 갖는다.

  ③ 1은 소수도 아니고 합성수도 아니다.

  ④ 2는 소수 중 가장 작은 수이고 유일한 짝수이다.

  ⑤ 자연수는 1, 소수, 합성수로 이루어져 있다.

소수 (작을 小, 셈 數)	0.1, 0.2, …
소수 (본디 素, 셈 數)	2, 3, 5, …

약수의 개수에 따른 자연수의 분류

자연수 ┃ 1 : 약수가 1개
      ┃ 소수 : 약수가 2개
      ┃ 합성수 : 약수가 3개 이상

바이블 POINT 약수의 개수에 따른 자연수의 분류

다음 표와 같이 자연수는 약수의 개수에 따라 1, 소수, 합성수로 분류할 수 있다.

자연수	1	2	3	4	5	6	7	8	9	10	…
약수	1	1, 2	1, 3	1, 2, 4	1, 5	1, 2, 3, 6	1, 7	1, 2, 4, 8	1, 3, 9	1, 2, 5, 10	…
약수의 개수	1	2	2	3	2	4	2	4	3	4	…
1 / 소수 / 합성수	1	소수	소수	합성수	소수	합성수	소수	합성수	합성수	합성수	…

개념 CHECK 01

• ⊙ : 1보다 큰 자연수 중 1과 자기 자신만을 약수로 갖는 수
• ⓒ : 1보다 큰 자연수 중 소수가 아닌 수

다음 보기와 같은 방법으로 1부터 50까지의 자연수 중 소수를 모두 찾으시오.

보기

❶ 1은 소수가 아니므로 지운다.

❷ 소수 2는 남기고 2의 배수를 모두 지운다.

❸ 소수 3은 남기고 3의 배수를 모두 지운다.

❹ 소수 5는 남기고 5의 배수를 모두 지운다.
                ⋮

이와 같은 방법으로 계속 지워 나가면 남는 수가 소수이다.

1	2	3	4	5	6	7	8	9	10
11	12	13	14	15	16	17	18	19	20
21	22	23	24	25	26	27	28	29	30
31	32	33	34	35	36	37	38	39	40
41	42	43	44	45	46	47	48	49	50

➡ 소수 : _____

          _____

개념 CHECK 02

• 소수는 약수가 ⓒ 개이고, 합성수는 약수가 ⓔ 개 이상이다.

다음 자연수의 약수와 약수의 개수를 모두 구하고, ( ) 안의 알맞은 말에 ○표를 하시오.

	자연수	약수	약수의 개수	소수 / 합성수
(1)	37			(소수 , 합성수)
(2)	53			(소수 , 합성수)
(3)	69			(소수 , 합성수)
(4)	121			(소수 , 합성수)

답 | ⊙ 소수 ⓒ 합성수 ⓒ 2 ⓔ 3

대표유형 **01** 소수와 합성수

⋒유형ON >>> 010쪽

다음 중 소수인 것을 모두 고르면? (정답 2개)

① 1   ② 13   ③ 21
④ 59   ⑤ 77

풀이 과정

① 1은 소수도 아니고 합성수도 아니다.
② 13의 약수는 1, 13이므로 13은 소수이다.
③ 21의 약수는 1, 3, 7, 21이므로 21은 합성수이다.
④ 59의 약수는 1, 59이므로 59는 소수이다.
⑤ 77의 약수는 1, 7, 11, 77이므로 77은 합성수이다.
따라서 소수인 것은 ②, ④이다.

정답 ②, ④

01 · **A** (숫자 Change)

다음 수 중 소수의 개수는?

> 1, 2, 19, 27, 31, 45, 51, 79, 100

① 1   ② 2   ③ 3
④ 4   ⑤ 5

01 · **B** (표현 Change)

15 이상 25 미만인 자연수 중 합성수의 개수는?

① 6   ② 7   ③ 8
④ 9   ⑤ 10

대표유형 **02** 소수와 합성수의 성질

⋒유형ON >>> 010쪽

다음 중 옳지 <u>않은</u> 것을 모두 고르면? (정답 2개)

① 1은 소수도 아니고 합성수도 아니다.
② 가장 작은 소수는 2이다.
③ 합성수는 모두 짝수이다.
④ 약수가 2개인 자연수는 모두 소수이다.
⑤ 자연수는 소수와 합성수로 이루어져 있다.

풀이 과정

③ 9는 홀수이지만 합성수이다.
⑤ 자연수는 1, 소수, 합성수로 이루어져 있다.
따라서 옳지 않은 것은 ③, ⑤이다.

정답 ③, ⑤

02 · **A** (표현 Change)

다음 중 옳지 <u>않은</u> 것은?

① 소수는 약수가 1과 자기 자신뿐이다.
② 2는 소수 중 유일한 짝수이다.
③ 가장 작은 합성수는 1이다.
④ 10 이하의 소수는 4개이다.
⑤ 1을 제외한 모든 자연수는 약수가 2개 이상이다.

02 거듭제곱

··· Ⅰ 01 소인수분해

(1) 거듭제곱 : 같은 수나 문자를 여러 번 곱한 것을 간단히 나타낸 것

$$\underbrace{a \times a \times a \times \cdots \times a}_{n개} = a^n \; \text{← 지수 (여러 번 곱한 수나 문자의 개수)}$$
$$\text{← 밑 (여러 번 곱한 수나 문자)}$$

➡ $\underbrace{2 \times 2}_{2개} = 2^2$, $\underbrace{2 \times 2 \times 2}_{3개} = 2^3$, $\underbrace{2 \times 2 \times 2 \times 2}_{4개} = 2^4$, $\cdots$

참고 (1) 2^2을 2의 제곱, 2^3을 2의 세제곱, 2^4을 2의 네제곱이라 읽는다.
　　 (2) 2^2, 2^3, 2^4, $\cdots$을 통틀어 2의 거듭제곱이라 한다.

(2) 밑 : 거듭제곱에서 곱한 수나 문자

(3) 지수 : 거듭제곱에서 곱한 수나 문자의 개수

주의 $2 \times 2 \times 2 = 2^3$이고, $2 + 2 + 2 = 2 \times 3$이다.
　　 <u>2를 세 번 곱한 것</u>　　<u>2를 세 번 더한 것</u>

1의 거듭제곱은 항상 1이다.
➡ $1^2 = 1^3 = 1^4 = \cdots = 1$

$a \neq 0$일 때, $a^1 = a$로 정한다.
예시 $2^1 = 2$, $3^1 = 3$

$$\underbrace{a \times a \times \cdots \times a}_{m개} \underbrace{\times b \times b \times \cdots \times b}_{n개}$$
$$= a^m \times b^n$$

바이블 POINT　거듭제곱으로 나타내기

(1) 곱한 수가 분수이거나 분모에 같은 수의 곱이 있을 때에도 거듭제곱으로 나타낼 수 있다.

예시 $\dfrac{1}{2} \times \dfrac{1}{2} \times \dfrac{1}{2} = \left(\dfrac{1}{2}\right)^3$, $\dfrac{1}{3 \times 3} = \dfrac{1}{3^2}$

(2) 곱한 수가 두 가지 이상일 때는 같은 수끼리의 곱만 거듭제곱으로 나타낼 수 있다.

예시 $\underbrace{2 \times 2 \times 2}_{3개} \underbrace{\times 3 \times 3}_{2개} = 2^3 \times 3^2$
　　　　밑이 다르므로 더 이상 간단히 할 수 없다.

개념 CHECK　01

· 거듭제곱에서 곱한 수나 문자를 ⊙ , 곱한 수나 문자의 개수를 ⓒ 라 한다.

➡ $10^{3 ← ⓔ}$
　　↑
　　ⓐ

다음 거듭제곱의 밑과 지수를 각각 구하시오.

		밑	지수			밑	지수
(1)	3^4			(2)	5^2		
(3)	10^3			(4)	$(0.3)^2$		
(5)	$\left(\dfrac{1}{2}\right)^8$			(6)	$\left(\dfrac{7}{13}\right)^4$		

개념 CHECK　02

· $\underbrace{a \times a \times \cdots \times a}_{a를\ n번\ 곱한\ 것} = a^{ⓐ}$

➡ 여러 번 곱한 수나 문자는 밑이 되고 곱한 횟수는 지수가 된다.

다음을 거듭제곱으로 나타내시오.

(1) $5 \times 5 \times 5$

(2) $3 \times 3 \times 3 \times 3 \times 3$

(3) $2 \times 2 \times 7 \times 7 \times 7$

(4) $\dfrac{1}{4} \times \dfrac{1}{4} \times \dfrac{1}{4} \times \dfrac{1}{4}$

(5) $\dfrac{1}{10 \times 10 \times 10 \times 10}$

(6) $\dfrac{1}{3} \times \dfrac{1}{3} \times \dfrac{1}{3} \times \dfrac{1}{11} \times \dfrac{1}{11}$

답 | ⊙ 밑　ⓒ 지수　ⓔ 지수
　　ⓐ 밑　ⓐ n

대표유형 **03** 거듭제곱으로 나타내기 (1)

⋒ 유형ON >>> 011쪽

다음 중 옳지 <u>않은</u> 것을 모두 고르면? (정답 2개)

① $3 \times 3 \times 3 \times 3 = 3 \times 4$

② $3 \times 7 \times 7 \times 3 \times 3 \times 7 = 3^3 \times 7^3$

③ $5 \times 11 \times 5 \times 11 \times 5 \times 5 = 5^4 \times 11^2$

④ $\dfrac{1}{7} \times \dfrac{1}{7} \times \dfrac{1}{7} \times \dfrac{1}{7} = \dfrac{4}{7}$

⑤ $\dfrac{1}{2 \times 5 \times 2 \times 5 \times 5} = \dfrac{1}{2^2 \times 5^3}$

풀이 과정

① $3 \times 3 \times 3 \times 3 = 3^4$

④ $\dfrac{1}{7} \times \dfrac{1}{7} \times \dfrac{1}{7} \times \dfrac{1}{7} = \left(\dfrac{1}{7}\right)^4$

정답 ①, ④

03·A （숫자 Change）

다음 중 옳은 것은?

① $3^2 = 6$

② $4 \times 4 \times 4 = 3^4$

③ $2 + 2 + 2 + 5 + 5 = 2^3 + 5^2$

④ $5 \times 9 \times 5 \times 9 \times 5 = 5^3 \times 9^2$

⑤ $\dfrac{5}{3} \times \dfrac{5}{3} \times \dfrac{5}{3} \times \dfrac{5}{3} = \dfrac{5^4}{3}$

03·B （표현 Change）

세 자연수 a, b, c에 대하여 $3 \times 2 \times 11 \times 3 \times 2 = 2^a \times 3^b \times 11^c$ 일 때, $a + b - c$의 값을 구하시오.

대표유형 **04** 거듭제곱으로 나타내기 (2)

⋒ 유형ON >>> 011쪽

$2^4 = a$, $3^b = 243$을 만족시키는 자연수 a, b에 대하여 $a + b$의 값을 구하시오.

풀이 과정

$2^4 = 2 \times 2 \times 2 \times 2 = 16$이므로 $a = 16$

$243 = 3 \times 3 \times 3 \times 3 \times 3 = 3^5$이므로 $b = 5$

∴ $a + b = 16 + 5 = 21$

정답 21

04·A （숫자 Change）

$3^a = 81$, $7^3 = b$를 만족시키는 자연수 a, b에 대하여 $a + b$의 값을 구하시오.

04·B （표현 Change）

$64 \times 125 = 2^a \times 5^b$을 만족시키는 자연수 a, b에 대하여 $a - b$의 값을 구하시오.

01

대표 유형 **01**

다음 중 약수가 2개인 수는?

① 8 　　　　② 10 　　　　③ 33

④ 57 　　　　⑤ 73

02

대표 유형 **01**

그림에서 소수가 적혀 있는 칸을 색칠할 때, 나타나는 글자를 말하시오.

18	15	1	19	50
2	23	30	43	66
8	97	39	5	3
75	31	24	13	42
20	86	51	47	72

03 생각이 쑥쑥

대표 유형 **01**

20 이하의 자연수 중 소수의 개수는 a, 합성수의 개수는 b일 때, $b-a$의 값을 구하시오.

04

대표 유형 **02**

다음 중 옳은 것은?

① 가장 작은 소수는 1이다.
② 소수는 모두 홀수이다.
③ 두 소수의 곱은 소수이다.
④ 3의 배수 중 소수는 1개뿐이다.
⑤ 합성수는 자연수 중 소수가 아닌 수이다.

05

대표 유형 **03**

다음 중 5^4에 대한 설명으로 옳지 <u>않은</u> 것은?

① 625와 같다. 　　　　② 밑은 5이다.
③ 지수는 4이다. 　　　　④ 5의 네제곱이라 읽는다.
⑤ $5+5+5+5$를 간단히 나타낸 것이다.

06

대표 유형 **03**

다음 중 옳지 <u>않은</u> 것은?

① $5+5+5=5\times3$
② $2\times2\times2\times2=2^4$
③ $7\times7\times7+11\times11=7^3\times11^2$
④ $\dfrac{3}{7}\times\dfrac{1}{5}\times\dfrac{3}{7}\times\dfrac{1}{5}\times\dfrac{3}{7}=\left(\dfrac{1}{5}\right)^2\times\left(\dfrac{3}{7}\right)^3$
⑤ $\dfrac{1}{2\times2\times3\times3\times2}=\dfrac{1}{2^3\times3^2}$

07

대표 유형 **03**

다음을 만족시키는 자연수 a, b, c에 대하여 $a+c-b$의 값을 구하시오.

$$5\times3\times5\times7\times5\times3\times7=3^a\times5^b\times7^c$$

08

대표 유형 **04**

$2^a=32$, $\left(\dfrac{1}{7}\right)^2=\dfrac{1}{b}$을 만족시키는 자연수 a, b에 대하여 $a+b$의 값은?

① 46 　　　　② 48 　　　　③ 50

④ 52 　　　　⑤ 54

03 소인수분해

(1) 인수 : 자연수 a, b, c에 대하여 $a=b\times c$일 때, b, c를 a의 인수라 한다.

(2) 소인수 : 인수 중 소수인 것

> (예시) $6=1\times 6=2\times 3$ ◀ 6의 약수 1, 2, 3, 6 중 6의 소인수는 2, 3이다.

(3) 소인수분해 : 1보다 큰 자연수를 그 수의 소인수만의 곱으로 나타내는 것

(4) 소인수분해하는 방법
> ❶ 나누어떨어지는 소수로 나눈다. 이때 몫이 소수가 될 때까지 나눈다.
> ❷ 나눈 소수들과 마지막 몫을 곱셈 기호 ×로 연결한다.

방법 1

$60=2\times 30$
$\quad =2\times 2\times 15$
$\quad =2\times 2\times 3\times 5$

방법 2

가지의 끝이 모두 소수가 될 때까지 뻗어 나간다.

$$60 \big\langle {2 \atop 30} \quad 30 \big\langle {2 \atop 15} \quad 15 \big\langle {3 \atop 5}$$

방법 3

$$\begin{array}{r} 2\,)\,60 \\ 2\,)\,30 \\ 3\,)\,15 \\ \hline 5 \end{array}$$

나누어떨어지는 소수로 계속 나눈다.

5 ← 몫이 소수가 될 때까지 나눈다.

➡ 소인수분해한 결과 : $60=2\times 2\times 3\times 5=2^2\times 3\times 5$ ⟶ 크기가 작은 소인수부터 차례대로 쓰고, 같은 소인수의 곱은 거듭제곱으로 나타낸다.

(참고) 자연수를 소인수분해한 결과는 곱하는 순서를 생각하지 않으면 오직 한 가지뿐이다.

> 약수를 다른 말로 인수라고도 한다.

> 60을 소인수분해하면 $60=2^2\times 3\times 5$이다. 이때 60의 소인수는 2^2, 3, 5가 아니라 2, 3, 5이다.

> 소인수분해한 결과는 반드시 소인수만의 곱으로 나타내어야 한다.
> (예시) $60=2\times 3\times 10$ (×)
> $\qquad 60=2^2\times 3\times 5$ (○)

바이블 POINT

소인수 찾기

소인수분해한 결과가 $A=a^m\times b^n$ (a, b는 서로 다른 소수, m, n은 자연수)이면 A의 소인수는 a, b이다.

> (예시) $72=2^3\times 3^2$의 소인수는 2, 3이다.

제곱인 수의 소인수분해

어떤 자연수의 제곱인 수를 소인수분해하면 소인수의 지수가 모두 **짝수**이다.

> (예시) $4=2^2$, $9=3^2$, $16=2^4$, $25=5^2$, $36=2^2\times 3^2$, $\cdots$

개념 CHECK **01**

• 소인수분해한 결과는 반드시 ⑤ □ 만의 곱으로 나타내어야 한다. 이때 보통 크기가 작은 소인수부터 차례대로 쓰고 같은 소인수의 곱은 ⓒ □ 으로 나타낸다.

다음은 18을 두 가지 방법으로 소인수분해하는 과정이다. □ 안에 알맞은 수를 써넣으시오.

방법 1

$$\begin{array}{r} \Box\,)\,18 \\ \Box\,)\,9 \\ \hline \Box \end{array}$$

방법 2

$$18 \big\langle {\Box \atop 9} \big\langle {\Box \atop 3}$$

따라서 18을 소인수분해하면 $18=\Box\times 3^{\Box}$

개념 CHECK **02**

• 소인수분해한 결과가 $A=a^m\times b^n$ (a, b는 서로 다른 소수, m, n은 자연수)이면 A의 소인수는 ⓒ □ , ② □ 이다.

다음 수를 소인수분해하고 소인수를 모두 구하시오.

(1) 24 ⇨ 소인수분해 : _____ ⇨ 소인수 : _____

(2) 63 ⇨ 소인수분해 : _____ ⇨ 소인수 : _____

(3) 81 ⇨ 소인수분해 : _____ ⇨ 소인수 : _____

(4) 120 ⇨ 소인수분해 : _____ ⇨ 소인수 : _____

답 | ⑤ 소인수 ⓒ 거듭제곱 ⓒ a ② b

대표유형 01 소인수분해

⋒ 유형ON >>> 011쪽

다음 중 소인수분해한 것으로 옳지 <u>않은</u> 것은?

① $12=2^2\times3$ ② $16=2^4$ ③ $28=2^2\times7$

④ $30=2\times3\times5$ ⑤ $75=3\times25$

풀이 과정

① 2$)\overline{12}$
　2$)\overline{\ 6\ }$
　　　3
∴ $12=2^2\times3$

② 2$)\overline{16}$
　2$)\overline{\ 8\ }$
　2$)\overline{\ 4\ }$
　　　2
∴ $16=2^4$

③ 2$)\overline{28}$
　2$)\overline{14}$
　　　7
∴ $28=2^2\times7$

④ 2$)\overline{30}$
　3$)\overline{15}$
　　　5
∴ $30=2\times3\times5$

⑤ 3$)\overline{75}$
　5$)\overline{25}$
　　　5
∴ $75=3\times5^2$

따라서 소인수분해한 것으로 옳지 않은 것은 ⑤이다.

정답 ⑤

01·Ⓐ 표현 Change

다음 중 126의 소인수가 <u>아닌</u> 것을 모두 고르면? (정답 2개)

① 2   ② 3   ③ 5

④ 7   ⑤ 11

01·Ⓑ 표현 Change

168을 소인수분해하면 $2^a\times3\times b$일 때, 자연수 a, b에 대하여 $a+b$의 값을 구하시오.

대표유형 02 소인수분해를 이용하여 제곱인 수 만들기

⋒ 유형ON >>> 013쪽

48에 자연수를 곱하여 어떤 자연수의 제곱이 되도록 할 때, 곱할 수 있는 가장 작은 자연수를 구하시오.

풀이 과정

$48=2^4\times3$에 자연수를 곱하여 어떤 자연수의 제곱이 되도록 하려면 곱하는 자연수는 $3\times(자연수)^2$ 꼴이어야 한다.
따라서 곱할 수 있는 가장 작은 자연수는 $3\times1^2=3$이다.

정답 3

02·Ⓐ 숫자 Change

360에 자연수를 곱하여 어떤 자연수의 제곱이 되도록 할 때, 곱할 수 있는 가장 작은 자연수를 구하시오.

02·Ⓑ 표현 Change

$98\times x$가 어떤 자연수의 제곱이 되도록 할 때, 다음 중 자연수 x가 될 수 <u>없는</u> 수는?

① 2   ② 8   ③ 14

④ 18   ⑤ 32

BIBLE SAYS 제곱인 수 만들기

제곱인 수는 다음과 같은 순서대로 만든다.

❶ 주어진 수를 소인수분해한다.

❷ 지수가 홀수인 소인수를 찾아 지수가 짝수가 되도록 적당한 수를 곱하거나 적당한 수로 나눈다.

제곱인 수
↓
모든 소인수의
지수가 짝수

(예시) $2^2\times3\times a$ (a는 자연수)가 어떤 자연수의 제곱인 수가 되려면 $a=3\times(자연수)^2$ 꼴이어야 하므로 a가 될 수 있는 수를 작은 수부터 차례대로 나열하면 3×1^2, 3×2^2, 3×3^2, …

04 소인수분해를 이용하여 약수 구하기 ··· Ⅰ 01 소인수분해

(1) 자연수 A가 $A=a^m$ (a는 소수, m은 자연수)으로 소인수분해될 때

① A의 약수 ➡ $1, a, a^2, a^3, \cdots, a^m$

② A의 약수의 개수 ➡ $m+1$

(2) 자연수 A가 $A=a^m \times b^n$ (a, b는 서로 다른 소수, m, n은 자연수)으로 소인수분해될 때

① A의 약수 ➡ (a^m의 약수) $\times$ (b^n의 약수)

$\underbrace{1, a, a^2, \cdots, a^m}_{(m+1)개}$ $\underbrace{1, b, b^2, \cdots, b^n}_{(n+1)개}$

② A의 약수의 개수 ➡ $(m+1) \times (n+1)$ ← 각 소인수의 지수에 1을 더하여 곱한다.

> 자연수 A가 $A=a^l \times b^m \times c^n$
> (a, b, c는 서로 다른 소수, l, m, n은
> 자연수)으로 소인수분해될 때
> (1) A의 약수
>   (a^l의 약수) $\times$ (b^m의 약수) $\times$ (c^n의 약수)
> (2) A의 약수의 개수
> $(l+1) \times (m+1) \times (n+1)$

바이블 POINT 소인수분해를 이용하여 약수와 약수의 개수 구하기

50을 소인수분해하면 $50=2 \times 5^2$

(1) 50의 약수는 오른쪽 표와 같이 2의 약수인 1, 2와 5^2의 약수인
1, 5, 5^2을 각각 곱하여 구한다.

➡ 50의 약수 : 1, 2, 5, 10, 25, 50

(2) 50의 약수의 개수는 $(1+1) \times (2+1)=6$
└ 소인수 2, 5의 지수 1, 2에 1을 각각 더하여 곱한다.

		5^2의 약수	
$\times$	1	5	5^2
1	$1 \times 1=1$	$1 \times 5=5$	$1 \times 5^2=25$
2	$2 \times 1=2$	$2 \times 5=10$	$2 \times 5^2=50$

2의 약수 (왼쪽 열) · (2의 약수) $\times$ (5^2의 약수)

(주의) 어떤 수의 약수의 개수를 구할 때는 먼저 소인수분해가 바르게 되었는지 확인한다.

50의 약수의 개수를 구할 때, $50=2 \times 25$이므로 50의 약수의 개수를 $(1+1) \times (1+1)=4$라 하면 안된다.

50을 바르게 소인수분해하면 $50=2 \times 5^2$이므로 약수의 개수는 $(1+1) \times (2+1)=6$이다.

개념 CHECK 01

· 자연수 $A=a^m \times b^n$ (a, b는 서로 다른
소수, m, n은 자연수)에 대하여
(1) A의 약수
  ➡ (a^m의 약수) $\times$ ($\boxed{\text{㉠}}$의 약수)
(2) A의 약수의 개수
  ➡ $(\boxed{\text{㉡}}+1) \times (n+1)$

다음은 소인수분해를 이용하여 주어진 수의 약수를 구하는 과정이다. 표를 완성하고 주어진 수의 약수를 모두 구하시오.

(1) $45=3^2 \times 5$

$\times$	1	5
1		
3		
3^2		

⇨ 45의 약수 : _____

(2) $72=2^3 \times 3^2$

$\times$	1	3	3^2
1			
2			
2^2			
2^3			

⇨ 72의 약수 : _____

개념 CHECK 02

· 약수의 개수 구하기
❶ 주어진 수를 소인수분해한다.
❷ 각 소인수의 지수에 $\boxed{\text{㉢}}$을 더하여 곱한다.

다음 수의 약수의 개수를 구하시오.

(1) 7^5

(2) $3^3 \times 5^2$

(3) $2^2 \times 3 \times 5^2$

(4) 56

(5) 100

(6) 180

답 | ㉠ b^n ㉡ m ㉢ 1

대표유형 03 소인수분해를 이용하여 약수 구하기

다음 중 $2^4 \times 5^2$의 약수가 <u>아닌</u> 것은?

① 2   ② 2×5 ③ 2×5^2

④ $2^2 \times 5^2$ ⑤ $2^3 \times 5^3$

풀이 과정

$2^4 \times 5^2$의 약수는 (2^4의 약수)×(5^2의 약수) 꼴이다.

⑤ $2^3 \times 5^3$에서 5^3은 5^2의 약수가 아니다.

정답 ⑤

03·A 숫자 Change

다음 중 $2^3 \times 3 \times 5$의 약수가 <u>아닌</u> 것을 모두 고르면?

(정답 2개)

① $2^2 \times 3$ ② $3^2 \times 5$ ③ $2 \times 3 \times 5^2$

④ $2^3 \times 5$ ⑤ $2^3 \times 3 \times 5$

03·B 표현 Change

다음 보기 중 260의 약수인 것을 모두 고르시오.

보기

ㄱ. $2^2 \times 5$ ㄴ. 5×13 ㄷ. $2^3 \times 13$

ㄹ. $5^2 \times 13$ ㅁ. $2^2 \times 5 \times 13$ ㅂ. $2^2 \times 5 \times 13^2$

대표유형 04 소인수분해를 이용하여 약수의 개수 구하기

다음 중 약수의 개수가 가장 많은 것은?

① $2^2 \times 3 \times 5$ ② 2^7 ③ 12

④ 42   ⑤ 98

풀이 과정

약수의 개수를 구해 보면 다음과 같다.

① $(2+1) \times (1+1) \times (1+1) = 12$

② $7+1 = 8$

③ $12 = 2^2 \times 3$이므로 $(2+1) \times (1+1) = 6$

④ $42 = 2 \times 3 \times 7$이므로 $(1+1) \times (1+1) \times (1+1) = 8$

⑤ $98 = 2 \times 7^2$이므로 $(1+1) \times (2+1) = 6$

따라서 약수의 개수가 가장 많은 것은 ①이다.

정답 ①

04·A 숫자 Change

다음 중 약수의 개수가 가장 적은 것은?

① $5^3 \times 17$ ② $2^2 \times 5$ ③ 3^6

④ 36   ⑤ 150

04·B 표현 Change

7^4의 약수의 개수를 a, $2^3 \times 3^2 \times 11$의 약수의 개수를 b라 할 때, $a+b$의 값을 구하시오.

BIBLE SAYS 약수의 개수 구하기

a, b, c는 서로 다른 소수이고, l, m, n은 자연수일 때

(1) a^n의 약수의 개수 ➡ $n+1$

(2) $a^m \times b^n$의 약수의 개수 ➡ $(m+1) \times (n+1)$

(3) $a^l \times b^m \times c^n$의 약수의 개수 ➡ $(l+1) \times (m+1) \times (n+1)$

대표 유형 05 약수의 개수가 주어질 때, 지수 구하기

유형ON >>> 016쪽

$3^3 \times 5^a$의 약수의 개수가 28일 때, 자연수 a의 값을 구하시오.

풀이 과정

$3^3 \times 5^a$의 약수의 개수가 28이므로
$(3+1) \times (a+1) = 28$
$4 \times (a+1) = 28$
$a+1 = 7$ $\therefore a = 6$

정답 6

BIBLE SAYS 약수의 개수가 주어질 때, 지수 구하기

$a^m \times b^n$ (a, b는 서로 다른 소수, m, n은 자연수)의 약수의 개수가 k이다.
➡ $(m+1) \times (n+1) = k$

05·A 숫자 Change

$2^4 \times 13^a$의 약수의 개수가 25일 때, 자연수 a의 값을 구하시오.

05·B 표현 Change

$3^a \times 5^2 \times 7^3$의 약수의 개수가 $2^5 \times 3^5$의 약수의 개수와 같을 때, 자연수 a의 값을 구하시오.

대표 유형 06 약수의 개수가 주어질 때, 곱해진 수 구하기

유형ON >>> 016쪽

$2^3 \times \square$의 약수의 개수가 10일 때, 다음 중 $\square$ 안에 들어갈 수 있는 수는?

① 2   ② 3   ③ 4
④ 5   ⑤ 6

풀이 과정

$\square$ 를 주어진 수로 바꾼 후 약수의 개수가 문제에서 주어진 것과 같은 것을 찾는다.
① $2^3 \times 2 = 2^4$이므로 약수의 개수는 $4+1 = 5$
② $2^3 \times 3$의 약수의 개수는 $(3+1) \times (1+1) = 8$
③ $2^3 \times 4 = 2^3 \times 2^2 = 2^5$이므로 약수의 개수는 $5+1 = 6$
④ $2^3 \times 5$의 약수의 개수는 $(3+1) \times (1+1) = 8$
⑤ $2^3 \times 6 = 2^3 \times 2 \times 3 = 2^4 \times 3$이므로 약수의 개수는 $(4+1) \times (1+1) = 10$
따라서 $\square$ 안에 들어갈 수 있는 수는 ⑤이다.

정답 ⑤

06·A 숫자 Change

$3^5 \times \square$의 약수의 개수가 24일 때, 다음 중 $\square$ 안에 들어갈 수 있는 수는?

① 2   ② 4   ③ 6
④ 8   ⑤ 27

01

대표 유형 **01**

다음 중 소인수분해한 것으로 옳은 것은?

① $18 = 2 \times 9$ ② $24 = 2^2 \times 6$ ③ $36 = 2^2 \times 3^2$

④ $40 = 2 \times 4 \times 5$ ⑤ $96 = 2^4 \times 6$

02

대표 유형 **01**

다음 중 $2^3 \times 5^2$과 소인수가 같은 것은?

① 12   ② 30   ③ 45

④ 100   ⑤ 140

03

대표 유형 **01**

84를 소인수분해하면 $2^a \times 3^b \times c$이다. 자연수 a, b, c에 대하여 $a+b+c$의 값을 구하시오.

04

생각이 **쑥쑥**

대표 유형 **02**

40에 가장 작은 자연수 a를 곱하여 어떤 자연수 b의 제곱이 되도록 할 때, $a+b$의 값은?

① 10   ② 15   ③ 20

④ 25   ⑤ 30

05

대표 유형 **02**

240을 자연수 x로 나누어 어떤 자연수의 제곱이 되도록 할 때, 다음 중 x의 값이 될 수 있는 것은?

① 4   ② 20   ③ 24

④ 60   ⑤ 120

06

대표 유형 **03**

다음 중 144의 약수인 것을 모두 고르면? (정답 2개)

① 3   ② 7   ③ $2^2 \times 3$

④ $2^5 \times 3$ ⑤ $2^3 \times 3^3$

07

대표 유형 03

다음 중 $3^2 \times 5^2 \times 7$의 약수가 <u>아닌</u> 것은?

① 3^2 ② 5×7 ③ $3^2 \times 5$

④ $3 \times 5^2 \times 7$ ⑤ $3^3 \times 5^2 \times 7$

08 생각이 쑥쑥↑

대표 유형 04

다음 중 약수의 개수가 나머지 넷과 <u>다른</u> 하나는?

① 88 ② 3×5^3 ③ 3×14

④ 175 ⑤ 5^7

09

대표 유형 01 ⊕ 02 ⊕ 03 ⊕ 04

다음 중 108에 대한 설명으로 옳지 <u>않은</u> 것을 모두 고르면?

(정답 2개)

① 소인수분해하면 $2^3 \times 3^3$이다.

② 소인수는 2, 3이다.

③ 2×3^3을 약수로 갖는다.

④ 약수의 개수는 24이다.

⑤ 3을 곱하면 어떤 자연수의 제곱이 된다.

10

대표 유형 05

$2^n \times 7^2$의 약수의 개수가 12일 때, 자연수 n의 값은?

① 1 ② 2 ③ 3

④ 4 ⑤ 5

11

대표 유형 05

180의 약수의 개수와 $2^x \times 7^2$의 약수의 개수가 같을 때, 자연수 x의 값은?

① 1 ② 2 ③ 3

④ 4 ⑤ 5

12

대표 유형 06

$3^3 \times \square$의 약수의 개수가 12일 때, 다음 중 $\square$ 안에 들어갈 수 있는 수를 모두 고르면? (정답 2개)

① 6 ② 8 ③ 12

④ 18 ⑤ 25

서술형 훈련하기

함께 풀기

$2^2 \times 3 \times 5$의 약수 중 두 번째로 작은 수를 a, 두 번째로 큰 수를 b라 할 때, $a+b$의 값을 구하시오.

풀이 과정

1단계 a의 값 구하기

$2^2 \times 3 \times 5$의 약수 중 두 번째로 작은 수는 가장 작은 소인수이므로 $a=2$
       ····· 45%

2단계 b의 값 구하기

$2^2 \times 3 \times 5$의 약수 중 두 번째로 큰 수는 주어진 수를 가장 작은 소인수 2로 나눈 수이므로 $b=2 \times 3 \times 5=30$ ····· 45%

3단계 $a+b$의 값 구하기

$\therefore a+b=2+30=32$ ····· 10%

정답 _____32_____

따라 풀기

01 $3 \times 5^2 \times 7$의 약수 중 두 번째로 작은 수를 a, 두 번째로 큰 수를 b라 할 때, $a+b$의 값을 구하시오.

풀이 과정

1단계 a의 값 구하기

2단계 b의 값 구하기

3단계 $a+b$의 값 구하기

정답 _____

함께 풀기

$3^a \times 5 \times 7^3$의 약수의 개수와 540의 약수의 개수가 같을 때, 자연수 a의 값을 구하시오.

풀이 과정

1단계 540의 약수의 개수 구하기

$540=2^2 \times 3^3 \times 5$이므로
540의 약수의 개수는
$(2+1) \times (3+1) \times (1+1)=24$ ····· 30%

2단계 $3^a \times 5 \times 7^3$의 약수의 개수를 a를 사용하여 나타내기

$3^a \times 5 \times 7^3$의 약수의 개수는
$(a+1) \times (1+1) \times (3+1)=8 \times (a+1)$ ····· 30%

3단계 a의 값 구하기

이때 $3^a \times 5 \times 7^3$의 약수의 개수와 540의 약수의 개수가 같으므로
$8 \times (a+1)=24$, $a+1=3$ $\therefore a=2$ ····· 40%

정답 _____2_____

따라 풀기

02 288의 약수의 개수와 $2^2 \times 5 \times 7^a$의 약수의 개수가 같을 때, 자연수 a의 값을 구하시오.

풀이 과정

1단계 288의 약수의 개수 구하기

2단계 $2^2 \times 5 \times 7^a$의 약수의 개수를 a를 사용하여 나타내기

3단계 a의 값 구하기

정답 _____

03 자연수 n의 소인수 중 가장 큰 수를 $P(n)$, 가장 작은 수를 $Q(n)$이라 할 때, $P(819)-Q(385)$의 값을 구하시오.

풀이 과정

정답 _____

04 어떤 자연수는 서로 다른 두 소수의 합으로 나타낼 수 있다. 예를 들어 $18=5+13=7+11$과 같이 나타낼 수 있다. 50을 서로 다른 두 소수의 합으로 나타내는 방법은 모두 몇 가지인지 구하시오. (단, 더하는 순서는 생각하지 않는다.)

풀이 과정

정답 _____

05 80에 자연수를 곱하여 어떤 자연수의 제곱이 되도록 할 때, 곱할 수 있는 가장 작은 세 자리 자연수를 구하시오.

풀이 과정

정답 _____

06 180의 약수 중 5의 배수의 개수를 구하시오.

풀이 과정

정답 _____

★ : 중요

STEP 1 기본 다지기

01

$2^a=16$, $3^5=b$를 만족시키는 자연수 a, b에 대하여 $a+b$의 값은?

① 84   ② 85   ③ 86
④ 246   ⑤ 247

02

다음 조건을 모두 만족시키는 자연수의 개수는?

> ㉮ 30보다 크고 50보다 작은 자연수이다.
> ㉯ 약수가 2개이다.

① 3   ② 4   ③ 5
④ 6   ⑤ 7

03

세 자연수 x, y, z에 대하여

$$3\times3\times5\times11\times5\times5\times3\times11\times11\times5\times3\times3$$
$$=3^x\times5^y\times11^z$$

일 때, $x+y-z$의 값을 구하시오.

04

다음 중 모든 소인수의 합이 가장 큰 것은?

① 48   ② 60   ③ 98
④ 132   ⑤ 208

05

675를 소인수분해하면 $a^m\times b^n$일 때, 자연수 a, b, m, n에 대하여 $a+b+m+n$의 값을 구하시오.

06

다음 중 옳은 것을 모두 고르면? (정답 2개)

① 가장 작은 소수는 3이다.
② 합성수는 약수가 3개 이상이다.
③ 20을 소인수분해하면 4×5이다.
④ 42의 소인수는 2, 3, 7이다.
⑤ 7보다 작은 소수는 1, 2, 3이다.

07

$2^4 \times 5^3 \times 7 \times a$가 어떤 자연수의 제곱이 되도록 할 때, 가장 작은 자연수 a의 값을 구하시오.

08

다음 보기 중 $3^3 \times 5^2 \times 7^3 \times 11$의 약수인 것을 모두 고른 것은?

┌─ 보기 ─────────────────────────┐
ㄱ. 5^2 ㄴ. $7^2 \times 11^2$

ㄷ. $3^3 \times 5 \times 11$ ㄹ. $3^3 \times 5^2 \times 7^5$

ㅁ. $3 \times 5 \times 7^3 \times 11$ ㅂ. $5^3 \times 7^4 \times 11$
└───────────────────────────┘

① ㄱ, ㅁ   ② ㄱ, ㄷ, ㅁ   ③ ㄴ, ㄷ, ㅁ
④ ㄴ, ㄹ, ㅁ   ⑤ ㄴ, ㄹ, ㅂ

09

261의 모든 약수의 합은?

① 280   ② 312   ③ 356
④ 390   ⑤ 432

10

다음 중 약수의 개수가 나머지 넷과 <u>다른</u> 하나는?

① 20   ② 32   ③ 63
④ 105   ⑤ 242

11

$8 \times 3^2 \times 7^a$의 약수의 개수가 36일 때, 자연수 a의 값은?

① 1   ② 2   ③ 3
④ 4   ⑤ 5

12

200 이하의 자연수 중 약수의 개수가 3인 자연수의 개수는?

① 4   ② 5   ③ 6
④ 7   ⑤ 8

STEP 2 실력 다지기

13

자연수 a보다 작은 소수가 5개일 때, a가 될 수 있는 수를 모두 구하시오.

14

다음 중 자연수 a, b에 대하여 $a \times b = 108$을 만족시키는 a의 값이 될 수 <u>없는</u> 것은?

① 2×3 ② $2^2 \times 3$ ③ 3^3
④ $2^3 \times 3^2$ ⑤ $2^2 \times 3^3$

15

300을 자연수 x로 나누어 어떤 자연수의 제곱이 되도록 할 때, x의 값 중 두 번째로 큰 자연수를 구하시오.

16

$20 \times a = 175 \times b = c^2$을 만족시키는 가장 작은 자연수 a, b, c에 대하여 $a - b - c$의 값을 구하시오.

17

다음 조건을 모두 만족시키는 가장 작은 자연수 A의 값을 구하시오.

⑦ A를 소인수분해하면 소인수는 3, 5뿐이다.
⑷ A의 약수의 개수가 8이다.

18

$2^4 \times \square$의 약수의 개수가 15일 때, $\square$ 안에 들어갈 수 있는 자연수 중 가장 작은 수를 구하시오.

자기
평가

정답을 맞힌 문항에 ○표를 하고 결과를 점검한 다음, 이 단원의 내용을 얼마나 성취했는지 확인하세요.

문항 번호																	
1	2	3	4	5	6	7	8	9	10	11	12	13	14	15	16	17	18

1개 ~9개 개념 학습이 필요해요!   ▶   10개 ~12개 부족한 부분을 검토해 봅시다!   ▶   13개 ~15개 실수를 줄여 봅시다!   ▶   16개 ~18개 훌륭합니다!

02

최대공약수와
최소공배수

01 최대공약수

··· ㅣ 02 최대공약수와 최소공배수

(1) **공약수** : 두 개 이상의 자연수의 공통인 약수

(2) **최대공약수** : 공약수 중 가장 큰 수

> 공약수 중 가장 작은 수는 항상 1이므로 최소공약수는 생각하지 않는다.

(3) **최대공약수의 성질**

두 개 이상의 자연수의 공약수는 그 수들의 최대공약수의 약수이다.

➡ (두 수 a, b의 공약수)=(두 수 a, b의 최대공약수의 약수)

(예시) 6의 약수 : **1**, **2**, 3, 6 ⎤
　　　8의 약수 : **1**, **2**, 4, 8 ⎦ ➡ 공약수 : 1, **2**
　　　　　　　　　　　　　　　└ 최대공약수

➡ 6과 8의 공약수는 6과 8의 최대공약수인 2의 약수이다.

> 공약수의 개수는 최대공약수의 약수의 개수와 같다.

(4) **서로소** : 최대공약수가 1인 두 자연수

➡ 두 자연수가 서로소이면 두 수의 공약수는 1뿐이다.

(예시) 5와 8의 최대공약수는 1이므로 5와 8은 서로소이다.

(참고) 서로 다른 두 소수는 항상 서로소이다.

> 공약수가 1뿐인 두 자연수는 서로소이다.

> 1은 모든 자연수와 서로소이다.

바이블 POINT **공약수와 최대공약수**

(1) 12의 약수 : **1**, **2**, **3**, 4, **6**, 12
　　18의 약수 : **1**, **2**, **3**, **6**, 9, 18 ➡ 공약수 : 1, 2, 3, 6 ➡ 최대공약수 : 6

(공약수)=(최대공약수인 6의 약수)

(2) 14의 약수 : **1**, 2, 7, 14
　　15의 약수 : **1**, 3, 5, 15 ➡ 공약수 : 1 ➡ 최대공약수 : 1 ➡ 14와 15는 서로소

개념 CHECK **01**

• 두 개 이상의 자연수의 공통인 약수는 ⊙_____ 이고 공약수 중 가장 큰 수는 ⊙_____ 이다.

두 수 24, 32에 대하여 다음을 구하시오.

(1) 24의 약수 : _____

(2) 32의 약수 : _____

(3) 24와 32의 공약수 : _____

(4) 24와 32의 최대공약수 : _____

개념 CHECK **02**

• 두 개 이상의 자연수의 공약수는 그 수들의 ⓒ_____ 의 약수이다.

최대공약수가 다음과 같은 두 자연수의 공약수를 모두 구하시오.

(1) 최대공약수 : 4 ⇨ 공약수 : _____

(2) 최대공약수 : 15 ⇨ 공약수 : _____

(3) 최대공약수 : 28 ⇨ 공약수 : _____

답 | ⊙ 공약수 ⓒ 최대공약수 ⓒ 최대공약수

대표유형 01 **최대공약수의 성질**

⌂ 유형ON >>> 026쪽

두 자연수 A, B의 최대공약수가 42일 때, 다음 중 두 수 A, B의 공약수가 <u>아닌</u> 것은?

① 1 　　　　② 2 　　　　③ 6
④ 8 　　　　⑤ 21

풀이 과정

두 자연수 A, B의 공약수는 최대공약수인 42의 약수이므로
1, 2, 3, 6, 7, 14, 21, 42이다.
따라서 두 수 A, B의 공약수가 아닌 것은 ④이다.

정답 ④

01·A (숫자 Change)

두 자연수 A, B의 최대공약수가 35일 때, 다음 중 두 수 A, B의 공약수가 <u>아닌</u> 것은?

① 1 　　　　② 3 　　　　③ 5
④ 7 　　　　⑤ 35

01·B (표현 Change)

두 자연수의 최대공약수가 $2^3 \times 3$일 때, 이 두 자연수의 공약수는 모두 몇 개인가?

① 3개 　　　　② 8개 　　　　③ 12개
④ 18개 　　　　⑤ 24개

대표유형 02 **서로소**

⌂ 유형ON >>> 026쪽

다음 중 두 수가 서로소인 것은?

① 7, 56 　　　　② 8, 21 　　　　③ 18, 48
④ 27, 63 　　　　⑤ 42, 91

풀이 과정

두 수의 최대공약수를 각각 구해 보면
① 7　② 1　③ 6　④ 9　⑤ 7
따라서 두 수가 서로소인 것은 ②이다.

정답 ②

02·A (숫자 Change)

다음 중 두 수가 서로소가 <u>아닌</u> 것은?

① 24, 37 　　　　② 15, 49 　　　　③ 9, 25
④ 28, 63 　　　　⑤ 55, 72

02·B (표현 Change)

다음 수 중 16과 서로소인 것은 모두 몇 개인지 구하시오.

5, 20, 27, 32, 49, 52

02 최대공약수 구하기

방법 1 **소인수분해 이용하기**

❶ 각 수를 소인수분해한다.

❷ 공통인 소인수를 모두 곱한다. 이때 공통인 소인수의 거듭제곱에서 지수가 같으면 그대로, 지수가 다르면 작은 것을 택하여 곱한다.

> 소인수분해를 이용하여 최대공약수를 구할 때는 같은 소인수끼리 줄을 맞춰서 쓰면 편리하다.

$$
\begin{aligned}
24 &= 2 \times 2 \times 2 \times 3 &&= 2^3 \times 3 \\
30 &= 2 \qquad\quad \times 3 \times 5 &&= 2 \times 3 \times 5 \\
\hline
(\text{최대공약수}) &= 2 \qquad\quad \times 3 &&= 2 \times 3 = 6
\end{aligned}
$$

└ 지수가 다르면 작은 쪽
(2^3과 2 중 2의 지수가 더 작다.)   └ 지수가 같으면 그대로

방법 2 **나눗셈 이용하기**

❶ 1이 아닌 공약수로 각 수를 나눈다.

❷ 몫에 1 이외의 공약수가 없을 때까지 계속 나눈다.
  └ 몫이 서로소가 될 때까지

❸ 나누어 준 공약수를 모두 곱한다.

$$
\begin{array}{r}
2\,)\underline{\;24\quad 30\;} \\
3\,)\underline{\;12\quad 15\;} \\
4\quad 5
\end{array}
$$
서로소

$(\text{최대공약수}) = 2 \times 3 = 6$

바이블 POINT **세 수의 최대공약수 구하기**

(1) 소인수분해 이용하기

$$
\begin{aligned}
12 &= 2^2 \times 3^1 \\
72 &= 2^3 \times 3^2 \\
90 &= 2^1 \times 3^2 \times 5 \\
\hline
(\text{최대공약수}) &= 2^1 \times 3^1 = 6
\end{aligned}
$$

(2) 나눗셈 이용하기

두 수의 최대공약수를 구할 때와 같은 방법으로 구하되, 세 수의 1이 아닌 공약수가 있을 때까지만 공약수로 나눈다.

$$
\begin{array}{r}
2\,)\underline{\;12\quad 72\quad 90\;} \\
3\,)\underline{\;\;6\quad 36\quad 45\;} \\
2\quad 12\quad 15
\end{array}
$$
←세 수의 공약수가 1뿐이면 멈춘다.

$(\text{최대공약수}) = 2 \times 3 = 6$

개념 CHECK **01** 다음 수들의 최대공약수를 소인수의 곱으로 나타내시오.

(1)
$$
\begin{aligned}
& 2 \times 3^2 \\
& 2^3 \times 3^4 \\
\hline
(\text{최대공약수}) &= \underline{\qquad}
\end{aligned}
$$

(2)
$$
\begin{aligned}
& 2^2 \qquad \times 5^4 \\
& 2^3 \times 3 \times 5^2 \\
& 2^2 \qquad \times 5^3 \times 7 \\
\hline
(\text{최대공약수}) &= \underline{\qquad}
\end{aligned}
$$

개념 CHECK **02** 다음 수들의 최대공약수를 나눗셈을 이용하여 구하시오.

(1)
$$
\quad)\,\underline{\;42\quad 63\;}
$$

(2)
$$
\quad)\,\underline{\;18\quad 36\quad 54\;}
$$

$(\text{최대공약수}) = \underline{\qquad}$ $(\text{최대공약수}) = \underline{\qquad}$

대표유형 **03** 최대공약수 구하기

⋔ 유형ON >>> 027쪽

세 수 2×3^3, $2^2 \times 3^2 \times 5$, $2^4 \times 3^3$의 최대공약수는?

① 2^3　　　　　② 2×3　　　　　③ 2×3^2

④ $2^2 \times 3 \times 5$　　　⑤ $2^2 \times 3^2 \times 5$

풀이 과정

(최대공약수)$= 2 \times 3^2$

정답 ③

03·Ⓐ (숫자 Change)

두 수 $2^3 \times 3$, 108의 최대공약수는?

① 2×3　　　　② 2×3^2　　　　③ $2^2 \times 3$

④ $2^2 \times 3^2$　　　⑤ $2^2 \times 3^3$

03·Ⓑ (표현 Change)

두 수 $2^3 \times 3^a \times 5^4$, $3^2 \times 5^2 \times 7$의 최대공약수가 3×5^b일 때, 자연수 a, b에 대하여 $a+b$의 값을 구하시오.

대표유형 **04** 공약수와 최대공약수

⋔ 유형ON >>> 027쪽

다음 중 두 수 $2^2 \times 5 \times 7$, $2^3 \times 5 \times 7^2$의 공약수가 아닌 것은?

① 2^2　　　　　② 2×5　　　　　③ $2^2 \times 7$

④ $2^2 \times 5 \times 7$　　　⑤ $2^3 \times 5 \times 7$

풀이 과정

두 수 $2^2 \times 5 \times 7$, $2^3 \times 5 \times 7^2$의 최대공약수는
$2^2 \times 5 \times 7$이므로 공약수는 $2^2 \times 5 \times 7$의 약수
이다.
이때 $2^2 \times 5 \times 7$의 약수는

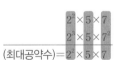

(최대공약수)$= 2^2 \times 5 \times 7$

(2^2의 약수)$\times$(5의 약수)$\times$(7의 약수) 꼴이므로 공약수가 아닌 것은
⑤ $2^3 \times 5 \times 7$이다.
   └ 2^2의 약수가 아니다.

정답 ⑤

04·Ⓐ (숫자 Change)

다음 중 세 수 $2^2 \times 3^2 \times 5$, $2^2 \times 3^3 \times 7$, $2^3 \times 3^2$의 공약수가 아닌 것은?

① 2^2　　　　　② 3^2　　　　　③ 2×3

④ $2^3 \times 3$　　　⑤ $2^2 \times 3^2$

04·Ⓑ (표현 Change)

두 수 84, 150의 공약수는 모두 몇 개인가?

① 3개　　　　② 4개　　　　③ 5개

④ 6개　　　　⑤ 7개

대표유형 **05** 두 분수를 자연수로 만들기 (1)

⌂ 유형ON >>> 033쪽

두 분수 $\dfrac{72}{n}$, $\dfrac{96}{n}$이 자연수가 되도록 하는 자연수 n의 값 중 가장 큰 수는?

① 6   ② 12   ③ 18

④ 24   ⑤ 32

풀이 과정

$\dfrac{72}{n}$, $\dfrac{96}{n}$이 자연수가 되도록 하는 n의 값은
72와 96의 공약수이다.
이때 n의 값 중 가장 큰 수는 72와 96의 최대
공약수이므로 구하는 수는 24이다.

$$72 = 2^3 \times 3^2$$
$$96 = 2^5 \times 3$$
$$\overline{\text{(최대공약수)} = 2^3 \times 3 = 24}$$

정답 ④

BIBLE SAYS 두 분수 $\dfrac{a}{n}$, $\dfrac{b}{n}$가 자연수가 되도록 하는 자연수 n의 값 구하기

$\dfrac{a}{n}$, $\dfrac{b}{n}$가 자연수가 되도록 하는 자연수 n의 값은
a, b의 공약수이고 이 중 가장 큰 값은 a, b의 최대공약수이다.

05·A 숫자 Change

두 분수 $\dfrac{28}{n}$, $\dfrac{70}{n}$이 자연수가 되도록 하는 자연수 n의 값 중 가장 큰 수를 구하시오.

05·B 표현 Change

다음 중 두 분수 $\dfrac{30}{n}$, $\dfrac{75}{n}$가 자연수가 되도록 하는 자연수 n의 값이 **아닌** 것은?

① 1   ② 3   ③ 5

④ 9   ⑤ 15

대표유형 **06** 나누는 수 구하기

⌂ 유형ON >>> 032쪽

어떤 자연수로 64를 나누면 1이 남고, 86을 나누면 2가 남는다. 이와 같은 자연수 중 가장 큰 수를 구하시오.

풀이 과정

어떤 자연수로 64를 나누면 1이 남고,
86을 나누면 2가 남으므로 어떤 자연수로
$64-1=63$과 $86-2=84$를 나누면 나누
어떨어진다.
따라서 어떤 자연수는 63과 84의 공약수 중 2보다 큰 수이므로 구하는 가장
큰 수는 63과 84의 최대공약수인 21이다.

$$63 = 3^2 \times 7$$
$$84 = 2^2 \times 3 \times 7$$
$$\overline{\text{(최대공약수)} = 3 \times 7 = 21}$$

정답 21

BIBLE SAYS 나누어떨어지게 하는 수 구하기

두 자연수 x, r $(x > r)$에 대하여
(1) x로 A를 나누면 r가 남는다.
  ➡ x로 $A-r$를 나누면 나누어떨어진다.
  ➡ x는 $A-r$의 약수이다.
(2) x로 A를 나누면 r가 부족하다.
  ➡ x로 $A+r$를 나누면 나누어떨어진다.
  ➡ x는 $A+r$의 약수이다.

06·A 숫자 Change

어떤 자연수로 39를 나누면 3이 남고, 56을 나누면 2가 남는다. 이와 같은 자연수 중 가장 큰 수를 구하시오.

06·B 표현 Change

어떤 자연수로 80을 나누면 8이 남고, 76을 나누면 5가 부족하다고 한다. 이때 어떤 자연수를 구하시오.

01
대표 유형 01

두 자연수 A, B의 최대공약수가 12일 때, 두 수 A, B의 공약수는 모두 몇 개인가?

① 2개 ② 3개 ③ 4개
④ 5개 ⑤ 6개

02
대표 유형 02

10보다 작은 자연수 중 8과 서로소인 자연수는 모두 몇 개인지 구하시오.

03
대표 유형 03

두 수 $2^a \times 3^3 \times 5^4$, $2^3 \times 5^b \times 7$의 최대공약수가 $2^2 \times 5^2$일 때, 자연수 a, b에 대하여 $a+b$의 값을 구하시오.

04 생각이 쑥쑥
대표 유형 03

두 수 $3^3 \times \square$와 $2^3 \times 3 \times 5^2$의 최대공약수가 3×5^2일 때, 다음 중 $\square$ 안에 들어갈 수 있는 수를 모두 고르면? (정답 2개)

① 3 ② 5^2 ③ 2×5
④ 2×5^3 ⑤ $5^2 \times 7^2$

05
대표 유형 04

다음 중 두 수 216, $2 \times 3^2 \times 5^2$의 공약수가 <u>아닌</u> 것은?

① 2 ② 3 ③ 2×3
④ 2×3^2 ⑤ 2×3^3

06
대표 유형 04

세 수 $2^2 \times 3 \times 5^2$, $2 \times 3^2 \times 5$, $2^2 \times 3 \times 5 \times 7$의 공약수는 모두 몇 개인지 구하시오.

07
대표 유형 05

두 분수 $\dfrac{168}{n}$, $\dfrac{280}{n}$이 자연수가 되도록 하는 자연수 n의 값 중 가장 큰 수는?

① 44 ② 48 ③ 52
④ 56 ⑤ 60

08
대표 유형 06

어떤 자연수로 147을 나누면 3이 남고, 112를 나누면 4가 남는다고 한다. 이와 같은 자연수 중 가장 큰 수를 구하시오.

03 최소공배수

··· I 02 최대공약수와 최소공배수

(1) **공배수** : 두 개 이상의 자연수의 공통인 배수

(2) **최소공배수** : 공배수 중 가장 작은 수

공배수는 끝없이 구할 수 있으므로 공배수 중 가장 큰 수는 알 수 없다. 따라서 최대공배수는 생각하지 않는다.

(3) **최소공배수의 성질**

① 두 개 이상의 자연수의 공배수는 그 수들의 최소공배수의 배수이다.

➡ (두 수 a, b의 공배수)=(두 수 a, b의 최소공배수의 배수)

[예시] 8의 배수 : 8, 16, 24, 32, 40, 48, ⋯ ┐ ➡ 공배수 : 24, 48, ⋯
12의 배수 : 12, 24, 36, 48, ⋯ ┘ └ 최소공배수

➡ 8과 12의 공배수는 8과 12의 최소공배수인 24의 배수이다.

② 서로소인 두 자연수의 최소공배수는 두 수의 곱과 같다.

[예시] 5와 8은 서로소이므로 5와 8의 최소공배수는 두 수의 곱인 40이다.

바이블 POINT 공배수와 최소공배수

(1) 6의 배수 : 6, 12, 18, 24, 30, 36, ⋯
9의 배수 : 9, 18, 27, 36, ⋯ ➡ 공배수 : 18, 36, ⋯ ➡ 최소공배수 : 18

(공배수)=(최소공배수인 18의 배수)

(2) 2의 배수 : 2, 4, 6, 8, 10, 12, ⋯
3의 배수 : 3, 6, 9, 12, ⋯ ➡ 공배수 : 6, 12, ⋯ ➡ 최소공배수 : 6

2와 3은 서로소이므로
(최소공배수)=2×3=6

개념 CHECK 01

· 두 개 이상의 자연수의 공통인 배수는 ⑦ ⃞ 이고 공배수 중 가장 작은 수는 ⓒ ⃞ 이다.

두 수 8, 10에 대하여 다음을 구하시오.

(1) 8의 배수 : _____

(2) 10의 배수 : _____

(3) 8과 10의 공배수 : _____

(4) 8과 10의 최소공배수 : _____

개념 CHECK 02

· 두 개 이상의 자연수의 공배수는 그 수들의 ⓒ ⃞ 의 배수이다.

최소공배수가 다음과 같은 두 자연수의 공배수를 작은 수부터 3개만 구하시오.

(1) 최소공배수 : 4 ⇨ 공배수 : _____

(2) 최소공배수 : 7 ⇨ 공배수 : _____

(3) 최소공배수 : 16 ⇨ 공배수 : _____

답 | ⑦ 공배수 ⓒ 최소공배수 ⓒ 최소공배수

대표유형 01 공배수와 최소공배수

⋒유형ON >>> 028쪽

두 수 9와 12에 대하여 다음을 구하시오.

(1) 공배수

(2) 최소공배수

(3) 최소공배수의 배수

풀이 과정

(1) 9의 배수 : 9, 18, 27, 36, 45, 54, 63, 72, …
  12의 배수 : 12, 24, 36, 48, 60, 72, …
  따라서 9와 12의 공배수는 36, 72, 108, …이다.
(2) (1)에서 9와 12의 최소공배수는 36이다.
(3) 9와 12의 최소공배수인 36의 배수는 36, 72, 108, …이다.
  정답 (1) 36, 72, 108, … (2) 36 (3) 36, 72, 108, …

01·ⓐ 숫자 Change

두 수 15와 20에 대하여 다음을 구하시오.

(1) 공배수

(2) 최소공배수

(3) 최소공배수의 배수

대표유형 02 최소공배수의 성질

⋒유형ON >>> 028쪽

두 자연수 A, B의 최소공배수가 9일 때, 다음 중 두 수 A, B의 공배수가 <u>아닌</u> 것은?

① 9   ② 18   ③ 27
④ 33   ⑤ 54

풀이 과정

두 자연수 A, B의 공배수는 최소공배수인 9의 배수이므로
9, 18, 27, 36, 45, 54, …이다.
따라서 두 수 A, B의 공배수가 아닌 것은 ④이다.
정답 ④

02·ⓐ 숫자 Change

두 자연수 A, B의 최소공배수가 24일 때, 다음 중 두 수 A, B의 공배수가 <u>아닌</u> 것은?

① 48   ② 60   ③ 72
④ 96   ⑤ 120

02·ⓑ 표현 Change

두 자연수 A, B의 최소공배수가 25일 때, 두 수 A, B의 공배수 중 100 이하의 자연수는 모두 몇 개인가?

① 3개   ② 4개   ③ 5개
④ 6개   ⑤ 7개

04 최소공배수 구하기

··· I 02 최대공약수와 최소공배수

방법 1 소인수분해 이용하기

❶ 각 수를 소인수분해한다.

❷ 공통인 소인수와 공통이 아닌 소인수를 모두 곱한다. 이때 공통인 소인수의 거듭제곱에서 지수가 같으면 그대로, 지수가 다르면 큰 것을 택하여 곱한다.

$$24=2\times2\times2\times3 \quad =2^3\times3$$
$$60=2\times2 \quad\times3\times5=2^2\times3\times5$$

$$\overline{(\text{최소공배수})=2\times2\times2\times3\times5=2^3\times3\times5=120}$$

지수가 다르면 큰 쪽
(2^3과 2^2 중 2^3의 지수가 더 크다.)

지수가 같으면 그대로

공통이 아닌 소인수도 곱한다.

> 소인수분해를 이용하여 최소공배수를 구할 때는 같은 소인수끼리 줄을 맞춰서 쓰면 편리하다.

방법 2 나눗셈 이용하기

❶ 1이 아닌 공약수로 각 수를 나눈다.

❷ 몫에 1 이외의 공약수가 없을 때까지 계속 나눈다.
   └ 몫이 서로소가 될 때까지

❸ 나누어 준 공약수와 마지막 몫을 모두 곱한다.

```
2 ) 24  60
2 ) 12  30
3 )  6  15
     2   5
      서로소
```

$$(\text{최소공배수})=2\times2\times3\times2\times5=120$$

바이블 POINT 세 수의 최소공배수 구하기

(1) 소인수분해 이용하기

$$18=2^1\times3^2$$
$$54=2^1\times3^3$$
$$60=2^2\times3^1\times5^1$$

$$\overline{(\text{최소공배수})=2^2\times3^3\times5^1=540}$$

(2) 나눗셈 이용하기

두 수의 최소공배수를 구할 때와 같은 방법으로 구하되, 세 수의 공약수는 없고 세 수 중 어느 두 수의 1이 아닌 공약수가 있으면 그 공약수로 나눈다. 이때 공약수가 없는 수는 그대로 내려 쓴다.

```
2 ) 18  54  60
3 )  9  27  30
3 )  3   9  ⑩
     1   3  10
```
어떤 두 수를 택하여도 서로소가 될 때까지 계속 나눈다.

$$(\text{최소공배수})=2\times3\times3\times1\times3\times10=540$$

개념 CHECK 01 다음 수들의 최소공배수를 소인수의 곱으로 나타내시오.

(1)
$$2^3\times3$$
$$2^2\times3^2$$
$$\overline{(\text{최소공배수})=\underline{\quad\quad}}$$

(2)
$$2\times3^2$$
$$2^2\times3\times7$$
$$2^2\quad\times7$$
$$\overline{(\text{최소공배수})=\underline{\quad\quad}}$$

개념 CHECK 02 다음 수들의 최소공배수를 나눗셈을 이용하여 구하시오.

(1)) 24 42

$$(\text{최소공배수})=\underline{\quad\quad\quad}$$

(2)) 27 30 45

$$(\text{최소공배수})=\underline{\quad\quad\quad}$$

대표 유형 **03** 최소공배수 구하기

유형ON >>> 029쪽

세 수 $3^2 \times 5$, $3^2 \times 5^2 \times 7$, $3 \times 5^3 \times 7^2$의 최소공배수는?

① 3×5
② $3 \times 5 \times 7^2$
③ $3^2 \times 5^3$
④ $3^2 \times 5^3 \times 7$
⑤ $3^2 \times 5^3 \times 7^2$

풀이 과정

$$3^2 \times 5$$
$$3^2 \times 5^2 \times 7$$
$$3 \times 5^3 \times 7^2$$

(최소공배수)$= 3^2 \times 5^3 \times 7^2$

(정답) ⑤

03·Ⓐ 숫자 Change

두 수 72, $2^2 \times 3 \times 5^3$의 최소공배수는?

① $2^2 \times 3$
② $2^2 \times 3 \times 5^2$
③ $2^2 \times 3 \times 5^3$
④ $2^3 \times 3^2 \times 5^2$
⑤ $2^3 \times 3^2 \times 5^3$

03·Ⓑ 표현 Change

두 수 $2^3 \times 7^a$, $2^2 \times 5 \times 7$의 최소공배수가 $2^b \times 5 \times 7^2$일 때, 자연수 a, b에 대하여 $a \times b$의 값을 구하시오.

대표 유형 **04** 공배수와 최소공배수

유형ON >>> 029쪽

다음 중 두 수 $2^2 \times 5 \times 7$, $5^3 \times 7^2$의 공배수인 것은?

① $2 \times 5^2 \times 7$
② $2^2 \times 5^2 \times 7^2$
③ $2^2 \times 5 \times 7^3$
④ $2^3 \times 5^3 \times 7$
⑤ $2^3 \times 5^3 \times 7^3$

풀이 과정

두 수 $2^2 \times 5 \times 7$, $5^3 \times 7^2$의 최소공배수는
$2^2 \times 5^3 \times 7^2$이므로 공배수는 $2^2 \times 5^3 \times 7^2$의 배수
이다.
따라서 공배수인 것은 ⑤이다.

$$2^2 \times 5 \times 7$$
$$5^3 \times 7^2$$

(최소공배수)$= 2^2 \times 5^3 \times 7^2$

(정답) ⑤

(참고) 두 수의 공배수의 소인수의 지수는 이 두 수의 최소공배수의 소인수의
지수보다 크거나 같아야 한다.

04·Ⓐ 숫자 Change

다음 중 세 수 12, 40, 54의 공배수인 것은?

① $2 \times 3^2 \times 5$
② $2^4 \times 3 \times 5^2$
③ $2^3 \times 3^2 \times 5^2$
④ $2^3 \times 3^3 \times 5^3$
⑤ $2^4 \times 3^2 \times 5^3$

04·Ⓑ 표현 Change

두 수 24, 30의 공배수 중 500 이하의 자연수는 모두 몇 개
인지 구하시오.

두 수 $2^a \times 3$, $2^3 \times 3^b \times c$의 최대공약수는 $2^2 \times 3$, 최소공배수는 $2^3 \times 3^3 \times 7$일 때, 자연수 a, b, c에 대하여 $a+b+c$의 값을 구하시오. (단, c는 소수)

풀이 과정

$$
\begin{array}{r}
2^{\textcircled{a}} \times 3 \\
2^3 \times 3^b \times c \\
\hline
(최대공약수)=2^2 \times 3
\end{array}
\qquad
\begin{array}{r}
2^a \times 3 \\
2^3 \times 3^{\textcircled{b}} \times \textcircled{c} \\
\hline
(최소공배수)=2^3 \times 3^3 \times \textcircled{7}
\end{array}
$$

최대공약수가 $2^2 \times 3$이므로 2^a, 2^3의 지수 중 작은 것이 2이다.
$\therefore a=2$
최소공배수가 $2^3 \times 3^3 \times 7$이므로 3, 3^b의 지수 중 큰 것이 3이다.
$\therefore b=3$
한편, $c=7$이므로 $a+b+c=2+3+7=12$

정답 12

BIBLE SAYS 　최대공약수와 최소공배수가 주어질 때 소인수의 지수 구하기

최대공약수와 최소공배수가 주어지면 다음을 이용하여 각 소인수의 지수를 비교한다.

	최대공약수	최소공배수
소인수	공통인 소인수만 곱한다	모든 소인수를 곱한다.
지수	작거나 같은 것을 택한다.	크거나 같은 것을 택한다.

05·Ⓐ 숫자 Change

두 수 $2^a \times 3^3 \times 7$, $2^2 \times 3^b \times c$의 최대공약수가 2×3^3이고 최소공배수가 $2^2 \times 3^5 \times 7 \times 11$일 때, 자연수 a, b, c에 대하여 $a \times b \times c$의 값을 구하시오. (단, c는 소수)

05·Ⓑ 숫자 Change

세 수 $2^a \times 5 \times 13$, $2^2 \times 13^b$, $2^2 \times 5^c \times 13$의 최대공약수는 2×130이고 최소공배수는 $2^2 \times 5^2 \times 13^3$일 때, 자연수 a, b, c에 대하여 $a+b+c$의 값을 구하시오.

세 자연수 $6 \times a$, $8 \times a$, $42 \times a$의 최소공배수가 504일 때, 자연수 a의 값은?

① 1 　　② 2 　　③ 3
④ 4 　　⑤ 5

풀이 과정

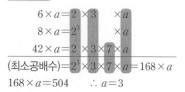

$$
\begin{array}{l}
6 \times a = 2 \times 3 \quad\quad \times a \\
8 \times a = 2^3 \quad\quad\quad \times a \\
42 \times a = 2 \times 3 \times 7 \times a \\
\hline
(최소공배수)=2^3 \times 3 \times 7 \times a = 168 \times a
\end{array}
$$

$168 \times a = 504$　$\therefore a=3$

다른 풀이

$(최소공배수) = a \times 2 \times 3 \times 1 \times 4 \times 7$
$\qquad\qquad\quad = a \times 168$
이때 최소공배수가 504이므로
$a \times 168 = 504$　$\therefore a=3$

정답 ③

06·Ⓐ 숫자 Change

세 자연수 $3 \times a$, $12 \times a$, $15 \times a$의 최소공배수가 120일 때, 자연수 a의 값을 구하시오.

06·Ⓑ 표현 Change

세 자연수의 비가 $2 : 3 : 5$이고 최소공배수가 240일 때, 세 자연수 중 가장 작은 수를 구하시오.

대표 유형 **07** 두 분수를 자연수로 만들기 (2)

🎧유형ON >>> 033쪽

두 분수 $\dfrac{1}{16}$, $\dfrac{1}{20}$ 중 어느 것에 곱하여도 그 결과가 자연수가 되게 하는 가장 작은 자연수를 구하시오.

풀이 과정

$\dfrac{1}{16}$에 곱하여 그 결과가 자연수가 되게 하는 자연수 ➡ 16의 배수

$\dfrac{1}{20}$에 곱하여 그 결과가 자연수가 되게 하는 자연수 ➡ 20의 배수

따라서 주어진 두 분수 중 어느 것에 곱하여도 그 결과가 자연수가 되게 하는 가장 작은 자연수는 16과 20의 최소공배수이므로 80이다.

$$16 = 2^4$$
$$20 = 2^2 \times 5$$
$$\overline{\text{(최소공배수)} = 2^4 \times 5 = 80}$$

정답 80

BIBLE SAYS 두 분수 $\dfrac{1}{a}$, $\dfrac{1}{b}$ 중 어느 것에 곱하여도 그 결과가 자연수가 되게 하는 자연수 구하기

$\dfrac{1}{a}$, $\dfrac{1}{b}$ 중 어느 것에 곱하여도 그 결과가 자연수가 되게 하는 자연수는 a와 b의 공배수이고 이 중 가장 작은 자연수는 a와 b의 최소공배수이다.

07·🅐 숫자 Change

두 분수 $\dfrac{1}{28}$, $\dfrac{1}{35}$ 중 어느 것에 곱하여도 그 결과가 자연수가 되게 하는 가장 작은 자연수를 구하시오.

07·🅑 표현 Change

두 분수 $\dfrac{1}{12}$, $\dfrac{1}{18}$ 중 어느 것에 곱하여도 그 결과가 자연수가 되게 하는 150 이하의 자연수는 모두 몇 개인지 구하시오.

대표 유형 **08** 나누어떨어지는 수 구하기

🎧유형ON >>> 033쪽

2보다 큰 어떤 자연수를 4, 6, 9의 어느 수로 나누어도 2가 남는다고 할 때, 이러한 자연수 중 가장 작은 수를 구하시오.

풀이 과정

4, 6, 9의 어느 수로 나누어도 2가 남는 자연수를 A라 하면
$A-2$는 4, 6, 9의 공배수이다.
이때 4, 6, 9의 최소공배수는 36이므로
$A-2 = 36, 72, 108, \cdots$
∴ $A = 38, 74, 110, \cdots$
따라서 가장 자연수는 38이다.

$$4 = 2^2$$
$$6 = 2 \times 3$$
$$9 = 3^2$$
$$\overline{\text{(최소공배수)} = 2^2 \times 3^2 = 36}$$

정답 38

BIBLE SAYS 나누어떨어지는 수 구하기

세 자연수 x, a, m $(x > a > m)$에 대하여
x를 a로 나누면 m이 남는다.
➡ x는 (a의 배수)$+m$이다.
➡ $(x-m)$은 a의 배수이다.

예시 자연수 x를 5로 나누면 1이 남는다.
➡ x는 (5의 배수)$+1$이다.
➡ $(x-1)$은 5의 배수이다.

08·🅐 숫자 Change

1보다 큰 어떤 자연수를 세 자연수 6, 8, 10의 어느 수로 나누어도 1이 남는다고 할 때, 이러한 자연수 중 가장 작은 수를 구하시오.

08·🅑 표현 Change

4로 나누어도, 5로 나누어도, 6으로 나누어도 모두 3이 남는 세 자리 자연수 중 가장 작은 수를 구하시오.

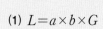

05 최대공약수와 최소공배수의 관계 ··· I 02 최대공약수와 최소공배수

두 자연수 A, B의 최대공약수가 G, 최소공배수가 L일 때,

$A = a \times G$, $B = b \times G$ (a, b는 서로소)

라 하면 다음이 성립한다.

(1) $L = a \times b \times G$

(2) $A \times B = G \times L$ ➡ (두 수의 곱)=(최대공약수)×(최소공배수)

> (참고) $A \times B = (a \times G) \times (b \times G)$
> $= G \times a \times b \times G = L \times G$
> └─ 최소공배수 ─┘

> (예시) 두 자연수 16과 24에 대하여 (최대공약수)=8, (최소공배수)=48이므로
> 최대공약수
> $16 = 2 \times 8$, $24 = 3 \times 8$ ➡ (1) (최소공배수)$= 48 = 2 \times 3 \times 8$ ← $L = a \times b \times G$
> 서로소
> (2) $16 \times 24 = 8 \times 48$ ← $A \times B = G \times L$

두 자연수의 곱, 최대공약수, 최소공배수 중 두 가지가 주어지면 나머지 하나를 구할 수 있다.

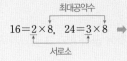 **01**

· 두 자연수 A, B의 최대공약수가 G이고 최소공배수가 L일 때,
$A = a \times G$, $B = b \times G$ (a, b는 서로소)
라 하면
(1) $L = a \times b \times$ ⓐ
(2) $A \times B = G \times L$

다음은 두 자연수 A, 28의 최대공약수가 7, 최소공배수가 84일 때, A의 값을 구하는 과정이다. ☐ 안에 알맞은 수를 써넣으시오.

방법 1	방법 2
(두 자연수의 곱) =(최대공약수)×(최소공배수) $A \times \boxed{} = 7 \times \boxed{}$ ∴ $A = \boxed{}$	$7 \,)\, \underline{A \quad 28}$ $\quad a \quad \boxed{}$ 서로소 (최소공배수)$= 7 \times a \times \boxed{} = 84$ ∴ $a = \boxed{}$ ∴ $A = 7 \times \boxed{} = \boxed{}$

개념 CHECK **02**

· (두 자연수의 곱)
= (최대공약수)×(ⓑ)

다음 ☐ 안에 알맞은 수를 써넣으시오.

(1) 두 자연수 A, B의 곱이 768이고 최대공약수가 8일 때, 두 수 A, B의 최소공배수 구하기

⇨ $768 = \boxed{} \times$ (최소공배수) ∴ (최소공배수)$= \boxed{}$

(2) 두 자연수 A, B의 최대공약수가 3, 최소공배수가 240일 때, $A \times B$의 값 구하기

⇨ $A \times B = 3 \times \boxed{} = \boxed{}$

답 | ⓐ G ⓑ 최소공배수

대표 유형 09 최대공약수와 최소공배수의 관계 (1)

🎧 유형ON >>> 036쪽

두 자연수의 곱이 216이고 최소공배수가 36일 때, 두 수의 최대공약수를 구하시오.

풀이 과정

(두 자연수의 곱)＝(최대공약수)×(최소공배수)이므로
$216＝$(최대공약수)$×36$
$\therefore$ (최대공약수)＝6

정답 6

09·Ⓐ (숫자 Change)

두 자연수의 곱이 5760이고 최대공약수가 8일 때, 두 수의 최소공배수를 구하시오.

09·Ⓑ (표현 Change)

두 자연수의 최대공약수가 15, 최소공배수가 90일 때, 두 자연수의 곱을 구하시오.

대표 유형 10 최대공약수와 최소공배수의 관계 (2)

🎧 유형ON >>> 037쪽

두 자연수 18, A의 최대공약수가 6, 최소공배수가 72일 때, A의 값을 구하시오.

풀이 과정

(두 자연수의 곱)＝(최대공약수)×(최소공배수)이므로
$18×A＝6×72$ $\therefore A＝24$

다른 풀이

$A＝6×a\,(a$와 3은 서로소)라 하면
18, A의 최소공배수가 72이므로
$6×3×a＝72$ $\therefore a＝4$
$\therefore A＝6×4＝24$

$$\begin{array}{r|ll} 6 & 18 & A \\ \hline & 3 & a \end{array}$$

정답 24

10·Ⓐ (숫자 Change)

두 자연수 A, 96의 최대공약수가 12, 최소공배수가 480일 때, A의 값을 구하시오.

10·Ⓑ (표현 Change)

두 자리 자연수 A, B의 최대공약수가 4, 최소공배수가 60일 때, A, B의 값을 각각 구하시오. (단, $A<B$)

01

대표 유형 01 ⊕ 02

두 자연수 A, B의 최소공배수가 12일 때, 두 수 A, B의 공배수 중 100에 가장 가까운 수를 구하시오.

02

대표 유형 03

다음 중 주어진 수들의 최소공배수가 $3^3 \times 5 \times 7$인 것은?

① 3×5^2, $3^2 \times 5 \times 7$

② $3^3 \times 5$, 150

③ $3^3 \times 5$, $3^2 \times 5 \times 7$

④ $3^5 \times 5^2 \times 7$, $5^3 \times 7$, $3^3 \times 5^4 \times 11$

⑤ 28, 36, 54

03 생각이 쑥쑥

대표 유형 03

두 자연수 a, b에 대하여

$\quad a \star b = (a$와 b의 최대공약수),

$\quad a \bullet b = (a$와 b의 최소공배수)

라 할 때, $30 \bullet (36 \star 48)$의 값은?

① 6   ② 15   ③ 30

④ 36   ⑤ 60

04

대표 유형 03

두 수 $2^a \times 5 \times 7^2 \times 11$, $2 \times 5 \times 7^b$의 최소공배수가 $2^2 \times 5 \times 7^3 \times 11$일 때, 자연수 a, b에 대하여 $a+b$의 값을 구하시오.

05

대표 유형 04

다음 중 두 수 $2 \times 3^3 \times 7^2$, 252의 공배수가 <u>아닌</u> 것은?

① $2^2 \times 3^3 \times 7^2$ ② $2^2 \times 3^4 \times 7^3$ ③ $2^2 \times 3^3 \times 5 \times 7^2$

④ $2^3 \times 3^2 \times 7^2$ ⑤ $2^3 \times 3^3 \times 5 \times 7^2$

06

대표 유형 05

두 수 $2^a \times 3^2 \times 5^4$, $2^2 \times 5^b$의 최대공약수가 $2^2 \times 5^2$이고 최소공배수가 $2^3 \times 3^2 \times 5^4$일 때, $a+b$의 값은? (단, a, b는 자연수)

① 4   ② 5   ③ 6

④ 7   ⑤ 8

07

대표 유형 **06**

세 자연수 $4 \times a$, $6 \times a$, $30 \times a$의 최소공배수가 420일 때, 자연수 a의 값과 세 자연수의 최대공약수를 구하시오.

08 생각이 쑥쑥↗

대표 유형 **06**

세 자연수가 다음 조건을 모두 만족시킬 때, 세 자연수의 최대공약수는?

> ㈎ 세 자연수의 비는 2 : 4 : 5이다.
> ㈏ 세 자연수의 최소공배수는 180이다.

① 6   ② 7   ③ 8
④ 9   ⑤ 10

09

대표 유형 **07**

세 분수 $\dfrac{1}{6}$, $\dfrac{1}{15}$, $\dfrac{1}{20}$ 중 어느 것에 곱하여도 그 결과가 자연수가 되는 가장 작은 자연수를 구하시오.

10

대표 유형 **08**

5로 나누어도, 8로 나누어도, 12로 나누어도 모두 4가 남는 자연수 중 가장 작은 수를 구하시오.

11

대표 유형 **09**

두 자연수 A, B의 곱이 648이고 최대공약수가 9일 때, 두 수 A, B의 최소공배수는?

① 64   ② 72   ③ 80
④ 96   ⑤ 108

12 생각이 쑥쑥↗

대표 유형 **10**

두 자리 자연수 A, B에 대하여 A, B의 곱이 150이고 최대공약수가 5일 때, $A+B$의 값을 구하시오. (단, $A<B$)

함께 풀기

세 자연수 $6 \times a$, $7 \times a$, $12 \times a$의 최소공배수가 336일 때, 세 자연수의 최대공약수를 구하시오. (단, a는 자연수)

풀이 과정

[1단계] a의 값 구하기

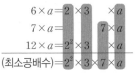

$$6 \times a = 2 \times 3 \quad\quad \times a$$
$$7 \times a = \quad\quad\quad 7 \times a$$
$$12 \times a = 2^2 \times 3 \quad\quad \times a$$
$$\text{(최소공배수)} = 2^2 \times 3 \times 7 \times a$$

이때 최소공배수가 336이므로
$$2^2 \times 3 \times 7 \times a = 336, \quad 84 \times a = 336 \quad \therefore a = 4 \quad \cdots\cdots 70\%$$

[2단계] 최대공약수 구하기

따라서 세 자연수의 최대공약수는 a이므로 4이다. $\cdots\cdots 30\%$

정답 _____4_____

따라 풀기

01 세 자연수 $9 \times a$, $12 \times a$, $18 \times a$의 최소공배수가 432일 때, 자연수 a의 값과 세 자연수의 최대공약수를 각각 구하시오.

풀이 과정

[1단계] a의 값 구하기

[2단계] 최대공약수 구하기

정답 _____

함께 풀기

두 분수 $\dfrac{25}{6}$, $\dfrac{35}{9}$의 어느 것에 곱하여도 그 결과가 자연수가 되게 하는 분수 중 가장 작은 기약분수를 $\dfrac{b}{a}$라 할 때, $a+b$의 값을 구하시오.

풀이 과정

[1단계] a, b의 조건 구하기

$\dfrac{25}{6} \times \dfrac{b}{a} = (\text{자연수})$ ➡ a는 25의 약수, b는 6의 배수

$\dfrac{35}{9} \times \dfrac{b}{a} = (\text{자연수})$ ➡ a는 35의 약수, b는 9의 배수

이때 $\dfrac{b}{a}$는 가장 작은 기약분수이므로 a는 25와 35의 최대공약수, b는 6과 9의 최소공배수이어야 한다. $\cdots\cdots 50\%$

[2단계] $a+b$의 값 구하기

이때 $25 = 5^2$, $35 = 5 \times 7$의 최대공약수는 5이고
$6 = 2 \times 3$, $9 = 3^2$의 최소공배수는 $2 \times 3^2 = 18$이므로 구하는 기약분수는

$$\frac{b}{a} = \frac{(6과 9의 최소공배수)}{(25와 35의 최대공약수)} = \frac{18}{5}$$

$\therefore a + b = 5 + 18 = 23$ $\cdots\cdots 50\%$

정답 _____23_____

따라 풀기

02 두 분수 $\dfrac{8}{9}$, $\dfrac{14}{15}$의 어느 것에 곱하여도 그 결과가 자연수가 되게 하는 분수 중 가장 작은 기약분수를 $\dfrac{b}{a}$라 할 때, $a+b$의 값을 구하시오.

풀이 과정

[1단계] a, b의 조건 구하기

[2단계] $a+b$의 값 구하기

정답 _____

03 세 수 $2^a \times 3^3 \times 5^2$, $2^5 \times 3^3 \times 5^b$, $2^4 \times 3^c \times 5^4$의 최대공약수가 $2^3 \times 3^2 \times 5^2$, 최소공배수가 $2^5 \times 3^3 \times 5^5$일 때, 자연수 a, b, c에 대하여 $a+b+c$의 값을 구하시오.

풀이 과정

정답 _____

04 세 자연수 72, 84, 108의 공약수 중 두 번째로 큰 수를 소인수분해를 이용하여 구하시오.

풀이 과정

정답 _____

05 자연수 A와 143의 최대공약수가 110이고 최소공배수가 286일 때, 자연수 A의 모든 소인수의 합을 구하시오.

풀이 과정

정답 _____

06 6으로 나누어도, 8로 나누어도, 15로 나누어도 모두 4가 남는 자연수 중 세 번째로 작은 수를 구하시오.

풀이 과정

정답 _____

: 중요

STEP 1 기본 다지기

01
두 자연수 21과 a의 공약수가 1개일 때, 다음 중 a의 값이 될 수 있는 것은?

① 9　　　　　② 14　　　　　③ 28

④ 32　　　　　⑤ 49

02
다음 중 최대공약수가 가장 큰 것은?

① $2^3 \times 7$, $2^2 \times 7^4$

② 5×11, $5^2 \times 7^2 \times 11$

③ 15, 36

④ $2^5 \times 3^3 \times 5$, $2^2 \times 3^3 \times 5^2$, $2^2 \times 5^4$

⑤ 18, 24, 60

03
두 자연수 A와 45의 최대공약수가 5일 때, 다음 중 A의 값이 될 수 없는 것은?

① 55　　　　　② 65　　　　　③ 70

④ 75　　　　　⑤ 80

04
다음 조건을 모두 만족시키는 자연수를 구하시오.

> ㈎ 약수가 1과 자기 자신뿐이다.
> ㈏ 14 이상 20 이하의 자연수이다.
> ㈐ 51과 서로소이다.

05
두 자연수 A, B의 최소공배수가 30일 때, 다음 중 두 수 A, B의 공배수가 아닌 것은?

① 60　　　　　② 150　　　　　③ 200

④ 240　　　　　⑤ 390

06
세 수 $2^2 \times 3^2$, $2^2 \times 3^3 \times 5$, $2^3 \times 3 \times 5^2$에 대하여 다음 중 옳지 않은 것을 모두 고르면? (정답 2개)

① 세 수의 최대공약수는 $2^2 \times 3$이다.

② 세 수의 최소공배수는 $2^3 \times 3^2 \times 5$이다.

③ $2^2 \times 5$는 세 수의 공약수이다.

④ $2^3 \times 3^4 \times 5^3$은 세 수의 공배수이다.

⑤ 21은 세 수의 공약수가 아니다.

07

두 자연수 a, b의 최대공약수를 $a \circledcirc b$, 최소공배수를 $a \odot b$라 할 때, $(36 \circledcirc 60) \odot 42$의 값은?

① 10   ② 12   ③ 42

④ 72   ⑤ 84

08

세 자연수 $2 \times 3 \times 5$, A, 2×3^2의 최대공약수는 6, 최소공배수는 180일 때, 다음 중 A의 값이 될 수 <u>없는</u> 것은?

① 12   ② 36   ③ 60

④ 120   ⑤ 180

09

세 자연수 $2 \times x$, $3 \times x$, $7 \times x$의 최소공배수가 294일 때, 세 자연수 중 가장 큰 수를 구하시오. (단, x는 자연수)

10

두 분수 $\dfrac{17}{35}$, $\dfrac{51}{20}$ 중 어느 것에 곱하여도 그 결과가 자연수가 되게 하는 가장 작은 기약분수를 구하시오.

11

두 자연수 A와 15의 최소공배수는 60, 최대공약수는 3일 때, A의 값을 구하시오.

12

두 자연수 A, B의 곱은 486이고 최소공배수는 54일 때, 두 수 A, B의 공약수를 모두 구하시오.

STEP 2 실력 다지기

13
20 이하의 자연수 중 117과 서로소인 자연수의 개수를 구하시오.

14
다음 설명 중 옳은 것은?

① 두 수 38과 95는 서로소이다.
② 서로소인 두 자연수의 공약수는 없다.
③ 서로 다른 두 홀수는 항상 서로소이다.
④ 서로 다른 두 소수는 항상 서로소이다.
⑤ 최대공약수가 1인 두 자연수는 모두 소수이다.

15
두 수 $2^2 \times 3^5 \times 5^4$, $2^3 \times 3 \times 5^2 \times 11$의 공약수 중 두 번째로 큰 수를 구하시오.

16
두 자연수 $2^3 \times a$, $2^2 \times 5^2 \times 7$의 최대공약수가 20일 때, 다음 중 자연수 a가 될 수 있는 것은?

① 7　　　　　② 14　　　　　③ 15
④ 21　　　　　⑤ 35

17
다음 조건을 모두 만족시키는 가장 큰 자연수 x의 값을 구하시오.

> ㈎ x는 26과 65로 모두 나누어떨어진다.
> ㈏ x는 세 자리 자연수이다.

18
세 자연수의 비가 3 : 5 : 6이고 최소공배수가 210일 때, 세 자연수의 합을 구하시오.

19

두 자연수 A와 99의 최소공배수가 $2^2 \times 3^2 \times 11$일 때, 다음 중 A가 될 수 없는 것은?

① 4   ② 12   ③ 28

④ 44   ⑤ 132

20

세 자연수 45, $2^a \times 3 \times 5^2$, $2^3 \times 3^2 \times 7^b$의 최소공배수가 어떤 자연수의 제곱일 때, 가장 작은 자연수 a, b에 대하여 $a+b$의 값을 구하시오.

21

자연수 A로 132를 나누어도 나머지가 20이고, 184를 나누어도 나머지가 20이다. 이를 만족시키는 가장 큰 자연수 A의 값은?

① 12   ② 13   ③ 18

④ 24   ⑤ 26

22

다음 조건을 모두 만족시키는 자연수 x의 값을 구하시오.

> (개) x는 3과 4의 공배수이다.
> (내) x는 72와 240의 공약수이다.
> (대) x의 약수의 개수는 8이다.

23

3, 5, 12의 어느 수로 나누어도 1이 남는 자연수 중 가장 작은 세 자리 자연수는?

① 107   ② 119   ③ 121

④ 149   ⑤ 151

24

두 자연수 A, B의 최대공약수가 8, 최소공배수가 120일 때, $B-A$의 값을 모두 구하시오. (단, $A < B$)

자기
평가

정답을 맞힌 문항에 ◯표를 하고 결과를 점검한 다음, 이 단원의 내용을 얼마나 성취했는지 확인하세요.

문항 번호																							
1	2	3	4	5	6	7	8	9	10	11	12	13	14	15	16	17	18	19	20	21	22	23	24

1개 ~12개 개념 학습이 필요해요!   **13개 ~17개** 부족한 부분을 검토해 봅시다!   **18개 ~21개** 실수를 줄여 봅시다!   **22개 ~24개** 훌륭합니다!

정수와 유리수

이 단원에서는

정수와 유리수의 뜻, 그리고 이에 대한 사칙계산을 배웁니다.

이 단원에서의 내용

03

정수와 유리수

01 양수와 음수, 정수

··· Ⅱ 03 정수와 유리수

(1) 양의 부호와 음의 부호

서로 반대되는 성질을 가진 양을 수로 나타낼 때, 0을 기준으로 하여 한쪽은 **양의 부호** +,
그 반대쪽은 **음의 부호** −를 사용하여 나타낼 수 있다.

(참고)

+	영상	해발	이익	상승	지상	수입	동쪽	증가	입금	~ 후
−	영하	해저	손해	하락	지하	지출	서쪽	감소	출금	~ 전

(예시) 3점 득점을 +3점, 2점 실점은 −2점으로 나타낼 수 있다.

> 양의 부호 +와 음의 부호 −는 각각 덧셈, 뺄셈의 기호와 모양은 같지만 그 뜻은 다르다.

(2) 양수와 음수

① **양수** : 0보다 큰 수로 양의 부호 +를 붙인 수   (예시) 0보다 0.2만큼 큰 수 : +0.2

② **음수** : 0보다 작은 수로 음의 부호 −를 붙인 수   (예시) 0보다 $\frac{1}{3}$만큼 작은 수 : $-\frac{1}{3}$

> 0은 양수도 아니고 음수도 아니다.

(3) 정수 : 양의 정수, 0, 음의 정수를 통틀어 정수라 한다.

① **양의 정수** : 자연수에 양의 부호 +를 붙인 수   (예시) +1, +3, +7

② **음의 정수** : 자연수에 음의 부호 −를 붙인 수   (예시) −2, −3, −11

(참고) 분수는 더 이상 약분할 수 없을 때까지 약분한 후 정수인지 아닌지 판단한다.

➡ $\frac{6}{3}=2$: 정수, $-\frac{4}{6}=-\frac{2}{3}$: 정수가 아니다.

> 양의 정수에서 양의 부호 +를 생략하여 1, 2, 3, …으로 나타내기도 한다. 즉, 양의 정수는 자연수와 같다.

개념 CHECK   01

· 영상과 영하처럼 서로 반대되는 성질의 두 수량을 나타낼 때, 영상의 기온은 양의 부호 ㉠ 를, 영하의 기온은 음의 부호 ㉡ 를 붙여 나타낸다.

다음 □ 안에 알맞은 수를 양의 부호 + 또는 음의 부호 −를 사용하여 나타내시오.

(1) 해발 1500 m를 +1500 m로 나타내면 해저 700 m는 ☐ m로 나타낼 수 있다.

(2) 통장에서 5000원을 출금한 것을 −5000원으로 나타내면 10000원을 입금한 것은 ☐ 원으로 나타낼 수 있다.

(3) 영상 7 ℃를 +7 ℃로 나타내면 영하 2 ℃는 ☐ ℃로 나타낼 수 있다.

(4) 2시간 전을 −2시간으로 나타내면 3시간 후는 ☐ 시간으로 나타낼 수 있다.

개념 CHECK   02

· ㉢ : 자연수에 양의 부호 +를 붙인 수
· ㉣ : 자연수에 음의 부호 −를 붙인 수
· 양의 정수, ㉤ , 음의 정수를 통틀어 정수라 한다.

다음에 해당하는 수를 보기에서 모두 고르시오.

보기

$$-2, \quad +6, \quad 0, \quad -\frac{1}{4}, \quad 4, \quad +0.5, \quad -5$$

(1) 양의 정수

(2) 음의 정수

(3) 정수

(4) 자연수가 아닌 정수

답 | ㉠ + ㉡ − ㉢ 양의 정수 ㉣ 음의 정수
㉤ 0

대표유형 **01** 부호를 사용하여 나타내기

⋒ 유형ON >>> 046쪽

다음 중 양의 부호 + 또는 음의 부호 −를 사용하여 나타낸 것으로 옳은 것은?

① 7점 향상 ⇨ −7점　　② 출발 2일 전 ⇨ +2일
③ 영상 15 ℃ ⇨ −15 ℃　④ 3 kg 감소 ⇨ −3 kg
⑤ 해저 200 m ⇨ +200 m

풀이 과정

① 7점 향상 ⇨ +7점
② 출발 2일 전 ⇨ −2일
③ 영상 15 ℃ ⇨ +15 ℃
⑤ 해저 200 m ⇨ −200 m

정답 ④

BIBLE SAYS 양의 부호와 음의 부호의 사용

증가, 이익, 수입, 영상, 해발, ∼만큼 큰 수 ➡ +
감소, 손해, 지출, 영하, 해저, ∼만큼 작은 수 ➡ −

01·Ⓐ 숫자 Change

다음 중 밑줄 친 부분을 양의 부호 + 또는 음의 부호 −를 사용하여 나타낸 것으로 옳지 않은 것은?

① 오늘 지출이 1500원이다. ⇨ −1500원
② 작년보다 키가 3 cm 커졌다. ⇨ −3 cm
③ 지하철이 출발한 지 3분이 지났다. ⇨ +3분
④ 실업률이 작년보다 0.2 % 감소하였다. ⇨ −0.2 %
⑤ 주가 지수가 어제보다 5포인트 상승하였다.
　⇨ +5포인트

대표유형 **02** 정수

⋒ 유형ON >>> 046쪽

다음 수 중 정수의 개수는?

$$6, \quad +\frac{3}{4}, \quad -0.5, \quad \frac{1}{3}, \quad -\frac{4}{2}, \quad \frac{6}{12}, \quad 0$$

① 1　　　　② 2　　　　③ 3
④ 4　　　　⑤ 5

풀이 과정

정수는 6, $-\dfrac{4}{2}=-2$, 0의 3개이다.

정답 ③

02·Ⓐ 숫자 Change

다음 수 중 정수의 개수는?

$$+1, \quad -\frac{2}{3}, \quad 9, \quad 0, \quad -\frac{5}{2}, \quad +\frac{10}{3}, \quad -\frac{6}{2}, \quad 7.3$$

① 1　　　　② 2　　　　③ 3
④ 4　　　　⑤ 5

02·Ⓑ 표현 Change

다음 수 중 양의 정수의 개수를 a, 음의 정수의 개수를 b라 할 때, $b-a$의 값을 구하시오.

$$\frac{3}{15}, \quad -1, \quad +0.8, \quad -\frac{14}{7}, \quad 0, \quad +\frac{2}{3}, \quad +\frac{24}{6}, \quad -7$$

02 유리수

(1) 유리수 : 양의 유리수, 0, 음의 유리수를 통틀어 유리수라 한다.

① **양의 유리수** : 분모, 분자가 모두 자연수인 분수에 양의 부호 +를 붙인 수

　(예시) $+\dfrac{1}{7}$, $+\dfrac{2}{5}$, $+3.1\left(=+\dfrac{31}{10}\right)$, $+6\left(=+\dfrac{6}{1}\right)$, …

　　└→ 양의 부호 +를 생략해서 $\dfrac{1}{7}$, $\dfrac{2}{5}$, 3.1, 6, …으로 나타낼 수 있다.

② **음의 유리수** : 분모, 분자가 모두 자연수인 분수에 음의 부호 −를 붙인 수

　(예시) $-\dfrac{1}{2}$, $-\dfrac{4}{3}$, $-0.7\left(=-\dfrac{7}{10}\right)$, $-8\left(=-\dfrac{8}{1}\right)$, …

　(참고) 정수는 분수 꼴로 나타낼 수 있으므로 모든 정수는 유리수이다.

　(예시) $+2=+\dfrac{2}{1}=+\dfrac{4}{2}=\cdots$, $-3=-\dfrac{3}{1}=-\dfrac{6}{2}=\cdots$, $0=\dfrac{0}{1}=\dfrac{0}{2}=\cdots$

(2) 유리수의 분류

유리수
- 정수
  - 양의 정수 (자연수) : +1, +2, +3, …
  - 0
  - 음의 정수 : −1, −2, −3, …
- 정수가 아닌 유리수 : $+\dfrac{2}{3}$, +3.6, $-\dfrac{7}{4}$, −2.5, …

> 유리수는 $\dfrac{(정수)}{(0이\ 아닌\ 정수)}$, 즉 분수 꼴로 나타낼 수 있는 수이다.

> 양의 유리수는 양수, 음의 유리수는 음수이다.

> 0은 양의 유리수도 아니고 음의 유리수도 아니다.

바이블 POINT　**유리수 찾기**

(1) 정수는 분수 꼴로 나타낼 수 있으므로 유리수이다.　(예시)　$+2=+\dfrac{2}{1}$, $0=\dfrac{0}{1}$, $-4=-\dfrac{4}{1}$

(2) 소수는 분수 꼴로 나타낼 수 있으므로 유리수이다.　(예시)　$+0.3=+\dfrac{3}{10}$, $-1.5=-\dfrac{3}{2}$

개념 CHECK　**01**

- ⓐ □ : 분모, 분자가 모두 자연수인 분수에 양의 부호 +를 붙인 수
- ⓑ □ : 분모, 분자가 모두 자연수인 분수에 음의 부호 −를 붙인 수
- 양의 유리수, ⓒ □, 음의 유리수를 통틀어 유리수라 한다.

다음에 해당하는 수를 보기에서 모두 고르시오.

보기

$$-4,\quad +1.6,\quad -\dfrac{3}{2},\quad 0,\quad +\dfrac{5}{3},\quad +7$$

(1) 양의 유리수　　　　　　　　(2) 음의 유리수

(3) 유리수　　　　　　　　　　(4) 정수가 아닌 유리수

개념 CHECK　**02**

- 정수와 소수는 분수 꼴로 나타낼 수 있으므로 ⓓ □이다.
- 분수는 약분하여 나타낸 후 ⓔ □인지, 정수가 아닌 유리수인지 판단한다.

다음 표에서 주어진 수가 양수, 음수, 정수, 유리수에 각각 해당하면 ○표를 하시오.

수	−3	$+\dfrac{1}{2}$	−0.1	0	$+\dfrac{10}{5}$
양수					
음수					
정수					
유리수					

답 | ⓐ 양의 유리수　ⓑ 음의 유리수　ⓒ 0
　　ⓓ 유리수　ⓔ 정수

대표유형 03 유리수

유형ON >>> 047쪽

다음 중 정수가 아닌 유리수를 모두 고르면? (정답 2개)

① $+\dfrac{25}{3}$ 　 ② $-\dfrac{18}{2}$ 　 ③ 0

④ -6.8 　 ⑤ $\dfrac{49}{7}$

풀이 과정

② $-\dfrac{18}{2}=-9$ (정수)

③ 정수

⑤ $\dfrac{49}{7}=7$ (정수)

정답 ①, ④

03·Ⓐ 숫자 Change

다음 수 중 정수가 아닌 유리수의 개수를 구하시오.

$$3.14, \quad -\dfrac{16}{2}, \quad -2, \quad -\dfrac{7}{4}, \quad +\dfrac{12}{5}, \quad +9.3$$

03·Ⓑ 표현 Change

다음 수에 대한 설명으로 옳은 것은?

$$+\dfrac{6}{5}, \quad -3, \quad -2.9, \quad \dfrac{12}{6}, \quad 0, \quad +8$$

① 양수는 2개이다. 　　　　② 정수는 2개이다.

③ 유리수는 6개이다. 　　　④ 양의 정수는 1개이다.

⑤ 정수가 아닌 유리수는 3개이다.

대표유형 04 정수와 유리수의 성질

유형ON >>> 047쪽

다음 중 옳은 것을 모두 고르면? (정답 2개)

① 정수가 아닌 유리수도 있다.

② -1과 0 사이에 있는 유리수는 $-\dfrac{1}{2}$뿐이다.

③ 유리수는 양의 유리수, 음의 유리수로 이루어져 있다.

④ 서로 다른 두 정수 사이에는 무수히 많은 정수가 있다.

⑤ 모든 자연수는 유리수이다.

풀이 과정

② -1과 0 사이에는 무수히 많은 유리수가 있다.

③ 유리수는 양의 유리수, 0, 음의 유리수로 이루어져 있다.

④ 서로 다른 두 정수 1과 3 사이에는 정수가 2뿐이다.

정답 ①, ⑤

04·Ⓐ 숫자 Change

다음 중 옳은 것은?

① 양의 정수, 음의 정수를 통틀어 정수라 한다.

② 가장 작은 양의 정수는 0이다.

③ 모든 음의 유리수는 음의 정수이다.

④ 모든 유리수는 정수이다.

⑤ 서로 다른 두 유리수 사이에는 무수히 많은 유리수가 있다.

03 수직선

(1) 정수와 수직선 : 직선 위에 기준이 되는 점을 정하여 그 점에 0을 대응시키고, 그 점의 좌우에 일정한 간격으로 점을 잡아서 오른쪽 점에 양의 정수를, 왼쪽 점에 음의 정수를 차례대로 대응시킨 직선을 **수직선**이라 한다.

(2) 유리수와 수직선 : 유리수도 정수와 마찬가지로 수직선 위에 0을 나타내는 점을 기준으로 그 점의 오른쪽에 양수를, 왼쪽에 음수를 나타낼 수 있다.

수직선에서 양의 부호 +는 생략할 수 있다.

수직선에서 수 0에 대응하는 기준이 되는 점 O를 원점이라 한다.

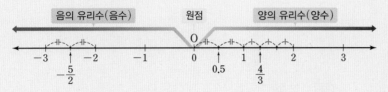

(참고) 모든 유리수는 수직선 위에 점으로 나타낼 수 있다.

용어 설명

원점 O
원점을 나타내는 O는 Origin (근원)의 첫 글자이다.

바이블 POINT 유리수를 수직선 위에 나타내는 방법

(1) $\dfrac{5}{3}=1\dfrac{2}{3}$

➡ 1과 2 사이를 3등분하여 1에서 오른쪽으로 두 번째에 있는 점

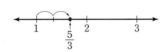

(2) $-\dfrac{11}{4}=-2\dfrac{3}{4}$

➡ −2와 −3 사이를 4등분하여 −2에서 왼쪽으로 세 번째에 있는 점

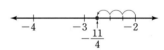

개념 CHECK 01

• 일정한 간격으로 점을 잡아서 정수를 대응시킨 직선을 ㉠ □□□ 이라 한다.

다음 수직선 위의 네 점 A, B, C, D가 나타내는 수를 각각 구하시오.

(1) A : _____

(2) B : _____

(3) C : _____

(4) D : _____

개념 CHECK 02

• 수직선에서 0을 기준으로 하여 양의 유리수는 ㉡ □□ 쪽에, 음의 유리수는 ㉢ □□ 쪽에 나타낸다.

다음 수를 수직선 위에 점으로 나타내시오.

(1) 1

(2) −3.5

(3) −2

(4) $\dfrac{10}{3}$

개념 CHECK 03

• 모든 ㉣ □□□ 는 수직선 위에 점으로 나타낼 수 있다.

다음 두 점 A, B가 나타내는 수를 수직선 위에 점으로 나타내시오.

(1) 점 A : 0보다 $\dfrac{3}{2}$ 만큼 작은 수

(2) 점 B : 0보다 4만큼 큰 수

답 | ㉠ 수직선 ㉡ 오른 ㉢ 왼
㉣ 유리수

대표유형 **05** 수직선 위의 점 (1)

🎧 유형ON >>> 048쪽

다음 수직선 위의 다섯 개의 점 A, B, C, D, E가 나타내는 수로 옳은 것을 모두 고르면? (정답 2개)

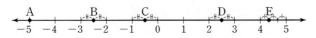

① A : -5　　② B : -3.5　　③ C : $\dfrac{1}{2}$

④ D : $\dfrac{5}{2}$　　⑤ E : $\dfrac{14}{3}$

풀이 과정

② B : -2.5　　③ C : $-\dfrac{1}{2}$　　⑤ E : $\dfrac{13}{3}$

정답 ①, ④

05 · Ⓐ 숫자 Change

다음 수직선 위의 다섯 개의 점 A, B, C, D, E가 나타내는 수로 옳지 <u>않은</u> 것은?

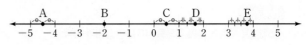

① A : -5.5　　② B : -2　　③ C : $\dfrac{1}{2}$

④ D : $\dfrac{5}{3}$　　⑤ E : $\dfrac{15}{4}$

대표유형 **06** 수직선 위의 점 (2)

🎧 유형ON >>> 048쪽

다음 수를 수직선 위에 나타낼 때, 왼쪽에서 두 번째에 있는 수와 오른쪽에서 두 번째에 있는 수를 차례대로 구하시오.

$$-4, \quad 3, \quad -\dfrac{8}{3}, \quad \dfrac{9}{4}, \quad -\dfrac{1}{2}, \quad 1.5$$

풀이 과정

주어진 수를 수직선 위에 점으로 나타내면 그림과 같다.

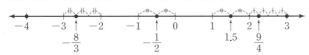

따라서 왼쪽에서 두 번째에 있는 수는 $-\dfrac{8}{3}$이고, 오른쪽에서 두 번째에 있는

수는 $\dfrac{9}{4}$이다.

정답 $-\dfrac{8}{3}, \dfrac{9}{4}$

06 · Ⓐ 숫자 Change

다음 수를 수직선 위에 나타낼 때, 오른쪽에서 두 번째에 있는 수는?

① 4　　　　② $-\dfrac{17}{5}$　　　　③ $-\dfrac{1}{3}$

④ 3.5　　　⑤ $\dfrac{7}{4}$

06 · Ⓑ 표현 Change

다음 수를 수직선 위에 나타낼 때, 0을 나타내는 점을 기준으로 왼쪽에 있는 수의 개수를 구하시오.

$$-8.7, \quad 0, \quad +2, \quad \dfrac{5}{3}, \quad -\dfrac{1}{4}, \quad -3, \quad 1.9$$

BIBLE SAYS　수직선 위에 유리수 나타내기

수직선 위에서 0을 나타내는 점을 기준으로 하여 양수는 오른쪽에, 음수는 왼쪽에 나타낸다.

대표유형 **07** 수직선 위에서 같은 거리에 있는 점

⋂ 유형ON >>> 048쪽

수직선 위에서 −5와 3을 나타내는 두 점으로부터 같은 거리에 있는 점이 나타내는 수를 구하시오.

풀이 과정

−5와 3을 수직선 위에 점으로 나타내면 그림과 같다.

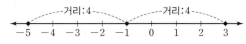

따라서 −5와 3을 나타내는 두 점으로부터 같은 거리에 있는 점이 나타내는 수는 −1이다.

정답 −1

07·A 숫자 Change

수직선 위에서 −3과 7을 나타내는 두 점으로부터 같은 거리에 있는 점이 나타내는 수를 구하시오.

07·B 표현 Change

수직선 위에서 −2를 나타내는 점으로부터 거리가 3인 점이 나타내는 수를 모두 구하시오.

BIBLE SAYS 수직선 위에서 같은 거리에 있는 점

수직선 위에서 두 수를 나타내는 두 점으로부터 같은 거리에 있는 점이 나타내는 수

➡ 두 점의 한가운데에 있는 점이 나타내는 수

대표유형 **08** 가까운 정수 구하기

⋂ 유형ON >>> 048쪽

수직선 위에서 $-\dfrac{7}{4}$에 가장 가까운 정수를 a, $\dfrac{11}{3}$에 가장 가까운 정수를 b라 할 때, a, b의 값을 각각 구하시오.

풀이 과정

$-\dfrac{7}{4}=-1\dfrac{3}{4}$, $\dfrac{11}{3}=3\dfrac{2}{3}$이므로 $-\dfrac{7}{4}$, $\dfrac{11}{3}$을 수직선 위에 점으로 나타내면 그림과 같다.

$-\dfrac{7}{4}$에 가장 가까운 정수는 −2이므로 $a=-2$

$\dfrac{11}{3}$에 가장 가까운 정수는 4이므로 $b=4$

정답 $a=-2$, $b=4$

08·A 숫자 Change

수직선 위에서 $-\dfrac{1}{3}$에 가장 가까운 정수를 a, $\dfrac{5}{4}$에 가장 가까운 정수를 b라 할 때, a, b의 값을 각각 구하시오.

배운대로 학습하기

01 〔대표 유형 01〕

다음 중 양의 부호 + 또는 음의 부호 −를 사용하여 나타낼 때, 부호가 나머지 넷과 다른 하나는?

① 1000원 손해   ② 출발 15분 전
③ 20 kg 감소   ④ 영하 3 ℃
⑤ 8명 증가

02 〔대표 유형 01〕

다음 글의 밑줄 친 부분을 양의 부호 + 또는 음의 부호 −를 사용하여 나타낸 것으로 옳지 않은 것은?

유빈이는 지난달에 비해 몸무게가 ① 3 kg가 늘어 운동을 시작했다. 요즘 평균 기온이 ② 영상 21 ℃ 정도라서 내일은 ③ 해발 264 m인 뒷산을 오르기로 했다. 그래서 운동복을 구매하려고 보니 가격이 작년보다 ④ 10 % 올라 은행에서 ⑤ 3만원을 출금했다.

① +3 kg   ② +21 ℃   ③ −264 m
④ +10 %   ⑤ −30000원

03 〔대표 유형 02〕

다음 중 자연수가 아닌 정수를 모두 고르면? (정답 2개)

① $-\dfrac{2}{11}$ ② $+8$ ③ 0
④ 3.2 ⑤ -3

04 〔대표 유형 02〕

다음 수 중 양의 정수의 개수를 a, 음의 정수의 개수를 b라 할 때, $a-b$의 값을 구하시오.

$$-\frac{3}{5}, \quad 9, \quad +2.8, \quad 0, \quad -11, \quad \frac{28}{14}, \quad -0.1, \quad +\frac{4}{8}$$

05 〔대표 유형 02 ⊕ 03〕

다음 수 중 음의 유리수가 아닌 것을 모두 고르면? (정답 2개)

① -11 ② $-\dfrac{15}{3}$ ③ 0
④ -3.2 ⑤ $\dfrac{7}{2}$

06 〔대표 유형 02 ⊕ 03〕

다음 수에 대한 설명으로 옳은 것은?

$$+\frac{1}{8}, \quad -2.7, \quad -10, \quad \frac{3}{4}, \quad \frac{27}{3}, \quad +5.4$$

① 자연수는 없다.   ② 정수는 1개이다.
③ 양수는 3개이다.   ④ 음의 유리수는 2개이다.
⑤ 정수가 아닌 유리수는 5개이다.

07 생각이 쑥쑥↑   대표 유형 04

다음 중 옳지 않은 것은?

① 모든 정수는 유리수이다.
② 모든 양의 정수는 자연수이다.
③ 0은 양수도 아니고 음수도 아니다.
④ 가장 작은 음의 정수는 -1이다.
⑤ 서로 다른 두 유리수 사이에는 반드시 또 다른 유리수가 있다.

08   대표 유형 05

다음 수직선 위의 다섯 개의 점 A, B, C, D, E가 나타내는 수로 옳지 않은 것은?

① A : -2.5 ② B : $-\dfrac{3}{2}$ ③ C : $\dfrac{1}{4}$

④ D : $\dfrac{5}{2}$ ⑤ E : 3

09   대표 유형 06

다음 중 수직선 위의 다섯 개의 점 A, B, C, D, E가 나타내는 수에 대한 설명으로 옳은 것은?

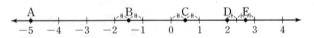

① 점 C가 나타내는 수는 $-\dfrac{1}{2}$이다.

② 점 E가 나타내는 수는 $\dfrac{7}{3}$이다.

③ 양수는 2개이다.

④ 음의 정수는 1개이다.

⑤ 유리수는 4개이다.

10   대표 유형 07

수직선 위에서 -6과 4를 나타내는 두 점으로부터 같은 거리에 있는 점이 나타내는 수를 구하시오.

11   대표 유형 08

$-\dfrac{7}{2}$보다 작은 수 중 가장 큰 정수를 a, $\dfrac{7}{3}$보다 큰 수 중 가장 작은 정수를 b라 할 때, a, b의 값을 각각 구하시오.

12 생각이 쑥쑥↑   대표 유형 07 ⊕ 08

수직선 위에서 $-\dfrac{22}{5}$에 가장 가까운 정수를 a, $\dfrac{5}{3}$에 가장 가까운 정수를 b라 할 때, a와 b를 나타내는 두 점으로부터 같은 거리에 있는 점이 나타내는 수를 구하시오.

04 절댓값

(1) 절댓값 : 수직선 위에서 0을 나타내는 점으로부터 어떤 수를 나타내는 점까지의 거리를 그 수의 절댓값이라 하고, 기호 | |를 사용하여 나타낸다.

> 예시 +3의 절댓값은 |+3|=3
>
> −2의 절댓값은 |−2|=2
>
> 참고 절댓값이 a $(a>0)$인 수는 $+a$, $-a$의 2개이다.

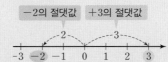

$$|a|=\begin{cases} a & (a>0) \\ 0 & (a=0) \\ -a & (a<0) \end{cases}$$

(2) 절댓값의 성질

① 양수, 음수의 절댓값은 그 수에서 부호 +, −를 떼어 낸 수와 같다.

② 0의 절댓값은 0이다. ➡ |0|=0

③ 절댓값은 거리를 나타내는 것이므로 항상 0 또는 양수이다. ➡ (절댓값)≥0 → 절댓값이 가장 작은 수는 0이다.

> 주의 절댓값이 음수인 수는 없다.

④ 수를 수직선 위에 나타낼 때, 0을 나타내는 점에서 멀리 떨어질수록 절댓값이 커진다.

> 참고 (절댓값이 가장 큰 수)
> =(수직선 위에서 원점으로부터 가장 멀리 있는 점이 나타내는 수)
> (절댓값이 가장 작은 수)
> =(수직선 위에서 원점으로부터 가장 가까운 점이 나타내는 수)

두 수의 절댓값이 같고 부호가 반대이면 두 수는 원점으로부터 서로 반대 방향으로 같은 거리에 있다.

바이블 POINT a의 절댓값과 절댓값이 a $(a>0)$인 수

(1) a의 절댓값

(a의 절댓값)$=|a|$

> 예시 −2의 절댓값 ➡ |−2|=2

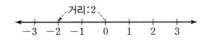

(2) 절댓값이 a $(a>0)$인 수

(원점으로부터의 거리가 a인 수)$=\begin{cases} +a \\ -a \end{cases}$

> 예시 절댓값이 2인 수 ➡ 2, −2

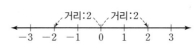

개념 CHECK 01 다음을 구하시오.

· 양수와 음수의 절댓값은 그 수에서 부호 +, ㉠ 를 떼어 낸 수와 같고, 0의 절댓값은 ㉡ 이다.

(1) +3의 절댓값

(2) −4의 절댓값

(3) 0의 절댓값

(4) $-\dfrac{8}{7}$의 절댓값

(5) |−1.5|

(6) $\left|+\dfrac{4}{5}\right|$

개념 CHECK 02 다음을 구하시오.

· 절댓값이 a $(a>0)$인 수는 +a, ㉢ 의 2개이다.

(1) 절댓값이 6인 수

(2) 절댓값이 $\dfrac{3}{11}$인 수

(3) 절댓값이 0인 수

(4) 절댓값이 4인 양수

(5) 0.7과 절댓값이 같은 음수

(6) $-\dfrac{1}{2}$과 절댓값이 같은 양수

답 | ㉠ − ㉡ 0 ㉢ −a

$+\dfrac{5}{4}$의 절댓값을 a, $-\dfrac{1}{2}$의 절댓값을 b라 할 때, $a-b$의 값은?

① $\dfrac{1}{2}$　　　　② $\dfrac{3}{4}$　　　　③ $\dfrac{5}{4}$

④ $\dfrac{3}{2}$　　　　⑤ $\dfrac{7}{4}$

풀이 과정

$+\dfrac{5}{4}$의 절댓값은 $\dfrac{5}{4}$이므로 $a=\dfrac{5}{4}$

$-\dfrac{1}{2}$의 절댓값은 $\dfrac{1}{2}$이므로 $b=\dfrac{1}{2}$

$\therefore a-b=\dfrac{5}{4}-\dfrac{1}{2}=\dfrac{3}{4}$

정답 ②

BIBLE SAYS 절댓값

(1) $|a|$ ➡ 수직선 위에서 0을 나타내는 점과 a를 나타내는 점 사이의 거리
(2) 절댓값이 $a\,(a>0)$인 수 ➡ a, $-a$

01 · Ⓐ 숫자 Change

$+\dfrac{12}{7}$의 절댓값을 a, -14의 절댓값을 b라 할 때, $a\times b$의 값을 구하시오.

01 · Ⓑ 표현 Change

-4의 절댓값을 a, 절댓값이 8인 양수를 b라 할 때, $a+b$의 값을 구하시오.

절댓값이 같고 부호가 반대인 두 수가 있다. 수직선 위에서 두 수를 나타내는 두 점 사이의 거리가 20일 때, 두 수를 구하시오.

풀이 과정

절댓값이 같고 부호가 반대인 두 수를 나타내는 두 점 사이의 거리가 20이므로 두 점은 0을 나타내는 점으로부터 각각 $20\times\dfrac{1}{2}=10$만큼 떨어져 있다.

따라서 구하는 두 수는 10, -10이다.

정답 10, -10

BIBLE SAYS 절댓값이 같고 부호가 반대인 수

수직선 위에서 절댓값이 같고 부호가 반대인 두 수를 나타내는 두 점 사이의 거리가 $a\,(a>0)$이다.

➡ 두 점은 0을 나타내는 점으로부터 서로 반대 방향으로 각각 $a\times\dfrac{1}{2}$만큼 떨어져 있다.

➡ 두 수는 $a\times\dfrac{1}{2}$, $-\left(a\times\dfrac{1}{2}\right)$이다.

02 · Ⓐ 숫자 Change

절댓값이 같고 부호가 반대인 두 수가 있다. 수직선 위에서 두 수를 나타내는 두 점 사이의 거리가 16일 때, 두 수를 구하시오.

02 · Ⓑ 표현 Change

두 수 a, b는 절댓값이 같고 a가 b보다 크다. 수직선 위에서 두 수 a, b를 나타내는 두 점 사이의 거리가 $\dfrac{6}{5}$일 때, a, b의 값을 각각 구하시오.

대표유형 **03** 절댓값의 대소 관계

유형ON >>> 051쪽

다음 수 중 절댓값이 가장 큰 수와 절댓값이 가장 작은 수를 차례대로 구하시오.

$$-\frac{3}{4}, \quad 1, \quad \frac{1}{3}, \quad -2.1, \quad 2, \quad -0.3$$

풀이 과정

주어진 수의 절댓값의 대소를 비교하면

$$\left|-0.3\right| < \left|\frac{1}{3}\right| < \left|-\frac{3}{4}\right| < \left|1\right| < \left|2\right| < \left|-2.1\right|$$

따라서 절댓값이 가장 큰 수는 -2.1이고 절댓값이 가장 작은 수는 -0.3이다.

정답 -2.1, -0.3

03·Ⓐ 숫자 Change

다음 중 절댓값이 가장 작은 수는?

① 2   ② $-\frac{15}{7}$ ③ 1.4

④ -1 ⑤ $\frac{4}{5}$

03·Ⓑ 표현 Change

다음 수를 절댓값이 큰 수부터 차례대로 나열할 때, 네 번째에 오는 수를 구하시오.

$$-7, \quad \frac{19}{3}, \quad 0, \quad -\frac{1}{5}, \quad 5, \quad \frac{27}{5}$$

대표유형 **04** 절댓값의 범위가 주어진 수

유형ON >>> 052쪽

절댓값이 $\frac{8}{5}$ 이상 4 미만인 정수의 개수는?

① 2   ② 3   ③ 4

④ 5   ⑤ 6

풀이 과정

절댓값이 $\frac{8}{5}$ 이상 4 미만인 정수는 절댓값이 2, 3인 수이다.

절댓값이 2인 수는 2, -2

절댓값이 3인 수는 3, -3

따라서 구하는 정수는 4개이다.

정답 ③

04·Ⓐ 숫자 Change

절댓값이 $\frac{13}{7}$ 초과 4 이하인 정수의 개수는?

① 2   ② 3   ③ 4

④ 5   ⑤ 6

04·Ⓑ 표현 Change

$|a| < 2.5$를 만족시키는 정수 a의 개수는?

① 4   ② 5   ③ 6

④ 7   ⑤ 8

BIBLE SAYS   절댓값의 범위가 주어진 수

절댓값의 범위가 주어진 수는 다음과 같은 순서로 구한다.

❶ 조건을 만족시키는 절댓값을 구한다.

❷ 절댓값이 $a\,(a>0)$인 수는 a, $-a$임을 이용하여 조건을 만족시키는 수를 모두 구한다.

05 수의 대소 관계

(1) 수의 대소 관계 : 수직선 위에서 수는 오른쪽으로 갈수록
커지고, 왼쪽으로 갈수록 작아진다.

① 양수는 0보다 크고 음수는 0보다 작다.
➡ (음수) < 0 < (양수) (예시) $+4 > 0$, $-6 < 0$

② 양수는 음수보다 크다. (예시) $+1 > -4$

③ 양수끼리는 절댓값이 큰 수가 크다. (예시) $+2 < +3 \rightarrow |+2| < |+3|$

④ 음수끼리는 절댓값이 큰 수가 작다. (예시) $-2 > -3 \rightarrow |-2| < |-3|$

커진다.

작아진다.

$$-3 \quad -2 \quad -1 \quad 0 \quad 1 \quad 2 \quad 3$$

절댓값이
큰 수가 작다.

절댓값이
큰 수가 크다.

> 수를 수직선 위에 나타내면 오른쪽에 있는 수가 왼쪽에 있는 수보다 크다.

> 부등호 ≥는 '> 또는 ='를, 부등호 ≤는 '< 또는 ='를 뜻한다.

> '작지 않다.'를 '크다.'로, '크지 않다.'를 '작다.'로 착각하지 않도록 주의한다.

(2) 부등호의 사용

$a > b$	$a < b$	$a \geq b$	$a \leq b$
a는 b보다 크다. a는 b 초과이다.	a는 b보다 작다. a는 b 미만이다.	a는 b보다 크거나 같다. a는 b보다 작지 않다. a는 b 이상이다.	a는 b보다 작거나 같다. a는 b보다 크지 않다. a는 b 이하이다.

> 분수와 소수의 대소 비교
> 분수와 소수를 비교할 때는 분수를 소수로 바꾸어 비교하거나 소수를 분수로 바꾸어 분모를 통분하여 비교한다.

(예시) (1) a는 5보다 크다. ➡ $a > 5$ (2) a는 4보다 크지 않다. ➡ $a \leq 4$
└ 작거나 같다.

(참고) 세 수의 대소 관계도 부등호를 사용하여 나타낼 수 있다.

(예시) x는 -3보다 크고 2보다 작거나 같다. ➡ $-3 < x \leq 2$

바이블 POINT — **부호가 같은 두 분수의 대소 비교하기**

부호가 같은 두 분수는 분모의 최소공배수로 분모를 통분하여 절댓값의 크기를 비교한다.

┌ 양수끼리는 절댓값이 큰 수가 크다.

(1) $\dfrac{5}{6}, \dfrac{3}{4}$ ──통분→ $\dfrac{10}{12}, \dfrac{9}{12}$ ──크기 비교→ $\left|\dfrac{10}{12}\right| > \left|\dfrac{9}{12}\right|$ 이므로 $\dfrac{10}{12} > \dfrac{9}{12}$ ∴ $\dfrac{5}{6} > \dfrac{3}{4}$

┌ 음수끼리는 절댓값이 큰 수가 작다.

(2) $-\dfrac{2}{3}, -\dfrac{1}{2}$ ──통분→ $-\dfrac{4}{6}, -\dfrac{3}{6}$ ──크기 비교→ $\left|-\dfrac{4}{6}\right| > \left|-\dfrac{3}{6}\right|$ 이므로 $-\dfrac{4}{6} < -\dfrac{3}{6}$ ∴ $-\dfrac{2}{3} < -\dfrac{1}{2}$

개념 CHECK 01

• 양수끼리는 절댓값이 큰 수가 크고, 음수끼리는 절댓값이 큰 수가 ㉠ .

다음 □ 안에 부등호 <, > 중 알맞은 것을 써넣으시오.

(1) $2 \ \square \ 0$

(2) $0 \ \square \ -8$

(3) $4 \ \square \ 6$

(4) $\dfrac{3}{2} \ \square \ \dfrac{7}{6}$

(5) $-5 \ \square \ -3$

(6) $-\dfrac{2}{5} \ \square \ -\dfrac{1}{15}$

개념 CHECK 02

• (크거나 같다.)=(작지 않다.)
   =(㉡ 이다.)
• (작거나 ㉢ .)=(크지 않다.)
   =(이하이다.)

다음 □ 안에 알맞은 부등호를 써넣으시오.

(1) x는 -3 초과이다. ⇨ $x \ \square \ -3$

(2) x는 -1 이상 4 이하이다. ⇨ $-1 \ \square \ x \ \square \ 4$

(3) x는 $-\dfrac{1}{5}$보다 크거나 같고 8보다 작다. ⇨ $-\dfrac{1}{5} \ \square \ x \ \square \ 8$

답 | ㉠ 작다 ㉡ 이상 ㉢ 같다

대표유형 **05** 수의 대소 관계

⋒ 유형ON >>> 052쪽

다음 중 두 수의 대소 관계가 옳지 <u>않은</u> 것은?

① $0 > -2$

② $\dfrac{2}{5} < \left| -\dfrac{2}{3} \right|$

③ $-\dfrac{1}{3} > -\dfrac{1}{2}$

④ $\left| -\dfrac{3}{4} \right| > \left| -\dfrac{4}{3} \right|$

⑤ $2 < \left| -\dfrac{5}{2} \right|$

풀이 과정

① $0 > -2$

② $\dfrac{2}{5} = \dfrac{6}{15}$, $\left| -\dfrac{2}{3} \right| = \dfrac{2}{3} = \dfrac{10}{15}$이므로 $\dfrac{6}{15} < \dfrac{10}{15}$ $\therefore \dfrac{2}{5} < \left| -\dfrac{2}{3} \right|$

③ $-\dfrac{1}{3} = -\dfrac{2}{6}$, $-\dfrac{1}{2} = -\dfrac{3}{6}$이므로 $-\dfrac{2}{6} > -\dfrac{3}{6}$ $\therefore -\dfrac{1}{3} > -\dfrac{1}{2}$

④ $\left| -\dfrac{3}{4} \right| = \dfrac{3}{4} = \dfrac{9}{12}$, $\left| -\dfrac{4}{3} \right| = \dfrac{4}{3} = \dfrac{16}{12}$이므로 $\dfrac{9}{12} < \dfrac{16}{12}$

   $\therefore \left| -\dfrac{3}{4} \right| < \left| -\dfrac{4}{3} \right|$

⑤ $2 = \dfrac{4}{2}$, $\left| -\dfrac{5}{2} \right| = \dfrac{5}{2}$이므로 $\dfrac{4}{2} < \dfrac{5}{2}$ $\therefore 2 < \left| -\dfrac{5}{2} \right|$

따라서 옳지 않은 것은 ④이다.

정답 ④

05·Ⓐ (숫자 Change)

다음 중 두 수의 대소 관계가 옳지 <u>않은</u> 것은?

① $-12 < -9$

② $0.1 < \dfrac{1}{5}$

③ $-\dfrac{1}{4} > -\dfrac{1}{5}$

④ $\dfrac{3}{2} > \left| -\dfrac{5}{4} \right|$

⑤ $\left| -\dfrac{3}{4} \right| < \left| +\dfrac{6}{7} \right|$

05·Ⓑ (표현 Change)

다음 수를 작은 수부터 차례대로 나열할 때, 네 번째에 오는 수를 구하시오.

$$-\dfrac{2}{5}, \quad 0, \quad |-5|, \quad \dfrac{10}{7}, \quad -3$$

대표유형 **06** 부등호의 사용

⋒ 유형ON >>> 053쪽

'a는 $-\dfrac{1}{4}$ 초과이고 $\dfrac{3}{5}$보다 크지 않다.'를 부등호를 사용하여 바르게 나타낸 것은?

① $-\dfrac{1}{4} < a < \dfrac{3}{5}$

② $-\dfrac{1}{4} \leq a < \dfrac{3}{5}$

③ $-\dfrac{1}{4} < a \leq \dfrac{3}{5}$

④ $-\dfrac{1}{4} \leq a \leq \dfrac{3}{5}$

⑤ $a < -\dfrac{1}{4}$ 또는 $a \geq \dfrac{3}{5}$

풀이 과정

a는 $-\dfrac{1}{4}$ 초과이고 $\dfrac{3}{5}$보다 크지 않다. ⇨ $-\dfrac{1}{4} < a \leq \dfrac{3}{5}$

정답 ③

06·Ⓐ (표현 Change)

다음 중 부등호를 사용하여 나타낸 것으로 옳지 <u>않은</u> 것은?

① a는 3보다 크지 않다. ⇨ $a \leq 3$

② a는 1 초과이고 2 이하이다. ⇨ $1 < a \leq 2$

③ a는 $-\dfrac{2}{3}$보다 크고 4 미만이다. ⇨ $-\dfrac{2}{3} < a < 4$

④ a는 -4 이상이고 $\dfrac{5}{7}$보다 작다. ⇨ $-4 \leq a < \dfrac{5}{7}$

⑤ a는 $-\dfrac{1}{3}$보다 크거나 같고 $\dfrac{2}{5}$보다 작거나 같다.

   ⇨ $-\dfrac{1}{3} < a \leq \dfrac{2}{5}$

BIBLE SAYS 부등호의 사용

(크거나 같다.) = (작지 않다.) = (이상이다.)
(작거나 같다.) = (크지 않다.) = (이하이다.)

01

대표 유형 **01**

-6의 절댓값을 a, 절댓값이 $\dfrac{2}{3}$인 양수를 b라 할 때, $a \times b$의 값을 구하시오.

02

대표 유형 **01**

수직선 위에서 절댓값이 7인 수를 나타내는 두 점 사이의 거리를 구하시오.

03

대표 유형 **02**

두 수 A, B의 절댓값이 같고 A가 B보다 $\dfrac{16}{5}$만큼 작을 때, A의 값을 구하시오.

04

대표 유형 **03**

다음 수 중 절댓값이 가장 작은 수와 절댓값이 가장 큰 수를 차례대로 구하시오.

$$-\frac{3}{2}, \quad 1, \quad -\frac{11}{6}, \quad -3.3, \quad 0.6$$

05

대표 유형 **03**

다음 수를 수직선 위에 나타낼 때, 0을 나타내는 점에서 가장 멀리 떨어져 있는 점이 나타내는 수는?

① 6.3　　　　② -3　　　　③ $\dfrac{19}{3}$

④ 7　　　　⑤ $-\dfrac{29}{4}$

06

대표 유형 **04**

절댓값이 4.1 이하인 정수의 개수는?

① 6　　　　② 7　　　　③ 8

④ 9　　　　⑤ 10

07   대표 유형 04

다음 수 중 절댓값이 4 이상인 수의 개수를 구하시오.

$$-6, \quad -\frac{5}{2}, \quad +3.9, \quad 0, \quad \frac{14}{3}, \quad -4, \quad 1$$

08   대표 유형 01⊕03⊕04

다음 중 옳지 <u>않은</u> 것은?

① 3과 -3의 절댓값은 같다.
② 절댓값이 1보다 작은 정수는 1개이다.
③ 음수의 절댓값은 0보다 작다.
④ a가 양수이면 a의 절댓값은 자기 자신이다.
⑤ 수직선 위에서 수의 절댓값이 클수록 0을 나타내는 점에서 멀리 떨어져 있다.

09   대표 유형 05

다음 중 ☐ 안에 들어갈 부등호의 방향이 나머지 넷과 <u>다른</u> 하나는?

① $8 \;\square\; 10$ ② $-2.3 \;\square\; -1.2$

③ $-\frac{2}{5} \;\square\; -\frac{1}{3}$ ④ $\frac{1}{5} \;\square\; \left|-\frac{3}{2}\right|$

⑤ $\left|-\frac{5}{7}\right| \;\square\; \left|-\frac{3}{5}\right|$

10   생각이 쑥쑥↗   대표 유형 03⊕05

다음 수에 대한 설명으로 옳지 <u>않은</u> 것은?

$$\frac{2}{5}, \quad -2.8, \quad 4, \quad -\frac{10}{9}, \quad \frac{14}{2}, \quad -6$$

① 0보다 작은 수는 3개이다.
② 가장 작은 수는 -6이다.
③ 가장 큰 수는 $\frac{14}{2}$이다.
④ 절댓값이 가장 작은 수는 -6이다.
⑤ 음수 중 가장 큰 수는 $-\frac{10}{9}$이다.

11   대표 유형 05

두 유리수 $-\frac{16}{3}$과 $\frac{11}{4}$ 사이에 있는 정수 중 자연수가 아닌 수의 개수를 구하시오.

12   생각이 쑥쑥↗   대표 유형 06

다음을 만족시키는 정수 x의 개수를 구하시오.

$$x\text{는 }-4\text{보다 크고 }\frac{5}{3}\text{보다 크지 않다.}$$

함께 풀기

다음 조건을 모두 만족시키는 정수 x의 값을 구하시오.

> (개) x는 -3 이상이고 4보다 크지 않다.
> (내) $|x| > 3$

풀이 과정

[1단계] (개)를 만족시키는 정수 구하기

(개)에서 x는 -3 이상이고 4보다 크지 않으므로

$-3 \leq x \leq 4$

이를 만족시키는 정수 x는

$-3, -2, -1, 0, 1, 2, 3, 4$ ······ 50%

[2단계] 조건을 모두 만족시키는 정수 구하기

이때 (내)를 만족시키는 x의 값은 4이다. ······ 50%

정답 _____4_____

따라 풀기

01 다음 조건을 모두 만족시키는 정수 x의 개수를 구하시오.

> (개) x는 -5보다 작지 않고 양수가 아니다.
> (내) $|x| < 3$

풀이 과정

[1단계] (개)를 만족시키는 정수 구하기

[2단계] 조건을 모두 만족시키는 정수의 개수 구하기

정답 _____

함께 풀기

수직선 위에서 2를 나타내는 점으로부터 거리가 5인 점이 나타내는 수를 a라 하고, a와 1을 나타내는 두 점으로부터 같은 거리에 있는 점이 나타내는 수를 b라 하자. 이때 $|a| + |b|$의 값을 구하시오. (단, $a < 0$)

풀이 과정

[1단계] a의 값 구하기

$a < 0$이므로 그림에서 2를 나타내는 점으로부터 거리가 5인 점이 나타내는 수는 -3이다.

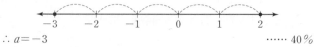

$\therefore a = -3$ ······ 40%

[2단계] b의 값 구하기

-3과 1을 수직선 위에 점으로 나타내면 그림과 같다.

그림에서 -3과 1을 나타내는 두 점으로부터 같은 거리에 있는 점이 나타내는 수는 -1이다.

$\therefore b = -1$ ······ 40%

[3단계] $|a| + |b|$의 값 구하기

$|a| = |-3| = 3$, $|b| = |-1| = 1$이므로

$|a| + |b| = 3 + 1 = 4$ ······ 20%

정답 _____4_____

따라 풀기

02 수직선 위에서 -3을 나타내는 점으로부터 거리가 4인 점이 나타내는 수를 a라 하고, a와 7을 나타내는 두 점으로부터 같은 거리에 있는 점이 나타내는 수를 b라 하자. 이때 $a \times b$의 값을 구하시오. (단, $a > 0$)

풀이 과정

[1단계] a의 값 구하기

[2단계] b의 값 구하기

[3단계] $a \times b$의 값 구하기

정답 _____

03 다음 수 중 양의 유리수의 개수를 a, 음의 유리수의 개수를 b, 정수가 아닌 유리수의 개수를 c라 할 때, $a+b-c$의 값을 구하시오.

$$\frac{15}{3}, \quad -5.3, \quad -\frac{7}{5}, \quad 23, \quad \frac{5}{10}, \quad 8.2, \quad -13$$

풀이 과정

정답 _____

04 수직선 위에서 $-\frac{11}{4}$에 가장 가까운 정수를 a, $\frac{10}{3}$에 가장 가까운 정수를 b라 할 때, a, b의 값을 각각 구하시오.

풀이 과정

정답 _____

05 절댓값이 같고 부호가 반대인 두 수를 수직선 위에 점으로 나타내었더니 두 수를 나타내는 두 점 사이의 거리가 6일 때, 두 수를 구하시오.

풀이 과정

정답 _____

06 $-\frac{25}{7}$보다 작은 정수 중 가장 큰 수를 a라 할 때, a와 절댓값이 같으면서 부호가 반대인 수를 구하시오.

풀이 과정

정답 _____

STEP 1 기본 다지기

01

다음 중 밑줄 친 부분을 양의 부호 + 또는 음의 부호 −를 사용하여 나타낸 것으로 옳지 않은 것은?

① 지난달보다 키가 2 cm 더 컸다. ⇨ +2 cm
② 약속 시간보다 5분 일찍 도착하였다. ⇨ −5분
③ 용돈을 지난주보다 1000원 더 받았다. ⇨ −1000원
④ 이번 시합에서 1점을 실점하였다. ⇨ −1점
⑤ 오늘 낮 최고 기온은 영상 25 ℃이다. ⇨ +25 ℃

02

다음 수에 대한 설명으로 옳지 않은 것은?

$$0, \quad -3, \quad +2, \quad \frac{2}{5}, \quad -2.6, \quad -\frac{28}{7}$$

① 유리수는 6개이다.
② 정수는 3개이다.
③ 음수는 3개이다.
④ 양의 유리수는 2개이다.
⑤ 정수가 아닌 유리수는 2개이다.

03

다음 중 옳지 않은 것을 모두 고르면? (정답 2개)

① 0은 양의 정수도 아니고 음의 정수도 아니다.
② 자연수가 아닌 정수는 음의 정수이다.
③ 서로 다른 두 유리수 사이에는 무수히 많은 정수가 존재한다.
④ 유리수는 양의 유리수, 0, 음의 유리수로 이루어져 있다.
⑤ 유리수는 분자가 정수이고 분모가 0이 아닌 정수인 분수로 나타낼 수 있는 수이다.

04

수직선 위에서 두 수 A, B를 나타내는 두 점 사이의 거리가 14이고 두 점으로부터 같은 거리에 있는 점이 나타내는 수가 3일 때, A, B의 값을 각각 구하시오. (단, $A < B$)

05

$-\dfrac{5}{2}$보다 작은 수 중 가장 큰 정수를 a, $\dfrac{8}{3}$보다 큰 수 중 가장 작은 정수를 b라 할 때, a, b의 값을 각각 구하시오.

06

다음 수를 수직선 위에 나타낼 때, 0을 나타내는 점에서 가장 가까이에 있는 점이 나타내는 수는?

① 2
② $-\dfrac{14}{6}$
③ 0.5
④ −1
⑤ $\dfrac{4}{5}$

07

다음 보기 중 옳은 것을 모두 고르시오.

보기

ㄱ. 절댓값은 항상 0보다 크거나 같다.

ㄴ. 절댓값이 가장 작은 수는 0이다.

ㄷ. $a>0$이면 $|-a|=a$이다.

ㄹ. 절댓값이 클수록 수직선 위에서 그 수를 나타내는 점은 0을 나타내는 점과 가깝다.

08

그림의 출발 지점에서 시작하여 길을 따라가는데 각 갈림길에서 절댓값이 큰 수가 적힌 길을 택하여 간다고 한다. 이때 도착 지점을 구하시오.

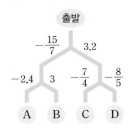

09

$2 \leq |x| < \dfrac{17}{3}$을 만족시키는 정수 x의 개수는?

① 8 　　　　② 9 　　　　③ 10

④ 11 　　　　⑤ 12

10

다음 중 □ 안에 들어갈 부등호의 방향이 나머지 넷과 다른 하나는?

① $\dfrac{10}{3}$ □ $|-3.5|$ 　　　② $|0|$ □ $\left|-\dfrac{7}{4}\right|$

③ -7.1 □ 5 　　　④ $\dfrac{7}{3}$ □ $\dfrac{9}{4}$

⑤ $-\dfrac{9}{4}$ □ $-\dfrac{7}{5}$

11

다음 중 부등호를 사용하여 나타낸 것으로 옳지 <u>않은</u> 것은?

① x는 3보다 작다. ⇨ $x<3$

② x는 -5 이상이고 1 미만이다. ⇨ $-5 \leq x < 1$

③ x는 2보다 크고 6 이하이다. ⇨ $2<x<6$

④ x는 -4 이상이고 5보다 크지 않다. ⇨ $-4 \leq x \leq 5$

⑤ x는 -1보다 작지 않고 7보다 크지 않다. ⇨ $-1 \leq x \leq 7$

12

4.6보다 작은 자연수의 개수를 x, $-\dfrac{7}{2}$ 이상이고 3 미만인 정수의 개수를 y라 할 때, $x+y$의 값을 구하시오.

STEP 2 실력 다지기

13

수직선 위의 점 A는 0을 나타내는 점으로부터 2만큼 떨어져 있고, 점 B는 1을 나타내는 점으로부터 9만큼 떨어져 있다. 두 점 A, B 사이의 거리가 가장 길 때의 거리를 구하시오.

14

다음 수직선에서 점 A가 나타내는 수는 -5이고 점 C가 나타내는 수는 1이다. 네 점 A, B, C, D 사이의 거리가 모두 같을 때, 점 D가 나타내는 수는?

A   B   C   D
-5 1

① 4   ② 5   ③ 6
④ 7   ⑤ 8

15

절댓값이 a 이하인 정수가 47개일 때, 자연수 a의 값을 구하시오.

16

서로 다른 두 유리수 a, b에 대하여
$$a \blacktriangle b = (a, b \text{ 중 절댓값이 큰 수}),$$
$$a \heartsuit b = (a, b \text{ 중 절댓값이 작은 수})$$
라 할 때, $\left(-\dfrac{6}{5} \right) \blacktriangle \left\{ \left(-\dfrac{3}{2} \right) \heartsuit \dfrac{13}{10} \right\}$의 값을 구하시오.

17

다음 조건을 모두 만족시키는 세 수 a, b, c를 큰 수부터 차례대로 나열하시오.

> ㈎ b와 c는 -4보다 크다.
> ㈏ c의 절댓값은 -4의 절댓값과 같다.
> ㈐ a는 4보다 크다.
> ㈑ 수직선 위에서 b는 c보다 -4에 가깝다.

18

두 유리수 $-\dfrac{3}{2}$과 $\dfrac{4}{5}$ 사이에 있는 정수가 아닌 유리수 중 기약분수로 나타낼 때, 분모가 10인 것의 개수를 구하시오.

자기 평가 정답을 맞힌 문항에 ○표를 하고 결과를 점검한 다음, 이 단원의 내용을 얼마나 성취했는지 확인하세요.

문항 번호																	
1	2	3	4	5	6	7	8	9	10	11	12	13	14	15	16	17	18

1개~9개 개념 학습이 필요해요!   10개~12개 부족한 부분을 검토해 봅시다!   13개~15개 실수를 줄여 봅시다!   16개~18개 훌륭합니다!

04

정수와 유리수의
덧셈과 뺄셈

01 유리수의 덧셈

··· Ⅱ 04 정수와 유리수의 덧셈과 뺄셈

(1) 부호가 같은 두 수의 덧셈 : 두 수의 절댓값의 합에 공통인 부호를 붙인다.

예시 $(+5)+(+3)=+(5+3)=+8$ $(-5)+(-3)=-(5+3)=-8$
　　공통인 부호 └ 절댓값의 합 　　　　　　 공통인 부호 └ 절댓값의 합

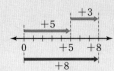

(2) 부호가 다른 두 수의 덧셈 : 두 수의 절댓값의 차에 절댓값이 큰 수의 부호를 붙인다.

예시 $(+5)+(-3)=+(5-3)=+2$ $(-5)+(+3)=-(5-3)=-2$
　절댓값이 큰 수의 부호 └ 절댓값의 차 　　절댓값이 큰 수의 부호 └ 절댓값의 차

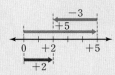 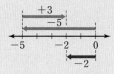

참고 절댓값이 같고 부호가 서로 다른 두 수의 합은 0이다.
　예시 $(-2)+(+2)=0$

어떤 수와 0의 합은 그 수 자신이다.
　예시 $(-5)+0=-5$
　　　$0+\left(+\dfrac{1}{2}\right)=+\dfrac{1}{2}$

수직선 위의 한 점에서 오른쪽으로 이동하는 것을 $+$, 왼쪽으로 이동하는 것을 $-$로 생각한다.

서로 다른 두 수의 차는 큰 수에서 작은 수를 뺀 값이다.

두 수의 덧셈의 부호

(양수)+(양수) ➡ $+$ (절댓값의 합)
(음수)+(음수) ➡ $-$ (절댓값의 합)
(양수)+(음수) ⎤
(음수)+(양수) ⎦ ➡ ⬤ (절댓값의 차)
　　　　　　　　↑
　　　　　　절댓값이
　　　　　　큰 수의 부호

바이블 POINT   **분수와 분수, 소수와 분수의 덧셈**

(1) (분수)+(분수) : 분모의 최소공배수로 통분한 후 계산한다.

예시 $\left(-\dfrac{1}{2}\right)+\left(+\dfrac{1}{3}\right)=\left(-\dfrac{3}{6}\right)+\left(+\dfrac{2}{6}\right)=-\left(\dfrac{3}{6}-\dfrac{2}{6}\right)=-\dfrac{1}{6}$

(2) (소수)+(분수) : 소수를 분수로 바꾸거나 분수를 소수로 바꿔서 계산한다.

예시 $(-0.3)+\left(-\dfrac{2}{5}\right)=\left(-\dfrac{3}{10}\right)+\left(-\dfrac{4}{10}\right)=-\left(\dfrac{3}{10}+\dfrac{4}{10}\right)=-\dfrac{7}{10}$

$\begin{aligned}(-0.3)+\left(-\dfrac{2}{5}\right)&=(-0.3)+(-0.4)\\&=-(0.4+0.3)\\&=-0.7\end{aligned}$

개념 CHECK 01

· 부호가 같은 두 수의 덧셈을 할 때는 두 수의 ⑦□ 의 합에 공통인 부호를 붙인다.
· 부호가 다른 두 수의 덧셈을 할 때는 두 수의 절댓값의 차에 ⓛ□ 이 큰 수의 부호를 붙인다.

다음 식에서 ○ 안에는 $+$, $-$ 중 알맞은 부호를, □ 안에는 알맞은 수를 써넣으시오.

(1) $(+4)+(+3)=\bigcirc(4+\square)=\bigcirc\square$

(2) $(-4)+(-3)=\bigcirc(4+\square)=\bigcirc\square$

(3) $(+4)+(-3)=\bigcirc(4-\square)=\bigcirc\square$

(4) $(-4)+(+3)=\bigcirc(4-\square)=\bigcirc\square$

개념 CHECK 02

· (분수)+(분수)를 계산할 때는 분모의 ⓒ□ 로 통분한 후 계산한다.
· (소수)+(분수)는 소수를 ⓔ□ 로 바꾸거나 분수를 소수로 바꿔서 계산한다.

다음을 계산하시오.

(1) $(+2)+(+8)$　　　　(2) $(+7)+(-1)$

(3) $(-0.9)+(-2.1)$　　(4) $(+3.5)+(-1.4)$

(5) $\left(-\dfrac{1}{3}\right)+\left(-\dfrac{7}{12}\right)$　　(6) $(+1.5)+\left(-\dfrac{5}{2}\right)$

답 | ⑦ 절댓값　ⓛ 절댓값　ⓒ 최소공배수
　　ⓔ 분수

대표유형 01 수직선을 이용한 유리수의 덧셈

🎧 유형ON >>> 063쪽

오른쪽 수직선으로 설명할 수 있는 덧셈식은?

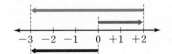

① $(-2)+(-5)=-7$
② $(-2)+(-3)=-5$
③ $(-2)+(+5)=+3$
④ $(+2)+(-5)=-3$
⑤ $(+2)+(+5)=+7$

풀이 과정

0을 나타내는 점에서 오른쪽으로 2만큼 이동한 다음 왼쪽으로 5만큼 이동한 것이 0을 나타내는 점에서 왼쪽으로 3만큼 이동한 것과 같다.
∴ $(+2)+(-5)=-3$
따라서 주어진 수직선으로 설명할 수 있는 덧셈식은 ④이다.

정답 ④

01 · Ⓐ 숫자 Change

오른쪽 수직선으로 설명할 수 있는 덧셈식은?

① $(-3)+(-2)=-5$
② $(-3)+(+2)=-1$
③ $(+3)+(-2)=+1$
④ $(+3)+(+2)=+5$
⑤ $(+5)+(-2)=+3$

01 · Ⓑ 표현 Change

오른쪽 수직선으로 설명할 수 있는 덧셈식을 구하시오.

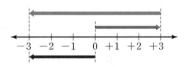

대표유형 02 유리수의 덧셈

🎧 유형ON >>> 062쪽

다음 중 계산 결과가 옳은 것은?

① $(-5)+(+2)=+3$
② $(-13)+(-7)=-6$
③ $(+0.8)+(+1.4)=+0.6$
④ $\left(-\dfrac{1}{5}\right)+\left(-\dfrac{3}{10}\right)=-\dfrac{1}{2}$
⑤ $\left(+\dfrac{5}{2}\right)+\left(-\dfrac{1}{3}\right)=-\dfrac{13}{6}$

풀이 과정

① $(-5)+(+2)=-(5-2)=-3$
② $(-13)+(-7)=-(13+7)=-20$
③ $(+0.8)+(+1.4)=+(0.8+1.4)=+2.2$
④ $\left(-\dfrac{1}{5}\right)+\left(-\dfrac{3}{10}\right)=\left(-\dfrac{2}{10}\right)+\left(-\dfrac{3}{10}\right)=-\left(\dfrac{2}{10}+\dfrac{3}{10}\right)$
$=-\dfrac{5}{10}=-\dfrac{1}{2}$
⑤ $\left(+\dfrac{5}{2}\right)+\left(-\dfrac{1}{3}\right)=\left(+\dfrac{15}{6}\right)+\left(-\dfrac{2}{6}\right)=+\left(\dfrac{15}{6}-\dfrac{2}{6}\right)=+\dfrac{13}{6}$
따라서 옳은 것은 ④이다.

정답 ④

02 · Ⓐ 숫자 Change

다음 중 계산 결과가 옳지 <u>않은</u> 것은?

① $(-6)+(-4)=-10$
② $(-8)+(+3)=-5$
③ $(+0.3)+(+1.2)=+1.5$
④ $\left(-\dfrac{4}{9}\right)+\left(+\dfrac{5}{9}\right)=-1$
⑤ $\left(+\dfrac{2}{3}\right)+\left(-\dfrac{3}{5}\right)=+\dfrac{1}{15}$

02 · Ⓑ 표현 Change

$a=\left(+\dfrac{2}{5}\right)+\left(-\dfrac{3}{2}\right)$, $b=(-2.2)+(+3.7)$일 때, $a+b$의 값을 구하시오.

02 덧셈의 계산 법칙

··· **Ⅱ 04** 정수와 유리수의 덧셈과 뺄셈

세 수 a, b, c에 대하여

(1) 덧셈의 교환법칙 : $a+b=b+a$ — 두 수의 순서를 바꾸어 더하여도 그 결과는 같다.

(예시) $(-3)+(+4)=+1$
$(+4)+(-3)=+1$ 계산 결과는 같다.

(2) 덧셈의 결합법칙 : $(a+b)+c=a+(b+c)$ — 어느 두 수를 먼저 더하여도 그 결과는 같다.

(예시) $\{(-5)+(+2)\}+(-1)=(-3)+(-1)=-4$
① ②
계산 결과는 같다.
$(-5)+\{(+2)+(-1)\}=(-5)+(+1)=-4$
① ②

> 세 수의 덧셈에서는 덧셈의 결합법칙이 성립하므로 $(a+b)+c$와 $a+(b+c)$를 괄호를 사용하지 않고 $a+b+c$로 나타낼 수 있다.

바이블 POINT **세 개 이상의 수의 덧셈**

세 개 이상의 수를 더할 때, 덧셈의 계산 법칙을 이용하여 양수는 양수끼리, 음수는 음수끼리 모아서 계산하면 편리한 경우가 있다.

(예시) $(-2)+(+7)+(-5)$
$=(+7)+(-2)+(-5)$ 덧셈의 교환법칙
$=(+7)+\{(-2)+(-5)\}$ 덧셈의 결합법칙
$=(+7)+(-7)=0$

개념 CHECK 01

• 세 수 a, b, c에 대하여
(1) 덧셈의 [㉠]
$a+b=b+a$
(2) 덧셈의 결합법칙
$(a+b)+c=a+(\text{ ㉡ })$

다음 계산 과정에서 ㉠, ㉡에 이용된 계산 법칙을 말하시오.

$(-3)+(+2)+(-8)$
$=(+2)+(-3)+(-8)$ ㉠
$=(+2)+\{(-3)+(-8)\}$ ㉡
$=(+2)+(-11)$
$=-9$

개념 CHECK 02

• 세 수의 덧셈에서는 덧셈의 계산 법칙을 이용하여 양수는 [㉢]끼리, 음수는 음수끼리 모아서 계산한다. 또한 분수가 있는 경우에는 [㉣]가 같은 것끼리 모아서 계산한다.

다음을 계산하시오.

(1) $(+7)+(-9)+(+2)$

(2) $(-8)+(+24)+(-4)$

(3) $(+4.1)+(-9.6)+(+5.9)$

(4) $\left(-\dfrac{1}{3}\right)+\left(+\dfrac{3}{7}\right)+\left(-\dfrac{2}{3}\right)$

답 | ㉠ 교환법칙 ㉡ $b+c$ ㉢ 양수 ㉣ 분모

⋒ 유형ON >>> 062쪽

대표유형 **03** 덧셈의 계산 법칙 (1)

다음 계산 과정에서 덧셈의 교환법칙이 이용된 곳은?

$$\left(+\frac{3}{4}\right)+(-0.2)+\left(+\frac{1}{4}\right)$$
$$=\left(+\frac{3}{4}\right)+\left(-\frac{1}{5}\right)+\left(+\frac{1}{4}\right)$$ ① ②
$$=\left(-\frac{1}{5}\right)+\left(+\frac{3}{4}\right)+\left(+\frac{1}{4}\right)$$ ③
$$=\left(-\frac{1}{5}\right)+\left\{\left(+\frac{3}{4}\right)+\left(+\frac{1}{4}\right)\right\}$$ ④
$$=\left(-\frac{1}{5}\right)+(+1)$$ ⑤
$$=+\frac{4}{5}$$

풀이 과정

$$\left(+\frac{3}{4}\right)+(-0.2)+\left(+\frac{1}{4}\right)$$
$$=\left(+\frac{3}{4}\right)+\left(-\frac{1}{5}\right)+\left(+\frac{1}{4}\right)$$ ①
$$=\left(-\frac{1}{5}\right)+\left(+\frac{3}{4}\right)+\left(+\frac{1}{4}\right)$$ ② 덧셈의 교환법칙
$$=\left(-\frac{1}{5}\right)+\left\{\left(+\frac{3}{4}\right)+\left(+\frac{1}{4}\right)\right\}$$ ③ 덧셈의 결합법칙
$$=\left(-\frac{1}{5}\right)+(+1)$$ ④
$$=+\frac{4}{5}$$ ⑤

따라서 덧셈의 교환법칙이 이용된 곳은 ②이다.

정답 ②

03·Ⓐ 숫자 Change

다음 계산 과정에서 덧셈의 결합법칙이 이용된 곳을 고르시오.

$$(-0.7)+(+3)+(-0.6)$$ ㉠
$$=(+3)+(-0.7)+(-0.6)$$ ㉡
$$=(+3)+\{(-0.7)+(-0.6)\}$$ ㉢
$$=(+3)+(-1.3)$$ ㉣
$$=+1.7$$

03·Ⓑ 표현 Change

다음 계산 과정에서 ㈎～㈑에 알맞은 것을 구하시오.

$$\left(-\frac{2}{7}\right)+(+1)+\left(-\frac{3}{7}\right)$$
$$=(+1)+\left(-\frac{2}{7}\right)+\left(-\frac{3}{7}\right)$$ 덧셈의 ㈎ 법칙
$$=(+1)+\left\{\left(-\frac{2}{7}\right)+\left(-\frac{3}{7}\right)\right\}$$ 덧셈의 ㈏ 법칙
$$=(+1)+\left(\boxed{㈐}\right)$$
$$=\boxed{㈑}$$

⋒ 유형ON >>> 062쪽

대표유형 **04** 덧셈의 계산 법칙 (2)

$\left(+\frac{3}{7}\right)+\left(-\frac{2}{5}\right)+\left(+\frac{4}{7}\right)+\left(-\frac{8}{5}\right)$을 계산하면?

① $-\frac{3}{2}$ ② -1 ③ $+\frac{1}{2}$

④ $+1$ ⑤ $+\frac{3}{2}$

풀이 과정

$$\left(+\frac{3}{7}\right)+\left(-\frac{2}{5}\right)+\left(+\frac{4}{7}\right)+\left(-\frac{8}{5}\right)$$
$$=\left(+\frac{3}{7}\right)+\left(+\frac{4}{7}\right)+\left(-\frac{2}{5}\right)+\left(-\frac{8}{5}\right)$$
$$=\left\{\left(+\frac{3}{7}\right)+\left(+\frac{4}{7}\right)\right\}+\left\{\left(-\frac{2}{5}\right)+\left(-\frac{8}{5}\right)\right\}$$
$$=(+1)+(-2)=-1$$

정답 ②

04·Ⓐ 숫자 Change

$\left(-\frac{1}{3}\right)+\left(-\frac{5}{2}\right)+\left(-\frac{4}{3}\right)+\left(+\frac{7}{2}\right)$을 계산하면?

① -2 ② $-\frac{3}{2}$ ③ $-\frac{2}{3}$

④ $+\frac{5}{6}$ ⑤ $+1$

04 정수와 유리수의 덧셈과 뺄셈

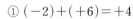 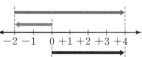

01

대표 유형 01

오른쪽 수직선으로 설명할 수 있는 덧셈식은?

① $(-2)+(+6)=+4$

② $(+2)+(-6)=-4$

③ $(+4)+(+2)=+6$

④ $(+4)+(-2)=+2$

⑤ $(+4)+(-6)=-2$

02

대표 유형 02

다음 중 계산 결과가 가장 큰 것은?

① $(-4)+(+3)$

② $(+4.7)+(-2.8)$

③ $\left(+\dfrac{7}{3}\right)+\left(-\dfrac{3}{2}\right)$

④ $(-3)+(+8)$

⑤ $\left(+\dfrac{2}{3}\right)+\left(+\dfrac{3}{5}\right)$

03

대표 유형 02

다음 중 가장 큰 수와 가장 작은 수의 합을 구하시오.

$$-\dfrac{7}{9}, \quad +\dfrac{11}{3}, \quad -\dfrac{16}{5}, \quad -4, \quad +\dfrac{5}{2}$$

04

대표 유형 03

다음 계산 과정에서 덧셈의 결합법칙이 이용된 곳은?

$$\left(+\dfrac{1}{4}\right)+(-0.75)+\left(-\dfrac{5}{6}\right)$$
$$=\left(+\dfrac{1}{4}\right)+\left(-\dfrac{3}{4}\right)+\left(-\dfrac{5}{6}\right) \quad \rceil ①$$
$$=\left\{\left(+\dfrac{1}{4}\right)+\left(-\dfrac{3}{4}\right)\right\}+\left(-\dfrac{5}{6}\right) \quad \rceil ②$$
$$=\left(-\dfrac{1}{2}\right)+\left(-\dfrac{5}{6}\right) \quad \rceil ③$$
$$=\left(-\dfrac{3}{6}\right)+\left(-\dfrac{5}{6}\right) \quad \rceil ④$$
$$=-\dfrac{4}{3} \quad \rceil ⑤$$

05

대표 유형 03

다음 계산 과정에서 (가) ~ (라)에 알맞은 것을 구하시오.

$$(+5.4)+(-15)+(+3.6)$$
$$=(-15)+(+5.4)+(+3.6) \quad \rceil 덧셈의 \boxed{(가)} 법칙$$
$$=(-15)+\{(+5.4)+(+3.6)\} \quad \rceil 덧셈의 \boxed{(나)} 법칙$$
$$=(-15)+(\boxed{(다)})$$
$$=\boxed{(라)}$$

06

대표 유형 04

$(-2)+\left(+\dfrac{5}{14}\right)+(-3)+\left(+\dfrac{9}{14}\right)$를 계산하면?

① -4

② -2

③ 0

④ 2

⑤ 4

03 유리수의 뺄셈

두 수의 뺄셈은 빼는 수의 부호를 바꾸어 덧셈으로 고쳐서 계산한다.

(1) (어떤 수)−(양수) : $(+2)-(+5)=(+2)+(-5)=-(5-2)=-3$

뺄셈을 덧셈으로 / 부호를 바꾼다.

(2) (어떤 수)−(음수) : $(+2)-(-5)=(+2)+(+5)=+(2+5)=+7$

뺄셈을 덧셈으로 / 부호를 바꾼다.

참고 뺄셈에서는 교환법칙과 결합법칙이 성립하지 않는다.

(1) $(+3)-(-1)=(+3)+(+1)=+4$
$(-1)-(+3)=(-1)+(-3)=-4$ ┘ 계산 결과가 다르므로 교환법칙이 성립하지 않는다.

(2) $\{(+3)-(-1)\}-(+2)=(+4)-(+2)=+2$
$(+3)-\{(-1)-(+2)\}=(+3)-(-3)=+6$ ┘ 계산 결과가 다르므로 결합법칙이 성립하지 않는다.

어떤 수에서 0을 빼면 그 수 자신이 된다.
$(+2)-0=+2$
$\left(-\dfrac{1}{3}\right)-0=-\dfrac{1}{3}$

뺄셈을 덧셈으로 바꾸기
$(+)-(+)=(+)+(-)$
$(+)-(-)=(+)+(+)$
$(-)-(+)=(-)+(-)$
$(-)-(-)=(-)+(+)$

■를 빼는 것은 −■를 더하는 것과 같다.
➡ $-(+■)=+(-■)$

−■를 빼는 것은 ■를 더하는 것과 같다.
➡ $-(-■)=+(+■)$

바이블 POINT

뺄셈의 원리

두 자연수의 덧셈과 뺄셈 사이에는 오른쪽과 같은 관계가 성립하므로 덧셈식을 뺄셈식으로 나타낼 수 있다.

덧셈식 $(+8)+(-2)=+6$을 뺄셈식으로 나타내면 $(+6)-(-2)=+8$이다.

그런데 $(+6)+(+2)=+8$이므로 $(+6)-(-2)=(+6)+(+2)$이다.

즉, $+6$에서 -2를 빼는 것은 $+6$에 $+2$를 더하는 것과 같다.

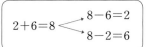

$2+6=8 < \begin{matrix} 8-6=2 \\ 8-2=6 \end{matrix}$

개념 CHECK 01

· 두 수의 뺄셈은 빼는 수의 부호를 바꾸어 ㉠ 으로 고쳐서 계산한다.

다음 식에서 ○ 안에는 +, − 중 알맞은 부호를, □ 안에는 알맞은 수를 써넣으시오.

(1) $(+6)-(+4)=(+6)+(○□)=○(6-□)=○□$

(2) $(+6)-(-3)=(+6)+(○□)=○(6+□)=○□$

(3) $(-1)-(+5)=(-1)+(○□)=○(1+□)=○□$

(4) $(-7)-(-2)=(-7)+(○□)=○(7-□)=○□$

개념 CHECK 02

다음을 계산하시오.

(1) $(+7)-(-4)$

(2) $(-11)-(+6)$

(3) $(-4.3)-(+1.6)$

(4) $(-1.2)-(-5.5)$

(5) $\left(+\dfrac{1}{4}\right)-\left(+\dfrac{3}{4}\right)$

(6) $\left(+\dfrac{2}{3}\right)-\left(-\dfrac{3}{2}\right)$

답 | ㉠ 덧셈

대표유형 01 유리수의 뺄셈

⚙ 유형ON >>> 063쪽

다음 중 계산 결과가 옳지 <u>않은</u> 것은?

① $(+3)-(+5)=-2$

② $(-2)-(-6)=+4$

③ $(-0.4)-(+1.7)=-2.1$

④ $\left(-\dfrac{2}{5}\right)-\left(+\dfrac{2}{5}\right)=0$

⑤ $\left(+\dfrac{1}{2}\right)-\left(-\dfrac{5}{6}\right)=+\dfrac{4}{3}$

풀이 과정

① $(+3)-(+5)=(+3)+(-5)=-2$

② $(-2)-(-6)=(-2)+(+6)=+4$

③ $(-0.4)-(+1.7)=(-0.4)+(-1.7)=-2.1$

④ $\left(-\dfrac{2}{5}\right)-\left(+\dfrac{2}{5}\right)=\left(-\dfrac{2}{5}\right)+\left(-\dfrac{2}{5}\right)=-\dfrac{4}{5}$

⑤ $\left(+\dfrac{1}{2}\right)-\left(-\dfrac{5}{6}\right)=\left(+\dfrac{1}{2}\right)+\left(+\dfrac{5}{6}\right)$

$\qquad=\left(+\dfrac{3}{6}\right)+\left(+\dfrac{5}{6}\right)=+\dfrac{8}{6}=+\dfrac{4}{3}$

따라서 옳지 않은 것은 ④이다.

정답 ④

01 · Ⓐ 숫자 Change

다음 중 계산 결과가 옳지 <u>않은</u> 것은?

① $(+4)-(+2)=+2$　　② $(-7)-(-13)=+6$

③ $(-3.5)-(+4.5)=-1$　　④ $\left(+\dfrac{3}{8}\right)-\left(-\dfrac{5}{8}\right)=+1$

⑤ $\left(-\dfrac{1}{3}\right)-\left(-\dfrac{2}{7}\right)=-\dfrac{1}{21}$

01 · Ⓑ 표현 Change

다음 중 계산 결과가 -1인 것은?

① $(-4)-(-5)$　　　　② $(+3)-(+2)$

③ $(-1)-(+2)$　　　　④ $\left(-\dfrac{5}{2}\right)-\left(-\dfrac{3}{2}\right)$

⑤ $\left(+\dfrac{3}{5}\right)-\left(+\dfrac{1}{6}\right)$

대표유형 02 어떤 수보다 ~만큼 큰 수, ~만큼 작은 수

⚙ 유형ON >>> 065쪽

$+6$보다 -2만큼 작은 수를 a, $-\dfrac{3}{2}$보다 $+3$만큼 큰 수를 b라 할 때, $a-b$의 값을 구하시오.

풀이 과정

$a=(+6)-(-2)=(+6)+(+2)=+8$

$b=\left(-\dfrac{3}{2}\right)+(+3)=\left(-\dfrac{3}{2}\right)+\left(+\dfrac{6}{2}\right)=+\dfrac{3}{2}$

$\therefore a-b=(+8)-\left(+\dfrac{3}{2}\right)=(+8)+\left(-\dfrac{3}{2}\right)$

$\qquad=\left(+\dfrac{16}{2}\right)+\left(-\dfrac{3}{2}\right)=+\dfrac{13}{2}$

정답 $+\dfrac{13}{2}$

BIBLE SAYS ■보다 ●만큼 큰 수 또는 작은 수

• ■보다 ●만큼 큰 수 ➡ ■＋●

예시 $+3$보다 -1만큼 큰 수 : $(+3)+(-1)$

• ■보다 ●만큼 작은 수 ➡ ■－●

예시 $+3$보다 -1만큼 작은 수 : $(+3)-(-1)$

02 · Ⓐ 표현 Change

다음 중 계산 결과가 나머지 넷과 <u>다른</u> 하나는?

① $+3$보다 -1만큼 큰 수

② -2보다 -4만큼 작은 수

③ -3보다 $+5$만큼 큰 수

④ $+\dfrac{1}{2}$보다 $-\dfrac{3}{2}$만큼 작은 수

⑤ -1보다 $+\dfrac{3}{4}$만큼 작은 수

04 덧셈과 뺄셈의 혼합 계산

··· Ⅱ 04 정수와 유리수의 덧셈과 뺄셈

(1) 덧셈과 뺄셈의 혼합 계산

뺄셈을 모두 덧셈으로 고친 후 덧셈의 교환법칙이나 결합법칙을 이용하여 양수는 양수끼리,
음수는 음수끼리 모아서 계산한다.

예시 $(-2)-(-9)+(-5)$ 뺄셈을 덧셈으로 고친다.
$=(-2)+(+9)+(-5)$ 덧셈의 교환법칙을 이용한다.
$=(+9)+(-2)+(-5)$ 덧셈의 결합법칙을 이용한다.
$=(+9)+\{(-2)+(-5)\}$
$=(+9)+(-7)=+2$

(2) 부호가 생략된 수의 덧셈과 뺄셈

괄호를 사용하여 생략된 양의 부호 +를 넣어서 계산한다.

예시 $5-2+7=(+5)-(+2)+(+7)$
$=(+5)+(-2)+(+7)$
$=(+5)+(+7)+(-2)$
$=\{(+5)+(+7)\}+(-2)$
$=(+12)+(-2)=+10$

참고 양수는 양수끼리, 음수는 음수끼리 모아서 바로 계산할 수도 있다.

예시 $5-2+7=5+7-2=12-2=10$

> 뺄셈을 덧셈으로 고칠 때, 빼는 수의 부
> 호를 바꾸어야 한다.

> 수의 덧셈과 뺄셈에서 양수는 양의 부
> 호와 괄호를 생략하여 나타낼 수 있고,
> 음수는 식의 맨 앞에 올 때 괄호를 생략
> 하여 나타낼 수 있다.
> 예시 $(+2)+(+5)=2+5$
> $(-7)-(+4)=-7-4$

> 계산 결과가 양수이면 양의 부호 +는
> 생략하여 나타낼 수 있다.

개념 CHECK   01

다음 식에서 ○ 안에는 +, - 중 알맞은 부호를, □ 안에는 알맞은 수를 써넣으시오.

· 덧셈과 뺄셈의 혼합 계산
❶ 뺄셈은 빼는 수의 부호를 바꾸어 ⑦으로 고친다.
❷ 덧셈의 교환법칙이나 결합법칙을 이용하여 양수는 양수끼리, 음수는 음수끼리 모아서 계산한다.

(1) $(-15)+(-5)-(-6)$
$=(-15)+(-5)+(○□)$
$=\{(-15)+(-5)\}+(○□)$
$=(-20)+(○□)$
$=○□$

(2) $-7-4+5$
$=(○□)-(+4)+(+5)$
$=(○□)+(-4)+(+5)$
$=\{(○□)+(-4)\}+(+5)$
$=(○□)+(+5)$
$=○□$

개념 CHECK   02

다음을 계산하시오.

· 부호가 생략된 수의 혼합 계산을 할 때는 괄호를 사용하여 생략된 ⑥ 의 부호 +를 넣어서 계산한다.

(1) $(-8)+(+2)-(+12)$

(2) $(-0.3)+(+1.8)-(-2.5)$

(3) $\left(+\dfrac{1}{4}\right)-\left(-\dfrac{3}{2}\right)+(-4)$

(4) $-9+15-2$

(5) $5.8-3.7-2.5$

(6) $-\dfrac{3}{5}+\dfrac{1}{2}-\dfrac{2}{5}$

답 | ⑦ 덧셈 ⑥ 양

$\left(+\dfrac{2}{3}\right)-\left(-\dfrac{1}{4}\right)+\left(+\dfrac{1}{3}\right)-\left(+\dfrac{3}{4}\right)$을 계산하면?

① -1 　　② $-\dfrac{1}{2}$ 　　③ 0

④ $\dfrac{1}{2}$ 　　⑤ 1

풀이 과정

$\left(+\dfrac{2}{3}\right)-\left(-\dfrac{1}{4}\right)+\left(+\dfrac{1}{3}\right)-\left(+\dfrac{3}{4}\right)$

$=\left(+\dfrac{2}{3}\right)+\left(+\dfrac{1}{4}\right)+\left(+\dfrac{1}{3}\right)+\left(-\dfrac{3}{4}\right)$

$=\left\{\left(+\dfrac{2}{3}\right)+\left(+\dfrac{1}{3}\right)\right\}+\left\{\left(+\dfrac{1}{4}\right)+\left(-\dfrac{3}{4}\right)\right\}$

$=(+1)+\left(-\dfrac{1}{2}\right)=\dfrac{1}{2}$

정답 ④

03 · Ⓐ 숫자 Change

$\left(-\dfrac{9}{2}\right)+\left(-\dfrac{4}{5}\right)-\left(+\dfrac{6}{5}\right)-\left(-\dfrac{1}{2}\right)$을 계산하면?

① -6 　　① $-\dfrac{3}{5}$ 　　③ $\dfrac{7}{10}$

④ $\dfrac{3}{2}$ 　　⑤ 4

03 · Ⓑ 표현 Change

$\left(-\dfrac{2}{3}\right)-\left(+\dfrac{7}{2}\right)+(+1.5)$를 계산하면 $-\dfrac{q}{p}$이다. 이때 $p+q$의 값을 구하시오. (단, p와 q는 서로소인 자연수)

$-\dfrac{1}{6}+\dfrac{7}{12}-0.5$를 계산하면?

① $-\dfrac{15}{4}$ 　　② $-\dfrac{3}{2}$ 　　③ $-\dfrac{1}{12}$

④ $\dfrac{1}{2}$ 　　⑤ $\dfrac{5}{4}$

풀이 과정

$-\dfrac{1}{6}+\dfrac{7}{12}-0.5=\left(-\dfrac{1}{6}\right)+\left(+\dfrac{7}{12}\right)-(+0.5)$

$=\left(-\dfrac{1}{6}\right)+\left(+\dfrac{7}{12}\right)+\left(-\dfrac{1}{2}\right)$

$=\left\{\left(-\dfrac{1}{6}\right)+\left(-\dfrac{3}{6}\right)\right\}+\left(+\dfrac{7}{12}\right)$

$=\left(-\dfrac{2}{3}\right)+\left(+\dfrac{7}{12}\right)$

$=\left(-\dfrac{8}{12}\right)+\left(+\dfrac{7}{12}\right)=-\dfrac{1}{12}$

정답 ③

04 · Ⓐ 숫자 Change

$-0.3-\dfrac{2}{5}+\dfrac{3}{2}$을 계산하면?

① -1 　　② $-\dfrac{2}{5}$ 　　③ $-\dfrac{3}{10}$

④ $\dfrac{4}{5}$ 　　⑤ $\dfrac{11}{10}$

04 · Ⓑ 표현 Change

$a=-10+7-2$, $b=-\dfrac{5}{6}-\dfrac{1}{3}$일 때, $a-b$의 값을 구하시오.

대표유형 05 덧셈과 뺄셈 사이의 관계

유형ON >>> 066쪽

두 수 a, b에 대하여 $a-(-3)=6$, $b-(+1)=-5$일 때, $a+b$의 값을 구하시오.

풀이 과정

$a-(-3)=6$에서 $a=6+(-3)=3$
$b-(+1)=-5$에서 $b=-5+(+1)=-4$
∴ $a+b=3+(-4)=-1$

정답 -1

05·Ⓐ (숫자 Change)

두 수 a, b에 대하여 $a-\left(-\dfrac{2}{3}\right)=2$, $b+\left(-\dfrac{2}{5}\right)=2$일 때, $b-a$의 값을 구하시오.

05·Ⓑ (표현 Change)

다음 □ 안에 알맞은 수를 구하시오.

$$\left(-\frac{3}{5}\right)-(-1)-\boxed{}=+2$$

BIBLE SAYS 덧셈과 뺄셈 사이의 관계

• ■+▲=● ➡ ■=●−▲, ▲=●−■
  예시 ■+3=5 ➡ ■=5−3, 2+▲=5 ➡ ▲=5−2
• ■−▲=★ ➡ ■=★+▲, ▲=■−★
  예시 ■−2=3 ➡ ■=3+2, 5−▲=3 ➡ ▲=5−3

대표유형 06 바르게 계산한 답 구하기

유형ON >>> 067쪽

어떤 수에 -17을 더해야 할 것을 잘못하여 뺐더니 그 결과가 -4가 되었다. 이때 바르게 계산한 답을 구하시오.

풀이 과정

어떤 수를 □라 하면
□$-(-17)=-4$
∴ □$=-4+(-17)=-21$
따라서 어떤 수는 -21이므로 바르게 계산한 답은
$-21+(-17)=-38$

정답 -38

06·Ⓐ (숫자 Change)

어떤 수에 -4를 더해야 할 것을 잘못하여 뺐더니 그 결과가 11이 되었다. 이때 바르게 계산한 답을 구하시오.

06·Ⓑ (표현 Change)

어떤 수에서 $-\dfrac{4}{7}$를 빼야 할 것을 잘못하여 더했더니 그 결과가 $-\dfrac{1}{3}$이 되었다. 이때 바르게 계산한 답을 구하시오.

BIBLE SAYS 바르게 계산한 답 구하는 방법

❶ 어떤 수를 □로 놓고 잘못 계산한 식을 세운다.
❷ □를 구한다.
❸ 바르게 계산한 답을 구한다.

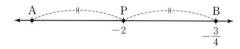

01
대표 유형 **01**

다음 중 계산 결과가 옳지 <u>않은</u> 것은?

① $(+12)+(-9)=3$

② $(-8)-(+2)=-10$

③ $(-1.9)-(-2.8)=0.9$

④ $\left(-\dfrac{1}{2}\right)+\left(-\dfrac{3}{10}\right)=-\dfrac{4}{5}$

⑤ $\left(+\dfrac{2}{9}\right)-\left(+\dfrac{5}{6}\right)=+\dfrac{19}{18}$

02
대표 유형 **01**

두 수 a, b가 다음과 같을 때, $a+b$의 값을 구하시오.

$$a=\left(-\dfrac{1}{2}\right)-\left(+\dfrac{4}{5}\right), \qquad b=\left(+\dfrac{1}{4}\right)-(-1.5)$$

03
대표 유형 **01**

$+\dfrac{10}{3}$에 가장 가까운 정수를 a, $-\dfrac{11}{6}$에 가장 가까운 정수를 b라 할 때, $a-b$의 값을 구하시오.

04
생각이 쑥쑥↗
대표 유형 **01**

다음 수직선에서 점 P는 두 점 A, B로부터 같은 거리에 있다. 두 점 P, B가 나타내는 수가 각각 -2, $-\dfrac{3}{4}$일 때, 점 A가 나타내는 수를 구하시오.

```
A ----H--- P ---H--- B
         -2        -3/4
```

05
생각이 쑥쑥↗
대표 유형 **01**

x의 절댓값이 $\dfrac{5}{2}$이고 y의 절댓값이 3일 때, $x-y$의 값 중 가장 큰 값을 구하시오.

06
대표 유형 **02**

-2보다 $+\dfrac{5}{4}$만큼 큰 수를 x, x보다 $+\dfrac{10}{3}$만큼 작은 수를 y라 할 때, y의 값을 구하시오.

07 <small>대표 유형 **03**</small>

다음 중 계산 결과가 옳지 <u>않은</u> 것은?

① $(-1)+(+3)-(+7)=-5$

② $(+4)-(+5)+(-2)-(-6)=3$

③ $(-2.4)-(-1.7)+(-3.1)=-3.8$

④ $\left(+\dfrac{5}{6}\right)-\left(-\dfrac{1}{3}\right)+(-1)=\dfrac{1}{3}$

⑤ $\left(-\dfrac{2}{5}\right)+\left(-\dfrac{1}{2}\right)-\left(+\dfrac{2}{3}\right)=-\dfrac{47}{30}$

08 <small>대표 유형 **04**</small>

다음 중 계산 결과가 가장 작은 것은?

① $-1-6+5$ ② $-7+4-5$

③ $2-3-4$ ④ $1.3-2.2+1$

⑤ $-\dfrac{7}{4}+\dfrac{8}{5}+\dfrac{3}{20}$

09 <small>대표 유형 **04**</small>

다음을 계산하시오.

$$1-2+3-4+5-6+7-8+9-10+11-12$$

10 <small>대표 유형 **05**</small>

두 수 a, b에 대하여

$$a+(-1.5)=-\dfrac{3}{4},\ -\dfrac{5}{2}-b=-1$$

일 때, $a-b$의 값을 구하시오.

11 <small>생각이 쑥쑥</small> <small>대표 유형 **05**</small>

그림에서 삼각형의 각 변에 놓인 세 수의 합이 모두 같을 때, $A-B$의 값은?

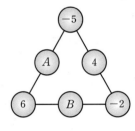

① -3 ② -1

③ 1 ④ 3

⑤ 5

12 <small>대표 유형 **06**</small>

어떤 수에서 $+\dfrac{1}{2}$ 을 빼야 할 것을 잘못하여 더했더니 그 결과가 $-\dfrac{5}{12}$ 가 되었다. 이때 바르게 계산한 답을 구하시오.

서술형 훈련하기

함께 풀기

다음 수직선에서 점 A가 나타내는 수를 구하시오.

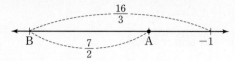

풀이 과정

1단계 점 B가 나타내는 수 구하기

점 B가 나타내는 수는

$-1-\dfrac{16}{3}=-\dfrac{3}{3}-\dfrac{16}{3}=-\dfrac{19}{3}$ ······ 50 %

2단계 점 A가 나타내는 수 구하기

따라서 점 A가 나타내는 수는

$-\dfrac{19}{3}+\dfrac{7}{2}=-\dfrac{38}{6}+\dfrac{21}{6}=-\dfrac{17}{6}$ ······ 50 %

정답 $-\dfrac{17}{6}$

따라 풀기

01 다음 수직선에서 점 A가 나타내는 수를 구하시오.

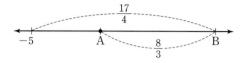

풀이 과정

1단계 점 B가 나타내는 수 구하기

2단계 점 A가 나타내는 수 구하기

정답

함께 풀기

두 수 a, b에 대하여 $|a|=8$, $|b|=4$일 때, $a-b$의 값 중 가장 큰 값을 M, 가장 작은 값을 m이라 하자. 이때 $M-m$의 값을 구하시오.

풀이 과정

1단계 $|a|=8$, $|b|=4$인 a, b의 값 각각 구하기

$|a|=8$이므로 $a=-8$ 또는 $a=8$

$|b|=4$이므로 $b=-4$ 또는 $b=4$ ······ 20 %

2단계 M의 값 구하기

$a-b$의 값 중 가장 큰 값은 a가 양수, b가 음수일 때이므로

$M=8-(-4)=8+4=12$ ······ 30 %

3단계 m의 값 구하기

$a-b$의 값 중 가장 작은 값은 a가 음수, b가 양수일 때이므로

$m=-8-4=-12$ ······ 30 %

4단계 $M-m$의 값 구하기

$\therefore M-m=12-(-12)=12+12=24$ ······ 20 %

정답 24

따라 풀기

02 두 수 a, b에 대하여 $|a|=3$, $|b|=\dfrac{3}{2}$일 때, $a-b$의 값 중 가장 큰 값을 M, 가장 작은 값을 m이라 하자. 이때 $M-m$의 값을 구하시오.

풀이 과정

1단계 $|a|=3$, $|b|=\dfrac{3}{2}$인 a, b의 값 각각 구하기

2단계 M의 값 구하기

3단계 m의 값 구하기

4단계 $M-m$의 값 구하기

정답

03 다음 수 중 가장 작은 수를 a, 절댓값이 가장 큰 수를 b라 할 때, $a+b$의 값을 구하시오.

$$\frac{3}{2}, \quad -1, \quad \frac{7}{4}, \quad -\frac{5}{6}, \quad -\frac{5}{3}$$

풀이 과정

정답

04 -1보다 $\frac{1}{3}$만큼 작은 수를 x라 할 때, x보다 $\frac{7}{6}$만큼 큰 수를 구하시오.

풀이 과정

정답

05 표에서 가로, 세로, 대각선에 있는 세 수의 합이 모두 같을 때, $a-b$의 값을 구하시오.

a	3	-4
b	-1	
2		

풀이 과정

정답

06 $\frac{8}{5}$에 어떤 수를 더해야 할 것을 잘못하여 뺐더니 그 결과가 $\frac{7}{3}$이 되었다. 이때 바르게 계산한 답을 구하시오.

풀이 과정

정답

04 정수와 유리수의 덧셈과 뺄셈

STEP 1 기본 다지기

01

다음 계산 과정에서 덧셈의 교환법칙과 덧셈의 결합법칙이 이용된 곳을 차례대로 나열하시오.

$$\left(-\frac{1}{3}\right)+(-2.5)+\left(+\frac{7}{3}\right)+(-4.5)$$
$$=\left(-\frac{1}{3}\right)+\left(+\frac{7}{3}\right)+(-2.5)+(-4.5) \quad \text{⟩ ㉠}$$
$$=\left\{\left(-\frac{1}{3}\right)+\left(+\frac{7}{3}\right)\right\}+\{(-2.5)+(-4.5)\} \quad \text{⟩ ㉡}$$
$$=(+2)+(-7) \quad \text{⟩ ㉢}$$
$$=-5 \quad \text{⟩ ㉣}$$

02

[그림 1]과 같은 규칙이 주어졌을 때, [그림 2]에서 (가)~(다)에 알맞은 수를 구하시오.

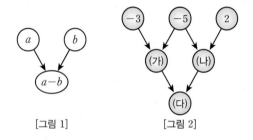

[그림 1]　　　　　[그림 2]

03

검은 바둑돌은 +1을 나타내고, 흰 바둑돌은 −1을 나타낼 때, 그림으로 설명할 수 있는 계산식은?

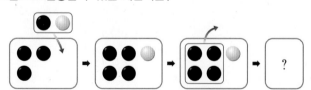

① $(+3)-(+4)=-1$ 　　② $(+3)+(-1)=+2$
③ $(+4)+(-1)=+3$ 　　④ $(+4)-(-1)=+5$
⑤ $(-4)+(+3)=-1$

04

하루의 최고 기온에서 최저 기온을 뺀 수를 기온의 일교차라 한다. 다음 표는 어떤 도시의 5일 동안 날씨와 최고 기온, 최저 기온을 나타낸 것이다. 기온의 일교차가 가장 큰 요일을 구하시오.

요일	날씨	최저 기온 / 최고 기온(℃)
월	☁	$-11/-4$
화	☀	$-7/4$
수	☀	$-6/3$
목	☁	$-10/-3$
금	☁	$-8/-1$

05

다음 중 계산 결과가 $\left(+\frac{1}{2}\right)-\left(+\frac{3}{4}\right)$의 계산 결과와 같은 것은?

① $\left(-\frac{3}{2}\right)-\left(-\frac{7}{8}\right)$ 　　② $(-0.5)+\left(+\frac{1}{4}\right)$

③ $\frac{3}{4}-\frac{1}{2}$ 　　④ $\frac{1}{2}$보다 $\frac{1}{4}$만큼 큰 수

⑤ $\frac{1}{4}$보다 $-\frac{1}{2}$만큼 작은 수

06

−2보다 −8만큼 작은 수와 절댓값이 10인 음수의 합은?

① -20 　　② -18 　　③ -14
④ -6 　　⑤ -4

07

다음 수직선에서 두 점 A, B 사이의 거리를 구하시오.

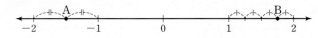

08

3보다 $-\dfrac{5}{6}$만큼 작은 수를 a, $-\dfrac{4}{5}$보다 $-\dfrac{4}{3}$만큼 큰 수를 b라 할 때, $b < x < a$를 만족시키는 정수 x의 개수는?

① 4   ② 5   ③ 6
④ 7   ⑤ 8

09

다음을 계산하시오.

$$-\frac{1}{4}+\frac{2}{3}-3+\frac{7}{12}$$

10

두 수 A, B에 대하여 $A+\left(-\dfrac{3}{4}\right)=\dfrac{5}{8}$, $B-(-4)=-\dfrac{3}{2}$일 때, $A+B$의 값을 구하시오.

11

$\left(+\dfrac{2}{3}\right)-\square-\left(+\dfrac{1}{6}\right)=1$일 때, $\square$ 안에 알맞은 수는?

① $\dfrac{3}{2}$ ② $\dfrac{1}{2}$ ③ 0

④ $-\dfrac{1}{2}$ ⑤ $-\dfrac{1}{6}$

12

어떤 수에 $-\dfrac{3}{2}$을 더해야 할 것을 잘못하여 뺐더니 그 결과가 $\dfrac{5}{2}$가 되었다. 이때 바르게 계산한 답을 구하시오.

STEP 2 실력 다지기

13

두 정수 a, b에 대하여 $|a|<3$, $|b|<10$일 때, $a+b$의 값 중 가장 작은 값은?

① -11 ② -10 ③ -9

④ -8 ⑤ -7

15

두 유리수 a, b가 다음 조건을 모두 만족시킬 때, a의 값을 구하시오.

> ㈎ a와 b의 합은 1이다.
> ㈏ b는 음수이다.
> ㈐ $|b|+\dfrac{2}{3}=\dfrac{11}{12}$

14

다음 표는 편의점에서 5월 6일부터 9일까지 당일 판매된 과자의 수량을 전날과 비교하여 증가했으면 부호 $+$, 감소했으면 부호 $-$를 사용하여 나타낸 것이다. 5월 9일에 판매된 과자가 250개일 때, 5월 5일에 판매된 과자는 몇 개인지 구하시오.

6일	7일	8일	9일
-10개	$+13$개	-15개	$+27$개

16

그림과 같은 전개도로 정육면체를 만들었다. 마주 보는 면에 적힌 두 수의 합이 $-\dfrac{2}{5}$일 때, $a-b-c$의 값을 구하시오.

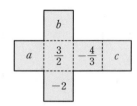

05

정수와 유리수의 곱셈과 나눗셈

01 유리수의 곱셈

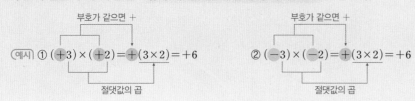

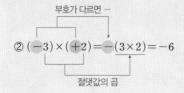 II 05 정수와 유리수의 곱셈과 나눗셈

(1) 부호가 같은 두 수의 곱셈 : 두 수의 절댓값의 곱에 양의 부호 +를 붙인다.

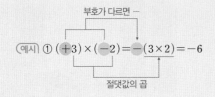

부호가 같으면 +
예시 ① $(+3)×(+2)=+(3×2)=+6$
절댓값의 곱

부호가 같으면 +
② $(-3)×(-2)=+(3×2)=+6$
절댓값의 곱

(2) 부호가 다른 두 수의 곱셈 : 두 수의 절댓값의 곱에 음의 부호 −를 붙인다.

부호가 다르면 −
예시 ① $(+3)×(-2)=-(3×2)=-6$
절댓값의 곱

부호가 다르면 −
② $(-3)×(+2)=-(3×2)=-6$
절댓값의 곱

> 어떤 수와 0의 곱은 항상 0이다.
> 예시 $3×0=0$
>
> 두 수의 곱셈의 부호
> $\begin{matrix}(양수)×(양수)\\(음수)×(음수)\end{matrix}$ ⇒ +
> $\begin{matrix}(양수)×(음수)\\(음수)×(양수)\end{matrix}$ ⇒ −

바이블 POINT **분수와 분수, 소수와 분수의 곱셈**

(1) **(분수)×(분수)** : 두 분수의 곱의 결과는 기약분수로 나타낸다.

예시 $\left(-\dfrac{3}{2}\right)×\left(-\dfrac{5}{6}\right)=+\left(\dfrac{3}{2}×\dfrac{5}{6}\right)=+\dfrac{5}{4}$

(2) **(소수)×(분수)** : 소수를 분수로 바꾸거나 분수를 소수로 바꿔서 계산한다.

예시 $(+0.1)×\left(-\dfrac{10}{9}\right)=\left(+\dfrac{1}{10}\right)×\left(-\dfrac{10}{9}\right)$
$=-\left(\dfrac{1}{10}×\dfrac{10}{9}\right)=-\dfrac{1}{9}$

개념 CHECK 01

- (1) 부호가 같은 두 수의 곱셈을 할 때는 두 수의 ㉠ 의 곱에 양의 부호 +를 붙인다.
- (2) 부호가 다른 두 수의 곱셈을 할 때는 두 수의 ㉡ 의 곱에 음의 부호 −를 붙인다.

다음 식에서 ○ 안에는 +, − 중 알맞은 부호를, □ 안에는 알맞은 수를 써넣으시오.

(1) $(+5)×(+4)=○(5×4)=○\boxed{}$

(2) $(-5)×(-4)=○(5×4)=○\boxed{}$

(3) $(+5)×(-4)=○(5×4)=○\boxed{}$

(4) $(-5)×(+4)=○(5×4)=○\boxed{}$

개념 CHECK 02

- (1) (분수)×(분수)를 계산한 후 답은 약분하여 ㉢ 로 나타낸다.
- (2) (소수)×(분수)는 소수를 ㉣ 로 바꾸거나 분수를 소수로 바꿔서 계산한다.

다음을 계산하시오.

(1) $(+2)×(-4)$

(2) $(-7)×(-6)$

(3) $(+6)×0$

(4) $(-24)×\left(+\dfrac{3}{8}\right)$

(5) $\left(+\dfrac{6}{7}\right)×\left(-\dfrac{14}{9}\right)$

(6) $\left(-\dfrac{4}{3}\right)×(-0.3)$

답 | ㉠ 절댓값 ㉡ 절댓값 ㉢ 기약분수
㉣ 분수

대표유형 01 유리수의 곱셈 (1)

유형ON >>> 078쪽

다음 중 계산 결과가 옳은 것은?

① $(-6) \times (-8) = +14$

② $(-4) \times (+9) = +36$

③ $(-7) \times 0 = -7$

④ $\left(+\dfrac{1}{2}\right) \times \left(-\dfrac{2}{3}\right) = -\dfrac{1}{3}$

⑤ $(-0.4) \times \left(-\dfrac{1}{4}\right) = -\dfrac{1}{10}$

풀이 과정

① $(-6) \times (-8) = +(6 \times 8) = +48$

② $(-4) \times (+9) = -(4 \times 9) = -36$

③ $(-7) \times 0 = 0$

④ $\left(+\dfrac{1}{2}\right) \times \left(-\dfrac{2}{3}\right) = -\left(\dfrac{1}{2} \times \dfrac{2}{3}\right) = -\dfrac{1}{3}$

⑤ $(-0.4) \times \left(-\dfrac{1}{4}\right) = \left(-\dfrac{2}{5}\right) \times \left(-\dfrac{1}{4}\right) = +\left(\dfrac{2}{5} \times \dfrac{1}{4}\right) = +\dfrac{1}{10}$

따라서 계산 결과가 옳은 것은 ④이다.

정답 ④

01·Ⓐ (숫자 Change)

다음 중 계산 결과가 $\left(+\dfrac{2}{5}\right) \times \left(-\dfrac{5}{12}\right)$와 같은 것은?

① $(+8) \times (-5)$

② $\left(-\dfrac{5}{4}\right) \times \left(+\dfrac{9}{10}\right)$

③ $\left(+\dfrac{3}{8}\right) \times \left(-\dfrac{4}{9}\right)$

④ $(-3.6) \times \left(+\dfrac{1}{4}\right)$

⑤ $\left(-\dfrac{1}{12}\right) \times (-2)$

대표유형 02 유리수의 곱셈 (2)

유형ON >>> 078쪽

$A = \left(-\dfrac{5}{6}\right) \times \left(+\dfrac{27}{10}\right)$, $B = \left(-\dfrac{3}{4}\right) \times \left(-\dfrac{8}{15}\right)$일 때, $A + B$의 값을 구하시오.

풀이 과정

$A = \left(-\dfrac{5}{6}\right) \times \left(+\dfrac{27}{10}\right) = -\left(\dfrac{5}{6} \times \dfrac{27}{10}\right) = -\dfrac{9}{4}$

$B = \left(-\dfrac{3}{4}\right) \times \left(-\dfrac{8}{15}\right) = +\left(\dfrac{3}{4} \times \dfrac{8}{15}\right) = +\dfrac{2}{5}$

$\therefore A + B = \left(-\dfrac{9}{4}\right) + \left(+\dfrac{2}{5}\right) = \left(-\dfrac{45}{20}\right) + \left(+\dfrac{8}{20}\right) = -\dfrac{37}{20}$

정답 $-\dfrac{37}{20}$

02·Ⓐ (숫자 Change)

$A = \left(-\dfrac{8}{3}\right) \times \left(-\dfrac{1}{2}\right)$, $B = \left(+\dfrac{3}{16}\right) \times \left(-\dfrac{8}{5}\right)$일 때, $A - B$의 값을 구하시오.

02·Ⓑ (표현 Change)

다음 두 수 A, B에 대하여 $A \times B$의 값을 구하시오.

$A = \left(+\dfrac{5}{6}\right) \times \left(-\dfrac{3}{2}\right)$, $B = \left(-\dfrac{7}{4}\right) \times \left(-\dfrac{8}{21}\right)$

02 곱셈의 계산 법칙

··· Ⅱ 05 정수와 유리수의 곱셈과 나눗셈

세 수 a, b, c에 대하여

(1) 곱셈의 교환법칙 : $a \times b = b \times a$ — 두 수의 순서를 바꾸어 곱하여도 그 결과는 같다.

예시
$$(-3) \times (+2) = -6$$
$$(+2) \times (-3) = -6$$
계산 결과는 같다.

(2) 곱셈의 결합법칙 : $(a \times b) \times c = a \times (b \times c)$ — 어느 두 수를 먼저 곱하여도 그 결과는 같다.

예시
$$\{(-0.2) \times (+5)\} \times (-3) = (-1) \times (-3) = +3$$
❶ ❷
계산 결과는 같다.
$$(-0.2) \times \{(+5) \times (-3)\} = (-0.2) \times (-15) = +3$$
❶ ❷

세 수의 곱셈에서는 곱셈의 결합법칙이 성립하므로 $(a \times b) \times c$와 $a \times (b \times c)$는 모두 괄호를 사용하지 않고 $a \times b \times c$로 나타낼 수 있다.

바이블 POINT

곱셈의 계산 법칙을 이용한 수의 곱셈

수의 곱셈에서는 교환법칙과 결합법칙이 성립하므로 세 개 이상의 수를 곱할 때, 곱하는 순서를 바꾸어 계산하면 편리한 경우가 있다.

예시
$$(-4) \times (-3) \times (-25)$$
$$= (-3) \times (-4) \times (-25)$$ 곱셈의 교환법칙
$$= (-3) \times \{(-4) \times (-25)\}$$ 곱셈의 결합법칙
$$= (-3) \times (+100) = -300$$

개념 CHECK 01

다음 계산 과정에서 ㉠, ㉡에 이용된 계산 법칙을 각각 말하시오.

- 세 수 a, b, c에 대하여
(1) 곱셈의 ㉠
$a \times b = b \times a$
(2) 곱셈의 결합법칙
$(a \times b) \times c = a \times (\boxed{㉡})$

$$\left(-\frac{3}{4}\right) \times (-5) \times \left(+\frac{8}{3}\right)$$

$$= (-5) \times \left(-\frac{3}{4}\right) \times \left(+\frac{8}{3}\right)$$ 곱셈의 ㉠

$$= (-5) \times \left\{\left(-\frac{3}{4}\right) \times \left(+\frac{8}{3}\right)\right\}$$ 곱셈의 ㉡

$$= (-5) \times (-2) = +10$$

개념 CHECK 02

다음을 곱셈의 계산 법칙을 이용하여 계산하시오.

(1) $\left(-\dfrac{25}{4}\right) \times (-8) \times \left(-\dfrac{2}{5}\right)$

(2) $\left(-\dfrac{5}{21}\right) \times (-12) \times \left(+\dfrac{7}{15}\right)$

(3) $\left(-\dfrac{5}{3}\right) \times \left(+\dfrac{4}{5}\right) \times (-0.9)$

(4) $\left(-\dfrac{13}{7}\right) \times \left(-\dfrac{1}{4}\right) \times \left(-\dfrac{21}{104}\right)$

답 | ㉠ 교환법칙 ㉡ $b \times c$

대표 유형 03 곱셈의 계산 법칙 (1)

⋒ 유형ON >>> 078쪽

다음 계산 과정의 (가)~(라) 중 곱셈의 결합법칙이 이용된 곳을 말하시오.

$$\left(-\frac{5}{9}\right)\times\left(+\frac{1}{2}\right)\times\left(-\frac{6}{5}\right)$$
$$=\left(+\frac{1}{2}\right)\times\left(-\frac{5}{9}\right)\times\left(-\frac{6}{5}\right) \quad (가)$$
$$=\left(+\frac{1}{2}\right)\times\left\{\left(-\frac{5}{9}\right)\times\left(-\frac{6}{5}\right)\right\} \quad (나)$$
$$=\left(+\frac{1}{2}\right)\times\left(+\frac{2}{3}\right) \quad (다)$$
$$=+\frac{1}{3} \quad (라)$$

풀이 과정

$$\left(-\frac{5}{9}\right)\times\left(+\frac{1}{2}\right)\times\left(-\frac{6}{5}\right)$$
$$=\left(+\frac{1}{2}\right)\times\left(-\frac{5}{9}\right)\times\left(-\frac{6}{5}\right) \quad \text{(가) 곱셈의 교환법칙}$$
$$=\left(+\frac{1}{2}\right)\times\left\{\left(-\frac{5}{9}\right)\times\left(-\frac{6}{5}\right)\right\} \quad \text{(나) 곱셈의 결합법칙}$$
$$=\left(+\frac{1}{2}\right)\times\left(+\frac{2}{3}\right) \quad \text{(다)}$$
$$=+\frac{1}{3} \quad \text{(라)}$$

따라서 곱셈의 결합법칙이 이용된 곳은 (나)이다.

정답 (나)

03·Ⓐ 숫자 Change

다음 계산 과정에서 □ 안에 알맞은 것을 써넣으시오.

$$\left(+\frac{8}{3}\right)\times(-2)\times(-3)$$
$$=(-2)\times\left(+\frac{8}{3}\right)\times(-3) \quad \text{곱셈의 } \boxed{} \text{ 법칙}$$
$$=(-2)\times\left\{\left(+\frac{8}{3}\right)\times(-3)\right\} \quad \text{곱셈의 } \boxed{} \text{ 법칙}$$
$$=(-2)\times(\boxed{})$$
$$=\boxed{}$$

03·Ⓑ 숫자 Change

다음 계산 과정에서 □ 안에 알맞은 것을 써넣으시오.

$$\left(+\frac{25}{4}\right)\times(-0.39)\times(-16)$$
$$=\left(+\frac{25}{4}\right)\times(-16)\times(-0.39) \quad \text{곱셈의 } \boxed{} \text{ 법칙}$$
$$=\left\{\left(+\frac{25}{4}\right)\times(-16)\right\}\times(-0.39) \quad \text{곱셈의 } \boxed{} \text{ 법칙}$$
$$=(\boxed{})\times(-0.39)$$
$$=\boxed{}$$

대표 유형 04 곱셈의 계산 법칙 (2)

⋒ 유형ON >>> 078쪽

다음을 곱셈의 계산 법칙을 이용하여 계산하시오.

$$(+2)\times\left(-\frac{9}{8}\right)\times(+5)\times\left(-\frac{16}{3}\right)$$

풀이 과정

$$(+2)\times\left(-\frac{9}{8}\right)\times(+5)\times\left(-\frac{16}{3}\right)$$
$$=(+2)\times(+5)\times\left(-\frac{9}{8}\right)\times\left(-\frac{16}{3}\right) \quad \text{곱셈의 교환법칙}$$
$$=\{(+2)\times(+5)\}\times\left\{\left(-\frac{9}{8}\right)\times\left(-\frac{16}{3}\right)\right\} \quad \text{곱셈의 결합법칙}$$
$$=(+10)\times(+6)=+60$$

정답 +60

04·Ⓐ 숫자 Change

다음을 곱셈의 계산 법칙을 이용하여 계산하시오.

$$\left(+\frac{5}{6}\right)\times(-10)\times\left(-\frac{2}{5}\right)\times(-2.7)$$

03 세 개 이상의 유리수의 곱셈 ··· Ⅱ 05 정수와 유리수의 곱셈과 나눗셈

(1) 세 개 이상의 유리수의 곱셈

❶ 먼저 곱의 부호를 정한다. 이때 곱해진 음수($-$)가 $\begin{cases} \text{짝수 개이면} \Rightarrow + \\ \text{홀수 개이면} \Rightarrow - \end{cases}$

❷ 각 수의 절댓값의 곱에 ❶에서 정한 부호를 붙인다.

> 양수의 곱은 항상 양수이고, 세 수 이상의 곱셈에서는 음수의 개수에 따라 곱의 부호가 결정된다.

(2) 거듭제곱의 계산 : 거듭제곱의 계산에서 부호는 다음과 같이 결정한다.

① 양수의 거듭제곱의 부호는 항상 $+$이다.

(예시) $(+2)^2=(+2)\times(+2)=+4$

$(+2)^3=(+2)\times(+2)\times(+2)=+8$

② 음수의 거듭제곱의 부호는 지수에 의하여 결정된다. $\Rightarrow \begin{cases} \text{지수가 짝수이면} \Rightarrow + \\ \text{지수가 홀수이면} \Rightarrow - \end{cases}$

> 지수가 짝수
(예시) $(-2)^2=(-2)\times(-2)=+4$

> 지수가 홀수
$(-2)^3=(-2)\times(-2)\times(-2)=-8$

> (양수)^{홀수} ➡ $+$ 부호
> (양수)^{짝수} ➡ $+$ 부호
> (음수)^{짝수} ➡ $+$ 부호
> (음수)^{홀수} ➡ $-$ 부호

> -1의 거듭제곱
> $(-1)^n=\begin{cases} n\text{이 짝수이면} \Rightarrow +1 \\ n\text{이 홀수이면} \Rightarrow -1 \end{cases}$
> 즉, $(-1)^{짝수}=1$, $(-1)^{홀수}=-1$

바이블 POINT

세 개 이상의 유리수의 곱셈

(예시) (1) $(-2)\times(+3)\times(-5)=+(2\times3\times5)=+30$

음수가 짝수 개

(2) $\left(-\dfrac{3}{4}\right)\times\left(-\dfrac{5}{3}\right)\times\left(-\dfrac{2}{5}\right)=-\left(\dfrac{3}{4}\times\dfrac{5}{3}\times\dfrac{2}{5}\right)=-\dfrac{1}{2}$

음수가 홀수 개

$(-2)^2$과 -2^2의 차이

(1) $(-2)^2=(-2)\times(-2)=+4$

└─ -2를 두 번 곱한 것이다.

(2) $-2^2=-(2\times2)=-4$

└─ 2를 두 번 곱한 값에 음의 부호를 붙인 것이다.

개념 CHECK 01

· 세 개 이상의 유리수의 곱셈
$\begin{cases} \text{음수가 짝수 개} \Rightarrow +(\boxed{③}\text{의 곱}) \\ \text{음수가 } \boxed{©} \text{ 개} \Rightarrow -(\text{절댓값의 곱}) \end{cases}$

다음 식에서 ◯ 안에는 $+$, $-$ 중 알맞은 부호를, ☐ 안에는 알맞은 수를 써넣으시오.

(1) $(+7)\times(-3)\times(-2)=\bigcirc(7\times3\times2)=\bigcirc\boxed{}$

(2) $\left(-\dfrac{3}{2}\right)\times(-4)\times\left(-\dfrac{1}{2}\right)=\bigcirc\left(\dfrac{3}{2}\times4\times\dfrac{1}{2}\right)=\bigcirc\boxed{}$

개념 CHECK 02

· (1) 양수의 거듭제곱의 부호 ➡ $\boxed{©}$
 (2) 음수의 거듭제곱의 부호
$\begin{cases} \text{지수가 } \boxed{②} \Rightarrow + \\ \text{지수가 홀수} \Rightarrow \boxed{⑩} \end{cases}$

다음 ☐ 안에 알맞은 수를 써넣으시오.

(1) $(-3)^3=(\boxed{})\times(\boxed{})\times(\boxed{})=\boxed{}$

(2) $\left(-\dfrac{1}{2}\right)^2=\left(\boxed{}\right)\times\left(\boxed{}\right)=\boxed{}$

(3) $-(-2)^4=-\{(\boxed{})\times(\boxed{})\times(\boxed{})\times(\boxed{})\}=\boxed{}$

답 | ③ 절댓값 © 홀수 © $+$
  ② 짝수 ⑩ $-$

094 Ⅱ. 정수와 유리수

대표유형 **05** 세 개 이상의 유리수의 곱셈

⋔ 유형ON >>> 078쪽

$\left(-\dfrac{7}{5}\right) \times (-14) \times \left(+\dfrac{5}{3}\right) \times (-0.1)$을 계산하시오.

풀이 과정

(주어진 식) $= \left(-\dfrac{7}{5}\right) \times (-14) \times \left(+\dfrac{5}{3}\right) \times \left(-\dfrac{1}{10}\right)$

$= -\left(\dfrac{7}{5} \times 14 \times \dfrac{5}{3} \times \dfrac{1}{10}\right) = -\dfrac{49}{15}$

정답 $-\dfrac{49}{15}$

05 · Ⓐ (숫자 Change)

$\left(-\dfrac{3}{4}\right) \times (+12) \times (-0.8) \times \left(-\dfrac{15}{2}\right)$를 계산하시오.

05 · Ⓑ (표현 Change)

다음을 계산하시오.

$$\left(-\dfrac{1}{2}\right) \times \left(-\dfrac{2}{3}\right) \times \left(-\dfrac{3}{4}\right) \times \cdots \times \left(-\dfrac{9}{10}\right)$$

대표유형 **06** 거듭제곱의 계산

⋔ 유형ON >>> 079쪽

다음 중 가장 큰 수는?

① -1^3 ② $\left(-\dfrac{7}{6}\right)^2$ ③ -3^2

④ $-\left(-\dfrac{1}{4}\right)^3$ ⑤ $(-3)^3$

풀이 과정

① $-1^3 = -(1 \times 1 \times 1) = -1$

② $\left(-\dfrac{7}{6}\right)^2 = \left(-\dfrac{7}{6}\right) \times \left(-\dfrac{7}{6}\right) = \dfrac{49}{36}$

③ $-3^2 = -(3 \times 3) = -9$

④ $-\left(-\dfrac{1}{4}\right)^3 = -\left\{\left(-\dfrac{1}{4}\right) \times \left(-\dfrac{1}{4}\right) \times \left(-\dfrac{1}{4}\right)\right\} = -\left(-\dfrac{1}{64}\right) = \dfrac{1}{64}$

⑤ $(-3)^3 = (-3) \times (-3) \times (-3) = -27$

따라서 가장 큰 수는 ②이다.

정답 ②

06 · Ⓐ (숫자 Change)

다음 중 가장 작은 수는?

① $(-2)^3$ ② $-\left(-\dfrac{5}{4}\right)^2$ ③ $\left(-\dfrac{1}{5}\right)^3$

④ -4^3 ⑤ $(-1)^{11}$

06 · Ⓑ (표현 Change)

다음을 계산하시오.

$$(-1) + (-1)^2 + (-1)^3 + (-1)^4 + (-1)^5$$

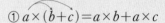 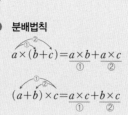

04 분배법칙

··· Ⅱ 05 정수와 유리수의 곱셈과 나눗셈

(1) 분배법칙 : 세 수 a, b, c에 대하여

① $a \times (b+c) = a \times b + a \times c$　　　　② $(a+b) \times c = a \times c + b \times c$

➡ 한 수에 두 수의 합을 곱한 결과는 한 수에 각각의 수를 곱한 결과의 합과 같다.

분배법칙

$$a \times (b+c) = \underset{①}{a \times b} + \underset{②}{a \times c}$$

$$(a+b) \times c = \underset{①}{a \times c} + \underset{②}{b \times c}$$

[참고] 직사각형의 넓이로 분배법칙 이해하기

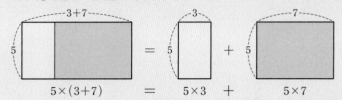

$$5 \times (3+7) \quad = \quad 5 \times 3 \quad + \quad 5 \times 7$$

(2) 분배법칙의 이용 : 분배법칙을 이용하면 복잡한 수의 계산을 쉽게 할 수 있다.

[예시] (1) 분배법칙을 이용하여 괄호 풀기 ➡ $7 \times 103 = 7 \times (100+3) = 7 \times 100 + 7 \times 3$

　　　 (2) 분배법칙을 이용하여 괄호 묶기 ➡ $12 \times 98 + 12 \times 2 = 12 \times (98+2) = 12 \times 100$

바이블 POINT 　 분배법칙을 이용하여 계산하기

(1) $36 \times (100+1)$
$= 36 \times 100 + 36 \times 1$
$= 3600 + 36$
$= 3636$

(2) $(-2) \times 97 + (-2) \times 3$
$= (-2) \times (97+3)$
$= (-2) \times 100$
$= -200$

(3) $99 \times (-13)$
$= (100-1) \times (-13)$
$= 100 \times (-13) + (-1) \times (-13)$
$= -1300 + 13$
$= -1287$

개념 CHECK 01 　다음은 분배법칙을 이용하여 계산하는 과정이다. □ 안에 알맞은 수를 써넣으시오.

· 분배법칙

세 수 a, b, c에 대하여
$a \times (b+c) = a \times b + \boxed{㉠}$
$(a+b) \times c = \boxed{㉡} + b \times c$

(1) 14×102
$= 14 \times (100 + \boxed{})$
$= 14 \times \boxed{} + 14 \times \boxed{}$
$= \boxed{} + \boxed{} = \boxed{}$

(2) $37 \times \left(-\dfrac{1}{2}\right) + 63 \times \left(-\dfrac{1}{2}\right)$
$= \left(\boxed{} + 63\right) \times \left(-\dfrac{1}{2}\right)$
$= \boxed{} \times \left(-\dfrac{1}{2}\right) = \boxed{}$

개념 CHECK 02 　다음을 분배법칙을 이용하여 계산하시오.

(1) $(-1.47) \times 473 + (-1.47) \times 527$

(2) $\left\{\dfrac{2}{5} + \left(-\dfrac{3}{4}\right)\right\} \times (-20)$

(3) $998 \times (-17)$

(4) $4.13 \times (-2.8) - 4.13 \times (-1.8)$

답 | ㉠ $a \times c$　㉡ $a \times c$

대표유형 07 분배법칙 (1)

🎧 유형ON >>> 080쪽

다음을 분배법칙을 이용하여 계산하시오.

$$7.85 \times 17 + 2.15 \times 17$$

풀이 과정

$7.85 \times 17 + 2.15 \times 17$

$= (7.85 + 2.15) \times 17$

$= 10 \times 17$

$= 170$

정답 170

07·Ⓐ 숫자 Change

다음은 $53 \times (-1.4) + 47 \times (-1.4)$를 분배법칙을 이용하여 계산하는 과정이다. □ 안에 알맞은 수를 써넣으시오.

$$53 \times (-1.4) + 47 \times (-1.4)$$
$$= \boxed{} \times (-1.4)$$
$$= \boxed{}$$

07·Ⓑ 표현 Change

다음 계산 과정에서 분배법칙이 이용된 곳은?

$$(-4) \times (+5) + (-4) \times (+3) + (-4) \times (-5) \quad ①$$
$$= (-4) \times \{(+5) + (+3) + (-5)\} \quad ②$$
$$= (-4) \times \{(+5) + (-5) + (+3)\} \quad ③$$
$$= (-4) \times \{0 + (+3)\} \quad ④$$
$$= (-4) \times (+3) \quad ⑤$$
$$= -12$$

대표유형 08 분배법칙 (2)

🎧 유형ON >>> 080쪽

세 유리수 a, b, c에 대하여 $a \times b = -2$, $a \times c = -8$일 때, $a \times (b+c)$의 값은?

① -16 ② -10 ③ 2

④ 10 ⑤ 16

풀이 과정

$a \times (b+c) = a \times b + a \times c$

$\qquad\qquad = -2 + (-8)$

$\qquad\qquad = -10$

정답 ②

08·Ⓐ 숫자 Change

세 유리수 a, b, c에 대하여 $a \times c = 5$, $b \times c = -6$일 때, $(a+b) \times c$의 값은?

① -30 ② -11 ③ -1

④ 1 ⑤ 30

08·Ⓑ 표현 Change

오른쪽 계산 과정에서 두 수 a, b에 대하여 $a+b$의 값을 구하시오.

$$(-1.3) \times 42 + (-1.3) \times 58$$
$$= (-1.3) \times a$$
$$= b$$

01

대표 유형 **01**

다음 중 계산 결과가 옳지 <u>않은</u> 것은?

① $(-7) \times (+2) = -14$

② $(-8) \times (-3) = +24$

③ $(+1.2) \times (-0.5) = -0.6$

④ $\left(+\dfrac{15}{14}\right) \times \left(+\dfrac{7}{5}\right) = +\dfrac{2}{3}$

⑤ $\left(-\dfrac{1}{5}\right) \times \left(-\dfrac{4}{3}\right) = +\dfrac{4}{15}$

02

대표 유형 **01**

$\dfrac{1}{2}$보다 $-\dfrac{4}{3}$만큼 큰 수를 a, 5보다 -1만큼 작은 수를 b라 할 때, $a \times b$의 값을 구하시오.

03

대표 유형 **03**

다음 계산 과정에서 (가), (나)에 이용된 곱셈의 계산 법칙을 차례대로 나열한 것은?

$$(-9) \times \left(+\dfrac{11}{6}\right) \times \left(-\dfrac{1}{3}\right)$$
$$= \left(+\dfrac{11}{6}\right) \times (-9) \times \left(-\dfrac{1}{3}\right) \quad \text{(가)}$$
$$= \left(+\dfrac{11}{6}\right) \times \left\{(-9) \times \left(-\dfrac{1}{3}\right)\right\} \quad \text{(나)}$$
$$= \left(+\dfrac{11}{6}\right) \times (+3) = +\dfrac{11}{2}$$

① 곱셈의 교환법칙, 곱셈의 결합법칙

② 곱셈의 결합법칙, 곱셈의 교환법칙

③ 곱셈의 결합법칙, 분배법칙

④ 분배법칙, 곱셈의 교환법칙

⑤ 분배법칙, 곱셈의 결합법칙

04

대표 유형 **05**

다음 중 정수가 아닌 유리수를 골라 그 곱을 계산하시오.

$$-\dfrac{9}{4}, \quad -5, \quad -\dfrac{8}{3}, \quad +\dfrac{25}{6}, \quad 0, \quad +4, \quad -\dfrac{1}{5}$$

05

대표 유형 **05**

다음을 계산하시오.

$$\left(-\dfrac{1}{3}\right) \times \left(-\dfrac{3}{5}\right) \times \left(-\dfrac{5}{7}\right) \times \cdots \times \left(-\dfrac{15}{17}\right)$$

06 생각이 쑥쑥

대표 유형 **05**

네 수 -5, $-\dfrac{4}{5}$, $\dfrac{1}{4}$, $-\dfrac{4}{3}$ 중에서 서로 다른 세 수를 뽑아 곱한 값 중 가장 큰 값을 구하시오.

07

대표 유형 06

다음 중 가장 큰 수와 가장 작은 수의 곱은?

$$\left(-\frac{3}{2}\right)^2, \ -\left(-\frac{1}{2}\right)^2, \ \left(-\frac{1}{2}\right)^3, \ (-1)^3, \ -\left(\frac{1}{3}\right)^2$$

① $-\frac{9}{4}$　　　　② $-\frac{3}{2}$　　　　③ -1

④ $\frac{1}{9}$　　　　⑤ $\frac{2}{3}$

08

대표 유형 02 ⊕ 06

다음 두 수 A, B에 대하여 $A \times B$의 값은?

$$A = \left(-\frac{11}{6}\right) \times \frac{3}{22}, \ B = \left(-\frac{1}{3}\right)^3 \times \left(-\frac{6}{5}\right)^2$$

① $-\frac{1}{5}$　　　　② $-\frac{1}{75}$　　　　③ $\frac{1}{5}$

④ $\frac{1}{75}$　　　　⑤ $\frac{2}{3}$

09

대표 유형 06

다음 중 계산 결과가 나머지 넷과 <u>다른</u> 하나는?

① $(-1)^2$　　　② $\{-(-1)\}^2$　　　③ $-(-1)^3$

④ $-(-1)^2$　　　⑤ $\{-(-1)\}^3$

10

생각이 쑥쑥↗

대표 유형 06

n이 짝수일 때, $(-1)^{n+1} - (-1)^n - (-1)^{n+2}$의 값은?

① -3　　　　② -2　　　　③ 1

④ 2　　　　⑤ 3

11

대표 유형 07

다음은 31×103을 분배법칙을 이용하여 계산하는 과정이다. 자연수 a, b, c에 대하여 $a+b+c$의 값을 구하시오.

$$\begin{aligned} 31 \times 103 &= 31 \times (100 + a) \\ &= 31 \times 100 + 31 \times a \\ &= 3100 + b \\ &= c \end{aligned}$$

12

대표 유형 08

세 수 a, b, c에 대하여 $a \times b = -\frac{3}{4}$, $a \times (b+c) = \frac{1}{2}$일 때, $a \times c$의 값을 구하시오.

05 유리수의 나눗셈

┌ 4÷0과 같이 0으로 나누는 경우는 생각하지 않는다.

(1) 유리수의 나눗셈

① 부호가 같은 두 수의 나눗셈 : 두 수의 절댓값의 나눗셈의 몫에 양의 부호 +를 붙인다.

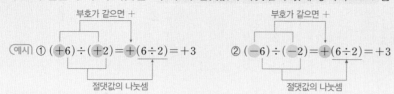

예시 ① $(+6) \div (+2) = +(6 \div 2) = +3$ ② $(-6) \div (-2) = +(6 \div 2) = +3$

② 부호가 다른 두 수의 나눗셈 : 두 수의 절댓값의 나눗셈의 몫에 음의 부호 −를 붙인다.

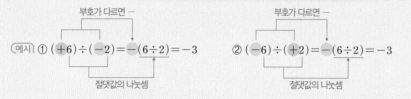

예시 ① $(+6) \div (-2) = -(6 \div 2) = -3$ ② $(-6) \div (+2) = -(6 \div 2) = -3$

(2) 역수를 이용한 유리수의 나눗셈

① 역수 : 두 수의 곱이 1이 될 때, 한 수를 다른 수의 역수라 한다.
┌ 역수를 구할 때, 부호를 바꾸지 않도록 주의한다.

예시 $\left(-\frac{3}{4}\right) \times \left(-\frac{4}{3}\right) = 1$이므로 $-\frac{3}{4}$의 역수는 $-\frac{4}{3}$, $-\frac{4}{3}$의 역수는 $-\frac{3}{4}$이다.

② 역수를 이용한 나눗셈 : 나누는 수를 역수로 바꾸어 곱셈으로 고쳐서 계산한다.

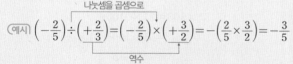
나눗셈을 곱셈으로

예시 $\left(-\frac{2}{5}\right) \div \left(+\frac{2}{3}\right) = \left(-\frac{2}{5}\right) \times \left(+\frac{3}{2}\right) = -\left(\frac{2}{5} \times \frac{3}{2}\right) = -\frac{3}{5}$
역수

두 수의 나눗셈의 부호
(양수)÷(양수) ┐ ➡ +
(음수)÷(음수) ┘
(양수)÷(음수) ┐ ➡ −
(음수)÷(양수) ┘

▶ 나눗셈에서는 교환법칙과 결합법칙이 성립하지 않는다.

▶ **유리수의 역수**
(1) 정수는 분모를 1로 고쳐서 역수를 구한다.
예시 $5 = \frac{5}{1}$이므로 역수는 $\frac{1}{5}$

(2) 대분수는 가분수로 고쳐서 역수를 구한다.
예시 $1\frac{1}{2} = \frac{3}{2}$이므로 역수는 $\frac{2}{3}$

(3) 소수는 분수로 고쳐서 역수를 구한다.
예시 $0.3 = \frac{3}{10}$이므로 역수는 $\frac{10}{3}$

용어 설명

역수(거꾸로 逆, 셈 數)
어떤 수의 분자와 분모를 바꾼 수

개념 CHECK 01

• (1) 부호가 같은 두 수의 나눗셈을 할 때는 두 수의 절댓값의 나눗셈의 ㉠ 에 양의 부호 +를 붙인다.
(2) 부호가 다른 두 수의 나눗셈을 할 때는 두 수의 ㉡ 의 나눗셈의 몫에 음의 부호 −를 붙인다.

다음 식에서 ○ 안에는 +, − 중 알맞은 부호를, □ 안에는 알맞은 수를 써넣으시오.

(1) $(+9) \div (+3) = \bigcirc(9 \div 3) = \bigcirc\square$

(2) $(-25) \div (-5) = \bigcirc(25 \div 5) = \bigcirc\square$

(3) $(+24) \div (-4) = \bigcirc(24 \div 4) = \bigcirc\square$

(4) $(-48) \div (+6) = \bigcirc(48 \div 6) = \bigcirc\square$

개념 CHECK 02

• 두 수의 나눗셈에서 나누는 수가 분수이면 나누는 수의 ㉢ 를 곱한다.

다음을 계산하시오.

(1) $(+6) \div (+18)$

(2) $\left(+\frac{5}{6}\right) \div (-10)$

(3) $\left(-\frac{2}{5}\right) \div \left(+\frac{3}{10}\right)$

(4) $\left(-\frac{3}{4}\right) \div \left(-\frac{9}{28}\right)$

답 | ㉠ 몫 ㉡ 절댓값 ㉢ 역수

대표유형 01 역수

🎧 유형ON >>> 081쪽

다음 중 두 수가 서로 역수 관계인 것은?

① $-\dfrac{1}{3}$, 3 ② 2, $-\dfrac{1}{2}$

③ 0.7, $\dfrac{7}{10}$ ④ $-\dfrac{1}{6}$, $\dfrac{1}{6}$

⑤ $-\dfrac{3}{11}$, $-\dfrac{11}{3}$

풀이 과정

두 수의 곱이 1인 것을 찾는다.

① $\left(-\dfrac{1}{3}\right)\times 3=-1$ ② $2\times\left(-\dfrac{1}{2}\right)=-1$

③ $0.7\times\dfrac{7}{10}=\dfrac{7}{10}\times\dfrac{7}{10}=\dfrac{49}{100}$ ④ $\left(-\dfrac{1}{6}\right)\times\dfrac{1}{6}=-\dfrac{1}{36}$

⑤ $\left(-\dfrac{3}{11}\right)\times\left(-\dfrac{11}{3}\right)=1$

따라서 서로 역수 관계인 것은 ⑤이다.

정답 ⑤

01·Ⓐ 표현 Change

$\dfrac{5}{3}$의 역수를 a, -0.1의 역수를 b라 할 때, $a\times b$의 값은?

① -6 ② -4 ③ -2

④ 4 ⑤ 6

대표유형 02 유리수의 나눗셈

🎧 유형ON >>> 081쪽

다음 중 계산 결과가 옳은 것은?

① $(-16)\div(+4)=+4$

② $(+15)\div\left(-\dfrac{3}{5}\right)=-9$

③ $(+2.4)\div(+0.8)=+0.3$

④ $(-12)\div\left(-\dfrac{3}{4}\right)=+16$

⑤ $\left(+\dfrac{3}{20}\right)\div\left(-\dfrac{9}{16}\right)=-3$

풀이 과정

① $(-16)\div(+4)=-(16\div 4)=-4$

② $(+15)\div\left(-\dfrac{3}{5}\right)=(+15)\times\left(-\dfrac{5}{3}\right)=-25$

③ $(+2.4)\div(+0.8)=+(2.4\div 0.8)=+3$

④ $(-12)\div\left(-\dfrac{3}{4}\right)=(-12)\times\left(-\dfrac{4}{3}\right)=+16$

⑤ $\left(+\dfrac{3}{20}\right)\div\left(-\dfrac{9}{16}\right)=\left(+\dfrac{3}{20}\right)\times\left(-\dfrac{16}{9}\right)=-\dfrac{4}{15}$

따라서 계산 결과가 옳은 것은 ④이다.

정답 ④

02·Ⓐ 숫자 Change

다음 중 계산 결과가 가장 작은 것은?

① $(-27)\div\left(+\dfrac{3}{2}\right)$ ② $(+20)\div(-4)$

③ $0\div\left(-\dfrac{2}{5}\right)$ ④ $\left(-\dfrac{6}{5}\right)\div\left(-\dfrac{9}{25}\right)$

⑤ $(-4.2)\div(+0.7)$

02·Ⓑ 표현 Change

$A=(-15)\div(-5)$, $B=\left(+\dfrac{3}{8}\right)\div\left(-\dfrac{5}{12}\right)$일 때, $A+B$의 값을 구하시오.

06 정수와 유리수의 혼합 계산 ··· Ⅱ 05 정수와 유리수의 곱셈과 나눗셈

(1) 곱셈과 나눗셈의 혼합 계산

❶ 거듭제곱이 있으면 거듭제곱을 먼저 계산한다.

❷ 나눗셈은 역수를 이용하여 곱셈으로 고친다.

❸ 곱의 부호를 정한다.

❹ 각 수의 절댓값의 곱에 ❸에서 정한 부호를 붙인다.

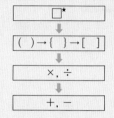

음수가 짝수 개 ➡ +(절댓값의 곱)
음수가 홀수 개 ➡ −(절댓값의 곱)

(2) 덧셈, 뺄셈, 곱셈, 나눗셈의 혼합 계산

❶ 거듭제곱이 있으면 거듭제곱을 먼저 계산한다.

❷ 괄호가 있으면 (소괄호) ➡ {중괄호} ➡ [대괄호]의 순서대로 괄호를 푼다.

❸ 곱셈, 나눗셈을 계산한다.

❹ 덧셈, 뺄셈을 계산한다.

덧셈, 뺄셈, 곱셈, 나눗셈의 혼합 계산

□*
( ) → { } → [ ]
×, ÷
+, −

(예시)
$$24 \div \{3 \times (-2)^2\} - 3$$
$$= 24 \div (3 \times 4) - 3$$
$$= 24 \div 12 - 3$$
$$= 2 - 3$$
$$= -1$$

❶ 거듭제곱 계산하기
❷ 괄호 풀기
❸ 곱셈, 나눗셈 계산하기
❹ 덧셈, 뺄셈 계산하기

개념 CHECK 01

• 곱셈과 나눗셈의 혼합 계산

❶ 거듭제곱이 있으면 거듭제곱을 먼저 계산한다.

❷ 나눗셈은 ㉠ 의 곱셈으로 고친다.

❸ 곱하는 수 중 음수가
　짝수 개 ➡ +(절댓값의 곱)
　홀수 개 ➡ ㉡ (절댓값의 곱)

다음 □ 안에 알맞은 수를 써넣으시오.

(1) $18 \div (-6) \times (-13) = 18 \times \left(\boxed{} \right) \times (-13) = \boxed{}$

(2) $(-4)^2 \times 5 \div (-10) = \boxed{} \times 5 \times \left(\boxed{} \right) = \boxed{}$

(3) $\dfrac{5}{6} \div \left(-\dfrac{1}{27} \right) \times (-2) = \dfrac{5}{6} \times (\boxed{}) \times (\boxed{}) = \boxed{}$

개념 CHECK 02

• 덧셈, 뺄셈, 곱셈, 나눗셈의 혼합 계산

❶ 거듭제곱이 있으면 거듭제곱을 먼저 계산한다.

❷ 괄호가 있으면 ( ), { }, [ ]의 순서대로 괄호를 푼다.

❸ 곱셈, ㉢ 을 계산한다.

❹ 덧셈, ㉣ 을 계산한다.

다음 식에 대하여 물음에 답하시오.

$$(-5) \times \left\{ \left(-\dfrac{1}{9} \right) \times (-3)^2 + \dfrac{2}{5} \right\} \div \dfrac{1}{2}$$
$$\quad\quad\quad ㉠ \quad\quad\quad ㉡ \quad ㉢ \quad ㉣ \quad\quad ㉤$$

(1) 계산 순서를 차례대로 나열하시오.

(2) 주어진 식을 계산하시오.

답 | ㉠ 역수 ㉡ − ㉢ 나눗셈 ㉣ 뺄셈

대표 유형 **03** 곱셈과 나눗셈의 혼합 계산

⋒ 유형ON >>> 082쪽

$\left(-\dfrac{1}{2}\right) \div \left(-\dfrac{2}{3}\right)^2 \times \dfrac{5}{18}$ 를 계산하시오.

풀이 과정

$(\text{주어진 식}) = \left(-\dfrac{1}{2}\right) \div \dfrac{4}{9} \times \dfrac{5}{18}$

$= \left(-\dfrac{1}{2}\right) \times \dfrac{9}{4} \times \dfrac{5}{18}$

$= -\dfrac{5}{16}$

정답 $-\dfrac{5}{16}$

03 · Ⓐ 숫자 Change

$\left(-\dfrac{3}{4}\right)^2 \div \left(-\dfrac{15}{2}\right) \times \left(-\dfrac{8}{3}\right)$ 을 계산하시오.

03 · Ⓑ 표현 Change

다음 중 계산 결과가 나머지 넷과 다른 하나는?

① $(-18) \div 6 \div 12$

② $(-18) \div (6 \times 12)$

③ $\dfrac{1}{12} \div \dfrac{1}{6} \times (-18)$

④ $\left(-\dfrac{1}{6}\right) \times (-18) \div (-12)$

⑤ $\dfrac{1}{6} \div 12 \times (-18)$

대표 유형 **04** 덧셈, 뺄셈, 곱셈, 나눗셈의 혼합 계산

⋒ 유형ON >>> 083쪽

$-\dfrac{1}{3} - \left[\dfrac{2}{3} + (-1)^3 \times \left\{ 2^2 \div \left(-\dfrac{4}{9}\right) + 5 \right\} \right]$ 를 계산하시오.

풀이 과정

$(\text{주어진 식}) = -\dfrac{1}{3} - \left[\dfrac{2}{3} + (-1) \times \left\{ 4 \div \left(-\dfrac{4}{9}\right) + 5 \right\} \right]$

$= -\dfrac{1}{3} - \left[\dfrac{2}{3} + (-1) \times \left\{ 4 \times \left(-\dfrac{9}{4}\right) + 5 \right\} \right]$

$= -\dfrac{1}{3} - \left[\dfrac{2}{3} + (-1) \times \left\{ (-9) + 5 \right\} \right]$

$= -\dfrac{1}{3} - \left\{ \dfrac{2}{3} + (-1) \times (-4) \right\}$

$= -\dfrac{1}{3} - \left(\dfrac{2}{3} + 4 \right) = -\dfrac{1}{3} - \left(\dfrac{2}{3} + \dfrac{12}{3} \right)$

$= -\dfrac{1}{3} - \dfrac{14}{3}$

$= -\dfrac{15}{3} = -5$

정답 -5

04 · Ⓐ 숫자 Change

$1 + \left[\left(-\dfrac{1}{2}\right)^2 \times \left\{ -\dfrac{15}{2} - 3^3 \div \left(-\dfrac{6}{5}\right) \right\} - \dfrac{11}{4} \right]$ 을 계산하시오.

04 · Ⓑ 표현 Change

다음 식을 계산할 때, ㉠~㉤ 중에서 세 번째로 해야 할 계산은?

$$6 - \left[\dfrac{7}{3} + \dfrac{4}{5} \times \left\{ (-3)^2 \div \dfrac{3}{5} \right\} \right]$$
㉠   ㉡   ㉢   ㉣   ㉤

① ㉠   ② ㉡   ③ ㉢

④ ㉣   ⑤ ㉤

$\left(-\dfrac{6}{5}\right) \div \left(-\dfrac{3}{2}\right) \times \boxed{} = -\dfrac{8}{15}$ 일 때, □ 안에 알맞은 수를 구하시오.

풀이 과정

□를 제외한 나머지를 먼저 계산한다.

$\left(-\dfrac{6}{5}\right) \div \left(-\dfrac{3}{2}\right) \times \boxed{} = -\dfrac{8}{15}$ 에서

$\left(-\dfrac{6}{5}\right) \times \left(-\dfrac{2}{3}\right) \times \boxed{} = -\dfrac{8}{15}$

$\left(+\dfrac{4}{5}\right) \times \boxed{} = -\dfrac{8}{15}$

$\therefore \boxed{} = \left(-\dfrac{8}{15}\right) \div \left(+\dfrac{4}{5}\right) = \left(-\dfrac{8}{15}\right) \times \left(+\dfrac{5}{4}\right) = -\dfrac{2}{3}$

정답 $-\dfrac{2}{3}$

BIBLE SAYS □ 안에 들어갈 알맞은 수 구하기

곱셈과 나눗셈 사이의 관계를 이용한다.
(1) $A \times \boxed{} = B \Rightarrow \boxed{} = B \div A$
(2) $A \div \boxed{} = B \Rightarrow \boxed{} = A \div B$

05·Ⓐ 숫자 Change

$\left(-\dfrac{2}{3}\right) \times \boxed{} \div \left(-\dfrac{5}{3}\right) = -\dfrac{1}{10}$ 일 때, □ 안에 알맞은 수를 구하시오.

05·Ⓑ 표현 Change

다음 □ 안에 알맞은 수를 구하시오.

$$\boxed{} \times \left(-\dfrac{4}{9}\right) \div \left(-\dfrac{2}{3}\right)^3 = \dfrac{1}{3}$$

어떤 유리수를 $\dfrac{3}{5}$ 으로 나누어야 할 것을 잘못하여 곱했더니 그 결과가 $-\dfrac{6}{5}$ 이 되었다. 바르게 계산한 값을 구하시오.

풀이 과정

어떤 유리수를 □로 놓으면

$\boxed{} \times \dfrac{3}{5} = -\dfrac{6}{5}$ 에서

$\boxed{} = \left(-\dfrac{6}{5}\right) \div \dfrac{3}{5} = \left(-\dfrac{6}{5}\right) \times \dfrac{5}{3} = -2$

따라서 어떤 유리수는 -2 이므로 바르게 계산하면

$(-2) \div \dfrac{3}{5} = (-2) \times \dfrac{5}{3} = -\dfrac{10}{3}$

정답 $-\dfrac{10}{3}$

BIBLE SAYS 바르게 계산한 결과 구하기

잘못 계산한 결과가 주어진 문제는 다음 순서대로 해결한다.
❶ 어떤 수를 □로 놓는다.
❷ 잘못 계산한 결과를 이용하여 식을 세워 □를 구한다.
❸ 바르게 계산한 답을 구한다.

06·Ⓐ 숫자 Change

어떤 유리수를 $-\dfrac{1}{6}$ 로 나누어야 할 것을 잘못하여 뺐더니 그 결과가 $\dfrac{1}{3}$ 이 되었다. 바르게 계산한 값을 구하시오.

06·Ⓑ 표현 Change

어떤 유리수에 $-\dfrac{3}{5}$ 을 더해야 할 것을 잘못하여 나누었더니 그 결과가 $\dfrac{10}{9}$ 이 되었다. 바르게 계산한 값을 구하시오.

대표유형 07 **문자로 주어진 유리수의 부호 결정 (1)**

유형ON >>> 085쪽

두 유리수 a, b에 대하여 $a<0$, $b>0$일 때, 다음 □ 안에 알맞은 부등호를 써넣으시오.

(1) $a \times b$ □ 0 (2) $a \div b$ □ 0

(3) $a-b$ □ 0 (4) $b-a$ □ 0

풀이 과정

(1) $a \times b =$ (음수)$\times$(양수)$=$(음수) ∴ $a \times b < 0$

(2) $a \div b =$ (음수)$\div$(양수)$=$(음수) ∴ $a \div b < 0$

(3) $a-b =$ (음수)$-$(양수)$=$(음수)$+$(음수)$=$(음수) ∴ $a-b < 0$

(4) $b-a =$ (양수)$-$(음수)$=$(양수)$+$(양수)$=$(양수) ∴ $b-a > 0$

정답 (1) $<$ (2) $<$ (3) $<$ (4) $>$

BIBLE SAYS 유리수의 부호 결정

(양수)$+$(양수)$=$(양수), (음수)$+$(음수)$=$(음수)

(양수)$-$(음수)$=$(양수), (음수)$-$(양수)$=$(음수)

07 · A (숫자 Change)

두 유리수 a, b에 대하여 $a<0$, $b<0$일 때, 다음 □ 안에 알맞은 부등호를 써넣으시오.

(1) $a \times b$ □ 0 (2) $a \div b$ □ 0 (3) $a+b$ □ 0

07 · B (표현 Change)

두 유리수 a, b에 대하여 $a>0$, $b<0$일 때, 보기 중 항상 음수인 것을 모두 고르시오.

보기

ㄱ. $a+b$ ㄴ. $a-b$ ㄷ. $a \times b$

대표유형 08 **문자로 주어진 유리수의 부호 결정 (2)**

유형ON >>> 086쪽

두 유리수 a, b가 다음 조건을 모두 만족시킬 때, a, b의 부호를 정하시오.

㈎ $a \times b < 0$ ㈏ $a-b < 0$

풀이 과정

㈎ $a \times b < 0$에서 두 수의 곱이 음수이므로 a, b의 부호가 서로 다르다.

즉, $a>0$, $b<0$ 또는 $a<0$, $b>0$

㈏에서 $a-b<0$인 것은 $a<0$, $b>0$

∴ $a<0$, $b>0$

정답 $a<0$, $b>0$

08 · A (숫자 Change)

두 유리수 a, b가 다음 조건을 모두 만족시킬 때, a, b의 부호를 정하시오.

㈎ $a \times b > 0$ ㈏ $a+b < 0$

08 · B (표현 Change)

두 유리수 a, b에 대하여 $a>b$, $a \times b < 0$일 때, 보기 중 항상 옳은 것을 모두 고르시오.

보기

ㄱ. $a+b>0$ ㄴ. $a \div b>0$ ㄷ. $a \times b-a<0$

BIBLE SAYS 두 수의 곱이 주어질 때, 부호 결정

두 수의 곱이 양수($+$)이면 ➡ 두 수는 ($+$)$\times$($+$) 또는 ($-$)$\times$($-$)

➡ 두 수의 부호가 같다.

두 수의 곱이 음수($-$)이면 ➡ 두 수는 ($+$)$\times$($-$) 또는 ($-$)$\times$($+$)

➡ 두 수의 부호가 서로 다르다.

01

대표 유형 01

그림과 같은 주사위에서 마주 보는 면에 적혀 있는 두 수의 곱이 1일 때, 보이지 않는 면에 적혀 있는 세 수의 곱을 구하시오.

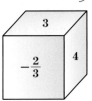

02

대표 유형 02

다음 중 계산 결과가 나머지 넷과 <u>다른</u> 하나는?

① $(+30) \div (-5)$

② $(-18) \div (+3)$

③ $(-5.4) \div (+0.9)$

④ $\left(+\dfrac{10}{3}\right) \div \left(-\dfrac{5}{9}\right)$

⑤ $\left(+\dfrac{3}{8}\right) \div \left(-\dfrac{9}{4}\right)$

03

대표 유형 01⊕03

$\left(-\dfrac{1}{3}\right)^3 \div \dfrac{4}{9} \times \left(-\dfrac{5}{3}\right)$의 역수는?

① $-\dfrac{36}{5}$

② $-\dfrac{5}{36}$

③ $-\dfrac{1}{36}$

④ $\dfrac{5}{36}$

⑤ $\dfrac{36}{5}$

04

대표 유형 03

다음 중 계산 결과가 옳지 <u>않은</u> 것은?

① $2 \div (-10) \times (-15) = 3$

② $2 \times (-8) \div (-4) = 4$

③ $\left(-\dfrac{4}{5}\right) \div \dfrac{7}{12} \times \dfrac{7}{4} = -\dfrac{4}{15}$

④ $\left(-\dfrac{1}{2}\right) \div (-4) \div (-3) = -\dfrac{1}{24}$

⑤ $\left(-\dfrac{1}{2}\right)^2 \times \left(-\dfrac{3}{10}\right) \div \left(-\dfrac{1}{5}\right) = \dfrac{3}{8}$

05

대표 유형 04

다음 식을 계산하시오.

$$\left[\dfrac{1}{3} - \left(-\dfrac{1}{2}\right) \div \left\{ 2^3 \times \left(-\dfrac{3}{4}\right) \right\} \right] \div \dfrac{1}{8}$$

06 생각이 쑥쑥

대표 유형 04

0이 아닌 두 유리수 a, b에 대하여

$$a \triangle b = a + a \div b, \quad a \bigstar b = a \times b - a$$

로 약속할 때, $\dfrac{15}{4} \bigstar \left(\dfrac{1}{3} \triangle \dfrac{5}{6}\right)$를 계산하면?

① -2

② -1

③ $-\dfrac{1}{2}$

④ $\dfrac{1}{2}$

⑤ 1

07

대표 유형 04

다음과 같은 규칙으로 계산하는 두 장치 A, B가 있다.

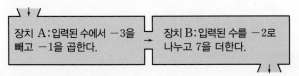

장치 A에 −5를 입력하여 계산된 값을 다시 장치 B에 입력하였을 때, 최종적으로 계산된 값을 구하시오.

08

대표 유형 05

$\left(-\dfrac{1}{8}\right) \times a = 9$, $b \div (-3) = -4$일 때, $a \div b$의 값은?

① -6 ② -5 ③ -4
④ -3 ⑤ -2

09

대표 유형 05

다음 □ 안에 알맞은 수를 구하시오.

$$\boxed{} \times \left(-\dfrac{5}{12}\right) \div \left(-\dfrac{5}{2}\right)^2 = \dfrac{7}{3}$$

10

대표 유형 06

어떤 유리수를 $-\dfrac{2}{3}$로 나누어야 할 것을 잘못하여 뺐더니 그 결과가 $\dfrac{1}{4}$이 되었다. 바르게 계산한 값을 구하시오.

11

대표 유형 07

두 유리수 a, b에 대하여 $a < 0$, $b > 0$일 때, 다음 중 항상 음수인 것은?

① $a+b$ ② $-a-b$ ③ $a \div b$
④ $a \times (-b)$ ⑤ $a^2 \div b$

12

대표 유형 08

세 유리수 a, b, c에 대하여 $a \times b > 0$, $b - c < 0$, $b \div c < 0$일 때, a, b, c의 부호는?

① $a>0$, $b>0$, $c>0$ ② $a>0$, $b>0$, $c<0$
③ $a>0$, $b<0$, $c<0$ ④ $a<0$, $b>0$, $c>0$
⑤ $a<0$, $b<0$, $c>0$

서술형 훈련하기

함께 풀기

네 수 4, $-\dfrac{5}{8}$, -6, $\dfrac{2}{3}$ 중에서 서로 다른 세 수를 뽑아 곱한 값 중 가장 큰 값과 가장 작은 값의 차를 구하시오.

풀이 과정

1단계 가장 큰 값 구하기

세 수를 곱한 값이 가장 크려면 (양수)×(음수)×(음수) 꼴이어야 한다.
이때 양수는 절댓값이 큰 수이어야 하므로 가장 큰 값은

$$4 \times \left(-\frac{5}{8}\right) \times (-6) = 15$$ ····· 40 %

2단계 가장 작은 값 구하기

세 수를 곱한 값이 가장 작으려면 (양수)×(양수)×(음수) 꼴이어야 한다.
이때 음수는 절댓값이 큰 수이어야 하므로 가장 작은 값은

$$4 \times \frac{2}{3} \times (-6) = -16$$ ····· 40 %

3단계 가장 큰 값과 가장 작은 값의 차 구하기

따라서 가장 큰 값과 가장 작은 값의 차는

$$15 - (-16) = 31$$ ····· 20 %

정답 _____31_____

따라 풀기

01 네 수 $\dfrac{1}{4}$, $-\dfrac{5}{12}$, 3, $-\dfrac{8}{15}$ 중에서 서로 다른 세 수를 뽑아 곱한 값 중 가장 큰 값과 가장 작은 값의 합을 구하시오.

풀이 과정

1단계 가장 큰 값 구하기

2단계 가장 작은 값 구하기

3단계 가장 큰 값과 가장 작은 값의 합 구하기

정답 _____

함께 풀기

다음 수직선에서 세 점 P, Q, R은 두 점 A, B 사이를 4등분 하는 점일 때, 점 R이 나타내는 수를 구하시오.

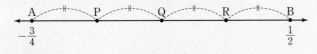

A $-\dfrac{3}{4}$ P Q R B $\dfrac{1}{2}$

풀이 과정

1단계 두 점 A, B 사이의 거리 구하기

두 점 A, B 사이의 거리는

$$\frac{1}{2} - \left(-\frac{3}{4}\right) = \frac{2}{4} + \left(+\frac{3}{4}\right) = \frac{5}{4}$$ ····· 40 %

2단계 두 점 R, B 사이의 거리 구하기

두 점 R, B 사이의 거리는

$$\frac{5}{4} \times \frac{1}{4} = \frac{5}{16}$$ ····· 40 %

3단계 점 R이 나타내는 수 구하기

따라서 점 R이 나타내는 수는

$$\frac{1}{2} - \frac{5}{16} = \frac{8}{16} - \frac{5}{16} = \frac{3}{16}$$ ····· 20 %

정답 _____$\dfrac{3}{16}$_____

따라 풀기

02 다음 수직선에서 두 점 A, B 사이를 2 : 1로 나누는 점을 P라 할 때, 점 P가 나타내는 수를 구하시오.

A $-\dfrac{3}{7}$ P B $\dfrac{3}{5}$

풀이 과정

1단계 두 점 A, B 사이의 거리 구하기

2단계 두 점 P, B 사이의 거리 구하기

3단계 점 P가 나타내는 수 구하기

정답 _____

---

03 세 수 a, b, c에 대하여 $a \times b = \dfrac{3}{2}$, $a \times (b+c) = 1$일 때, $a \times (b-c)$의 값을 구하시오.

[풀이 과정]

[정답] _____

04 그림과 같은 전개도를 접어 정육면체를 만들었을 때, 마주 보는 면에 적힌 두 수의 곱이 1이라 한다. 이때 $B-A+C$의 값을 구하시오.

[풀이 과정]

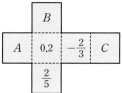

[정답] _____

05 0이 아닌 두 유리수 a, b에 대하여
$$a \bigstar b = a - b + a \times b, \quad a \bigcirc b = a \div b$$
로 약속할 때, $\dfrac{1}{12} \bigcirc \left(\dfrac{1}{3} \bigstar \dfrac{1}{6} \right)$을 계산하시오.

[풀이 과정]

[정답] _____

06 어떤 유리수 A를 $-\dfrac{1}{3}$로 나누어야 할 것을 잘못하여 더했더니 그 결과가 $\dfrac{1}{4}$이 되었다. 바르게 계산한 값을 B라 할 때, $A \div B$의 값을 구하시오.

[풀이 과정]

[정답] _____

05 정수와 유리수의 곱셈과 나눗셈

STEP 1 기본 다지기

01

다음 중 계산 결과가 옳지 <u>않은</u> 것은?

① $(-2)+(+3)=+1$

② $\left(-\dfrac{1}{2}\right)-\left(+\dfrac{2}{3}\right)=-\dfrac{7}{6}$

③ $\left(+\dfrac{3}{7}\right)\times\left(-\dfrac{21}{2}\right)=-\dfrac{9}{2}$

④ $(+16)\div(+8)=+2$

⑤ $\left(-\dfrac{4}{45}\right)\div\left(-\dfrac{8}{9}\right)=-\dfrac{2}{5}$

02

다음 수 중 절댓값이 가장 큰 수를 M, 절댓값이 가장 작은 수를 m이라 할 때, $M\times m$의 값을 구하시오.

$$-\dfrac{3}{2},\ 1.8,\ -2,\ 2,\ -3$$

03

다음 중 계산 결과가 옳지 <u>않은</u> 것은?

① $(-1)^6=1$ 　　② $-(-2)^3=8$

③ $\left(-\dfrac{3}{4}\right)^2=\dfrac{9}{16}$ 　　④ $-\left(\dfrac{1}{2}\right)^4=-\dfrac{1}{16}$

⑤ $-\left(-\dfrac{1}{3}\right)^3=-\dfrac{1}{27}$

04

n이 홀수일 때, 다음을 계산하시오.

$$(-1)^{n+1}-(-1)^{n+4}+(-1)^{n\times2}$$

05

다음 계산 과정에서 이용되지 <u>않은</u> 계산 법칙은?

$$
\begin{aligned}
&(-11)\times(-8)+4\times(-11)+(-11)\times(-2)\\
&=(-11)\times(-8)+(-11)\times4+(-11)\times(-2)\\
&=(-11)\times\{(-8)+4+(-2)\}\\
&=(-11)\times\{(-8)+(-2)+4\}\\
&=(-11)\times\{(-10)+4\}\\
&=(-11)\times(-6)=66
\end{aligned}
$$

① 덧셈의 교환법칙　　② 덧셈의 결합법칙

③ 곱셈의 교환법칙　　④ 곱셈의 결합법칙

⑤ 분배법칙

06

세 유리수 a, b, c에 대하여 $a\times b=-5$, $a\times c=-15$일 때, $a\times(b-c)$의 값을 구하시오.

07

$-\dfrac{5}{4}$의 역수를 a, $1\dfrac{1}{3}$의 역수를 b라 할 때, $a \times b$의 값은?

① -3 ② $-\dfrac{3}{5}$ ③ 0

④ $\dfrac{3}{5}$ ⑤ 3

08

$\dfrac{1}{2}$보다 $-\dfrac{3}{4}$만큼 작은 수를 a, $-\dfrac{1}{4}$보다 1만큼 작은 수를 b라 할 때, $a \div b$의 값을 구하시오.

09

$A = -\dfrac{4}{3} - \dfrac{5}{2} + 2$, $B = \left(-\dfrac{1}{3}\right)^2 \times \left(-\dfrac{21}{10}\right) \div \left(-\dfrac{14}{25}\right)$일 때, $A \div B$의 값은?

① $-\dfrac{22}{5}$ ② $-\dfrac{11}{5}$ ③ $\dfrac{1}{5}$

④ $\dfrac{13}{5}$ ⑤ $\dfrac{21}{5}$

10

다음 식을 계산할 때, ㉠~㉤ 중에서 세 번째로 해야 할 계산은?

$$3 - \left\{\dfrac{4}{7} \div \left(5 - \dfrac{3}{6}\right) - 2\right\} \times \dfrac{2}{3}$$

㉠ ㉡ ㉢ ㉣ ㉤

① ㉠ ② ㉡ ③ ㉢

④ ㉣ ⑤ ㉤

11

다음 식을 계산하시오.

$$6 + \left[(-9) \div 3 - \dfrac{5}{2} \times \{5 - (-3)^2\}\right] \div (-7)$$

12

다음 식을 계산한 결과를 a라 할 때, a보다 작은 양의 정수의 개수를 구하시오.

$$\left\{\dfrac{5}{3} + \left(-\dfrac{2}{3}\right)^3 \times \left(-\dfrac{9}{4}\right)\right\} \div \left(\dfrac{5}{6} - \dfrac{2}{3}\right)$$

13

$\left(-\dfrac{2}{9}\right) \div \square \times \left(-\dfrac{18}{7}\right) = -12$일 때, □ 안에 알맞은 수를 구하시오.

14

어떤 유리수 A에 $-\dfrac{2}{3}$를 더해야 할 것을 잘못하여 나누었더니 그 결과가 $\dfrac{5}{12}$가 되었다. 바르게 계산한 값을 구하시오.

15

두 유리수 a, b에 대하여 $a>0$, $b<0$일 때, 다음 중 계산 결과의 부호가 나머지 넷과 <u>다른</u> 하나는?

① $a+b^2$ ② $a-b^3$ ③ $a \div b$

④ $a \times (-b)$ ⑤ $(-a) \times b$

16

다음 중 서로 다른 세 수를 뽑아 곱한 값 중에서 가장 큰 값을 A, 가장 작은 값을 B라 할 때, $A+B$의 값은?

$$-2, \quad -\dfrac{7}{4}, \quad \dfrac{5}{3}, \quad 2$$

① -7 ② $-\dfrac{20}{3}$ ③ $\dfrac{1}{3}$

④ $\dfrac{16}{3}$ ⑤ $\dfrac{41}{3}$

17

다음 수를 작은 수부터 차례대로 나열하였을 때, 두 번째에 오는 수를 구하시오.

$$-2^3, \ (-2)^2, \ (-1)^{221}, \ -(-3)^3, \ (-3)^3, \ -(-1)^{101}$$

18

다음 수직선에서 두 점 A, B 사이를 $1 : 2$로 나누는 점이 P일 때, 점 P가 나타내는 수를 구하시오.

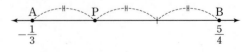

19

$-1 < a < 0$인 유리수 a에 대하여 다음 중 가장 작은 수는?

① $1-a$ 　　② $a+1$ 　　③ a^2

④ $-\dfrac{1}{a^2}$ 　　⑤ $\dfrac{1}{a^3}$

20

세 유리수 a, b, c에 대하여 $a < b$, $a \times b < 0$, $b \times c < 0$일 때, 다음 중 항상 옳은 것은?

① $a+b > 0$ 　　② $b+c > 0$ 　　③ $b \div c > 0$

④ $a \times c > 0$ 　　⑤ $a \times b \times c < 0$

21

민수와 영지가 가위바위보를 하여 이기면 3점, 지면 -2점을 받는 게임을 하였다. 0점으로 시작하여 가위바위보를 8번 했더니 민수가 5번 이겼다고 할 때, 민수와 영지의 점수의 차를 구하시오.

(단, 비긴 경우는 없다.)

22

다음과 같이 작동하는 두 상자 A, B가 있다.

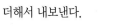
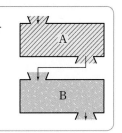

상자 A : 들어온 수를 $\dfrac{6}{7}$으로 나눈 후 2를 더해서 내보낸다.

상자 B : 들어온 수에 $\dfrac{4}{3}$를 곱한 결과의 역수를 내보낸다.

어떤 수를 상자 A에 넣은 후 나온 수를 상자 B에 넣었을 때, 상자 B에서 $\dfrac{2}{3}$가 나왔다. 어떤 수를 구하시오.

자기
평가

정답을 맞힌 문항에 ○표를 하고 결과를 점검한 다음, 이 단원의 내용을 얼마나 성취했는지 확인하세요.

문항 번호																					
1	2	3	4	5	6	7	8	9	10	11	12	13	14	15	16	17	18	19	20	21	22

1개 ~11개 개념 학습이 필요해요!　　12개 ~15개 부족한 부분을 검토해 봅시다!　　16개 ~19개 실수를 줄여 봅시다!　　20개 ~22개 훌륭합니다!

05 정수와 유리수의 곱셈과 나눗셈　113

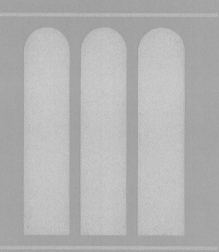

00

문자와 식

이 단원에서는

문자를 사용하여 식으로 나타내고, 식을 계산하는 방법에 대하여 배웁니다.
또한 일차방정식을 풀고, 이를 활용하여 여러 가지 문제를 해결하는 방법에 대하여 배웁니다.

이 단원에서의 내용

06

문자의 사용과 식

01 곱셈 기호와 나눗셈 기호의 생략

··· Ⅲ 06 문자의 사용과 식

(1) 곱셈 기호의 생략 : 문자를 사용한 식에서 곱셈 기호 ×를 생략하고 다음과 같이 나타낸다.

① (수)×(문자)	수를 문자 앞에 쓴다.	$2 \times a = 2a$, $a \times (-3) = -3a$
② 1×(문자), (−1)×(문자)	1은 생략한다.	$1 \times a = a$, $(-1) \times a = -a$
③ (문자)×(문자)	알파벳 순서대로 쓴다.	$b \times c \times a \times x \times y = abcxy$
④ 같은 문자의 곱	거듭제곱으로 나타낸다.	$a \times a \times b = a^2 b$
⑤ (괄호가 있는 식)×(수)	수를 괄호 앞에 쓴다.	$(a+b) \times 3 = 3(a+b)$

수와 수 사이의 곱셈 기호 ×는 생략하지 않는다.
예시 $3 \times 2 \times a = 32a$ (×)

0.1, 0.01 등과 같은 소수와 문자의 곱에서는 1을 생략하지 않는다.
예시 $0.1 \times x = 0.x$ (×)
$0.1 \times x = 0.1x$ (○)

(2) 나눗셈 기호의 생략

① 나눗셈 기호 ÷를 생략하고 분수 꼴로 나타낸다.	② 나눗셈을 역수의 곱셈으로 고친 후 곱셈 기호 ×를 생략한다.
분자 $a \div 5 = \dfrac{a}{5}$ 분모	역수 $a \div 5 = a \times \dfrac{1}{5} = \dfrac{1}{5}a$ 곱셈으로

곱셈 기호, 나눗셈 기호를 생략하여 식을 나타낼 때는 부호, 숫자, 문자의 순서대로 나타낸다.

부호 숫자 문자

1과 −1로 나눌 때는 생략한다.
예시 $a \div 1 = \dfrac{a}{1} = a$
$a \div (-1) = \dfrac{a}{-1} = -a$

주의 $a \div \dfrac{3}{2}b = a \times \dfrac{2}{3}b$ (×), $a \div \dfrac{3}{2}b = a \div \dfrac{3b}{2} = a \times \dfrac{2}{3b} = \dfrac{2a}{3b}$ (○)

바이블 POINT 곱셈 기호와 나눗셈 기호가 섞여 있는 식에서 곱셈 기호와 나눗셈 기호 생략하기

(1) 괄호가 있으면 괄호 안의 기호를 먼저 생략하고 앞에서부터 차례대로 기호를 생략한다.

예시 ① $a \div b \times c = \dfrac{a}{b} \times c = \dfrac{ac}{b}$
　　　나눗셈 기호를 먼저 생략한다.

② $a \times b \div c = ab \div c = \dfrac{ab}{c}$
　곱셈 기호를 먼저 생략한다.

③ $a \div (b \times c) = a \div bc = \dfrac{a}{bc}$
　괄호 안의 기호를 먼저 생략한다.

(2) 덧셈 기호와 뺄셈 기호가 섞여 있으면 곱셈 기호와 나눗셈 기호는 생략하고, 덧셈 기호와 뺄셈 기호는 그대로 둔다.

예시 $x \div 3 - y \times 2 = \dfrac{x}{3} - 2y$
　　　↳ $\dfrac{1}{3}x$로 나타낼 수도 있다.

개념 CHECK 01 다음 식을 곱셈 기호 ×를 생략하여 나타내시오.

• 곱셈 기호 ×를 생략할 때는 수를 문자 ㉠ 에 쓰고, 문자는 ㉡ 순서대로 쓴다. 또한 같은 문자의 곱은 ㉢ 으로 나타낸다.

(1) $x \times 4$

(2) $(-2) \times a$

(3) $0.01 \times b$

(4) $z \times x \times y$

(5) $a \times 3 \times a \times b \times b \times b$

(6) $a \times (-2) + 5 \times b$

개념 CHECK 02 다음 식을 나눗셈 기호 ÷를 생략하여 나타내시오.

• 나눗셈 기호 ÷를 생략할 때는 ㉣ 꼴로 나타내거나 나누는 수의 ㉤ 를 곱하여 곱셈 기호 ×를 생략한다.

(1) $x \div 3$

(2) $(-5) \div a$

(3) $b \div \left(-\dfrac{1}{2} \right)$

(4) $a \div \dfrac{1}{6} \div b$

(5) $x \div 7 - y \div 3$

(6) $6 \div (x+y)$

답 | ㉠ 앞 ㉡ 알파벳 ㉢ 거듭제곱 ㉣ 분수
　㉤ 역수

대표유형 01 곱셈 기호와 나눗셈 기호의 생략 (1)

유형ON >>> 096쪽

다음 중 기호 $\times$, $\div$를 생략하여 나타낸 것으로 옳지 **않은** 것은?

① $a \times a \times (-1) = -a^2$

② $a \div 4 \times b = \dfrac{ab}{4}$

③ $(-2) \times (x+5) = -2(x+5)$

④ $0.1 \times b \times a = 0.ab$

⑤ $x \div (y \times z) = \dfrac{x}{yz}$

풀이 과정

② $a \div 4 \times b = a \times \dfrac{1}{4} \times b = \dfrac{ab}{4}$

④ $0.1 \times b \times a = 0.1ab$

⑤ $x \div (y \times z) = x \div yz = \dfrac{x}{yz}$

따라서 옳지 않은 것은 ④이다.

정답 ④

01·Ⓐ 숫자 Change

다음 중 기호 $\times$, $\div$를 생략하여 나타낸 것으로 옳은 것은?

① $x \times y \times (-3) = xy - 3$

② $(-1) \times a \div 2 = -\dfrac{a}{2}$

③ $a \div b \times 5 = \dfrac{a}{5b}$

④ $(x+y) \div 7 = x + \dfrac{7}{y}$

⑤ $a \times b \times b \div 3 = \dfrac{2ab}{3}$

01·Ⓑ 표현 Change

$\dfrac{3x^2}{y-2z}$ 을 기호 $\times$, $\div$를 사용하여 나타내면?

① $3 \times x \times 2 \div y - 2 \times z$

② $3 \times x \times x \div y - 2 \times z$

③ $3 \times x \times x \div (y - z)$

④ $3 \times x \times x \div (y - 2 \times z)$

⑤ $3 \times x \times x \times (y - 2 \times z)$

대표유형 02 곱셈 기호와 나눗셈 기호의 생략 (2)

유형ON >>> 096쪽

다음 중 기호 $\times$, $\div$를 생략하여 나타낸 것으로 옳은 것은?

① $x \times 2 + y \div 3 \times z = 2x + \dfrac{yz}{3}$

② $5 \times a + 2 \times b = 7ab$

③ $4 \times x + y = 4(x+y)$

④ $a - 6 \times b = (a-6)b$

⑤ $x + y \div 5 = \dfrac{x+y}{5}$

풀이 과정

① $x \times 2 + y \div 3 \times z = 2x + y \times \dfrac{1}{3} \times z = 2x + \dfrac{yz}{3}$

② $5 \times a + 2 \times b = 5a + 2b$ ③ $4 \times x + y = 4x + y$

④ $a - 6 \times b = a - 6b$ ⑤ $x + y \div 5 = x + \dfrac{y}{5}$

따라서 옳은 것은 ①이다.

정답 ①

02·Ⓐ 숫자 Change

다음 중 기호 $\times$, $\div$를 생략하여 나타낸 것으로 옳은 것은?

① $3 \div x - y = \dfrac{3}{x-y}$

② $-4 \div x + y \times 3 = -\dfrac{4}{3xy}$

③ $a + b \times c \div 3 = a + \dfrac{bc}{3}$

④ $x \times (-1) + y \div 2 = \dfrac{-x+y}{3}$

⑤ $x \div 5 - y \div (-1) = \dfrac{5}{x} - y$

02 문자의 사용

(1) **문자의 사용** : 문자를 사용하면 수량 사이의 관계를 식으로 간단히 나타낼 수 있다.

(2) **문자를 사용하여 식을 세우는 방법**
- ❶ 문제의 뜻을 파악하여 수량 사이의 규칙을 찾는다.
- ❷ ❶에서 찾은 규칙에 맞도록 문자를 사용하여 식을 세운다.

(참고) 문자를 사용한 식에서 자주 쓰이는 수량 사이의 관계
(1) (물건 전체의 가격)=(물건 1개의 가격)×(개수)
(2) (거스름돈)=(지불한 금액)−(물건의 가격)
(3) (거리)=(속력)×(시간), (속력)=$\frac{(거리)}{(시간)}$, (시간)=$\frac{(거리)}{(속력)}$
(4) (소금물의 농도)=$\frac{(소금의 양)}{(소금물의 양)}$×100 (%), (소금의 양)=$\frac{(소금물의 농도)}{100}$×(소금물의 양)

(주의) 문자를 사용하여 식을 세울 때는 반드시 단위를 쓰도록 한다.

> 수량을 나타내는 문자로 보통 $a, b, c, x, y, z, \cdots$ 를 사용한다.
>
> 1 %는 $\frac{1}{100}$이므로 a % ⇨ $\frac{a}{100}$

바이블 POINT 문자를 사용하여 식 세우기

한 개에 500원인 빵을 1개, 2개, 3개, … 살 때 필요한 금액은 각각

$$500 \times 1 = 500(원)$$
$$500 \times 2 = 1000(원)$$
$$500 \times 3 = 1500(원)$$
$$\vdots$$

따라서 빵을 x개 살 때 필요한 금액은

$$500 \times x = 500x(원)$$

빵 한 개의 가격 ┘ └ 빵의 개수 └ 반드시 단위를 쓴다.

개념 CHECK 01

- 수량 사이의 관계는 ㉠ ▭ 를 사용하여 식으로 간단히 나타낼 수 있다.
- 문자를 사용하여 식을 세울 때는 ㉡ ▭ 를 빠뜨리지 않도록 주의한다.

다음 ▭ 안에 알맞은 식을 써넣으시오.

(1) 한 개에 a원인 과자 8개의 가격
⇨ (과자 8개의 가격)=(과자 한 개의 가격)×(과자의 개수)= ▭ (원)

(2) 현재 x세인 서현이의 3년 후의 나이
⇨ (3년 후의 나이)=(현재 나이)+3= ▭ (세)

(3) 500 mL의 우유를 a mL 마시고 남은 양
⇨ (남은 우유의 양)=(전체 우유의 양)−(마신 우유의 양)= ▭ (mL)

(4) 200원짜리 연필을 x자루 사고 3000원을 냈을 때의 거스름돈
⇨ (거스름돈)=(지불한 금액)−(연필의 가격)= ▭ (원)

(5) 가로의 길이가 6 cm, 세로의 길이가 a cm인 직사각형의 넓이
⇨ (직사각형의 넓이)=(가로의 길이)×(세로의 길이)= ▭ (cm²)

(6) 자동차가 시속 x km로 2시간 동안 달린 거리
⇨ (거리)=(속력)×(시간)= ▭ (km)

(7) 소금 a g이 녹아 있는 소금물 400 g의 농도
⇨ (소금물의 농도)=$\frac{(소금의 양)}{(소금물의 양)}$×100= ▭ ×100(%)

답 | ㉠ 문자 ㉡ 단위

대표유형 **03** 문자를 사용한 식 – 수, 단위, 금액, 도형

유형ON >>> 096쪽

다음 보기 중 옳은 것을 모두 고르시오.

보기
ㄱ. 5개에 a원인 사과 한 개의 가격은 $\dfrac{a}{5}$원이다.

ㄴ. 십의 자리의 숫자가 x, 일의 자리의 숫자가 y인 두 자리 자연수는 xy이다.

ㄷ. 밑변의 길이가 a cm, 높이가 h cm인 평행사변형의 넓이는 ah cm²이다.

ㄹ. 한 권에 1000원인 공책을 a % 할인하여 판매한 가격은 900a원이다.

풀이 과정

ㄱ. (사과 한 개의 가격)=(사과 5개의 가격)÷(사과의 개수)
$$=a \div 5 = \frac{a}{5}\,(원)$$

ㄴ. (두 자리 자연수)=(십의 자리의 숫자)×10+(일의 자리의 숫자)
$$=x \times 10 + y = 10x + y$$

ㄷ. (평행사변형의 넓이)=(밑변의 길이)×(높이)=ah (cm²)

ㄹ. (할인 금액)$=1000 \times \dfrac{a}{100} = 10a$(원)
$$\therefore (판매 \ 가격)=1000-10a(원)$$

따라서 옳은 것은 ㄱ, ㄷ이다.

정답 ㄱ, ㄷ

03·Ⓐ 숫자 Change

다음 보기 중 옳은 것을 모두 고르시오.

보기
ㄱ. 300원짜리 사탕 x개와 500원짜리 초콜릿 y개의 가격은 $(300x+500y)$원이다.

ㄴ. 국어 점수가 x점, 수학 점수가 y점일 때, 두 과목의 평균 점수는 $(x+y)$점이다.

ㄷ. 둘레의 길이가 a cm인 정사각형의 한 변의 길이는 $4a$ cm이다.

ㄹ. a원짜리 가방을 10 % 할인하여 판매한 가격은 0.9a원이다.

대표유형 **04** 문자를 사용한 식 – 속력, 농도

유형ON >>> 098쪽

다음을 문자를 사용한 식으로 나타내시오.

(1) 자동차가 시속 a km로 20 km를 달렸을 때, 걸린 시간

(2) 4시간 동안 x km를 걸었을 때의 속력

(3) 소금이 a g 녹아 있는 소금물 500 g의 농도

(4) 농도가 9 %인 설탕물 x g에 들어 있는 설탕의 양

풀이 과정

(1) (시간)$=\dfrac{(거리)}{(속력)}$이므로 $\dfrac{20}{a}$시간

(2) (속력)$=\dfrac{(거리)}{(시간)}$이므로 시속 $\dfrac{x}{4}$ km

(3) (소금물의 농도)$=\dfrac{(소금의 양)}{(소금물의 양)} \times 100$
$$=\frac{a}{500} \times 100 = \frac{a}{5}\,(\%)$$

(4) (설탕의 양)$=\dfrac{(설탕물의 농도)}{100} \times (설탕물의 양)$
$$=\frac{9}{100} \times x = \frac{9}{100}x\,(g)$$

정답 (1) $\dfrac{20}{a}$시간 (2) 시속 $\dfrac{x}{4}$ km (3) $\dfrac{a}{5}$ % (4) $\dfrac{9}{100}x$ g

04·Ⓐ 표현 Change

A 지점에서 출발하여 150 km만큼 떨어진 B 지점까지 가는데 시속 60 km로 x시간 동안 갔을 때, B 지점까지 남은 거리를 문자를 사용한 식으로 나타내시오.

04·Ⓑ 표현 Change

농도가 a %인 소금물 60 g과 농도가 b %인 소금물 40 g을 섞어서 새로운 소금물을 만들었다. 새로 만든 소금물에 들어 있는 소금의 양을 문자를 사용한 식으로 나타내시오.

03 식의 값

··· Ⅲ 06 문자의 사용과 식

(1) **대입** : 문자를 사용한 식에서 문자를 어떤 수로 바꾸어 넣는 것

(2) **식의 값** : 문자를 사용한 식에서 문자에 어떤 수를 대입하여 계산한 값

(3) **식의 값을 구하는 방법**

① 문자에 수를 대입할 때는 생략된 곱셈 기호 ×를 다시 쓴다.

② 문자에 음수를 대입할 때는 반드시 괄호를 사용한다.

> (예시) $x=-3$일 때, $5x+4$의 값은
>
> $$5x+4=5\times x+4$$
> 곱셈 기호를 다시 쓴다. ─┘ └ $x=-3$을 대입
> $$=5\times(-3)+4$$
> 음수를 대입하므로 괄호를 사용한다.
> $$=-15+4=-11$$

③ 분모에 분수를 대입할 때는 생략된 나눗셈 기호 ÷를 다시 쓴다.

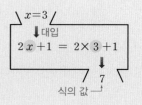

두 개 이상의 문자를 포함한 식에서 식의 값을 구할 때는 각각의 문자에 수를 대입하여 구한다.

$5x+4$에 $x=-3$을 대입할 때

(1) 괄호를 사용하지 않으면
$$5-3+4=6\ (\times)$$

(2) 바르게 계산하면
$$5\times(-3)+4=-11\ (\bigcirc)$$

용어 설명

대입(대신할 代, 넣을 入)
문자를 대신하여 수를 넣는 것

바이블 POINT 식의 값 구하기

(1) 음수 대입하기

➡ 반드시 괄호를 사용한다.

$x=-2$일 때, $3x-1$의 값은

$$3x-1$$
$$=3\times x-1$$ 생략된 곱셈 기호를 다시 쓴다.
$$=3\times(-2)-1$$ $x=-2$를 대입한다.
$$=-7$$ 식의 값을 구한다.

(2) 분수 대입하기

$x=\dfrac{1}{2}$일 때, $\dfrac{5}{x}$의 값은

$$\dfrac{5}{x}=5\div x$$ 생략된 나눗셈 기호를 다시 쓴다.
$$=5\div\dfrac{1}{2}$$ $x=\dfrac{1}{2}$을 대입한다.
$$=5\times2=10$$ 식의 값을 구한다.

(3) 거듭제곱에 대입하기

$x=-3$일 때, x^2, $-x^2$, $(-x)^2$의 값은

① $x^2=(-3)^2=9$
② $-x^2=-(-3)^2=-9$
③ $(-x)^2=\{-(-3)\}^2=3^2=9$

개념 CHECK 01

· 문자를 사용한 식에서 문자를 어떤 수로 바꾸어 넣는 것을 ⊙ 이라 한다.

· 문자에 음수를 대입할 때는 반드시 ⓒ 를 사용한다.

다음 □ 안에 알맞은 수를 써넣으시오.

(1) $x=3$일 때, $2x+7=2\times\boxed{}+7=\boxed{}$

(2) $a=\dfrac{1}{2}$일 때, $4a-5=4\times\boxed{}-5=\boxed{}$

(3) $x=-1$일 때, $5-x^2=5-(\boxed{})^2=\boxed{}$

(4) $a=-2$, $b=4$일 때, $3a+b=3\times(\boxed{})+\boxed{}=\boxed{}$

개념 CHECK 02

다음 식의 값을 구하시오.

(1) $a=\dfrac{1}{4}$일 때, $8a+3$의 값

(2) $a=5$일 때, $\dfrac{6}{2-a}$의 값

(3) $x=-4$일 때, x^2+1의 값

(4) $x=2$, $y=-3$일 때, $\dfrac{1}{2}x-4y$의 값

답 | ⊙ 대입 ⓒ 괄호

대표유형 **05** 식의 값

🎧 유형ON >>> 100쪽

$x=-2$, $y=3$일 때, $3x^2-5y^2$의 값은?

① -35 ② -33 ③ -31

④ -29 ⑤ -27

풀이 과정

$3x^2-5y^2=3\times(-2)^2-5\times3^2$
$\qquad\qquad=12-45=-33$

정답 ②

05·ⓐ 숫자 Change

$a=-4$, $b=5$일 때, $-a^2+\dfrac{1}{2}ab$의 값은?

① -26 ② -6 ③ 0

④ 6 ⑤ 26

05·ⓑ 표현 Change

$x=-\dfrac{1}{2}$일 때, 다음 중 식의 값이 가장 작은 것은?

① $x+3$ ② $-2x+1$ ③ $-x^2$

④ $\dfrac{4}{x}$ ⑤ x^2-1

대표유형 **06** 식의 값의 활용

🎧 유형ON >>> 102쪽

그림과 같이 밑변의 길이가 a, 높이가 h인 삼각형에 대하여 다음 물음에 답하시오.

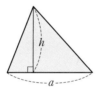

(1) 삼각형의 넓이를 a, h를 사용한 식으로 나타내시오.

(2) $a=4$, $h=3$일 때, 삼각형의 넓이를 구하시오.

풀이 과정

(1) (삼각형의 넓이)$=\dfrac{1}{2}\times$(밑변의 길이)$\times$(높이)
$\qquad\qquad=\dfrac{1}{2}\times a\times h=\dfrac{1}{2}ah$

(2) $\dfrac{1}{2}ah$에 $a=4$, $h=3$을 대입하면
$\qquad\dfrac{1}{2}\times4\times3=6$

정답 (1) $\dfrac{1}{2}ah$ (2) 6

06·ⓐ 숫자 Change

그림과 같이 윗변의 길이가 a, 아랫변의 길이가 b, 높이가 h인 사다리꼴에 대하여 다음 물음에 답하시오.

(1) 사다리꼴의 넓이를 a, b, h를 사용한 식으로 나타내시오.

(2) $a=3$, $b=5$, $h=4$일 때, 사다리꼴의 넓이를 구하시오.

06·ⓑ 표현 Change

기온이 x ℃일 때, 소리의 속력은 초속 $(0.6x+331)$ m이다. 기온이 20 ℃일 때, 소리의 속력을 구하시오.

BIBLE SAYS **식이 주어지지 않은 경우의 식의 값 구하기**

❶ 주어진 상황을 문자를 사용한 식으로 나타낸다.
❷ ❶에서 구한 식의 문자에 수를 대입하여 식의 값을 구한다.

🔍 배운대로 학습하기

01

대표 유형 **01**

다음 중 기호 $\times$, $\div$를 생략하여 나타낸 결과가 $\dfrac{ac}{b}$와 같은 것은?

① $a \times b \times c$　　② $a \div b \div c$　　③ $a \div (b \times c)$
④ $a \div (b \div c)$　　⑤ $a \div (c \div b)$

02

대표 유형 **01**⊕**02**

다음 중 기호 $\times$, $\div$를 생략하여 나타낸 것으로 옳지 <u>않은</u> 것은?

① $x \div (-4) = -\dfrac{x}{4}$

② $b \times 2 \times a \times a = 2a^2 b$

③ $a \times (-0.1) \times a = -0.1a^2$

④ $a \div (-2) - b \div 6 = -\dfrac{a}{2} - \dfrac{b}{6}$

⑤ $x \times (-3) + y \div 9 = \dfrac{-3x + y}{9}$

03

대표 유형 **03**⊕**04**

다음 중 옳지 <u>않은</u> 것은?

① 어떤 수 x의 3배보다 1만큼 큰 수는 $3x + 1$이다.
② 100원짜리 사탕 x개와 500원짜리 빵 y개의 가격의 합은
　$(100x + 500y)$원이다.
③ a원의 7 %는 $\dfrac{7}{100}a$원이다.
④ 3시간 동안 일정한 속력으로 x km를 달린 자동차의 속력은
　시속 $3x$ km이다.
⑤ 10 %의 소금물 x g에 들어 있는 소금의 양은 $\dfrac{1}{10}x$ g이다.

04

대표 유형 **05**

$a = -1$일 때, 다음 중 식의 값이 나머지 넷과 <u>다른</u> 하나는?

① $-a$　　　　② a^2　　　　③ $-a^2$
④ $(-a)^2$　　⑤ $-\dfrac{1}{a}$

05

대표 유형 **05**

$x = 2$, $y = -1$일 때, 다음 중 식의 값이 가장 큰 것은?

① $2x - y$　　② $\dfrac{1}{4}xy$　　③ $x^2 + y$
④ $2xy + 1$　　⑤ $\dfrac{3y - x}{x + y}$

06　생각이 쑥쑥⬆

대표 유형 **05**

$x = -\dfrac{1}{3}$, $y = \dfrac{1}{4}$일 때, $\dfrac{2}{x} + \dfrac{3}{y}$의 값을 구하시오.

07

대표 유형 **06**

그림과 같이 가로의 길이가 a, 세로의 길이가 b인 직사각형에 대하여 다음 물음에 답하시오.

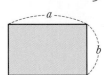

(1) 직사각형의 둘레의 길이를 a, b를 사용한 식으로 나타내시오.

(2) $a = 8$, $b = 5$일 때, 직사각형의 둘레의 길이를 구하시오.

04 다항식과 일차식

(1) 다항식

① **항** : 수 또는 문자의 곱으로만 이루어진 식
② **상수항** : 문자 없이 수로만 이루어진 항
③ **계수** : 수와 문자의 곱으로 이루어진 항에서 문자에 곱해진 수
④ **다항식** : 한 개의 항 또는 두 개 이상의 항의 합으로 이루어진 식
　예시　$2x, 3x+1, 4x-y+2$
⑤ **단항식** : 다항식 중 한 개의 항으로만 이루어진 식　예시　$4x, -2y^2, 5$

> 상수항이 없을 때는 상수항이 0인 것으로 생각한다.
>
> 단항식도 다항식이다.
>
> 상수항은 문자가 하나도 곱해지지 않았으므로 상수항의 차수는 0이다.

(2) 일차식

① **차수** : 어떤 항에서 문자가 곱해진 개수
　예시　$2x^3$에 대하여
　　(1) x^3의 계수 ➡ x^3 앞에 곱해진 수 ➡ 2
　　(2) $2x^3$의 차수 ➡ x가 곱해진 개수, 즉 x의 지수 ➡ 3
② **다항식의 차수** : 다항식에서 차수가 가장 큰 항의 차수
　예시　다항식 x^2+2x+1의 차수는 2이다.
③ **일차식** : 차수가 1인 다항식　예시　$x-1, -3y+2, 4x+5y-1$
　주의　$\dfrac{2}{x}, \dfrac{1}{x-5}$과 같이 분모에 문자가 있는 식은 다항식이 아니므로 일차식이 아니다.

→ 항의 차수는 문자의 지수와 같다.

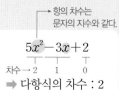

> 용어 설명
>
> **다항식**(많을 多, 항 項, 식 式)
> 항이 많은 식
> **단항식**(홀 單, 항 項, 식 式)
> 항이 하나인 식

바이블 POINT

다항식의 항, 상수항, 계수

다항식은 항의 합으로 이루어진 식이므로 뺄셈으로 된 식은 덧셈으로 바꾼 후 항, 상수항, 계수를 구한다.

예시　다항식 $4x^2-3x+1$에서 뺄셈으로 된 식을 덧셈으로 바꾸면
$4x^2+(-3x)+1$이므로

항	상수항	x^2의 계수	x의 계수
$4x^2, -3x, 1$	1	4	-3

$\dfrac{1}{x}$은 일차식일까요?

항은 $\dfrac{x}{2}=\dfrac{1}{2}\times x$와 같이 수 또는 문자의 곱으로만 이루어진 식이다. 그런데 $\dfrac{1}{x}=1\div x$는 1과 x의 곱으로 이루어진 식이 아니므로 $\dfrac{1}{x}$은 항이라 할 수 없다.

따라서 $\dfrac{1}{x}$은 다항식이 아니므로 일차식이 아니다.

개념 CHECK 　**01**

- 수 또는 문자의 곱으로만 이루어진 식을 ⊙ 이라 한다.
- 문자 없이 수로만 이루어진 항을 ⓒ 이라 한다.
- 수와 문자의 곱으로 이루어진 항에서 문자에 곱해진 수를 ⓒ 라 한다.

다음 표의 빈칸에 알맞은 것을 써넣으시오.

다항식	항	상수항	x의 계수
(1) $-x+2$			
(2) $x^2+\dfrac{x}{3}+\dfrac{1}{4}$			
(3) $3x^2-2x-1$			

개념 CHECK 　**02**

- 다항식의 차수는 다항식에서 차수가 가장 ⓔ 항의 차수이다.

다음 다항식의 차수를 구하시오.

(1) $2x+1$ 　　　　　　　(2) $-x^2-2$

(3) $1+x-\dfrac{1}{4}x^2$ 　　　　(4) $\dfrac{y}{5}-3$

답 | ⊙ 항 ⓒ 상수항 ⓒ 계수 ⓔ 큰

대표 유형 **01** 다항식

🎧 유형ON >>> 102쪽

다음 중 다항식 $5x^2-2x+3$에 대한 설명으로 옳지 <u>않은</u> 것은?

① 다항식의 차수는 2이다.
② 상수항은 3이다.
③ x의 계수는 -2이다.
④ x^2의 계수는 5이다.
⑤ 항은 $5x^2$, $2x$, 3의 3개이다.

풀이 과정

⑤ 항은 $5x^2$, $-2x$, 3의 3개이다.

정답 ⑤

01·A 숫자 Change

다음 중 다항식 $-2x^2+6x-1$에 대한 설명으로 옳은 것을 모두 고르면? (정답 2개)

① 다항식의 차수는 2이다.
② x^2의 계수는 2이다.
③ x의 계수는 6이다.
④ 상수항은 1이다.
⑤ 항은 2개이다.

01·B 표현 Change

다항식 $4x-y+5$에서 x의 계수를 a, y의 계수를 b, 상수항을 c라 할 때, $a+b+c$의 값을 구하시오.

대표 유형 **02** 일차식

🎧 유형ON >>> 103쪽

다음 중 일차식인 것을 모두 고르면? (정답 2개)

① $7x$　　② $-x^2+8$　　③ $\dfrac{1}{x}-2$

④ $3-\dfrac{x}{2}$　　⑤ 5

풀이 과정

② 다항식의 차수가 2이므로 일차식이 아니다.
③ 분모에 문자가 있으므로 다항식이 아니다.
⑤ 상수항의 차수는 0이므로 일차식이 아니다.
따라서 일차식인 것은 ①, ④이다.

정답 ①, ④

02·A 숫자 Change

다음 중 일차식이 <u>아닌</u> 것을 모두 고르면? (정답 2개)

① $0.3x$　　② $0 \times x-1$　　③ $8-2x$

④ $\dfrac{4x+1}{3}$　　⑤ x^2+5x

02·B 표현 Change

다음 보기 중 일차식인 것의 개수를 구하시오.

보기

ㄱ. $1-2x$　　ㄴ. y^2+3y+6　　ㄷ. $\dfrac{x-5}{2}$

ㄹ. -4　　ㅁ. $0.1x+7$　　ㅂ. $\dfrac{3}{x+4}$

05 일차식과 수의 곱셈, 나눗셈

(1) 단항식과 수의 곱셈, 나눗셈

① (단항식)×(수), (수)×(단항식) : 수끼리 곱하여 수를 문자 앞에 쓴다.

[예시] $2x \times 3 = 2 \times x \times 3 = 2 \times 3 \times x = 6x$

② (단항식)÷(수) : 나누는 수의 역수를 곱한다.

[예시] $6x \div 2 = 6 \times x \times \dfrac{1}{2} = 6 \times \dfrac{1}{2} \times x = 3x$

(2) 일차식과 수의 곱셈, 나눗셈

① (일차식)×(수), (수)×(일차식) : 분배법칙을 이용하여 일차식의 각 항에 수를 곱한다.

[예시] $2(3x-1) = 2 \times (3x-1) = 2 \times 3x + 2 \times (-1) = 6x-2$

[주의] 일차식에 음수를 곱하면 각 항의 부호가 바뀐다.

② (일차식)÷(수)

[방법1] 분배법칙을 이용하여 나누는 수의 역수를 일차식의 각 항에 곱한다.

[예시] $(6x-3) \div 3 = (6x-3) \times \dfrac{1}{3} = 6x \times \dfrac{1}{3} + (-3) \times \dfrac{1}{3} = 2x-1$

[방법2] 나누는 수가 정수이면 나눗셈 기호 ÷를 생략하고 분수 꼴로 바꾸어 계산한다.

[예시] $(6x-3) \div 3 = \dfrac{6x-3}{3} = \dfrac{6x}{3} - \dfrac{3}{3} = 2x-1$

> 세 수 a, b, c에 대하여
> (1) 곱셈의 교환법칙
> $a \times b = b \times a$
> (2) 곱셈의 결합법칙
> $(a \times b) \times c = a \times (b \times c)$
> (3) 분배법칙
> $a \times (b+c) = a \times b + a \times c$
> $(a+b) \times c = a \times c + b \times c$
> 일차식과 수의 곱셈에서 곱하는 수의 부호도 각 항에 곱해야 한다.

바이블 POINT

(음수)×(일차식)의 계산

괄호 앞에 음수가 곱해져 있으면 음수를 괄호 안의 모든 항에 곱해야 한다.
이때 숫자뿐만 아니라 부호 −를 괄호 안의 모든 항에 곱해야 하므로 괄호 안의 모든 항의 부호가 바뀐다.

[예시] $-(2x-1) = -2x-1$ (×)

$-(2x-1) = (-1) \times (2x-1) = (-1) \times 2x + (-1) \times (-1) = -2x+1$ (○)

개념 CHECK 01

• 단항식과 수의 곱셈은 수끼리 곱하여 수를 문자 ㉠ 에 쓴다.
• 단항식과 수의 나눗셈은 나누는 수의 ㉡ 를 곱한다.

다음 □ 안에 알맞은 것을 써넣으시오.

(1) $4x \times (-3) = 4 \times x \times (-3) = 4 \times (\boxed{}) \times x = \boxed{}$

(2) $(-15y) \div 5 = (-15) \times y \times \boxed{} = (-15) \times \boxed{} \times y = \boxed{}$

개념 CHECK 02

• 일차식과 수의 곱셈은 ㉢ 을 이용하여 일차식의 각 항에 수를 곱한다.
• 일차식과 수의 나눗셈은 분배법칙을 이용하여 일차식의 각 항에 나누는 수의 ㉣ 를 곱한다.

다음 □ 안에 알맞은 것을 써넣으시오.

(1) $2(5x-3) = \boxed{} \times (5x-3) = \boxed{} \times 5x + \boxed{} \times (-3) = \boxed{}$

(2) $(12a+8) \div (-4) = (12a+8) \times \left(\boxed{}\right)$

$= 12a \times \left(\boxed{}\right) + 8 \times \left(\boxed{}\right)$

$= \boxed{}$

답 | ㉠ 앞 ㉡ 역수 ㉢ 분배법칙 ㉣ 역수

다음을 계산하시오.

(1) $2 \times (-5x)$ (2) $\dfrac{2}{3}a \times 6$

(3) $15x \div (-3)$ (4) $(-8y) \div \left(-\dfrac{2}{3}\right)$

풀이 과정

(1) $2 \times (-5x) = 2 \times (-5) \times x = -10x$

(2) $\dfrac{2}{3}a \times 6 = \dfrac{2}{3} \times a \times 6 = \dfrac{2}{3} \times 6 \times a = 4a$

(3) $15x \div (-3) = 15x \times \left(-\dfrac{1}{3}\right) = 15 \times x \times \left(-\dfrac{1}{3}\right)$

$= 15 \times \left(-\dfrac{1}{3}\right) \times x = -5x$

(4) $(-8y) \div \left(-\dfrac{2}{3}\right) = (-8y) \times \left(-\dfrac{3}{2}\right) = (-8) \times y \times \left(-\dfrac{3}{2}\right)$

$= (-8) \times \left(-\dfrac{3}{2}\right) \times y = 12y$

정답 (1) $-10x$ (2) $4a$ (3) $-5x$ (4) $12y$

03·Ⓐ 숫자 Change

다음을 계산하시오.

(1) $3x \times \dfrac{1}{2}$ (2) $(-4y) \times 5$

(3) $(-28a) \div (-7)$ (4) $\dfrac{5}{3}x \div \dfrac{1}{3}$

03·Ⓑ 표현 Change

다음 중 옳지 <u>않은</u> 것은?

① $2a \times (-4) = -8a$ ② $(-6) \times (-3y) = 18y$

③ $16 \times \dfrac{5}{8}x = 10x$ ④ $6x \div (-2) = -3x$

⑤ $\left(-\dfrac{2}{9}y\right) \div \dfrac{4}{3} = -\dfrac{2}{3}y$

다음 중 옳은 것은?

① $3(2x+3) = 6x+3$

② $(4x-1) \times (-5) = -20x-5$

③ $(3x-6) \times \dfrac{2}{3} = 2x-4$

④ $(10x-8) \div (-2) = 5x+4$

⑤ $\left(x+\dfrac{1}{4}\right) \div \dfrac{1}{4} = \dfrac{1}{4}x + \dfrac{1}{16}$

풀이 과정

① $3(2x+3) = 3 \times 2x + 3 \times 3 = 6x+9$

② $(4x-1) \times (-5) = 4x \times (-5) + (-1) \times (-5) = -20x+5$

③ $(3x-6) \times \dfrac{2}{3} = 3x \times \dfrac{2}{3} + (-6) \times \dfrac{2}{3} = 2x-4$

④ $(10x-8) \div (-2) = (10x-8) \times \left(-\dfrac{1}{2}\right)$

$= 10x \times \left(-\dfrac{1}{2}\right) + (-8) \times \left(-\dfrac{1}{2}\right)$

$= -5x+4$

⑤ $\left(x+\dfrac{1}{4}\right) \div \dfrac{1}{4} = \left(x+\dfrac{1}{4}\right) \times 4 = x \times 4 + \dfrac{1}{4} \times 4 = 4x+1$

따라서 옳은 것은 ③이다.

정답 ③

04·Ⓐ 숫자 Change

다음 중 옳지 <u>않은</u> 것은?

① $(4x-5) \times 2 = 8x-10$

② $\dfrac{1}{4}(8x+6) = 2x + \dfrac{3}{2}$

③ $-3(-2x-7) = 6x+21$

④ $(9x-12) \div 3 = 3x-4$

⑤ $(2x+6) \div \left(-\dfrac{2}{3}\right) = -3x-6$

04·Ⓑ 표현 Change

$(-8x+20) \div \dfrac{4}{5} = ax+b$일 때, $a+b$의 값을 구하시오.

(단, a, b는 상수)

배운대로 학습하기

01

대표 유형 01

다음 중 다항식 $7x^2 - \dfrac{1}{4}x + 3$에 대한 설명으로 옳은 것은?

① x^2의 계수는 2이다.

② x의 계수는 $\dfrac{1}{4}$이다.

③ 상수항은 3이다.

④ 다항식의 차수는 7이다.

⑤ 항은 $7x^2$, $\dfrac{1}{4}x$, 3의 3개이다.

02

대표 유형 01

다항식 $3x^2 - 5x - 2$에서 다항식의 차수를 a, x의 계수를 b, 상수항을 c라 할 때, $a + b - c$의 값을 구하시오.

03

대표 유형 02

다음 중 일차식인 것을 모두 고르면? (정답 2개)

① -1 　　② $x^2 - 2x$ 　　③ $\dfrac{x}{5} + 1$

④ $4 - x$ 　　⑤ $\dfrac{3}{x} + 6$

04   생각이 쑥쑥↗

대표 유형 02

다항식 $(a+1)x^2 + 3x - 2$가 x에 대한 일차식일 때, 상수 a의 값을 구하시오.

05

대표 유형 03

다음 중 옳은 것은?

① $2x \times (-3) = 2x - 3$ 　　② $3x \div 5 = 15x$

③ $(-4x) \times 6 = 24x$ 　　④ $2x \times \dfrac{1}{4} = 8x$

⑤ $7x \div \left(-\dfrac{1}{2}\right) = -14x$

06

대표 유형 04

$-2(5x - 2)$와 $(12x + 9) \div (-3)$을 각각 계산하여 일차식으로 나타내었을 때, 두 식의 상수항의 합을 구하시오.

07   생각이 쑥쑥↗

대표 유형 04

그림은 가로의 길이가 $5x$, 세로의 길이가 9인 직사각형의 가로의 길이를 4만큼 줄인 것이다. 색칠한 부분의 넓이가 $ax + b$일 때, $a - b$의 값은? (단, a, b는 상수)

① 79 　　② 81 　　③ 83

④ 85 　　⑤ 87

06 동류항

(1) 동류항 : 다항식에서 문자와 차수가 각각 같은 항

예시 $-3x^2$과 $6x^2$은 문자가 같고 차수가 2로 같으므로 동류항이다.

참고 상수항끼리는 모두 동류항이다.

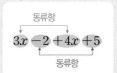

동류항

$$3x \;\underset{\text{동류항}}{\underline{-2 \qquad +4x}} \; +5$$

> 괄호 앞에
> +가 있으면 괄호 안의 부호를 그대로
> ─가 있으면 괄호 안의 부호를 반대로

(2) 동류항의 덧셈과 뺄셈 : 동류항끼리 모은 후 분배법칙을 이용하여 계산한다.

참고 $ax+bx=(a+b)x,\ ax-bx=(a-b)x$

예시 $3x-2+4x=3x+4x-2=(3+4)x-2=7x-2$

동류항끼리 모은다.   분배법칙을 이용한다.

용어 설명

동류항(같을 同, 무리 類, 항 項)
같은 종류의 항

바이블 POINT

동류항 찾기

(1) 3과 -5 ➡ 상수항끼리는 모두 동류항이다.

(2) a^2과 $-a$ ➡ 문자는 같으나 차수가 다르므로 동류항이 아니다.

(3) $4x$와 $4y$ ➡ 차수는 같으나 문자가 다르므로 동류항이 아니다.

(4) $7x$와 $-3x$ ➡ 문자와 차수가 모두 같으므로 동류항이다.

동류항의 덧셈과 뺄셈

(1) $6x+4x=(6+4)x=10x$

(2) $6x-4x=(6-4)x=2x$

(3) $4a-3b-a+6b$

   $=4a-a-3b+6b$ ⎤ 동류항끼리 모은다.

   $=(4-1)a+(-3+6)b$ ⎦ 분배법칙을 이용한다.

   $=3a+3b$ ← $3a$와 $3b$는 동류항이 아니므로 더 이상 계산할 수 없다.

개념 CHECK 01

· 다항식에서 문자와 차수가 각각 같은 항을 ㉠ [　　] 이라 한다.

다음 중 동류항끼리 짝 지어진 것에는 ○표, 아닌 것에는 ×표를 (　　) 안에 써넣으시오.

(1) $x,\ \dfrac{1}{3}x$　　　　(　　　)   (2) $x^2,\ 2x$　　　　(　　　)

(3) $-1,\ 7$　　　　(　　　)   (4) $-5x,\ 5y$　　　　(　　　)

개념 CHECK 02

· 동류항의 덧셈과 뺄셈은 동류항끼리 모은 후 ㉡ [　　] 을 이용하여 계산한다.

다음을 계산하시오.

(1) $7x-3x$ (2) $-2a+3a-5a$

(3) $5x+12-6x-7$ (4) $4a-1-2a+8$

답 | ㉠ 동류항 ㉡ 분배법칙

대표유형 01 동류항

〔유형ON〕>>> 104쪽

다음 중 동류항끼리 짝 지어진 것을 모두 고르면? (정답 2개)

① $4, -5$　　② $3x, -3y$　　③ $a^2, 2a$

④ $-\dfrac{1}{6}x, 8x$　　⑤ xy^2, x^2y

풀이 과정

② 문자가 다르므로 동류항이 아니다.
③ 차수가 다르므로 동류항이 아니다.
⑤ 각 문자의 차수가 다르므로 동류항이 아니다.
따라서 동류항끼리 짝 지어진 것은 ①, ④이다.

〔정답〕 ①, ④

01·A 〔숫자 Change〕

다음 중 동류항끼리 짝 지어지지 <u>않은</u> 것은?

① $x, 0.1x$　　② $3a, \dfrac{a}{2}$　　③ $-6, 0$

④ $-2x^2, \dfrac{1}{2}x^2$　　⑤ $\dfrac{4}{y}, y$

01·B 〔표현 Change〕

다음 보기에서 동류항끼리 짝 지으시오.

보기

$2x, \ -y, \ 5, \ x^2, \ 3y, \ -y^2, \ \dfrac{3}{5}x, \ -12$

대표유형 02 동류항의 덧셈과 뺄셈

〔유형ON〕>>> 105쪽

$4x-3y+2x+5y=ax+by$일 때, $a-b$의 값은?

(단, a, b는 상수)

① -4　　② 0　　③ 2

④ 4　　⑤ 6

풀이 과정

$4x-3y+2x+5y=4x+2x-3y+5y$
$\qquad\qquad\qquad\quad =6x+2y$
따라서 $a=6, b=2$이므로
$a-b=6-2=4$

〔정답〕 ④

02·A 〔숫자 Change〕

$7x+y-3x-6y=ax+by$일 때, $a+b$의 값은?

(단, a, b는 상수)

① -2　　② -1　　③ 0

④ 1　　⑤ 2

02·B 〔표현 Change〕

$\dfrac{4}{3}x-\dfrac{1}{4}+\dfrac{1}{6}x+\dfrac{1}{2}$을 계산하면?

① $\dfrac{1}{36}x$　　② $\dfrac{7}{4}x$　　③ $\dfrac{11}{6}x-\dfrac{1}{12}$

④ $\dfrac{3}{2}x+\dfrac{1}{4}$　　⑤ $\dfrac{13}{12}x+\dfrac{2}{3}$

07 일차식의 덧셈과 뺄셈

··· Ⅲ 06 문자의 사용과 식

일차식의 덧셈과 뺄셈은 다음과 같은 순서로 계산한다.

❶ 괄호가 있으면 분배법칙을 이용하여 괄호를 푼다.

예시 $3(2x-4)=6x-12$, $-3(2x-4)=-6x+12$

└→ 괄호를 풀 때, 괄호 앞의 수뿐만 아니라 부호까지 모두 곱해야 한다.

❷ 동류항끼리 모아서 계산한다. → 더 이상 동류항이 없는 상태로 만든다.

예시 (1) $(3a-1)+2(4a+1)$ ┐ 분배법칙을 이용하여 괄호를 푼다.
$=3a-1+8a+2$ ┘ 괄호를 푼다.
$=3a+8a-1+2$ ┐ 동류항끼리 모은다.
$=11a+1$ ┘ 계산한다.

(2) $(2a+3)-(3a-1)$ ┐ 분배법칙을 이용하여 괄호를 푼다.
$=2a+3-3a+1$ ┘ 괄호를 푼다.
$=2a-3a+3+1$ ┐ 동류항끼리 모은다.
$=-a+4$ ┘ 계산한다.

> 괄호를 풀 때, 괄호 앞에
> $+$가 있으면 괄호 안의 부호를 그대로
> $-$가 있으면 괄호 안의 부호를 반대로
>
> $A+(B-C)=A+B-C$
> └── 부호 그대로
>
> $A-(B-C)=A-B+C$
> └── 부호 반대로

바이블 POINT

여러 가지 일차식의 덧셈과 뺄셈

(1) 괄호가 여러 개인 일차식의 덧셈과 뺄셈

$(\ )\Rightarrow\{\ \}\Rightarrow[\ ]$의 순서대로 괄호를 풀어 동류항끼리 모아서 계산한다.
이때 괄호 앞의 부호에 주의한다.

예시 $x+3y-\{4x+3(x-5y)\}$
$=x+3y-(4x+3x-15y)$
$=x+3y-(7x-15y)$
$=x+3y-7x+15y$
$=x-7x+3y+15y$
$=-6x+18y$

(2) 분수 꼴인 일차식의 덧셈과 뺄셈

분모의 최소공배수로 통분한 후 동류항끼리 모아서 계산한다.

예시 $\dfrac{4x+1}{2}-\dfrac{6x-1}{6}=\dfrac{(4x+1)\times3}{2\times3}-\dfrac{6x-1}{6}$

$=\dfrac{3(4x+1)-(6x-1)}{6}$

$=\dfrac{12x+3-6x+1}{6}$

$=\dfrac{12x-6x+3+1}{6}$

$=\dfrac{6x+4}{6}=x+\dfrac{2}{3}$

개념 CHECK 01

- 괄호가 있으면 분배법칙을 이용하여 괄호를 푼 후 ⊙ [   ]끼리 모아서 계산한다.

다음을 계산하시오.

(1) $(4x-2)+(3x-1)$

(2) $(6x-2)-(-5x+4)$

(3) $(7x-5)+2(x+3)$

(4) $3(2x+1)-4(x-3)$

개념 CHECK 02

- 괄호가 여러 개인 일차식의 덧셈과 뺄셈은 $(\ )\Rightarrow\{\ \}\Rightarrow[\ ]$의 순서대로 ⓒ [   ]를 풀어 동류항끼리 모아서 계산한다.
- 분수 꼴인 일차식의 덧셈과 뺄셈은 분모의 ⓒ [   ]로 통분한 후 동류항끼리 모아서 계산한다.

다음을 계산하시오.

(1) $2x-4-\{3-(1+x)\}$

(2) $5x+\{2x-y-4(x-2y)\}$

(3) $\dfrac{2x-5}{4}-\dfrac{x-2}{3}$

(4) $\dfrac{3x+1}{2}+\dfrac{x-3}{5}$

답 | ⊙ 동류항 ⓒ 괄호 ⓒ 최소공배수

대표유형 03 일차식의 덧셈과 뺄셈

유형ON >>> 105쪽

$5(x+3)-2(3x-2)$를 계산하면?

① $-11x+11$ ② $-x+11$ ③ $-x+19$

④ $11x+11$ ⑤ $11x+19$

풀이 과정

$5(x+3)-2(3x-2)=5x+15-6x+4$
$=-x+19$

정답 ③

03·A 숫자 Change

다음 중 옳지 <u>않은</u> 것은?

① $(2x-3)+(5x+2)=7x-1$

② $(x+8)-4(x-1)=-3x+12$

③ $2(x-7)+3(2x-1)=8x-17$

④ $-(3x-4)-2(2-x)=-5x-8$

⑤ $\dfrac{1}{5}(10x+5)+4\left(\dfrac{1}{2}x-1\right)=4x-3$

03·B 표현 Change

$-\dfrac{1}{2}(6x-8)-\dfrac{3}{4}(4x-12)$를 계산하였을 때, x의 계수와 상수항의 합을 구하시오.

대표유형 04 괄호가 여러 개인 일차식의 덧셈과 뺄셈

유형ON >>> 106쪽

다음을 계산하시오.

$$3x-\{6x-2(x+4)\}+7$$

풀이 과정

$3x-\{6x-2(x+4)\}+7=3x-(6x-2x-8)+7$
$=3x-(4x-8)+7$
$=3x-4x+8+7$
$=-x+15$

정답 $-x+15$

04·A 숫자 Change

다음을 계산하시오.

$$5x+2-\{x+4-3(1-x)\}$$

04·B 표현 Change

$7x-[4x-2\{x-(5x+3)\}]=ax+b$일 때, $a-b$의 값은? (단, a, b는 상수)

① -9 ② -5 ③ -1

④ 1 ⑤ 9

대표유형 05 분수 꼴인 일차식의 덧셈과 뺄셈

다음을 계산하시오.

$$\frac{3x+1}{2}-\frac{5x-2}{4}$$

풀이 과정

$$\frac{3x+1}{2}-\frac{5x-2}{4}=\frac{2(3x+1)-(5x-2)}{4}$$
$$=\frac{6x+2-5x+2}{4}$$
$$=\frac{x+4}{4}=\frac{1}{4}x+1$$

정답 $\frac{1}{4}x+1$

05·Ⓐ 숫자 Change

다음을 계산하시오.

$$\frac{x-2}{3}+\frac{2x+3}{2}$$

05·Ⓑ 표현 Change

$\dfrac{4x-1}{3}-\dfrac{3x-1}{4}$ 을 계산하면 $ax+b$일 때, $a+b$의 값은? (단, a, b는 상수)

① $-\dfrac{2}{3}$ ② $-\dfrac{1}{2}$ ③ 0

④ $\dfrac{1}{2}$ ⑤ $\dfrac{2}{3}$

대표유형 06 문자에 일차식을 대입하기

$A=4x-1$, $B=2x+3$일 때, $2A-B$를 x를 사용한 식으로 간단히 나타내시오.

풀이 과정

$2A-B=2(4x-1)-(2x+3)$
$\qquad\quad=8x-2-2x-3$
$\qquad\quad=6x-5$

정답 $6x-5$

06·Ⓐ 숫자 Change

$A=-x+5$, $B=2x-5$일 때, $2A-3B$를 x를 사용한 식으로 간단히 나타내시오.

06·Ⓑ 표현 Change

$A=3x-7$, $B=-x+3$일 때, $A+2B$를 x를 사용한 식으로 간단히 나타내면 $ax+b$이다. 이때 $a-b$의 값을 구하시오. (단, a, b는 정수)

BIBLE SAYS 문자에 일차식을 대입하기

문자에 일차식을 대입할 때는 괄호를 사용한다.

예시 $A=x+1$, $B=2x-1$일 때
$A-B=(x+1)-(2x-1)$
$\qquad\quad=x+1-2x+1$
$\qquad\quad=-x+2$

대표 유형 07 □ 안에 알맞은 식 구하기

유형ON >>> 109쪽

다음 □ 안에 알맞은 식은?

$$4a-3+\boxed{}=a-8$$

① $-3a-11$ ② $-3a-5$ ③ $3a+5$

④ $5a-11$ ⑤ $5a+5$

풀이 과정

$4a-3+\boxed{}=a-8$에서

$\boxed{}=a-8-(4a-3)$

$=a-8-4a+3$

$=-3a-5$

정답 ②

BIBLE SAYS □ 안에 알맞은 식 구하기

(1) $\boxed{}+A=B \Rightarrow \boxed{}=B-A$

(2) $\boxed{}-A=B \Rightarrow \boxed{}=B+A$

(3) $A-\boxed{}=B \Rightarrow \boxed{}=A-B$

07·Ⓐ 숫자 Change

다음 □ 안에 알맞은 식은?

$$3x+7-\boxed{}=2x+1$$

① $-x-6$ ② $x+6$ ③ $x+8$

④ $5x+6$ ⑤ $5x+8$

07·Ⓑ 표현 Change

어떤 다항식에서 $2(4x-1)$을 뺐더니 $x-6$이 되었다. 이때 어떤 다항식을 구하시오.

대표 유형 08 바르게 계산한 식 구하기

유형ON >>> 109쪽

어떤 다항식에서 $4x+1$을 빼야 할 것을 잘못하여 더했더니 $x-3$이 되었다. 다음 물음에 답하시오.

(1) 어떤 다항식을 구하시오.

(2) 바르게 계산한 식을 구하시오.

풀이 과정

어떤 다항식을 A라 하면

(1) $A+(4x+1)=x-3$

$\therefore A=x-3-(4x+1)$

$=x-3-4x-1=-3x-4$

(2) $(-3x-4)-(4x+1)=-3x-4-4x-1$

$=-7x-5$

정답 (1) $-3x-4$ (2) $-7x-5$

BIBLE SAYS 바르게 계산한 식 구하기

바르게 계산한 식을 구하는 문제는 다음과 같은 순서로 해결한다.

❶ 어떤 식을 A로 놓고 주어진 조건에 따라 식을 세운다.

❷ A를 구한다.

❸ 바르게 계산한 식을 구한다.

08·Ⓐ 숫자 Change

어떤 다항식에서 $-2x+1$을 빼야 할 것을 잘못하여 더했더니 $3x-1$이 되었다. 이때 바르게 계산한 식을 구하시오.

08·Ⓑ 숫자 Change

어떤 다항식에 $4x-5$를 더해야 할 것을 잘못하여 뺐더니 $3x-7$이 되었다. 이때 바르게 계산한 식을 구하시오.

01
대표 유형 01

다음 보기 중 x^2과 동류항인 것을 모두 고르시오.

보기
$$4xy, \quad 0.1x^2, \quad 2x, \quad y^2, \quad -3x^2, \quad \frac{x^2}{2}$$

02
대표 유형 02

$6a-3b-10a+4b$를 계산하였을 때, a의 계수와 b의 계수의 곱을 구하시오.

03
대표 유형 03

다음 중 식을 계산하였을 때, 상수항이 가장 작은 것은?

① $4x-7+5y+8$
② $6x+3-2x-1$
③ $(7a-5)+2(a-3)$
④ $4(x+2)-(3-2x)$
⑤ $\frac{1}{3}(9x-6)-\frac{1}{2}(8x+12)$

04
대표 유형 03

$3(4x-5)+(9x-6)\div\left(-\dfrac{3}{2}\right)$을 계산하였을 때, x의 계수와 상수항의 합은?

① -13 ② -8 ③ -5
④ 0 ⑤ 3

05
대표 유형 03

그림과 같은 도형에서 색칠한 부분의 넓이를 x를 사용한 식으로 나타내시오.

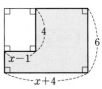

06
대표 유형 04

다음을 계산하시오.

$$4x-3-[5x+1-\{x-2(3-x)\}]$$

07 〔대표 유형 **05**〕

$\dfrac{1-4x}{5}+\dfrac{2(x-2)}{3}$ 를 계산하였을 때, x의 계수를 a, 상수항을 b라 하자. 이때 $b-a$의 값은?

① -3 　　② -1 　　③ 1

④ 3 　　⑤ 5

08 〔대표 유형 **06**〕

$A=-3x+5$, $B=x-4$일 때, $2A-5B$를 x를 사용한 식으로 간단히 나타내시오.

09 〔대표 유형 **06**〕

$A=x+5$, $B=-x-2$일 때, $3A-(B-A)$를 x를 사용한 식으로 간단히 나타내면?

① $3x-1$ 　　② $3x+7$ 　　③ $3x+18$

④ $3x+22$ 　　⑤ $5x+22$

10 〔대표 유형 **07**〕

다음 □ 안에 알맞은 식은?

$$\boxed{}+3(x-3)=2(4x-7)$$

① $3x-3$ 　　② $5x-5$ 　　③ $5x+23$

④ $11x-5$ 　　⑤ $11x+23$

11 〔생각이 쑥쑥⤴〕 〔대표 유형 **07**〕

그림에서 위에 있는 상자에 적힌 식은 바로 아래에 있는 두 상자에 적힌 식을 더한 것이다. ㈎에 알맞은 식을 구하시오.

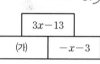

12 〔대표 유형 **08**〕

어떤 다항식에 $4x-1$을 더해야 할 것을 잘못하여 뺐더니 $7x+3$이 되었다. 이때 바르게 계산한 식은?

① $-x+5$ 　　② $7x-3$ 　　③ $7x+1$

④ $15x-3$ 　　⑤ $15x+1$

함께 풀기

$\dfrac{2x-4}{3}-\dfrac{x+3}{4}$을 계산하였을 때, x의 계수를 a, 상수항을 b라 하자. 이때 $\dfrac{b}{a}$의 값을 구하시오.

풀이 과정

[1단계] $\dfrac{2x-4}{3}-\dfrac{x+3}{4}$을 계산하기

$$\dfrac{2x-4}{3}-\dfrac{x+3}{4}=\dfrac{4(2x-4)-3(x+3)}{12}$$
$$=\dfrac{8x-16-3x-9}{12}$$
$$=\dfrac{5x-25}{12}=\dfrac{5}{12}x-\dfrac{25}{12} \qquad \cdots\cdots 60\%$$

[2단계] a, b의 값 구하기

$a=\dfrac{5}{12}$, $b=-\dfrac{25}{12}$이므로 $\qquad \cdots\cdots 20\%$

[3단계] $\dfrac{b}{a}$의 값 구하기

$$\dfrac{b}{a}=b\div a=-\dfrac{25}{12}\div\dfrac{5}{12}=-\dfrac{25}{12}\times\dfrac{12}{5}=-5 \qquad \cdots\cdots 20\%$$

[정답] _____ -5 _____

따라 풀기

01 $6\left(\dfrac{1}{3}x-\dfrac{1}{4}\right)-8\left(\dfrac{3}{4}x-\dfrac{1}{2}\right)$을 계산하였을 때, x의 계수를 a, 상수항을 b라 하자. 이때 ab의 값을 구하시오.

풀이 과정

[1단계] $6\left(\dfrac{1}{3}x-\dfrac{1}{4}\right)-8\left(\dfrac{3}{4}x-\dfrac{1}{2}\right)$을 계산하기

[2단계] a, b의 값 구하기

[3단계] ab의 값 구하기

[정답] _____

함께 풀기

$-5x+4$에서 어떤 다항식을 빼야 할 것을 잘못하여 더했더니 $3x-2$가 되었다. 이때 바르게 계산한 식을 구하시오.

풀이 과정

[1단계] 어떤 다항식 구하기

어떤 다항식을 A라 하면
$(-5x+4)+A=3x-2$
$\therefore A=3x-2-(-5x+4)$
$\quad=3x-2+5x-4=8x-6 \qquad \cdots\cdots 60\%$

[2단계] 바르게 계산한 식 구하기

바르게 계산한 식은
$(-5x+4)-(8x-6)=-5x+4-8x+6$
$\qquad\qquad\qquad\qquad =-13x+10 \qquad \cdots\cdots 40\%$

[정답] _____ $-13x+10$ _____

따라 풀기

02 $\dfrac{x-1}{2}$에서 어떤 다항식을 빼야 할 것을 잘못하여 더했더니 $\dfrac{2x-1}{3}$이 되었다. 이때 바르게 계산한 식을 구하시오.

풀이 과정

[1단계] 어떤 다항식 구하기

[2단계] 바르게 계산한 식 구하기

[정답] _____

03 원가가 a원인 물건에 20 %의 이익을 붙여서 정가를 매겼다. 이 물건을 10 % 할인하여 판매한 가격을 문자를 사용한 식으로 나타내시오.

풀이 과정

정답 _____

04 그림과 같은 사다리꼴에 대하여 다음 물음에 답하시오.

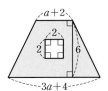

(1) 색칠한 부분의 넓이를 a를 사용한 식으로 나타내시오.

(2) $a=2$일 때, 색칠한 부분의 넓이를 구하시오.

풀이 과정

정답 _____

05 $A=-7x+5$, $B=3x+1$일 때, $A-2B-3(A-B)$를 x를 사용한 식으로 간단히 나타내시오.

풀이 과정

정답 _____

06 [그림 1]과 같이 바로 위의 이웃하는 두 칸의 식의 합이 바로 아래 칸의 식이 될 때, [그림 2]에서 세 다항식 A, B, C의 합을 구하시오.

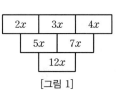

[그림 1]

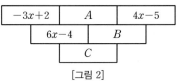

[그림 2]

풀이 과정

정답 _____

STEP 1 기본 다지기

01

다음 중 기호 ×, ÷를 생략하여 나타낸 것으로 옳은 것을 모두 고르면? (정답 2개)

① $a \times b \times a \times 0.1 = 0.1a^2b$

② $x \times 2 - y \times (-1) = 2x - y$

③ $x \div y \div (-3) = -\dfrac{x}{3y}$

④ $x \div y + z \times (-1) = \dfrac{x-z}{y}$

⑤ $(a+b) \div 2 + (a+b) \div c = \dfrac{a+b}{2c}$

02

다음 중 옳지 않은 것은?

① 10개에 x원인 지우개 3개의 가격은 $\dfrac{3}{10}x$원이다.

② 한 모서리의 길이가 a cm인 정육면체의 부피는 a^3 cm³이다.

③ 4개 과목의 평균 점수가 x점일 때, 4개 과목의 총점은 $4x$점이다.

④ 전체 쪽수가 a쪽인 책을 하루에 20쪽씩 b일 동안 읽었을 때, 남은 쪽수는 $\left(a - \dfrac{20}{b}\right)$쪽이다.

⑤ 자동차가 시속 80 km로 x시간 동안 달린 거리는 $80x$ km이다.

03

다음을 문자를 사용한 식으로 나타내시오.

> 4개에 a원인 초콜릿 3개와 b개에 1000원인 사탕 2개의 가격의 합

04

$a = -3$, $b = \dfrac{1}{2}$일 때, 다음 중 식의 값이 가장 작은 것은?

① $a + 2b$ ② $(-b)^3$ ③ $2ab$

④ $\dfrac{3}{a} + 3$ ⑤ $a - b^2$

05

지면에서 1 km 높아질 때마다 기온은 6 ℃씩 낮아진다고 한다. 현재 지면의 기온이 19 ℃일 때, 지면에서 높이가 1.2 km인 곳의 기온은?

① 11.2 ℃ ② 11.4 ℃ ③ 11.6 ℃

④ 11.8 ℃ ⑤ 12 ℃

06

다음 중 다항식 $-\dfrac{1}{5}x^2 + x - 3$에 대한 설명으로 옳지 않은 것은?

① 항은 3개이다.

② 다항식의 차수는 2이다.

③ x^2의 계수는 $\dfrac{1}{5}$이다.

④ x의 계수는 1이다.

⑤ 상수항은 -3이다.

07

다음 보기 중 일차식인 것을 모두 고르시오.

보기
ㄱ. x^2+3x ㄴ. $-\dfrac{2}{5}x$

ㄷ. $-0.3x-\dfrac{1}{5}$ ㄹ. $1-\dfrac{1}{x}$

ㅁ. -3 ㅂ. $x(x-2)$

ㅅ. $7-2x$ ㅇ. $x+1-(x-1)$

08

다음 중 옳은 것은?

① $4x\times(-5)=20x$

② $(-18x)\div6=3x$

③ $(2x-8)\div2=x-8$

④ $\dfrac{5}{3}(3x+6)=5x+10$

⑤ $-5(x-7)=-5x-35$

09

다음 중 옳지 <u>않은</u> 것은?

① $3a^2b$는 단항식이다.

② $\dfrac{1-5x}{2}$ 는 일차식이다.

③ $4a$와 $\dfrac{a}{4}$ 는 동류항이다.

④ $\dfrac{1}{3}x^2-1$에서 항은 $\dfrac{1}{3}x^2$, -1의 2개이다.

⑤ $2x^2-7x+3$에서 x의 계수와 상수항의 합은 10이다.

10

다음 중 계산 결과가 $3x$와 동류항인 것을 모두 고르면?

(정답 2개)

① $x\times4x\div4$ ② $x+x+x+x$

③ $\dfrac{1}{3}\times x\div3$ ④ $5x-2x-3x$

⑤ $x\times x\times x$

11

$(7x-5)-\dfrac{1}{3}(3x-9)$를 계산하였을 때, x의 계수를 a, 상수항을 b라 하자. 이때 $a+b$의 값은?

① 1 ② 2 ③ 3

④ 4 ⑤ 5

12

$A=-2x+1$, $B=3x-4$일 때, $5A-2B$를 x를 사용한 식으로 간단히 나타내시오.

STEP 2 실력 다지기

13

$a=\dfrac{1}{2}$, $b=-\dfrac{1}{3}$, $c=\dfrac{1}{6}$일 때, $\dfrac{3}{a}+\dfrac{2}{b}-\dfrac{1}{c}$의 값을 구하시오.

14

그림은 한 변에 같은 개수의 바둑돌을 배열하여 여러 가지 정사각형 모양을 만든 것이다. 다음 물음에 답하시오.

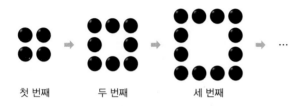

첫 번째   두 번째   세 번째

(1) n번째에 놓인 바둑돌의 개수를 n을 사용한 식으로 나타내시오.

(2) 15번째에 놓인 바둑돌의 개수를 구하시오.

15

그림과 같은 직사각형에서 색칠한 부분의 넓이를 x를 사용한 식으로 나타내시오.

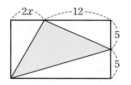

16

두 식 A, B에 대하여 $A \odot B = -2A+B$, $A \blacklozenge B = 3A-2B$라 할 때,
$$\{(x-y) \odot (3x-2y)\} - \{(2x+3y) \blacklozenge (-x+4y)\}$$
를 계산하면 $ax+by$이다. 상수 a, b에 대하여 $b-a$의 값을 구하시오.

17 ⭐

어떤 다항식에서 $6x-3y$를 3배 하여 빼야 할 것을 잘못하여 $\dfrac{1}{3}$배 하여 더했더니 $5x+y$가 되었다. 이때 바르게 계산한 식을 구하시오.

18

다음 표에서 가로, 세로에 놓인 세 식의 합이 모두 같을 때, 다항식 A, B에 대하여 $A-B$를 x를 사용한 식으로 간단히 나타내시오.

A	B	
$4x-3$	$-x+7$	$2x+5$
$-7x+10$		$-2x$

자기
평가

정답을 맞힌 문항에 ○표를 하고 결과를 점검한 다음, 이 단원의 내용을 얼마나 성취했는지 확인하세요.

문항 번호

1	2	3	4	5	6	7	8	9	10	11	12	13	14	15	16	17	18

1개~9개 개념 학습이 필요해요!   10개~12개 부족한 부분을 검토해 봅시다!   13개~15개 실수를 줄여 봅시다!   16개~18개 훌륭합니다!

140 Ⅲ. 문자와 식

07

일차방정식의 풀이

01 방정식과 항등식

(1) **등식** : 등호(=)를 사용하여 수나 식이 서로 같음을 나타낸 식

　(참고) 등호의 왼쪽 부분을 좌변, 오른쪽 부분을 우변이라 하고,
　　　　좌변과 우변을 통틀어 양변이라 한다.

(2) **방정식** : 미지수의 값에 따라 참이 되기도 하고 거짓이 되기도 하는 등식

　① **미지수** : 방정식에 있는 x, y 등의 문자

　② **방정식의 해(근)** : 방정식을 참이 되게 하는 미지수의 값

　　➡ 방정식의 해(근)를 구하는 것을 '방정식을 푼다.'고 한다.

　　(예시) 등식 $x-2=1$은 $x=2$일 때 $2-2\neq1$이므로 거짓이 되고
　　　　　　　　　　　　$x=3$일 때 $3-2=1$이므로 참이 된다.

　　➡ $x-2=1$은 방정식이고, $x=3$은 이 방정식의 해(근)이다.

(3) **항등식** : 미지수에 어떤 값을 대입해도 항상 참이 되는 등식

　➡ $ax+b=cx+d$가 x에 대한 항등식이 되는 조건은 $a=c$, $b=d$이다.

　(참고) 좌변과 우변을 정리하여 (좌변의 식)=(우변의 식)이면 항등식이다.

　(예시) $2x+x=3x$는 x에 어떤 수를 대입해도 항상 참이 되므로 항등식이다.

┌─ 등식 ─┐
　　　　등호↓
　$2x+1=3$
　좌변　　우변
　　　　양변

> 좌변의 값과 우변의 값이 같으면 참이고, 좌변의 값과 우변의 값이 같지 않으면 거짓이다.

> 어떤 방정식의 해가 $x=a$인지 확인하려면 주어진 방정식에 $x=a$를 대입하여 등호가 성립하는지 확인한다.

> 방정식과 항등식은 모두 등식이다.

용어 설명

등식(같을 等, 식 式)
같음을 나타낸 식

미지수(아닐 未, 알 知, 셈 數)
알지 못하는 수

항등식(항상 恒, 같을 等, 식 式)
항상 같은 식

바이블 POINT　방정식과 항등식

방정식	항등식
$2x-1=x$　　좌변　우변	$2x+x=3x$　　좌변　우변
① ⋮	① ⋮
$x=0$일 때, $2\times0-1\neq0$ (거짓)	$x=0$일 때, $2\times0+0=3\times0$ (참)
$x=1$일 때, $2\times1-1=1$ (참)	$x=1$일 때, $2\times1+1=3\times1$ (참)
$x=2$일 때, $2\times2-1\neq2$ (거짓)	$x=2$일 때, $2\times2+2=3\times2$ (참)
⋮	⋮
즉, $x=1$일 때만 등식이 성립한다.	즉, x에 어떤 수를 대입해도 등식이 성립한다.
② 좌변의 식과 우변의 식이 다르다.	② 좌변의 식과 우변의 식이 같다.

개념 CHECK　**01**

· ⊙　　　를 사용하여 수나 식이 서로 같음을 나타낸 식을 등식이라 한다.

다음 중 등식인 것은 ○표, 등식이 아닌 것은 ×표를 (　　) 안에 써넣으시오.

(1) $x-3$　　　　　　　　　　(　　)　　　(3) $2-3=-1$　　　　　　(　　)

(2) $2x+1=5$　　　　　　　　(　　)　　　(4) $x+2\geq1$　　　　　　　(　　)

개념 CHECK　**02**

· 미지수의 값에 따라 참이 되기도 하고 거짓이 되기도 하는 등식을 ⓒ　　　, 미지수에 어떤 값을 대입해도 항상 참이 되는 등식을 ⓒ　　　이라 한다.

다음 등식 중 방정식인 것은 '방', 항등식인 것은 '항'을 (　　) 안에 써넣으시오.

(1) $x-7=5$　　　　　　　　　(　　)　　(2) $6x-2x=4x$　　　　　　(　　)

(3) $1-5x=-5x+1$　　　　　(　　)　　(4) $4x=x+8$　　　　　　　(　　)

(5) $2(x-2)=2x-4$　　　　　(　　)　　(6) $3x-1=3(1-x)$　　　　(　　)

답 | ⊙ 등호 ⓒ 방정식 ⓒ 항등식

대표유형 01 문장을 등식으로 나타내기

⋒ 유형ON >>> 116쪽

다음 문장을 등식으로 나타내시오.

> 어떤 수 x에 12를 더한 값은 x의 4배에서 3을 뺀 값과 같다.

풀이 과정

어떤 수 x에 12를 더하면 $x+12$
어떤 수 x의 4배에서 3을 빼면 $4x-3$
따라서 등식으로 나타내면 $x+12=4x-3$

정답 $x+12=4x-3$

01·Ⓐ 숫자 Change

다음 문장을 등식으로 나타내시오.

> 귤 50개를 16명에게 x개씩 나누어 주었더니 2개가 남았다.

01·Ⓑ 표현 Change

'가로의 길이가 5 cm, 세로의 길이가 x cm인 직사각형의 둘레의 길이는 34 cm이다.'를 등식으로 나타내면?

① $5x=34$ ② $5+x=34$
③ $5+2x=34$ ④ $2(5+x)=34$
⑤ $\frac{1}{2}(5+x)=34$

대표유형 02 방정식의 해

⋒ 유형ON >>> 117쪽

다음 방정식 중 해가 $x=2$인 것은?

① $x+3=-5$ ② $4x=9$
③ $2x-1=-1$ ④ $10-3x=2x$
⑤ $2(x-1)=x-6$

풀이 과정

각각의 방정식에 $x=2$를 대입하면
① $2+3\neq-5$ ② $4\times2\neq9$
③ $2\times2-1\neq-1$ ④ $10-3\times2=2\times2$
⑤ $2\times(2-1)\neq2-6$
따라서 해가 $x=2$인 것은 ④이다.

정답 ④

02·Ⓐ 숫자 Change

다음 방정식 중 해가 $x=-1$인 것은?

① $x-1=0$ ② $2x-3=1$
③ $5(x+2)=4$ ④ $6x-7=3x+1$
⑤ $5-x=2(x+4)$

02·Ⓑ 표현 Change

다음 중 [ ] 안의 수가 주어진 방정식의 해가 <u>아닌</u> 것은?

① $x+3=8$ [5] ② $2x-5=-3$ [1]
③ $7-4x=-1$ [-2] ④ $x+3=11-x$ [4]
⑤ $3x=2(x-2)+1$ [-3]

대표유형 **03** 방정식과 항등식 찾기 〔유형ON >>> 117쪽〕

다음 중 항등식인 것은?

① $2x-1=x$　　　② $3x=x+8$
③ $5x \geq 2x+6$　　④ $7x-4=-4+7x$
⑤ $3(x-1)=5x+2$

풀이 과정

①, ②, ⑤ 방정식
③ 등식이 아니다.
④ (좌변)=(우변)이므로 항등식이다.

〔정답〕 ④

03·Ⓐ 〔숫자 Change〕

다음 중 방정식인 것은?

① $-4x+5$　　　② $11-3=8$
③ $2x-1<7x$　　④ $2(x-5)+1=2x-9$
⑤ $4(1-x)=4(x-1)$

03·Ⓑ 〔표현 Change〕

다음 보기 중 x의 값에 관계없이 항상 참인 등식은 모두 몇 개인지 구하시오.

〔보기〕
ㄱ. $x-3x=-2x$　　ㄴ. $4x-1$
ㄷ. $10x-5>6x$　　ㄹ. $8x=2x+6$
ㅁ. $2(x-4)=2x-8$　　ㅂ. $3x-2=5x-2x$

대표유형 **04** 항등식이 될 조건 〔유형ON >>> 118쪽〕

등식 $ax-4=3x+b$가 x에 대한 항등식일 때, a, b의 값을 각각 구하시오. (단, a, b는 상수)

풀이 과정

주어진 등식이 x에 대한 항등식이므로 좌변과 우변의 x의 계수와 상수항이 각각 같아야 한다.
∴ $a=3$, $b=-4$

〔정답〕 $a=3$, $b=-4$

04·Ⓐ 〔숫자 Change〕

등식 $2x+a=bx-5$가 x에 대한 항등식일 때, a, b의 값을 각각 구하시오. (단, a, b는 상수)

04·Ⓑ 〔표현 Change〕

등식 $2(3-x)=6+ax$가 모든 x의 값에 대하여 항상 참일 때, 상수 a의 값은?

① -2　　② -1　　③ 0
④ 1　　⑤ 2

02 등식의 성질

(1) 등식의 성질

① 등식의 양변에 같은 수를 더하여도 등식은 성립한다. ➡ $a=b$이면 $a+c=b+c$

② 등식의 양변에서 같은 수를 빼어도 등식은 성립한다. ➡ $a=b$이면 $a-c=b-c$

(참고) 등식의 양변에서 c를 빼는 것은 양변에 $-c$를 더하는 것과 같다.

③ 등식의 양변에 같은 수를 곱하여도 등식은 성립한다. ➡ $a=b$이면 $ac=bc$

④ 등식의 양변을 0이 아닌 같은 수로 나누어도 등식은 성립한다.

➡ $a=b$이면 $\dfrac{a}{c}=\dfrac{b}{c}$ (단, $c\neq0$)

(참고) 등식의 양변을 c ($c\neq0$)로 나누는 것은 양변에 $\dfrac{1}{c}$을 곱하는 것과 같다.

> 수로 나눌 때는 0으로 나누는 것은 생각하지 않는다.

(2) 등식의 성질을 이용한 방정식의 풀이 : 등식의 성질을 이용하여 주어진 방정식을 $x=$(수) 꼴로 고쳐서 방정식의 해를 구한다.

(예시) $3x-4=2$ $\xrightarrow[\text{4를 더한다.}]{\text{양변에}}$ $3x=6$ $\xrightarrow[\text{3으로 나눈다.}]{\text{양변을}}$ $x=2$

바이블 POINT

접시저울을 이용한 등식의 성질의 이해

그림과 같이 평형을 이루고 있는 접시저울의 양쪽 접시에 같은 무게의 물건을 올려 놓거나 빼도 저울은 평형을 이룬다.

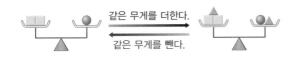

그림과 같이 평형을 이루고 있는 접시저울에서 양쪽 접시의 물건의 무게를 2배로 늘리거나 $\dfrac{1}{2}$로 줄여도 저울은 평형을 이룬다.

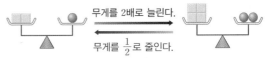

개념 CHECK 01

$a=b$일 때, 다음 ☐ 안에 알맞은 수를 써넣으시오.

· $a=b$이면
(1) $a+c=b+$ⓐ
(2) $a-$ⓑ$=b-c$
(3) $ac=$ⓒ
(4) ⓓ$=\dfrac{b}{c}$ (단, $c\neq0$)

(1) $a+2=b+$☐
(2) $a-3=b-$☐

(3) $5a=$☐b
(4) $\dfrac{a}{4}=\dfrac{b}{☐}$

개념 CHECK 02

· 등식의 성질을 이용하여 주어진 방정식을 $x=$(ⓔ) 꼴로 고쳐서 방정식의 해를 구한다.

오른쪽은 등식의 성질을 이용하여 방정식 $5x+3=8$을 푸는 과정이다. ☐ 안에 알맞은 수를 써넣으시오.

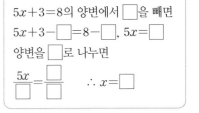

$5x+3=8$의 양변에서 ☐을 빼면
$5x+3-$☐$=8-$☐, $5x=$☐
양변을 ☐로 나누면
$\dfrac{5x}{☐}=\dfrac{☐}{☐}$ ∴ $x=$☐

개념 CHECK 03

등식의 성질을 이용하여 다음 방정식을 푸시오.

(1) $x-2=6$
(2) $x+5=-2$

(3) $\dfrac{1}{5}x=3$
(4) $4x=-12$

답 | ⓐ c ⓑ c ⓒ bc ⓓ $\dfrac{a}{c}$ ⓔ 수

대표유형 **05** 등식의 성질

⋒유형ON >>> 119쪽

다음 중 옳지 <u>않은</u> 것은?

① $a=b$이면 $a+5=b+5$이다.

② $a-c=b-c$이면 $a=b$이다.

③ $ac=bc$이면 $a=b$이다.

④ $a=b$이면 $-3a=-3b$이다.

⑤ $\dfrac{a}{2}=\dfrac{b}{4}$이면 $2a=b$이다.

풀이 과정

① $a=b$의 양변에 5를 더하면 $a+5=b+5$

② $a-c=b-c$의 양변에 c를 더하면 $a-c+c=b-c+c$ ∴ $a=b$

③ $a=1$, $b=2$, $c=0$이면 $ac=bc$이지만 $a≠b$이다.

④ $a=b$의 양변에 -3을 곱하면 $-3a=-3b$

⑤ $\dfrac{a}{2}=\dfrac{b}{4}$의 양변에 4를 곱하면 $\dfrac{a}{2}×4=\dfrac{b}{4}×4$ ∴ $2a=b$

따라서 옳지 않은 것은 ③이다.

정답 ③

05·Ⓐ 숫자 Change

다음 중 옳지 <u>않은</u> 것은?

① $a=b$이면 $a-b=0$이다.

② $a-2=b-2$이면 $a=b$이다.

③ $\dfrac{a}{2}=b$이면 $a=2b$이다.

④ $3a=5b$이면 $\dfrac{a}{3}=\dfrac{b}{5}$이다.

⑤ $a=-b$이면 $4a=-4b$이다.

05·Ⓑ 표현 Change

$3a=b$일 때, 다음 중 옳지 <u>않은</u> 것은?

① $3a-7=b-7$ ② $9a=3b$

③ $a=\dfrac{b}{3}$ ④ $3(a+1)=b+1$

⑤ $-3a+5=-b+5$

대표유형 **06** 등식의 성질을 이용한 방정식의 풀이

⋒유형ON >>> 120쪽

오른쪽은 등식의 성질을 이용하여 방정식 $7x-3=18$을 푸는 과정이다. ㈎, ㈏에 이용된 등식의 성질을 다음 보기에서 각각 고르시오.

$$7x-3=18 \quad \text{㈎}$$
$$7x=21 \quad \text{㈏}$$
$$∴ x=3$$

보기

$a=b$이고 c는 자연수일 때

ㄱ. $a+c=b+c$ ㄴ. $a-c=b-c$

ㄷ. $ac=bc$ ㄹ. $\dfrac{a}{c}=\dfrac{b}{c}$

풀이 과정

$7x-3=18$의 양변에 3을 더하면 (ㄱ)

$7x-3+3=18+3$, $7x=21$

$7x=21$의 양변을 7로 나누면 (ㄹ)

$\dfrac{7x}{7}=\dfrac{21}{7}$ ∴ $x=3$

따라서 ㈎, ㈏에 이용된 등식의 성질은 각각 ㄱ, ㄹ이다.

정답 ㈎ ― ㄱ, ㈏ ― ㄹ

06·Ⓐ 숫자 Change

오른쪽은 등식의 성질을 이용하여 방정식 $\dfrac{5x-4}{2}=3$을 푸는 과정이다. 이때 등식의 성질 '$a=b$이면 $ac=bc$이다.'를 이용한 곳을 고르시오. (단, c는 자연수)

$$\dfrac{5x-4}{2}=3 \quad ⓐ$$
$$5x-4=6 \quad ⓑ$$
$$5x=10 \quad ⓒ$$
$$∴ x=2$$

06·Ⓑ 표현 Change

다음은 등식의 성질을 이용하여 방정식 $\dfrac{1}{4}x+2=3$을 푸는 과정이다. ㉠, ㉡에 알맞은 두 수의 합을 구하시오.

$$\dfrac{1}{4}x+2=3 \xrightarrow[\boxed{㉠}\text{을(를) 뺀다.}]{\text{양변에서}} \dfrac{1}{4}x=1$$

$$\xrightarrow[\boxed{㉡}\text{을(를) 곱한다.}]{\text{양변에}} x=4$$

배운대로 학습하기

01
대표 유형 01

다음 중 문장을 등식으로 나타낸 것으로 옳지 <u>않은</u> 것은?

① 어떤 수 x에 9를 더한 수는 x의 2배와 같다.
$\Rightarrow x+9=2x$

② 한 개에 300원인 사탕 x개의 가격은 1800원이다.
$\Rightarrow 300x=1800$

③ 한 변의 길이가 x cm인 정사각형의 둘레의 길이는 24 cm
이다. $\Rightarrow 4x=24$

④ 600원짜리 지우개 x개를 사고 4000원을 냈을 때의 거스름
돈은 400원이다. $\Rightarrow 600x-4000=400$

⑤ 시속 80 km로 x시간 동안 달린 거리는 120 km이다.
$\Rightarrow 80x=120$

02
대표 유형 02

다음 중 [ ] 안의 수가 주어진 방정식의 해인 것은?

① $x+6=7$ $[-1]$　　② $4x=x-5$ $[-2]$

③ $-2x+1=-5$ $[-3]$　　④ $2(x-4)=x-6$ $[2]$

⑤ $3+x=3(2x-1)$ $[3]$

03
대표 유형 02

x가 $-3\leq x<2$인 정수일 때, 방정식 $2x+5=1-2x$의 해를 구하시오.

04
대표 유형 03

다음 중 x의 값에 관계없이 항상 참인 등식은?

① $2x=3x-1$　　② $8=3+5x$

③ $x-6=3x-6$　　④ $4(x+1)-7=4x-5$

⑤ $3x-4=2(x-2)+x$

05
대표 유형 04

다음 등식이 x에 대한 항등식일 때, □ 안에 알맞은 수를 구하시오.

$$3(2x-1)+8=6x+\boxed{}$$

06 생각이 쑥쑥
대표 유형 05

다음 중 옳은 것을 모두 고르면? (정답 2개)

① $\dfrac{a}{9}=\dfrac{b}{3}$이면 $3a=b$이다.

② $a+6=b+6$이면 $1-a=1-b$이다.

③ $a=2b$이면 $-2a+3=-4b+3$이다.

④ $3a=-12b$이면 $a+5=-4(b+5)$이다.

⑤ $\dfrac{a}{5}=\dfrac{b}{7}$이면 $7(a-2)=5(b-2)$이다.

07
대표 유형 06

다음 중 방정식을 푸는 과정에서 등식의 성질 '$a=b$이면 $\dfrac{a}{c}=\dfrac{b}{c}$
이다. (단, c는 0이 아닌 정수)'를 이용한 것을 모두 고르면?

(정답 2개)

① $x+4=2 \Rightarrow x=-2$

② $-\dfrac{1}{3}x=-3 \Rightarrow x=9$

③ $2x-1=-7 \Rightarrow x=-3$

④ $\dfrac{x+1}{5}=1 \Rightarrow x=4$

⑤ $-3(x+2)=6 \Rightarrow x=-4$

03 일차방정식

 III 07 일차방정식의 풀이

(1) 이항 : 등식의 성질을 이용하여 등식의 한 변에 있는 항을 부호를 바꾸어 다른 변으로 옮기는 것을 이항이라 한다.

> (참고) 이항은 등식의 성질 중 '등식의 양변에 같은 수를 더하거나 양변에서 같은 수를 빼어도 등식은 성립한다.'를 이용한 것이다.

등식의 성질	이항
$2x-1=5$ $2x-1+1=5+1$ (양변에 $+1$) $2x=6$	$2x-1=5$ (이항) $2x=5+1$ $2x=6$

$$x+1=4$$
↓ 이항
$$x=4-1$$

$+a$를 이항하면 $-a$, $-a$를 이항하면 $+a$

> (예시) $2x-1=x+3$ x를 좌변으로, -1을 우변으로 이항
> $2x-x=3+1$

(2) 일차방정식 : 방정식의 우변에 있는 모든 항을 좌변으로 이항하여 정리하였을 때,

$$(x에 대한 일차식)=0 \rightarrow ax+b=0\,(a\neq0)$$

꼴로 나타낼 수 있는 방정식을 x에 대한 일차방정식이라 한다.

> (예시) $3x+2=2x$에서 $3x+2-2x=0$이므로 $x+2=0$ ➡ 일차방정식이다.
> $2x+1=4+2x$에서 $2x+1-4-2x=0$이므로 $-3=0$ ➡ 일차방정식이 아니다.

일차방정식에서 미지수 x 대신 다른 문자를 사용할 수도 있다.
> (예시) $3y-1=0$
> ➡ y에 대한 일차방정식

이항(옮길 移, 항목 項)
항을 옮기는 것

바이블 POINT | **일차방정식 찾기**

(1)
$$6x=3x-2$$
$6x-3x+2=0$ ← 좌변으로 이항
$3x+2=0$ ← 동류항끼리 정리
→ x에 대한 일차식

➡ $6x=3x-2$는 x에 대한 일차방정식이다.

(2)
$$2+4x=4x$$
$2+4x-4x=0$ ← 좌변으로 이항
$2=0$ ← 동류항끼리 정리
→ x에 대한 일차식이 아니다.

➡ $2+4x=4x$는 일차방정식이 아니다.

개념 CHECK **01**

· 등식의 성질을 이용하여 등식의 한 변에 있는 항을 부호를 바꾸어 다른 변으로 옮기는 것을 ⓐ☐ 이라 한다.

다음 등식에서 밑줄 친 항을 이항하시오.

(1) $x-4=7$ (2) $3x+5=2$

(3) $4x=x+9$ (4) $2x+7=-x$

(5) $x-1=2x+8$ (6) $5x+4=3-3x$

개념 CHECK **02**

· 방정식의 우변에 있는 모든 항을 좌변으로 이항하여 정리하였을 때,
$(x에 대한 ⓑ☐)=0$
꼴로 나타낼 수 있는 방정식을 x에 대한 일차방정식이라 한다.

다음 중 일차방정식인 것은 ○표, 일차방정식이 아닌 것은 ×표를 ( ) 안에 써넣으시오.

(1) $x+6=-1$ ( )   (2) $2x=0$ ( )

(3) $3x-2=4+3x$ ( )   (4) $x^2-x=x^2+5$ ( )

(5) $4(x-1)=4x+1$ ( )   (6) $x(x+3)=6-x^2$ ( )

답 | ⓐ 이항 ⓑ 일차식

148 III. 문자와 식

대표유형 01 이항 ⋒ 유형ON >>> 120쪽

다음 중 이항을 바르게 한 것을 모두 고르면? (정답 2개)

① $-3+x=5 ⇨ x=5+3$

② $2x+7=1 ⇨ 2x=1+7$

③ $-5x=8-x ⇨ -5x-x=8$

④ $4x+3=2x-1 ⇨ 4x-2x=-1+3$

⑤ $6x-9=-x+5 ⇨ 6x+x=5+9$

풀이 과정

② $2x+7=1 ⇨ 2x=1-7$

③ $-5x=8-x ⇨ -5x+x=8$

④ $4x+3=2x-1 ⇨ 4x-2x=-1-3$

따라서 이항을 바르게 한 것은 ①, ⑤이다.

정답 ①, ⑤

01·A 숫자 Change

다음 중 밑줄 친 항을 바르게 이항한 것은?

① $7x\underline{-7}=0 ⇨ 7x=-7$

② $-x\underline{+2}=1 ⇨ -x=1+2$

③ $\underline{4}+2x=3 ⇨ 2x=3+4$

④ $\underline{5}-x=\underline{4x}+3 ⇨ -x-4x=3-5$

⑤ $2x\underline{-3}=\underline{3x}+1 ⇨ 2x+3x=1+3$

01·B 표현 Change

등식 $3x-7=x+3$을 이항만을 이용하여 $ax=b\ (a>0)$ 꼴로 나타낼 때, $a+b$의 값은? (단, a, b는 상수)

① 4   ② 6   ③ 8

④ 10   ⑤ 12

대표유형 02 일차방정식 ⋒ 유형ON >>> 121쪽

다음 중 일차방정식인 것을 모두 고르면? (정답 2개)

① $6x-3$ ② $x-3=-x+5$

③ $2(x-1)=2x$ ④ $x^2+4=-1$

⑤ $x^2-5x+1=x^2$

풀이 과정

① 일차식

② $x-3=-x+5$에서 $2x-8=0$이므로 일차방정식이다.

③ $2(x-1)=2x$에서 $0×x-2=0$이므로 일차방정식이 아니다.

④ $x^2+4=-1$에서 $x^2+5=0$이므로 일차방정식이 아니다.

⑤ $x^2-5x+1=x^2$에서 $-5x+1=0$이므로 일차방정식이다.

따라서 일차방정식인 것은 ②, ⑤이다.

정답 ②, ⑤

02·A 숫자 Change

다음 중 일차방정식이 <u>아닌</u> 것을 모두 고르면? (정답 2개)

① $x+7=12$ ② $1-4x^2=0$

③ $2x-9=3x+2$ ④ $6x^2=3(x+2x^2)$

⑤ $\frac{1}{x}-3=0$

02·B 표현 Change

등식 $ax-2=-x+4$가 x에 대한 일차방정식이 되도록 하는 상수 a의 조건은?

① $a≠-2$ ② $a≠-1$ ③ $a≠0$

④ $a=-2$ ⑤ $a=-1$

04 일차방정식의 풀이

일차방정식은 다음과 같은 순서대로 푼다.

❶ 괄호가 있으면 분배법칙을 이용하여 괄호를 푼다.

❷ x를 포함한 항은 좌변으로, 상수항은 우변으로 이항한다.

❸ 양변을 정리하여 $ax=b$ $(a\neq0)$ 꼴로 나타낸다.

❹ 양변을 x의 계수 a로 나눈다.
$\quad\quad\quad\quad$ └──→ $x=$(수) 꼴로 나타낸다.

예시
$$x-1=2(x+1)$$ ❶ 분배법칙을 이용하여 괄호를 푼다.
$$x-1=2x+2$$ ❷ 이항한다.
$$x-2x=2+1$$ ❸ $ax=b$ 꼴로 나타낸다.
$$-x=3$$ ❹ 양변을 x의 계수로 나눈다.
$$\therefore x=-3$$

> 분배법칙을 이용할 때는 괄호 앞의 부호에 주의한다.
> $$\overset{\frown}{a(b+c)}=ab+ac$$
> 예시 $-2(x-1)=-2x-2$ (×)
> $\quad\quad -2(x-1)=-2x+2$ (○)

개념 CHECK 01

• 일차방정식의 풀이 순서

❶ 괄호가 있으면 ㉠ [　　] 을 이용하여 괄호를 푼다.

❷ x를 포함한 항은 ㉡ [　　] 으로, 상수항은 우변으로 이항한다.

❸ 양변을 정리하여 $ax=b$ $(a\neq0)$ 꼴로 나타낸다.

❹ 양변을 x의 ㉢ [　　] 로 나눈다.

다음은 일차방정식 $3x+1=x-5$를 푸는 과정이다. ☐ 안에 알맞은 수를 써넣으시오.

$3x+1=x-5$에서 1과 x를 각각 이항하여 정리하면

$3x-\square=-5-\square$, $\square x=\square$

양변을 x의 계수 $\square$로 나누면 $x=\square$

개념 CHECK 02

다음은 일차방정식 $7-x=2(x-4)$를 푸는 과정이다. ☐ 안에 알맞은 수를 써넣으시오.

$7-x=2(x-4)$의 괄호를 풀면 $7-x=2x-\square$

7과 $2x$를 각각 이항하여 정리하면

$-x-\square=\square-7$, $\square x=\square$

양변을 x의 계수 $\square$으로 나누면 $x=\square$

개념 CHECK 03

다음 일차방정식을 푸시오.

(1) $2x+3=9$

(2) $-4x+7=3x$

(3) $2x-5=x-1$

(4) $8x+9=-3x-13$

(5) $2x-(x+2)=5$

(6) $4(x-3)=5(x-2)$

답 | ㉠ 분배법칙 ㉡ 좌변 ㉢ 계수

대표유형 03 일차방정식의 풀이 ⟩⟩⟩ 유형ON ⟩⟩⟩ 121쪽

일차방정식 $3x-15=x-3$을 풀면?

① $x=-6$　　② $x=-3$　　③ $x=0$

④ $x=3$　　⑤ $x=6$

풀이 과정

$3x-15=x-3$에서 $3x-x=-3+15$

$2x=12$　　∴ $x=6$

정답 ⑤

03·Ⓐ 숫자 Change

일차방정식 $5x+2=16-2x$를 풀면?

① $x=-4$　　② $x=-2$　　③ $x=1$

④ $x=2$　　⑤ $x=4$

03·Ⓑ 표현 Change

일차방정식 $x-5=4x+7$의 해를 $x=a$, 일차방정식 $4-3x=2x-6$의 해를 $x=b$라 할 때, $a+b$의 값은?

① -6　　② -4　　③ -2

④ 2　　⑤ 4

대표유형 04 괄호가 있는 일차방정식의 풀이 ⟩⟩⟩ 유형ON ⟩⟩⟩ 121쪽

일차방정식 $-3(x-4)+2=7x-6$을 풀면?

① $x=1$　　② $x=2$　　③ $x=3$

④ $x=4$　　⑤ $x=5$

풀이 과정

$-3(x-4)+2=7x-6$에서 $-3x+12+2=7x-6$

$-3x-7x=-6-14$, $-10x=-20$　　∴ $x=2$

정답 ②

04·Ⓐ 숫자 Change

일차방정식 $2(x-2)+1=-(x-6)$을 풀면?

① $x=-3$　　② $x=-1$　　③ $x=1$

④ $x=3$　　⑤ $x=5$

04·Ⓑ 표현 Change

일차방정식 $2(4x+1)=5x+11$의 해를 $x=a$라 할 때, 상수 a보다 작은 자연수의 개수는?

① 1　　② 2　　③ 3

④ 4　　⑤ 5

05 복잡한 일차방정식의 풀이

··· Ⅲ 07 일차방정식의 풀이

계수가 소수 또는 분수인 일차방정식은 양변에 적당한 수를 곱하여 계수를 모두 정수로 고쳐서 푼다.

(1) 계수가 소수인 경우: 양변에 $\underset{\text{10의 거듭제곱}}{\underline{10,\ 100,\ 1000,}}$ … 중 적당한 수를 곱한다.

예시
$$0.2x+1.3=0.5$$
$$(0.2x+1.3)\times 10=0.5\times 10$$
$$2x+13=5$$
$$2x=5-13$$
$$2x=-8$$
$$\therefore x=-4$$

- 양변에 10을 곱한다.
- 괄호를 푼다.
- 이항한다.
- $ax=b$ 꼴로 나타낸다.
- 양변을 x의 계수로 나눈다.

(2) 계수가 분수인 경우: 양변에 분모의 최소공배수를 곱한다.

예시
$$\frac{1}{2}x-1=\frac{1}{6}x$$
$$\left(\frac{1}{2}x-1\right)\times 6=\frac{1}{6}x\times 6$$
$$3x-6=x$$
$$3x-x=6$$
$$2x=6$$
$$\therefore x=3$$

- 양변에 분모의 최소공배수 6을 곱한다.
- 괄호를 푼다.
- 이항한다.
- $ax=b$ 꼴로 나타낸다.
- 양변을 x의 계수로 나눈다.

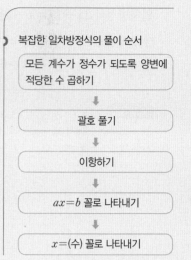

복잡한 일차방정식의 풀이 순서

모든 계수가 정수가 되도록 양변에 적당한 수 곱하기
↓
괄호 풀기
↓
이항하기
↓
$ax=b$ 꼴로 나타내기
↓
$x=(수)$ 꼴로 나타내기

바이블 POINT 복잡한 일차방정식의 풀이

양변에 적당한 수를 곱하여 계수를 정수로 고칠 때는 모든 항에 같은 수를 빠짐없이 곱해야 한다.

예시 (1) $0.3x+1=0.2 \Rightarrow$
$$0.3x\times 10+1\times 10=0.2\times 10\ (\bigcirc)$$
$$0.3x\times 10+1=0.2\times 10\ (\times)$$

(2) $\frac{1}{4}x-2=\frac{2}{3} \Rightarrow$
$$\frac{1}{4}x\times 12-2\times 12=\frac{2}{3}\times 12\ (\bigcirc)$$
$$\frac{1}{4}x\times 12-2=\frac{2}{3}\times 12\ (\times)$$

개념 CHECK 01

- 계수가 소수인 일차방정식은 양변에 ⟨㉠ ⟩, 100, 1000, … 중 적당한 수를 곱하여 계수를 ⟨㉡ ⟩로 고친 후 푼다.

다음은 일차방정식 $0.4x-0.5=0.1x-0.8$을 푸는 과정이다. □ 안에 알맞은 수를 써넣으시오.

$0.4x-0.5=0.1x-0.8$의 양변에 ☐을 곱하면
☐$x-5=$☐$x-$☐, ☐$x-$☐$x=-$☐$+5$
☐$x=$☐ $\therefore x=$☐

개념 CHECK 02

- 계수가 분수인 일차방정식은 양변에 분모의 ⟨㉢ ⟩를 곱하여 계수를 ⟨㉣ ⟩로 고친 후 푼다.

다음은 일차방정식 $\frac{1}{2}x-\frac{2}{3}=\frac{1}{3}x+1$을 푸는 과정이다. □ 안에 알맞은 수를 써넣으시오.

$\frac{1}{2}x-\frac{2}{3}=\frac{1}{3}x+1$의 양변에 분모의 최소공배수 ☐을 곱하면
$3x-$☐$=$☐$x+6$, $3x-$☐$x=6+$☐ $\therefore x=$☐

개념 CHECK 03

다음 일차방정식을 푸시오.

(1) $1.5x-3=1.2x-0.3$

(2) $\frac{1}{4}x-\frac{3}{2}=x+3$

답 | ㉠ 10 ㉡ 정수 ㉢ 최소공배수 ㉣ 정수

대표유형 05 **계수가 소수인 일차방정식의 풀이** 🎧 유형ON >>> 122쪽

일차방정식 $0.4(x-2)=0.2x-1$을 풀면?

① $x=-5$ 　② $x=-3$ 　③ $x=-1$

④ $x=1$ 　⑤ $x=3$

풀이 과정

$0.4(x-2)=0.2x-1$의 양변에 10을 곱하면

$4(x-2)=2x-10,\ 4x-8=2x-10$

$4x-2x=-10+8,\ 2x=-2$ 　∴ $x=-1$

정답 ③

05·Ⓐ 숫자 Change

일차방정식 $0.05x-0.12=0.01(2x+3)$을 풀면?

① $x=2$ 　② $x=3$ 　③ $x=4$

④ $x=5$ 　⑤ $x=6$

05·Ⓑ 표현 Change

일차방정식 $0.3x-0.8=0.5x-1.3$의 해를 $x=a$라 할 때, $2a-4$의 값을 구하시오.

대표유형 06 **계수가 분수인 일차방정식의 풀이** 🎧 유형ON >>> 122쪽

다음 일차방정식을 푸시오.

$$\frac{x-3}{4}-\frac{2x+1}{3}=1$$

풀이 과정

$\dfrac{x-3}{4}-\dfrac{2x+1}{3}=1$의 양변에 분모의 최소공배수 12를 곱하면

$3(x-3)-4(2x+1)=12,\ 3x-9-8x-4=12$

$-5x-13=12,\ -5x=12+13$

$-5x=25$ 　∴ $x=-5$

정답 $x=-5$

06·Ⓐ 숫자 Change

다음 일차방정식을 푸시오.

$$\frac{x+3}{5}=\frac{4x-1}{2}+2$$

06·Ⓑ 표현 Change

일차방정식 $\dfrac{3}{4}x+\dfrac{1}{6}=\dfrac{1}{3}x-\dfrac{1}{4}$의 해가 $x=a$일 때, a^2-a의 값은?

① -1 　② 0 　③ 1

④ 2 　⑤ 3

비례식 $(5-2x):(2-x)=3:1$을 만족시키는 x의 값은?

① -2 ② -1 ③ 0

④ 1 ⑤ 2

풀이 과정

$(5-2x):(2-x)=3:1$에서 $5-2x=3(2-x)$

$5-2x=6-3x$ ∴ $x=1$

(정답) ④

07·Ⓐ (숫자 Change)

비례식 $\dfrac{x-5}{4}:3=(3x-1):8$을 만족시키는 x의 값을 구하시오.

07·Ⓑ (표현 Change)

비례식 $(0.8x+1):5=(x-1.2):10$을 만족시키는 x의 값을 a라 할 때, $3a+10$의 값을 구하시오.

일차방정식 $8x-a=5x+6$의 해가 $x=4$일 때, 상수 a의 값은?

① 5 ② 6 ③ 7

④ 8 ⑤ 9

풀이 과정

$8x-a=5x+6$에 $x=4$를 대입하면

$8\times4-a=5\times4+6$

$32-a=26$

∴ $a=6$

(정답) ②

08·Ⓐ (숫자 Change)

일차방정식 $4a(x+2)+5a-3x=2$의 해가 $x=-1$일 때, 상수 a의 값을 구하시오.

08·Ⓑ (표현 Change)

일차방정식 $3(2x-a)=6$의 해가 $x=2$일 때, 일차방정식 $a(x-3)+3x=9$의 해를 $x=b$라 하자. 이때 $a+b$의 값을 구하시오. (단, a는 상수)

BIBLE SAYS **일차방정식의 해가 주어진 경우**

일차방정식의 해가 주어진 경우에는 해를 일차방정식에 대입하면 등식이 성립함을 이용하여 미지수의 값을 구한다.

대표유형 09 두 일차방정식의 해가 같을 경우

⋒유형ON >>> 125쪽

x에 대한 두 일차방정식 $4x+8=13x-10$, $mx-11=3$의 해가 같을 때, 상수 m의 값을 구하시오.

풀이 과정

$4x+8=13x-10$에서
$-9x=-18$ ∴ $x=2$
따라서 $mx-11=3$에 $x=2$를 대입하면
$2m-11=3$, $2m=14$ ∴ $m=7$

정답 7

BIBLE SAYS **두 일차방정식의 해가 같은 경우**

두 일차방정식의 해가 같은 경우에는 다음과 같은 순서대로 미지수의 값을 구한다.
❶ 해를 구할 수 있는 방정식의 해를 구한다.
❷ ❶에서 구한 해를 다른 방정식에 대입하여 미지수의 값을 구한다.

---

09 · Ⓐ 숫자 Change

x에 대한 두 일차방정식 $2(x+3)-(x+7)=14$, $ax-5=10$의 해가 같을 때, 상수 a의 값은?

① 1 　　② 2 　　③ 3
④ 4 　　⑤ 5

09 · Ⓑ 표현 Change

일차방정식 $3(3x-5)=2(5x-4)$의 해가 비례식 $(ax-3):3=(2x+1):6$을 만족시키는 x의 값일 때, 상수 a의 값을 구하시오.

대표유형 10 해에 대한 조건이 주어진 경우

⋒유형ON >>> 126쪽

x에 대한 일차방정식 $7x+a=3x+13$의 해가 자연수가 되도록 하는 자연수 a의 개수는?

① 1 　　　② 2 　　　③ 3
④ 4 　　　⑤ 5

풀이 과정

$7x+a=3x+13$에서 $4x=13-a$
∴ $x=\dfrac{13-a}{4}$

이때 $\dfrac{13-a}{4}$가 자연수이려면 $13-a$는 4의 배수이어야 한다.

(ⅰ) $13-a=4$일 때, $a=9$
(ⅱ) $13-a=8$일 때, $a=5$
(ⅲ) $13-a=12$일 때, $a=1$
(ⅳ) $13-a$가 16 이상인 4의 배수일 때는 a가 자연수가 아니다.
(ⅰ) ~ (ⅳ)에서 구하는 자연수 a는 1, 5, 9의 3개이다.

정답 ③

BIBLE SAYS **해에 대한 조건이 주어진 경우**

해가 자연수인 경우 ➡ 주어진 방정식의 해를 미지수를 포함한 식으로 나타낸 후 해가 자연수가 되도록 하는 미지수의 값을 구한다.

---

10 · Ⓐ 숫자 Change

x에 대한 일차방정식 $3(7-2x)=a$의 해가 자연수가 되도록 하는 자연수 a의 개수를 구하시오.

10 · Ⓑ 표현 Change

x에 대한 일차방정식 $\dfrac{1}{2}(x+4a)=x+14$의 해가 음의 정수일 때, 다음 중 자연수 a의 값이 될 수 없는 것은?

① 2 　　　② 3 　　　③ 5
④ 6 　　　⑤ 7

01
대표 유형 **01**

다음 중 등식 $2x+1=5$에서 좌변에 있는 1을 이항한 것과 같은 의미인 것은?

① 양변에 1을 더한다. ② 양변에서 1을 뺀다.

③ 양변에서 -1을 뺀다. ④ 양변에 -1을 곱한다.

⑤ 양변을 1로 나눈다.

02
대표 유형 **01**

다음 보기 중 이항을 바르게 한 것을 모두 고르시오.

보기

ㄱ. $x-2=-4 \Rightarrow x=-4+2$

ㄴ. $6-2x=-x \Rightarrow -2x-x=6$

ㄷ. $x+3=7-2x \Rightarrow x+2x=7-3$

ㄹ. $8x-1=5x+8 \Rightarrow 8x+5x=8-1$

03
대표 유형 **02**

다음 중 일차방정식인 것을 모두 고르면? (정답 2개)

① $2x-2>0$ ② $4x-7$

③ $5x=2-x$ ④ $-x+3=-(x-7)$

⑤ $-2x+x^2=x^2+2x+1$

04
대표 유형 **02**

등식 $ax-1=3x-(x+5)$가 x에 대한 일차방정식이 될 때, 다음 중 상수 a의 값이 될 수 없는 것은?

① -3 ② -2 ③ 0

④ 2 ⑤ 3

05
대표 유형 **03⊕04**

다음 일차방정식 중 해가 가장 큰 것은?

① $-x=3x+8$ ② $x+2=4x-7$

③ $5(x+3)=3x+7$ ④ $13+x=4(x-2)$

⑤ $2(2x-1)=3(11-x)$

06
대표 유형 **04**

다음 일차방정식을 푸시오.

$$3\{2x-(5-4x)\}-x+7=26$$

07 대표 유형 **05**

일차방정식 $0.05x-0.4=-0.1x+0.65$의 해를 $x=a$라 할 때, a보다 작은 자연수의 개수는?

① 3   ② 4   ③ 5

④ 6   ⑤ 7

08 대표 유형 **05 ⊕ 06**

다음 중 일차방정식 $3(x+1)=-2(x+4)-4$와 해가 같은 것은?

① $7x=4x-15$

② $x+2=3x-4$

③ $5(x+2)=3x$

④ $\dfrac{1}{2}x+4=2x-\dfrac{1}{2}$

⑤ $0.5(x-1)=-0.2(x+13)$

09 생각이 쑥쑥 대표 유형 **07**

비례식 $(2x+1):3=(5-x):4$를 만족시키는 x의 값을 구하시오.

10 대표 유형 **08**

x에 대한 일차방정식 $\dfrac{a(x+6)}{4}-\dfrac{2-ax}{6}=\dfrac{1}{3}$의 해가 $x=-2$일 때, 상수 a의 값은?

① -3 ② -1 ③ 0

④ 1 ⑤ 3

11 대표 유형 **09**

다음 x에 대한 두 일차방정식의 해가 같을 때, 상수 a의 값은?

$$3x+a=5, \qquad 0.5x-2.3=0.2(x-4)$$

① -10 ② -5 ③ 5

④ 10 ⑤ 15

12 생각이 쑥쑥 대표 유형 **10**

x에 대한 일차방정식 $2x-\dfrac{1}{2}(x+3a)=-9$의 해가 음의 정수가 되도록 하는 모든 자연수 a의 값의 합은?

① 3   ② 6   ③ 10

④ 15   ⑤ 21

서술형 훈련하기

함께 풀기

등식 $3(ax-1)-2=9x+b$가 모든 x의 값에 대하여 항상 참일 때, $a+b$의 값을 구하시오. (단, a, b는 상수)

풀이 과정

1단계 괄호를 풀어 주어진 식 간단히 하기

$3(ax-1)-2=9x+b$에서 $3ax-3-2=9x+b$

$3ax-5=9x+b$ $\cdots\cdots$ 30%

2단계 항등식의 성질을 이용하여 a, b의 값 구하는 식 세우기

이때 모든 x의 값에 대하여 항상 참이므로

$3a=9$, $-5=b$ $\cdots\cdots$ 40%

3단계 $a+b$의 값 구하기

따라서 $a=3$, $b=-5$이므로

$a+b=3+(-5)=-2$ $\cdots\cdots$ 30%

정답 _____ -2 _____

따라 풀기

01 등식 $-2(ax-1)-6x+5=b+4x+1$이 x의 값에 관계없이 항상 성립할 때, ab의 값을 구하시오. (단, a, b는 상수)

풀이 과정

1단계 괄호를 풀어 주어진 식 간단히 하기

2단계 항등식의 성질을 이용하여 a, b의 값 구하는 식 세우기

3단계 ab의 값 구하기

정답 _____

함께 풀기

다음 x에 대한 두 일차방정식의 해가 서로 같을 때, 상수 a의 값을 구하시오.

$$\frac{2x+1}{3}+5=\frac{3x-1}{2}, \qquad 2x+a=3x-2$$

풀이 과정

1단계 $\frac{2x+1}{3}+5=\frac{3x-1}{2}$의 해 구하기

$\frac{2x+1}{3}+5=\frac{3x-1}{2}$의 양변에 6을 곱하면

$2(2x+1)+30=3(3x-1)$

$4x+2+30=9x-3$, $-5x=-35$

$\therefore x=7$ $\cdots\cdots$ 60%

2단계 a의 값 구하기

$2x+a=3x-2$에 $x=7$을 대입하면

$2\times7+a=3\times7-2$, $14+a=19$

$\therefore a=5$ $\cdots\cdots$ 40%

정답 _____ 5 _____

따라 풀기

02 다음 x에 대한 두 일차방정식의 해가 서로 같을 때, 상수 a의 값을 구하시오.

$$0.3(x-2)=0.6(x+2)-3, \qquad ax-3=2x+1$$

풀이 과정

1단계 $0.3(x-2)=0.6(x+2)-3$의 해 구하기

2단계 a의 값 구하기

정답 _____

03 일차방정식 $\dfrac{x+2}{5}-1=\dfrac{3x+2}{4}$ 의 해가 $x=a$일 때, a^2-3a의 값을 구하시오.

풀이 과정

정답 _____

04 일차방정식 $\dfrac{1}{2}(x-1)=0.5x-\dfrac{3-x}{4}$ 의 해를 구하시오.

풀이 과정

정답 _____

05 x에 대한 두 일차방정식 $4x+a=-3x+2$, $0.1(x+3)=bx+1.2$의 해가 모두 $x=-1$일 때, 상수 a, b에 대하여 $a+b$의 값을 구하시오.

풀이 과정

정답 _____

06 비례식 $(x-2):6=\dfrac{x-1}{3}:4$를 만족시키는 x의 값이 x에 대한 방정식 $5a(x-1)=-10$의 해일 때, 상수 a의 값을 구하시오.

풀이 과정

정답 _____

⭐ : 중요

STEP 1 기본 다지기

01

다음 중 문장을 등식으로 나타낸 것으로 옳지 <u>않은</u> 것은?

① 100 g에 x원인 등심 400 g의 가격은 50000원이다.
$\Rightarrow 4x = 50000$

② 가로의 길이가 6 cm, 세로의 길이가 x cm인 직사각형의 둘레의 길이는 30 cm이다. $\Rightarrow 2(6+x) = 30$

③ 사과 100개를 9명에게 x개씩 나누어 주었더니 1개가 남았다. $\Rightarrow 100 - 9x = 1$

④ 거리가 x km인 길을 시속 50 km로 달렸을 때 걸린 시간은 2시간이다. $\Rightarrow \dfrac{x}{50} = 2$

⑤ 어떤 수 x에 6을 더한 값은 x의 4배보다 3만큼 크다.
$\Rightarrow x + 6 = 4x - 3$

02

다음 방정식 중 해가 $x = -2$가 <u>아닌</u> 것은?

① $-5x = 10$ ② $\dfrac{1}{2}x + 3 = 2$

③ $4(x+1) = -4$ ④ $8x - 6 = -4x - 18$

⑤ $3(x-2) = 2(x-4)$

03

다음 중 x의 값에 따라 참이 되기도 하고 거짓이 되기도 하는 등식을 모두 고르면? (정답 2개)

① $-2x + 3$ ② $3x - 4 = x$

③ $5x - 2 = -2 + 5x$ ④ $4(2x-1) + 1 = 6x$

⑤ $3(x+2) - 1 = 3x + 5$

04

다음 중 옳지 <u>않은</u> 것은?

① $a - b = 0$이면 $a = b$이다.

② $a + b = 0$이면 $2a = -2b$이다.

③ $a = 4b$이면 $a - 4 = 4(b-1)$이다.

④ $\dfrac{a}{2} = \dfrac{b}{3}$이면 $\dfrac{a-2}{2} = \dfrac{b-2}{3}$이다.

⑤ $a - b = x - y$이면 $a + y = b + x$이다.

05

다음은 방정식에서 밑줄 친 항을 이항한 것이다. 이때 이용된 등식의 성질은? (단, $c > 0$)

$$-2x \underline{+7} = -1 \Rightarrow -2x = -1 - 7$$

① $a = b$이면 $a + b = b + a$이다.

② $a = b$이면 $a + c = b + c$이다.

③ $a = b$이면 $a - c = b - c$이다.

④ $a = b$이면 $ac = bc$이다.

⑤ $a = b$이면 $\dfrac{a}{c} = \dfrac{b}{c}$이다.

06

다음 중 일차방정식을 모두 고르면? (정답 2개)

① $3x - 1$ ② $5x - 4 < 6$

③ $4x + 1 = 7$ ④ $2x - 3 = 2(x+1)$

⑤ $x^2 + 3x + 1 = x^2 + x$

07

다음 중 일차방정식 $2(x-5)+3=7$과 해가 같은 것은?

① $8x+2=5x-7$

② $5(x-2)=3(x+4)$

③ $\dfrac{1}{3}(x+1)=x-\dfrac{5}{3}$

④ $0.2(x-1)=0.3x-0.9$

⑤ $\dfrac{x}{4}-\dfrac{3+x}{6}=0.5(x+4)$

08

다음 비례식을 만족시키는 x의 값을 구하시오.

$$(4x-2):(x+3)=5:3$$

09

다음 x에 대한 두 일차방정식의 해가 서로 같을 때, 상수 a의 값을 구하시오.

$$0.02(4-3x)=-0.01x+0.13$$
$$\dfrac{x}{2}+\dfrac{a-x}{6}=0.5(x+2)$$

10

x에 대한 일차방정식 $2x+a=5x-7$의 해가 일차방정식 $-5x+9=3x+1$의 해의 2배일 때, a^2-2a-1의 값을 구하시오. (단, a는 상수)

11

보기와 같이 아래의 이웃하는 두 칸의 식을 더한 것이 바로 위의 칸의 식이 된다고 할 때, 다음 그림에서 x의 값을 구하시오.

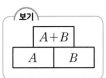
보기
$A+B$
A | B

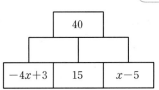
40
$-4x+3$ | 15 | $x-5$

12

두 수 a, b에 대하여 $a*b=a+b-ab$라 할 때, $(2*x)*5=-11$을 만족시키는 x의 값은?

① -3　　② -2　　③ -1

④ 1　　⑤ 2

STEP 2 실력 다지기

13

등식 $3(2x-3)=2(ax+1)+5$가 x에 대한 일차방정식일 때, 다음 중 상수 a의 값이 될 수 <u>없는</u> 것은?

① -6 ② -3 ③ 0

④ 3 ⑤ 6

14

등식 $\dfrac{x-1}{2}-3=ax+b$가 x에 대한 항등식일 때, 일차방정식 $3x-8=cx-2$의 해가 $x=a$이다. 이때 상수 a, b, c에 대하여 $\dfrac{bc}{a}$의 값을 구하시오.

15

x에 대한 두 일차방정식
$$5(x-2)=3(x+1)-1,\ 2k+x=7(k+3x)$$
의 해가 절댓값이 같고 부호는 서로 반대일 때, 상수 k의 값을 구하시오.

16

x에 대한 일차방정식 $5x+a=2x+11$의 해가 자연수가 되도록 하는 모든 자연수 a의 값의 합을 구하시오.

17

일차방정식 $8x+3=2(x-4)+1$을 푸는데 좌변의 3을 잘못 보고 풀었더니 해가 $x=-2$가 되었다. 이때 3을 어떤 수로 잘못 보았는지 구하시오.

18

x에 대한 방정식 $2(x+a)-3=bx+5$의 해가 무수히 많을 때, 상수 a, b에 대하여 $a+b$의 값을 구하시오.

자기 평가 정답을 맞힌 문항에 ○표를 하고 결과를 점검한 다음, 이 단원의 내용을 얼마나 성취했는지 확인하세요.

문항 번호																	
1	2	3	4	5	6	7	8	9	10	11	12	13	14	15	16	17	18

1개~9개 개념 학습이 필요해요! ▷ **10개~12개** 부족한 부분을 검토해 봅시다! ▷ **13개~15개** 실수를 줄여 봅시다! ▷ **16개~18개** 훌륭합니다!

일차방정식의 활용

01 일차방정식의 활용 (1)

일차방정식을 활용하여 문제를 풀 때는 다음과 같은 순서대로 해결한다.

❶ **미지수 정하기** : 문제의 뜻을 파악하고 구하려는 것을 미지수 x로 놓는다.

❷ **방정식 세우기** : 문제의 뜻에 맞게 x에 대한 일차방정식을 세운다.

❸ **방정식 풀기** : 방정식을 풀어 해를 구한다.

❹ **확인하기** : 구한 해가 문제의 뜻에 맞는지 확인한다.

> 문제의 답을 쓸 때는 반드시 단위를 쓴다.

바이블 POINT **일차방정식의 활용 문제**

(1) **연속하는 수에 대한 문제**

　① 연속하는 두 정수 : x, $x+1$ 또는 $x-1$, x

　② 연속하는 세 정수 : $x-1$, x, $x+1$ 또는 x, $x+1$, $x+2$

　③ 연속하는 두 짝수(홀수) : x, $x+2$ 또는 $x-2$, x

　④ 연속하는 세 짝수(홀수) : $x-2$, x, $x+2$ 또는 x, $x+2$, $x+4$

(2) **자릿수에 대한 문제** : 십의 자리의 숫자가 x, 일의 자리의 숫자가 y인 두 자리 자연수는 $10x+y$이다.

(3) **나이에 대한 문제** : (x년 후의 나이)={(현재 나이)$+x$}세, (x년 전의 나이)={(현재 나이)$-x$}세

(4) **합이 일정한 문제** : 합이 일정한 경우 구하는 것을 x, 다른 것을 (합)$-x$로 놓고 일차방정식을 세운다.

(5) **도형에 대한 문제** : 도형의 변의 길이를 미지수를 포함한 식으로 나타낸 후 둘레의 길이 또는 넓이를 구하는 공식을 이용하여 일차방정식을 세운다.

(6) **일에 대한 문제** : 전체 일의 양을 1로 놓고, 각 사람이 단위 시간에 할 수 있는 일의 양을 구한 후 일차방정식을 세운다.

개념 CHECK 01

• 연속하는 두 자연수에 대한 문제

(1) 작은 수를 x라 하면
　두 수는 x, ⑦ ☐

(2) 큰 수를 x라 하면
　두 수는 ⓒ ☐, x

다음은 연속하는 두 자연수의 합이 19일 때, 두 수 중 큰 수를 구하는 과정이다. ☐ 안에 알맞은 것을 써넣으시오.

❶ 미지수 정하기	연속하는 두 자연수 중 큰 수를 x라 하면 작은 수는 ☐ 이다.
❷ 방정식 세우기	연속하는 두 자연수의 합이 19이므로 방정식을 세우면 $x+($☐$)=19$
❸ 방정식 풀기	☐$x=$☐　　$\therefore x=$☐
❹ 확인하기	연속하는 두 자연수 중 큰 수가 ☐, 작은 수가 ☐이므로 두 수의 합은 19이다. 따라서 구한 해는 문제의 뜻에 맞는다.

개념 CHECK 02

수정이네 반 학생 34명 중 남학생이 여학생보다 2명이 더 많을 때, 남학생은 몇 명인지 구하려고 한다. 다음 물음에 답하시오.

(1) 남학생을 x명으로 놓고 방정식을 세우시오.

(2) 남학생은 몇 명인지 구하시오.

답 | ⑦ $x+1$　ⓒ $x-1$

대표유형 01 연속하는 수에 대한 문제

유형ON >>> 134쪽

연속하는 세 짝수의 합이 84일 때, 세 짝수 중 가장 큰 수를 구하시오.

풀이 과정

연속하는 세 짝수를 $x-2$, x, $x+2$라 하면 세 짝수의 합이 84이므로
$(x-2)+x+(x+2)=84$
$3x=84$ ∴ $x=28$
따라서 연속하는 세 짝수는 26, 28, 30이므로 가장 큰 수는 30이다.

정답 30

01·A (숫자 Change)

연속하는 두 홀수의 합이 40일 때, 두 홀수를 구하시오.

01·B (표현 Change)

연속하는 세 홀수 중 가운데 수의 3배는 나머지 두 수의 합보다 23만큼 크다고 한다. 세 홀수의 합을 구하시오.

대표유형 02 자릿수에 대한 문제

유형ON >>> 135쪽

십의 자리의 숫자가 4인 두 자리 자연수가 있다. 이 수의 일의 자리의 숫자와 십의 자리의 숫자를 바꾼 수는 처음 수보다 18만큼 크다고 할 때, 처음 수를 구하시오.

풀이 과정

처음 수의 일의 자리의 숫자를 x라 하면

	십의 자리	일의 자리	
처음 수	4	x	➡ $40+x$
바꾼 수	x	4	➡ $10x+4$

이때 (바꾼 수)=(처음 수)+180|므로
$10x+4=(40+x)+18$
$9x=54$ ∴ $x=6$
따라서 처음 수는 46이다.

정답 46

02·A (숫자 Change)

일의 자리의 숫자가 5인 두 자리 자연수가 있다. 이 수의 십의 자리의 숫자와 일의 자리의 숫자를 바꾼 수는 처음 수보다 18만큼 작다고 할 때, 처음 수를 구하시오.

02·B (표현 Change)

십의 자리의 숫자가 3인 두 자리 자연수가 있다. 이 수의 십의 자리의 숫자와 일의 자리의 숫자를 바꾼 수는 처음 수의 2배보다 1만큼 작다고 할 때, 처음 수를 구하시오.

올해 어머니의 나이는 39세이고, 서연이의 나이는 14세이다. 어머니의 나이가 서연이의 나이의 2배가 되는 것은 몇 년 후인지 구하시오.

풀이 과정

x년 후에 어머니의 나이가 서연이의 나이의 2배가 된다고 하면 x년 후의 어머니의 나이와 서연이의 나이는 각각 $(39+x)$세, $(14+x)$세이므로
$39+x=2(14+x)$
$39+x=28+2x$, $-x=-11$ ∴ $x=11$
따라서 어머니의 나이가 서연이의 나이의 2배가 되는 것은 11년 후이다.

정답 11년 후

03·Ⓐ (숫자 Change)

올해 아버지의 나이는 42세이고, 윤석이의 나이는 12세이다. 아버지의 나이가 윤석이의 나이의 3배가 되는 것은 몇 년 후인지 구하시오.

03·Ⓑ (표현 Change)

현재 아버지의 나이는 46세이고, 아들의 나이는 13세이다. 아버지의 나이가 아들의 나이의 2배보다 5세가 많아지는 것은 몇 년 후인가?

① 12년 후　　② 13년 후　　③ 14년 후
④ 15년 후　　⑤ 16년 후

한 개에 200원인 사탕과 한 개에 300원인 초콜릿을 합하여 10개를 사고 2400원을 지불하였을 때, 사탕은 몇 개를 샀는지 구하시오.

풀이 과정

사탕을 x개 샀다고 하면 초콜릿은 $(10-x)$개 샀으므로
$200x+300(10-x)=2400$
$200x+3000-300x=2400$, $-100x=-600$ ∴ $x=6$
따라서 사탕은 6개를 샀다.

정답 6개

04·Ⓐ (표현 Change)

마당에 오리와 토끼가 총 18마리가 있다. 오리와 토끼의 다리 수의 합이 46일 때, 토끼는 몇 마리인지 구하시오.

04·Ⓑ (표현 Change)

어느 수학 체험관의 입장료가 어른은 5000원, 청소년은 2000원이라 한다. 어른과 청소년을 합하여 20명의 입장료가 58000원일 때, 청소년은 몇 명인가?

① 12명　　② 13명　　③ 14명
④ 15명　　⑤ 16명

대표유형 05 도형에 대한 문제
유형ON >>> 137쪽

가로의 길이가 세로의 길이보다 3 cm만큼 더 긴 직사각형의 둘레의 길이가 26 cm일 때, 가로의 길이를 구하시오.

풀이 과정

직사각형의 가로의 길이를 x cm라 하면
세로의 길이는 $(x-3)$ cm이므로
$2\{x+(x-3)\}=26$
$2(2x-3)=26$, $4x-6=26$
$4x=32$ ∴ $x=8$
따라서 가로의 길이는 8 cm이다.

정답 8 cm

BIBLE SAYS 도형에 대한 문제

도형의 둘레의 길이와 넓이에 대한 공식을 이용하여 방정식을 세운다.
(1) (직사각형의 둘레의 길이)
  $=2\times\{(가로의 길이)+(세로의 길이)\}$
(2) (사다리꼴의 넓이)
  $=\dfrac{1}{2}\times\{(윗변의 길이)+(아랫변의 길이)\}\times(높이)$

05·A 표현 Change

가로의 길이가 6 cm, 세로의 길이가 3 cm인 직사각형의 가로의 길이를 x cm, 세로의 길이를 1 cm만큼 늘였더니 직사각형의 넓이가 처음 넓이의 2배가 되었다. 이때 x의 값을 구하시오.

05·B 표현 Change

아랫변의 길이가 윗변의 길이보다 2 cm만큼 더 길고 높이가 10 cm인 사다리꼴의 넓이가 50 cm²일 때, 윗변의 길이를 구하시오.

대표유형 06 과부족에 대한 문제
유형ON >>> 139쪽

학생들에게 연필을 나누어 주는데 한 학생에게 4자루씩 나누어 주면 3자루가 남고, 5자루씩 나누어 주면 7자루가 부족하다고 한다. 이때 학생은 몇 명인지 구하시오.

풀이 과정

학생을 x명이라 하면
(i) 한 학생에게 4자루씩 나누어 주면 3자루가 남으므로 연필은
  $(4x+3)$자루
(ii) 한 학생에게 5자루씩 나누어 주면 7자루가 부족하므로 연필은
  $(5x-7)$자루
(i), (ii)에서 $4x+3=5x-7$
$-x=-10$ ∴ $x=10$
따라서 학생은 10명이다.

정답 10명

BIBLE SAYS 과부족에 대한 문제

학생들에게 물건을 나누어 줄 때
➡ 학생을 x명으로 놓고, 나누어 주는 방법에 관계없이 나누어 주는 물건의 전체 개수가 일정함을 이용하여 방정식을 세운다.
➡ (물건이 남는 경우의 전체 물건의 개수)
  =(물건이 모자라는 경우의 전체 물건의 개수)

06·A 숫자 Change

학생들에게 사탕을 나누어 주는데 한 학생에게 5개씩 나누어 주면 4개가 남고, 6개씩 나누어 주면 3개가 부족하다고 한다. 이때 학생은 몇 명인지 구하시오.

06·B 표현 Change

학생들에게 귤을 나누어 주는데 한 학생에게 4개씩 나누어 주면 2개가 부족하고, 3개씩 나누어 주면 11개가 남는다고 한다. 이때 귤은 몇 개인지 구하시오.

대표유형 07 일에 대한 문제

⋔ 유형ON >>> 140쪽

어떤 일을 완성하는 데 찬영이가 혼자 하면 3시간, 민주가 혼자 하면 6시간이 걸린다고 한다. 이 일을 찬영이와 민주가 함께 완성하는 데 몇 시간이 걸리는지 구하시오.

풀이 과정

전체 일의 양을 1이라 하면 찬영이와 민주가 1시간 동안 할 수 있는 일의 양은 각각 $\frac{1}{3}$, $\frac{1}{6}$이다.

이 일을 찬영이와 민주가 함께 완성하는 데 x시간이 걸린다고 하면

$\left(\frac{1}{3}+\frac{1}{6}\right)x=1$

$\frac{1}{2}x=1$ ∴ $x=2$

따라서 이 일을 찬영이와 민주가 함께 완성하는 데 2시간이 걸린다.

정답 2시간

BIBLE SAYS 일에 대한 문제

(1) 어떤 일을 혼자서 완성하는 데 x일이 걸린다.
➡ 전체 일의 양을 1이라 하면 하루에 하는 일의 양은 $\frac{1}{x}$이다.

(2) 하루에 하는 일의 양이 a이다.
➡ x일 동안 하는 일의 양은 ax이다.

07·Ⓐ (숫자 Change)

어떤 일을 완성하는 데 형이 혼자 하면 6일, 동생이 혼자 하면 12일이 걸린다고 한다. 이 일을 형과 동생이 같이 완성하는 데 며칠이 걸리는지 구하시오.

07·Ⓑ (표현 Change)

어떤 빈 물통에 물을 가득 채우는 데 A 호스로는 9시간, B 호스로는 15시간이 걸린다고 한다. A 호스로만 3시간 동안 물을 받은 후 나머지는 B 호스로만 물을 받아 물통에 물을 가득 채울 때, B 호스로 물을 몇 시간 동안 더 받아야 하는지 구하시오.

대표유형 08 원가, 정가에 대한 문제

⋔ 유형ON >>> 138쪽

수정이는 사과를 4개 사고 정가의 20 %를 할인받아 6400원을 지불하였다. 이때 사과 1개의 정가를 구하시오.

풀이 과정

사과 1개의 정가를 x원이라 하면

$4\left(x-\frac{20}{100}x\right)=6400$, $4\times\frac{80}{100}x=6400$ ∴ $x=2000$

따라서 사과 1개의 정가는 2000원이다.

BIBLE SAYS 원가, 정가에 대한 문제

(1) (정가)=(원가)+(이익)
(2) (판매 가격)=(정가)-(할인 금액)
(3) (이익)=(판매 가격)-(원가)
참고 원가가 x원인 물건에 a %의 이익을 붙여 정가를 정하면

$$(정가)=x+\frac{a}{100}x=\left(1+\frac{a}{100}\right)x(원)$$

08·Ⓐ (숫자 Change)

민지는 가격이 같은 수학 문제집 5권을 사고 정가의 10 %를 할인받아 72000원을 지불하였다. 이때 수학 문제집 1권의 가격을 구하시오.

08·Ⓑ (표현 Change)

신발의 원가에 20 %의 이익을 붙여 정가를 정하고, 정가에서 2400원을 할인하여 팔았더니 1개를 팔 때마다 3000원의 이익을 얻었다. 이때 신발의 원가를 구하시오.

배운대로 학습하기

01
대표 유형 **01**

연속하는 세 자연수의 합이 75일 때, 세 자연수 중 가장 작은 수는?

① 23　　　　② 24　　　　③ 25

④ 26　　　　⑤ 27

02
대표 유형 **02**

십의 자리의 숫자가 2인 두 자리 자연수가 있다. 이 수의 십의 자리의 숫자와 일의 자리의 숫자를 바꾼 수는 처음 수의 2배보다 10만큼 크다고 할 때, 처음 수를 구하시오.

03
대표 유형 **03⊕04**

현재 어머니와 아들의 나이의 합은 53세이고, 14년 후에 어머니의 나이가 아들의 나이의 2배가 된다고 한다. 현재 아들의 나이는?

① 11세　　　　② 12세　　　　③ 13세

④ 14세　　　　⑤ 15세

04
대표 유형 **04**

수현이는 수학 시험에서 4점짜리 문제와 5점짜리 문제를 합하여 10문제를 맞히고 43점을 받았다. 이때 4점짜리 문제는 몇 문제를 맞혔는지 구하시오.

05
대표 유형 **05**

한 변의 길이가 7 cm인 정사각형의 가로의 길이를 2배로 늘이고, 세로의 길이를 x cm만큼 줄였더니 넓이가 56 cm²인 직사각형이 되었다. 이때 x의 값은?

① 1　　　　② 2　　　　③ 3

④ 4　　　　⑤ 5

06
생각이 쑥쑥 ↗
대표 유형 **06**

강당의 긴 의자에 학생들이 앉는데 한 의자에 6명씩 앉으면 9명이 앉지 못하고, 7명씩 앉으면 남는 의자는 없지만 맨 마지막 의자에는 2명만 앉는다고 한다. 이때 의자는 몇 개인가?

① 8개　　　　② 10개　　　　③ 14개

④ 16개　　　　⑤ 18개

07
대표 유형 **07**

어떤 일을 완성하는 데 윤주가 혼자 하면 4일, 주영이가 혼자 하면 8일이 걸린다고 한다. 이 일을 윤주가 혼자 하루 동안 먼저 일하고 난 후 나머지는 둘이 함께 일하여 완성했을 때, 둘이 함께 일한 기간은 며칠인지 구하시오.

08
대표 유형 **08**

원가에 30 %의 이익을 붙여서 정가를 정한 상품이 잘 팔리지 않아 정가에서 20 %를 할인하여 팔았더니 100원의 이익이 생겼다. 이때 상품의 원가를 구하시오.

02 일차방정식의 활용 (2)

거리, 속력, 시간에 대한 문제 : 거리, 속력, 시간에 대한 문제는 다음 관계를 이용하여 방정식을 세운다.

(1) (거리)=(속력)×(시간)　　(2) (속력)=$\dfrac{(거리)}{(시간)}$　　(3) (시간)=$\dfrac{(거리)}{(속력)}$

(주의) 문제에서 주어진 조건의 단위가 다른 경우에는 방정식을 세우기 전에 먼저 단위를 통일한다.

$$1\,km=1000\,m,\ 1\,m=\dfrac{1}{1000}\,km,\ 1시간=60분,\ 1분=\dfrac{1}{60}시간$$

거리, 속력, 시간에 대한 문제를 풀 때는 단위를 통일하여 방정식을 세운다.

속력	시간	거리
시속 ● km	시간	km
분속 ● m	분	m
초속 ● m	초	m

바이블 POINT **거리, 속력, 시간에 대한 문제의 유형 및 해결 방법**

다음을 이용하여 방정식을 세운다.

(1) **각 구간에서의 속력이 다르고 총 걸린 시간이 주어진 경우**
　➡ (처음 속력으로 이동한 시간)+(나중 속력으로 이동한 시간)=(총 걸린 시간)

(2) **같은 거리를 가는데 속력이 달라서 시간 차가 발생하는 경우**
　➡ (느린 속력으로 이동한 시간)−(빠른 속력으로 이동한 시간)=(시간 차)

(3) **같은 지점에서 시간 차를 두고 출발한 두 사람이 만나는 경우** ➡ (한 사람이 이동한 거리)=(다른 사람이 이동한 거리)

(4) **서로 다른 지점에서 마주 보고 출발한 두 사람이 만나는 경우** ➡ (두 사람이 이동한 거리의 합)=(두 지점 사이의 거리)

(5) **두 사람이 호수의 둘레를 돌다가 처음으로 만나는 경우**
　① 같은 지점에서 둘레를 반대 방향으로 도는 경우 ➡ (두 사람이 이동한 거리의 합)=(호수의 둘레의 길이)
　② 같은 지점에서 둘레를 같은 방향으로 도는 경우 ➡ (두 사람이 이동한 거리의 차)=(호수의 둘레의 길이)

(6) **기차가 터널을 완전히 통과하는 경우** ➡ (기차의 이동 거리)=(터널의 길이)+(기차의 길이)

(참고) 기차가 터널을 통과하는 동안 기차가 보이지 않을 때 ➡ (기차의 이동 거리)=(터널의 길이)−(기차의 길이)

개념 CHECK 01

· (시간)=$\dfrac{(\ ⊙\ )}{(\ ⓒ\ )}$

A, B 사이를 왕복하는데 갈 때는 시속 3 km로, 올 때는 시속 6 km로 걸었더니 총 3시간이 걸렸다. 두 지점 A, B 사이의 거리를 구하려고 할 때, 다음 물음에 답하시오.

(1) 두 지점 A, B 사이의 거리를 x km라 할 때, 표의 □ 안에 알맞은 것을 써넣으시오.

	갈 때	올 때
거리	x km	x km
속력	시속 3 km	시속 □ km
시간	□ 시간	□ 시간

(2) (갈 때 걸린 시간)+(올 때 걸린 시간)=(총 걸린 시간)임을 이용하여 방정식을 세우고, 두 지점 A, B 사이의 거리를 구하시오.

개념 CHECK 02

· (거리)=(속력)×(　ⓒ　)

동생이 집을 출발한 지 10분 후에 형이 동생을 따라나섰다. 동생은 분속 30 m로 걷고, 형은 분속 50 m로 동생을 따라간다고 한다. 형이 집을 출발한 지 몇 분 후에 동생을 만나는지 구하려고 할 때, 다음 물음에 답하시오.

	동생	형
속력	분속 30 m	분속 50 m
시간	(□)분	x분
거리	□ m	□ m

(1) 형이 출발한 지 x분 후에 동생을 만난다고 할 때, 표의 □ 안에 알맞은 것을 써넣으시오.

(2) (동생이 이동한 거리)=(형이 이동한 거리)임을 이용하여 방정식을 세우고, 형이 출발한 지 몇 분 후에 동생을 만나는지 구하시오.

답 | ⊙ 거리　ⓒ 속력　ⓒ 시간

유형ON >>> 141쪽

대표유형 **01** 거리, 속력, 시간에 대한 문제 - 총 걸린 시간이 주어진 경우

집에서 도서관까지 자전거를 타고 왕복하는데 갈 때는 시속 10 km로 가고, 올 때는 시속 15 km로 왔더니 총 1시간이 걸렸다. 이때 집에서 도서관까지의 거리는?

① 4 km   ② 5 km   ③ 6 km
④ 7 km   ⑤ 8 km

풀이 과정

집에서 도서관까지의 거리를 x km라 하면
(갈 때 걸린 시간)+(올 때 걸린 시간)=1(시간)이므로
$$\frac{x}{10}+\frac{x}{15}=1$$
$3x+2x=30,\ 5x=30$　　∴ $x=6$
따라서 집에서 도서관까지의 거리는 6 km이다.

정답 ③

01 · A (표현 Change)

등산을 하는데 올라갈 때는 시속 4 km로 걷고, 내려올 때는 올라갈 때보다 2 km 더 먼 거리를 시속 5 km로 걸었더니 총 4시간이 걸렸다. 이때 올라갈 때 걸은 거리는?

① 6 km   ② 7 km   ③ 8 km
④ 9 km   ⑤ 10 km

01 · B (표현 Change)

기하네 집에서 학교까지의 거리는 2 km이다. 자전거를 타고 집에서 출발하여 분속 200 m로 달리다가 늦을 것 같아서 분속 300 m로 달려 학교에 도착하였더니 총 9분이 걸렸다. 이때 분속 300 m로 달린 거리를 구하시오.

BIBLE SAYS 각 구간에서의 속력이 다르고 총 걸린 시간이 주어진 경우

(각 구간에서 걸린 시간의 합)=(총 걸린 시간)
임을 이용하여 시간에 대한 방정식을 세운다.

대표유형 **02** 거리, 속력, 시간에 대한 문제 - 시간 차가 발생하는 경우

유형ON >>> 142쪽

영한이네 집에서 도서관까지 자전거를 타고 시속 15 km로 가면 시속 5 km로 걸어가는 것보다 24분 빨리 도착한다고 한다. 이때 영한이네 집에서 도서관까지의 거리를 구하시오.

풀이 과정

영한이네 집에서 도서관까지의 거리를 x km라 하면
(시속 5 km로 갈 때 걸린 시간)-(시속 15 km로 갈 때 걸린 시간)
$=\frac{24}{60}$(시간)이므로
$$\frac{x}{5}-\frac{x}{15}=\frac{24}{60},\ \frac{x}{5}-\frac{x}{15}=\frac{2}{5}$$
$3x-x=6,\ 2x=6$　　∴ $x=3$
따라서 영한이네 집에서 도서관까지의 거리는 3 km이다.

정답 3 km

02 · A (숫자 Change)

집에서 학교까지 시속 4 km로 걸어서 가면 자전거를 타고 시속 12 km로 가는 것보다 40분 늦게 도착한다고 한다. 이때 집에서 학교까지의 거리를 구하시오.

대표유형 03 거리, 속력, 시간에 대한 문제 - 시간 차를 두고 출발하는 경우 　　　　 🎧 유형ON ≫≫ 143쪽

동생이 집을 출발한 지 5분 후에 형이 동생을 따라나섰다. 동생은 매분 60 m의 속력으로 걷고, 형은 매분 80 m의 속력으로 동생을 따라갈 때, 형이 집을 출발한 지 몇 분 후에 동생을 만나는지 구하시오.

풀이 과정

형이 집을 출발한 지 x분 후에 동생을 만난다고 하면
(동생이 걸은 거리)=(형이 걸은 거리)이므로
$60(x+5)=80x$
$60x+300=80x,\ -20x=-300$ 　　∴ $x=15$
따라서 형이 집을 출발한 지 15분 후에 동생을 만난다.

〔정답〕 15분 후

03·Ⓐ 〔숫자 Change〕

동생이 학교를 출발한 지 8분 후에 언니가 동생을 따라나섰다. 동생은 매분 90 m의 속력으로 걷고, 언니는 매분 150 m의 속력으로 자전거를 타고 동생을 따라갈 때, 언니가 학교를 출발한 지 몇 분 후에 동생을 만나는지 구하시오.

03·Ⓑ 〔표현 Change〕

윤서가 도서관을 출발한 지 20분 후에 지호가 따라나섰다. 윤서는 시속 2 km로 걷고, 지호는 시속 6 km로 자전거를 타고 윤서를 따라갈 때, 지호는 도서관에서 몇 km 떨어진 지점에서 윤서를 만나는지 구하시오.

대표유형 04 거리, 속력, 시간에 대한 문제 - 마주 보고 걷거나 둘레를 도는 경우 　　　　 🎧 유형ON ≫≫ 143쪽

2 km 떨어진 두 지점에 A, B가 서 있다. A는 분속 50 m로, B는 분속 30 m로 각자의 위치에서 상대방을 향하여 동시에 출발하였을 때, 두 사람은 출발한 지 몇 분 후에 만나는지 구하시오.

풀이 과정

A와 B가 출발한 지 x분 후에 만난다고 하면
(두 사람이 이동한 거리의 합)=(두 지점 사이의 거리)이므로
$50x+30x=2000,\ 80x=2000$ 　　∴ $x=25$
따라서 두 사람은 출발한 지 25분 후에 만난다.

〔정답〕 25분 후

04·Ⓐ 〔숫자 Change〕

유빈이네 집과 소진이네 집 사이의 거리는 2.8 km이다. 유빈이는 분속 80 m로, 소진이는 분속 60 m로 각자의 집에서 상대방의 집을 향하여 동시에 출발하였을 때, 두 사람은 출발한 지 몇 분 후에 만나는지 구하시오.

04·Ⓑ 〔표현 Change〕

둘레의 길이가 3.2 km인 호수의 같은 지점에서 두 사람 A, B가 동시에 출발하여 서로 반대 방향으로 걸어갔다. A는 분속 70 m로, B는 분속 90 m로 걸을 때, 두 사람은 출발한 지 몇 분 후에 처음으로 다시 만나는지 구하시오.

〔BIBLE SAYS〕 **두 사람이 동시에 출발하여 이동하다가 처음으로 만나는 경우**

(1) 서로 다른 지점에서 마주 보고 이동하는 경우
　➡ (두 사람이 이동한 거리의 합)=(두 지점 사이의 거리)
(2) 같은 지점에서 둘레를 반대 방향으로 도는 경우
　➡ (두 사람이 이동한 거리의 합)=(둘레의 길이)
(3) 같은 지점에서 둘레를 같은 방향으로 도는 경우
　➡ (두 사람이 이동한 거리의 차)=(둘레의 길이)

03 일차방정식의 활용 (3)

농도에 대한 문제 : 소금물의 농도에 대한 문제는 다음 관계를 이용하여 방정식을 세운다.

(1) $(\text{소금물의 농도}) = \dfrac{(\text{소금의 양})}{(\text{소금물의 양})} \times 100 \, (\%)$

(2) $(\text{소금의 양}) = \dfrac{(\text{소금물의 농도})}{100} \times (\text{소금물의 양})$

> 소금물에 대한 문제는 교과서에는 없지만 출제될 수 있는 유형입니다.

바이블 POINT 농도에 대한 문제의 유형 및 해결 방법

다음을 이용하여 방정식을 세운다.

(1) 소금물에 물을 더 넣거나 증발시키는 경우 ➡ (처음 소금물의 소금의 양)=(나중 소금물의 소금의 양)
(2) 소금을 더 넣는 경우 ➡ (나중 소금물의 소금의 양)=(처음 소금물의 소금의 양)+(더 넣은 소금의 양)
(3) 농도가 다른 두 소금물을 섞는 경우
  ➡ (섞기 전 두 소금물에 들어 있는 소금의 양의 합)=(섞은 후 소금물에 들어 있는 소금의 양)

개념 CHECK **01**

• 농도에 대한 문제

(1) (소금물의 농도)

$= \dfrac{(\boxed{\ \bigcirc\ })}{(\text{소금물의 양})} \times 100 \, (\%)$

(2) (소금의 양)

$= \dfrac{(\text{소금물의}\ \boxed{\bigcirc})}{100} \times (\text{소금물의 양})$

20 %의 소금물 500 g에 물을 더 넣어 16 %의 소금물을 만들었을 때, 더 넣은 물의 양을 구하려고 한다. 다음 물음에 답하시오.

(1) 더 넣은 물의 양을 x g이라 할 때, □ 안에 알맞은 것을 써넣으시오.

	소금물의 농도 (%)	소금물의 양 (g)	소금의 양 (g)
물을 넣기 전	20	500	$\dfrac{20}{100} \times \boxed{}$
물을 넣은 후	16	$\boxed{}$	$\dfrac{16}{100} \times (\boxed{})$

(2) (물을 넣기 전 소금의 양)=(물을 넣은 후 소금의 양)임을 이용하여 방정식을 세우시오.

(3) 더 넣은 물의 양을 구하시오.

개념 CHECK **02**

10 %의 소금물 400 g과 16 %의 소금물을 섞어 14 %의 소금물을 만들었을 때, 16 %의 소금물의 양을 구하려고 한다. 다음 물음에 답하시오.

(1) 16 %의 소금물의 양을 x g이라 할 때, □ 안에 알맞은 것을 써넣으시오.

	10 %의 소금물	16 %의 소금물	14 %의 소금물
소금물의 양 (g)	400	x	$400+x$
소금의 양 (g)	$\dfrac{10}{100} \times \boxed{}$	$\boxed{}$	$\boxed{}$

(2) (섞기 전 두 소금물에 들어 있는 소금의 양의 합)=(섞은 후 소금물에 들어 있는 소금의 양)임을 이용하여 방정식을 세우시오.

(3) 16 %의 소금물의 양을 구하시오.

답 | ㉠ 소금의 양 ㉡ 농도

대표 유형 05 농도에 대한 문제 - 소금 또는 물을 넣거나 물을 증발시키는 경우　　⊙ 유형ON >>> 145쪽

10 %의 소금물 300 g에 물을 더 넣어 6 %의 소금물을 만들려고 한다. 이때 더 넣어야 하는 물의 양은?

① 120 g　　　② 160 g　　　③ 200 g
④ 240 g　　　⑤ 280 g

풀이 과정

더 넣어야 하는 물의 양을 x g이라 하면 6 %의 소금물의 양은 $(300+x)$ g이다.
이때 (물을 넣기 전 소금의 양)=(물을 넣은 후 소금의 양)이므로
$$\frac{10}{100}\times300=\frac{6}{100}\times(300+x)$$
$3000=6(300+x)$, $3000=1800+6x$
$-6x=-1200$　∴ $x=200$
따라서 더 넣어야 하는 물의 양은 200 g이다.

（정답） ③

BIBLE SAYS　소금 또는 물을 넣거나 물을 증발시키는 경우

(1) 물을 넣거나 증발시키는 경우
　➡ 처음 소금물의 소금의 양과 나중 소금물의 소금의 양은 같음을 이용하여 방정식을 세운다.
(2) 소금을 더 넣는 경우
　➡ 더 넣은 소금의 양만큼 소금의 양과 소금물의 양이 모두 증가한다.

05·Ⓐ 표현 Change

12 %의 소금물 200 g에서 물을 증발시켜 15 %의 소금물을 만들려고 한다. 이때 증발시켜야 하는 물의 양은?

① 35 g　　　② 40 g　　　③ 45 g
④ 50 g　　　⑤ 55 g

05·Ⓑ 표현 Change

10 %의 소금물 400 g이 있다. 여기에 몇 g의 소금을 더 넣으면 20 %의 소금물이 되는지 구하시오.

대표 유형 06 농도에 대한 문제 - 농도가 다른 두 소금물을 섞는 경우　　⊙ 유형ON >>> 146쪽

6 %의 소금물 150 g과 14 %의 소금물을 섞어 8 %의 소금물을 만들려고 한다. 이때 14 %의 소금물의 양은?

① 50 g　　　② 100 g　　　③ 150 g
④ 200 g　　　⑤ 250 g

풀이 과정

14 %의 소금물의 양을 x g이라 하면 8 %의 소금물의 양은 $(150+x)$ g이다.
이때 (섞기 전 소금의 양의 합)=(섞은 후 소금의 양)이므로
$$\frac{6}{100}\times150+\frac{14}{100}\times x=\frac{8}{100}\times(150+x)$$
$900+14x=8(150+x)$, $900+14x=1200+8x$
$6x=300$　∴ $x=50$
따라서 14 %의 소금물의 양은 50 g이다.

（정답） ①

06·Ⓐ 숫자 Change

7 %의 설탕물 200 g과 12 %의 설탕물을 섞어 10 %의 설탕물을 만들려고 한다. 이때 12 %의 설탕물의 양은?

① 100 g　　　② 150 g　　　③ 200 g
④ 250 g　　　⑤ 300 g

06·Ⓑ 표현 Change

10 %의 소금물과 18 %의 소금물을 섞어 15 %의 소금물 400 g을 만들려고 한다. 이때 10 %의 소금물과 18 %의 소금물의 양을 각각 구하시오.

🙂 배운대로 학습하기

01 대표 유형 **01**

등산을 하는데 올라갈 때는 시속 4 km로 걷고, 내려올 때는 같은 길을 시속 6 km로 걸었더니 총 5시간이 걸렸다. 이때 등산로의 길이는?

① 11 km ② 12 km ③ 13 km
④ 14 km ⑤ 15 km

02 대표 유형 **01**

상진이가 집에서 5 km 떨어진 할머니 댁에 가는데 처음에는 시속 6 km로 자전거를 타고 가다가 도중에 자전거가 고장이 나서 시속 2 km로 걸었더니 총 1시간 30분이 걸렸다. 이때 상진이가 시속 2 km로 걸어간 거리를 구하시오.

03 대표 유형 **02**

지연이가 집에서 극장까지 가는데 시속 6 km로 달려서 가면 시속 8 km로 달려서 갈 때보다 20분 늦게 도착한다고 한다. 이때 집에서 극장까지의 거리를 구하시오.

04 생각이 쑥쑥 ↗ 대표 유형 **03**

석진이는 오전 8시에 집에서 출발하여 매분 30 m의 속력으로 학교를 향해 걸어갔다. 누나가 오전 8시 20분에 집에서 출발하여 매분 80 m의 속력으로 석진이를 따라갈 때, 석진이와 누나가 만나는 시각을 구하시오.

05 대표 유형 **04**

강빈이와 서연이네 집 사이의 거리는 1400 m이다. 강빈이는 분속 110 m로, 서연이는 분속 90 m로 각자의 집에서 상대방의 집을 향하여 동시에 출발하였을 때, 두 사람은 출발한 지 몇 분 후에 만나는지 구하시오.

06 생각이 쑥쑥 ↗ 대표 유형 **05**

소금물 250 g에 물 100 g을 넣었더니 15 %의 소금물이 되었다. 이때 처음 소금물의 농도는?

① 20 % ② 21 % ③ 22 %
④ 23 % ⑤ 24 %

07 대표 유형 **06**

4 %의 소금물과 10 %의 소금물 200 g을 섞어 8 %의 소금물을 만들려고 한다. 이때 4 %의 소금물의 양을 구하시오.

서술형 훈련하기

함께 풀기

학생들에게 공책을 나누어 주는데 한 학생에게 4권씩 나누어 주면 7권이 남고, 5권씩 나누어 주면 11권이 부족하다고 한다. 이때 학생은 몇 명이고, 공책은 몇 권인지 각각 구하시오.

풀이 과정

1단계 방정식 세우기

학생을 x명이라 할 때, 한 학생에게 공책을 4권씩 나누어 주면 7권이 남으므로 공책은 $(4x+7)$권이고, 5권씩 나누어 주면 11권이 부족하므로 공책은 $(5x-11)$권이다.
이때 공책의 수는 일정하므로 $4x+7=5x-11$ ⋯⋯ 40 %

2단계 학생이 몇 명인지 구하기

$4x+7=5x-11$에서 $-x=-18$ ∴ $x=18$
즉, 학생은 18명이다. ⋯⋯ 30 %

3단계 공책이 몇 권인지 구하기

따라서 공책은 $4\times18+7=79$(권) ⋯⋯ 30 %

정답 학생 : 18명, 공책 : 79권

따라 풀기

01 학생들에게 지우개를 나누어 주는데 한 학생에게 6개씩 나누어 주면 3개가 남고, 7개씩 나누어 주면 4개가 부족하다고 한다. 이때 학생은 몇 명이고, 지우개는 몇 개인지 각각 구하시오.

풀이 과정

1단계 방정식 세우기

2단계 학생이 몇 명인지 구하기

3단계 지우개가 몇 개인지 구하기

정답

함께 풀기

A 지점에서 B 지점까지 가는데 시속 6 km로 자전거를 타고 가면 시속 2 km로 걸어서 가는 것보다 40분 빨리 도착한다고 한다. 이때 두 지점 A, B 사이의 거리를 구하시오.

풀이 과정

1단계 방정식 세우기

두 지점 A, B 사이의 거리를 x km라 하면
걸린 시간의 차가 40분, 즉 $\frac{40}{60}=\frac{2}{3}$(시간)이므로
$\frac{x}{2}-\frac{x}{6}=\frac{2}{3}$ ⋯⋯ 50 %

2단계 방정식 풀기

$3x-x=4$에서 $2x=4$ ∴ $x=2$ ⋯⋯ 40 %

3단계 두 지점 A, B 사이의 거리 구하기

따라서 두 지점 A, B 사이의 거리는 2 km이다. ⋯⋯ 10 %

정답 2 km

따라 풀기

02 A 지점에서 B 지점까지 가는데 시속 60 km로 자동차를 타고 가면 시속 20 km로 자전거를 타고 갈 때보다 1시간 30분 빨리 도착한다고 한다. 이때 두 지점 A, B 사이의 거리를 구하시오.

풀이 과정

1단계 방정식 세우기

2단계 방정식 풀기

3단계 두 지점 A, B 사이의 거리 구하기

정답

03 올해 아버지의 나이는 50세이고, 지원이의 나이는 12세이다. 아버지의 나이가 지원이의 나이의 3배가 되는 것은 몇 년 후인지 구하시오.

풀이 과정

정답 _____

04 그림과 같이 가로의 길이가 60 cm, 세로의 길이가 40 cm인 직사각형 ABCD가 있다. 점 P가 꼭짓점 C에서 출발하여 매초 4 cm의 속력으로 시곗바늘이 도는 반대 방향으로 직사각형의 변을 따라 움직이다가 변 AB 위에서 멈췄다. 사각형 APCD의 넓이가 1800 cm²일 때, 다음을 구하시오.

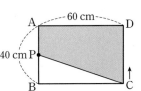

(1) 선분 AP의 길이   (2) 점 P가 움직인 시간

풀이 과정

정답 _____

05 어떤 일을 완성하는 데 수연이가 혼자 하면 6일, 동혁이가 혼자 하면 4일이 걸린다고 한다. 이 일을 수연이가 혼자 3일 동안 먼저 일하고 난 후 나머지를 동혁이가 혼자 일하여 완성하였을 때, 동혁이는 며칠 동안 일을 하였는지 구하시오.

풀이 과정

정답 _____

06 10 %의 소금물 400 g이 있다. 여기에 물 100 g을 넣은 후 몇 g의 소금을 더 넣으면 20 %의 소금물이 되는지 구하시오.

풀이 과정

정답 _____

STEP 1 기본 다지기

01

일의 자리의 숫자가 4인 두 자리 자연수가 있다. 이 자연수의 각 자리의 숫자의 합의 4배가 이 자연수와 같을 때, 이 자연수를 구하시오.

02

주영이와 어머니의 나이의 차는 28세이다. 10년 후에 어머니의 나이가 주영이의 나이의 2배보다 9세 많아진다고 할 때, 올해 주영이의 나이를 구하시오.

03

봉사 활동에 참여한 전체 학생의 $\frac{1}{4}$은 초등학생, $\frac{1}{2}$은 중학생, $\frac{1}{5}$은 고등학생, 그리고 나머지 15명은 대학생이라 한다. 이때 봉사 활동에 참여한 전체 학생은 몇 명인가?

① 220명 ② 240명 ③ 260명
④ 280명 ⑤ 300명

04

길이가 54 cm인 철사를 구부려 가로의 길이와 세로의 길이의 비가 2 : 1인 직사각형을 만들려고 한다. 철사가 남거나 겹치는 부분 없이 직사각형을 만들 때, 이 직사각형의 가로의 길이를 구하시오. (단, 철사의 두께는 생각하지 않는다.)

05

세로의 길이가 가로의 길이보다 5 cm만큼 더 짧은 직사각형의 둘레의 길이가 50 cm일 때, 이 직사각형의 넓이를 구하시오.

06

현재 은행에 지선이는 12000원, 미영이는 15000원이 예금되어 있다. 다음 달부터 지선이는 매달 1500원씩, 미영이는 1000원씩 예금할 때, 지선이와 미영이의 예금액이 같아지는 것은 몇 개월 후인지 구하시오.

07

두 개의 컵 A, B에 각각 600 mL, 400 mL의 물이 들어 있다. A 컵에 들어 있는 물의 양이 B 컵에 들어 있는 물의 양의 4배가 되도록 하려고 할 때, B 컵에서 A 컵으로 옮겨야 하는 물의 양은 몇 mL인지 구하시오.

08

민정이네 과수원에서 올해의 복숭아 생산량은 작년보다 5 % 늘어난 4200 kg이다. 작년의 복숭아 생산량은 몇 kg인가?

① 2800 kg　　　② 3200 kg　　　③ 3600 kg
④ 4000 kg　　　⑤ 4400 kg

09

다음은 중국 고대의 수학책 '구장산술'에 실려 있는 문제이다. 문제의 답을 차례대로 구하시오.

> 지금 공동으로 물건을 구입한다고 할 때, 각 사람이 8전씩 내면 3전이 남고, 각 사람이 7전씩 내면 4전이 부족하다고 한다. 사람은 몇 명이고, 물건의 가격은 얼마인가?

10

그림과 같이 성냥개비를 사용하여 정육각형 모양이 이어진 도형을 만들려고 한다. 성냥개비 1001개를 모두 사용하여 만들 수 있는 정육각형은 몇 개인지 구하시오.

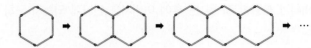

11

어떤 일을 완성하는 데 현수가 혼자 하면 8일, 예나가 혼자 하면 6일이 걸린다고 한다. 처음에는 현수가 혼자 하루 동안 먼저 일한 후에 나머지는 현수와 예나가 함께 일하여 이 일을 완성했다면 현수와 예나는 며칠 동안 함께 일했는가?

① 2일　　　② 3일　　　③ 4일
④ 5일　　　⑤ 6일

12

둘레의 길이가 1.2 km인 호수가 있다. 이 호수의 둘레를 재민이는 매분 80 m의 속력으로, 혜진이는 매분 70 m의 속력으로 같은 지점에서 동시에 출발하여 서로 반대 방향으로 걷고 있다. 두 사람은 출발한 지 몇 분 후에 처음으로 다시 만나는가?

① 7분 후　　　② 8분 후　　　③ 9분 후
④ 10분 후　　　⑤ 11분 후

08
일차방정식의 활용

13

아버지가 집에서 출발하여 분속 60 m로 걸었다. 그런데 아버지가 출발한 지 10분 후에 가방을 가지고 가지 않은 것이 발견되어서 어머니가 아버지를 뒤따라갔다. 어머니는 분속 90 m로 걷는다면 어머니가 출발한 지 몇 분 후에 아버지를 만나게 되는지 구하시오.

14

6 %의 소금물 500 g이 있다. 이 소금물에서 몇 g의 물을 증발시키면 10 %의 소금물이 되는가?

① 100 g   ② 150 g   ③ 200 g

④ 250 g   ⑤ 300 g

15

그림은 어느 달의 달력이다. 이 달력에서 4개의 날짜를 그림과 같은 도형으로 묶었을 때, 도형 안의 수의 합이 85가 되도록 하는 네 날짜 중 가장 마지막 날의 날짜를 구하시오.

일	월	화	수	목	금	토
				1	2	3
4	5	6	7	8	9	10
11	12	13	14	15	16	17
18	19	20	21	22	23	24
25	26	27	28	29	30	

STEP 2   실력 다지기

16

강당의 긴 의자에 학생들이 앉는데 한 의자에 4명씩 앉으면 학생이 11명이 남고, 한 의자에 6명씩 앉으면 맨 마지막 의자에는 3명이 앉고 빈 의자는 없다고 한다. 이때 강당에 있는 학생은 몇 명인지 구하시오.

17

어느 중학교에서 올해 남학생은 작년보다 6 % 증가했고, 여학생은 작년보다 8 % 감소했다. 작년의 전체 학생은 800명이고 올해는 작년보다 8명이 감소했다고 할 때, 올해 여학생은 몇 명인가?

① 356명   ② 368명   ③ 378명

④ 390명   ⑤ 400명

18

어떤 자격증 시험에서 지원자의 남녀의 비는 4 : 3, 합격자의 남녀의 비는 2 : 1, 불합격자의 남녀의 비는 1 : 1이었다. 합격자가 120명일 때, 전체 지원자는 몇 명인지 구하시오.

19

어떤 상품의 원가에 25 %의 이익을 붙여서 정가를 정하고, 정가에서 600원을 할인하여 팔았더니 원가의 10 %의 이익이 생겼다. 이때 이 상품의 원가는?

① 3600원   ② 3800원   ③ 4000원
④ 4200원   ⑤ 4400원

20

어느 비어 있는 수영장에 물을 가득 채우는 데 A 호스로는 9시간, B 호스로는 12시간이 걸린다고 한다. A 호스로만 3시간 동안 물을 받다가 B 호스로만 물을 받아 이 수영장에 물을 가득 채울 때, B 호스로 물을 몇 시간 동안 더 받아야 하는지 구하시오.

21

일정한 속력으로 달리는 열차가 있다. 이 열차가 길이가 800 m인 터널을 완전히 통과하는 데 45초가 걸리고, 길이가 500 m인 철교를 완전히 통과하는 데 30초가 걸린다고 할 때, 이 열차의 길이를 구하시오.

22

4시와 5시 사이에 시계의 시침과 분침이 일치하는 시각을 구하시오.

---

10 정비례와 반비례

IV
좌표평면과 그래프

이 단원에서는

다양한 상황을 그래프로 나타내고, 주어진 그래프를 해석하는 것에 대해 배웁니다.
또한 정비례, 반비례 관계를 이해하고, 그 관계를 표, 식, 그래프로 나타내는 것에 대해 배웁니다.

이 단원에서의 내용

IV 09

순서쌍과 좌표

01 순서쌍과 좌표

(1) 수직선 위의 점의 좌표

① **좌표** : 수직선 위의 한 점에 대응하는 수

(기호) 점 P의 좌표가 a일 때, P(a)

② **원점** : 좌표가 0인 점 O

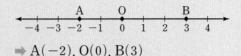

➡ A(-2), O(0), B(3)

(2) 좌표평면

두 수직선을 점 O에서 서로 수직으로 만나도록 그릴 때

① x축 : 가로의 수직선　　　② y축 : 세로의 수직선

③ x축과 y축을 통틀어 **좌표축**이라 한다.

④ 두 좌표축이 만나는 점 O를 **원점**이라 한다.

⑤ 좌표축이 정해져 있는 평면을 **좌표평면**이라 한다. ➡Origin(기원, 원천)의 첫 글자를 기호화 한 것이다.

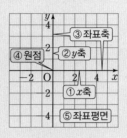

(3) 좌표평면 위의 점의 좌표

① **순서쌍** : 순서를 정하여 두 수를 짝 지어 나타낸 것

(주의) $a \neq b$일 때, 순서쌍 (a, b)와 순서쌍 (b, a)는 서로 다르다.

② 좌표평면 위의 한 점 P에서 x축, y축에 각각 수직인 직선을 긋고 이 직선이 x축, y축과 만나는 점에 대응하는 수를 각각 a, b라 할 때, 순서쌍 (a, b)를 점 P의 좌표라 한다.

이때 a를 점 P의 x**좌표**, b를 점 P의 y**좌표**라 한다.

(기호) 점 P의 좌표가 (a, b)일 때, P(a, b)

(참고) (1) x축 위의 모든 점들의 y좌표는 0이므로 x축 위의 점의 좌표 ➡ (x좌표, 0)

　　　(2) y축 위의 모든 점들의 x좌표는 0이므로 y축 위의 점의 좌표 ➡ (0, y좌표)

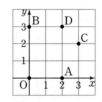

수직선 위의 두 점 A(a), B(b)에 대하여

(1) 원점 O와 점 A 사이의 거리 ➡ $|a|$

(2) 두 점 A, B 사이의 거리 ➡ $|a-b|$

좌표축 위의 점의 좌표

(1) 원점의 좌표 ➡ O(0, 0)

(2) x축 위에 있는 점 A의 좌표

　➡ y좌표가 0이므로 A(a, 0)

(3) y축 위에 있는 점 B의 좌표

　➡ x좌표가 0이므로 B(0, b)

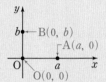

(용어 설명)

좌표(자리 座, 표시하다 標)
점의 위치를 나타냄
좌표축(축 軸)
좌표를 나타낼 수 있는 축
좌표평면(평평할 平, 면 面)
좌표를 나타낼 수 있는 평면

바이블 POINT　순서쌍과 좌표

순서쌍은 두 수의 순서를 정하여 나타낸 것이므로 두 순서쌍 $(2, 3)$과 $(3, 2)$는 그림과 같이 서로 다른 점을 나타낸다. 이와 같이 일반적으로 $a \neq b$일 때, 순서쌍 (a, b)와 (b, a)는 서로 다른 점이다.

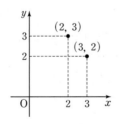

좌표평면 위의 점의 좌표

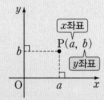

➡ O(0, 0), A(2, 0), B(0, 3),
　C(3, 2), D(2, 3)
　　　└──┘ 서로 다른 점

개념 CHECK `01`

· 수직선 위의 한 점에 대응하는 수를 그 점의 ⓐ 라 한다.

다음 수직선 위에 다섯 개의 점 A(0), B(-3), C(2), D(3.5), E$\left(-\dfrac{5}{2}\right)$를 각각 나타내시오.

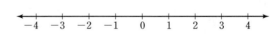

개념 CHECK `02`

· 점 P의 좌표가 (a, b)일 때, 기호로 ⓑ 와 같이 나타낸다. 이때 a를 점 P의 ⓒ 좌표, b를 점 P의 ⓓ 좌표라 한다.

좌표평면 위의 네 점 A, B, C, D의 좌표를 각각 기호로 나타내시오.

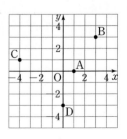

답 | ⓐ 좌표 ⓑ P(a, b) ⓒ x ⓓ y

대표유형 01 순서쌍

⋒ 유형ON >>> 154쪽

두 순서쌍 $(a, 4)$, $(-2, b+1)$이 서로 같을 때, $a+b$의 값은?

① -2 ② -1 ③ 0

④ 1 ⑤ 2

풀이 과정

두 순서쌍 $(a, 4)$, $(-2, b+1)$이 서로 같으므로

$a=-2$, $4=b+1$

따라서 $a=-2$, $b=3$이므로

$a+b=-2+3=1$

정답 ④

01·Ⓐ (숫자 Change)

두 순서쌍 $(-3, 2a)$, $(1-b, 6)$이 서로 같을 때, $a+b$의 값을 구하시오.

01·Ⓑ (표현 Change)

$|x|=1$, $|y|=3$일 때, 순서쌍 (x, y)를 모두 구하시오.

대표유형 02 좌표평면 위의 점의 좌표

⋒ 유형ON >>> 154쪽

다음 중 좌표평면 위의 다섯 개의 점 A, B, C, D, E의 좌표를 나타낸 것으로 옳은 것은?

① $A(3, 0)$
② $B(2, -3)$
③ $C(0, 4)$
④ $D(-4, -2)$
⑤ $E(3, 3)$

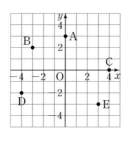

풀이 과정

점의 좌표는 순서쌍 (x좌표, y좌표)로 나타낸다.

① $A(0, 3)$ ② $B(-3, 2)$ ③ $C(4, 0)$ ⑤ $E(3, -3)$

따라서 옳은 것은 ④ $D(-4, -2)$이다.

정답 ④

02·Ⓐ (숫자 Change)

좌표평면 위에 네 점 A, B, C, D를 각각 나타내시오.

$A(1, 3)$, $B(-2, 2)$,
$C(-3, -4)$, $D(0, -1)$

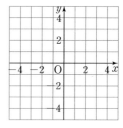

02·Ⓑ (표현 Change)

좌표평면 위의 세 점 A, B, C의 x좌표의 합을 a, y좌표의 합을 b라 할 때, $a-b$의 값을 구하시오.

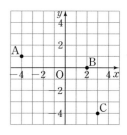

대표유형 **03** x축 또는 y축 위의 점의 좌표

∩ 유형ON >>> 155쪽

다음 점의 좌표를 구하시오.

(1) x축 위에 있고, x좌표가 -4인 점

(2) y축 위에 있고, y좌표가 7인 점

풀이 과정

(1) x축 위에 있는 점의 좌표는 (x좌표, 0)이므로 구하는 점의 좌표는 $(-4, 0)$이다.

(2) y축 위에 있는 점의 좌표는 (0, y좌표)이므로 구하는 점의 좌표는 $(0, 7)$이다.

정답 (1) $(-4, 0)$ (2) $(0, 7)$

03·ⓐ 숫자 Change

다음 점의 좌표를 구하시오.

(1) x축 위에 있고, x좌표가 $\dfrac{5}{8}$인 점

(2) y축 위에 있고, y좌표가 -3.6인 점

03·ⓑ 표현 Change

점 $A(a-2, 4-a)$는 x축 위의 점이고,
점 $B(b+7, b-4)$는 y축 위의 점일 때, $a+b$의 값은?

① -8 ② -5 ③ -3
④ 6 ⑤ 8

대표유형 **04** 좌표평면 위의 도형의 넓이

∩ 유형ON >>> 155쪽

좌표평면 위에 세 점
$A(-4, -3)$, $B(2, -3)$, $C(1, 2)$
를 꼭짓점으로 하는 삼각형 ABC를
그리고, 삼각형 ABC의 넓이를 구
하시오.

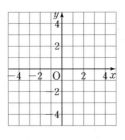

풀이 과정

좌표평면 위에 세 점 A, B, C를 꼭짓점으로 하
는 삼각형 ABC를 나타내면 그림과 같다.

∴ (삼각형 ABC의 넓이)

$= \dfrac{1}{2} \times \{2-(-4)\} \times \{2-(-3)\}$

$= \dfrac{1}{2} \times 6 \times 5 = 15$

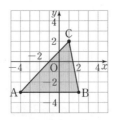

정답 풀이 참조, 15

04·ⓐ 표현 Change

좌표평면 위의 세 점 $A(2, 3)$, $B(2, -2)$, $C(-2, 0)$을
꼭짓점으로 하는 삼각형 ABC의 넓이를 구하시오.

04·ⓑ 표현 Change

좌표평면 위의 네 점 $A(1, 3)$, $B(-4, 3)$, $C(-4, -1)$,
$D(1, -1)$을 꼭짓점으로 하는 사각형 ABCD의 넓이를 구
하시오.

02 사분면

좌표평면은 좌표축에 의하여 네 부분으로 나뉘는데, 그 각각을

제1사분면, 제2사분면, 제3사분면, 제4사분면

이라 한다.

사분면 위의 점의 좌표의 부호는 다음과 같다.

	x좌표	y좌표
제1사분면	+	+
제2사분면	−	+

	x좌표	y좌표
제3사분면	−	−
제4사분면	+	−

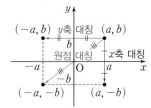

제2사분면 $(-, +)$	제1사분면 $(+, +)$
제3사분면 $(-, -)$	제4사분면 $(+, -)$

→ 원점, x축 위의 점 또는 y축 위의 점

좌표축 위의 점은 어느 사분면에도 속하지 않는다.

사분면 위의 점 (x, y)의 좌표의 부호

(1) 제1사분면 : $x>0$, $y>0$
(2) 제2사분면 : $x<0$, $y>0$
(3) 제3사분면 : $x<0$, $y<0$
(4) 제4사분면 : $x>0$, $y<0$

[예시] (1) 점 $(\underset{+}{1}, \underset{+}{2})$ ⇒ 제1사분면 위의 점　(2) 점 $(\underset{-}{-1}, \underset{+}{2})$ ⇒ 제2사분면 위의 점

(3) 점 $(\underset{-}{-1}, \underset{-}{-2})$ ⇒ 제3사분면 위의 점　(4) 점 $(\underset{+}{1}, \underset{-}{-2})$ ⇒ 제4사분면 위의 점

[참고] (1) 두 수 a, b의 부호가 같을 때, 즉 $ab>0$일 때
① $a+b>0$인 경우 ⇒ $a>0$, $b>0$
② $a+b<0$인 경우 ⇒ $a<0$, $b<0$

(2) 두 수 a, b의 부호가 다를 때, 즉 $ab<0$일 때
① $a-b>0$인 경우 ⇒ $a>0$, $b<0$
② $a-b<0$인 경우 ⇒ $a<0$, $b>0$

용어 설명

사분면(사 四, 나눌 分, 면 面)
4개로 나누어진 면

바이블 POINT

대칭인 점의 좌표

점 (a, b)와 대칭인 점의 좌표는 다음과 같다.

(1) x축에 대하여 대칭인 점 ⇒ $(a, -b)$
└ y좌표의 부호만 반대

(2) y축에 대하여 대칭인 점 ⇒ $(-a, b)$
└ x좌표의 부호만 반대

(3) 원점에 대하여 대칭인 점 ⇒ $(-a, -b)$
└ x축에 대하여 대칭이동한 후　└ x좌표, y좌표의 부호가 모두 반대
y축에 대하여 대칭이동한 것과 같다.

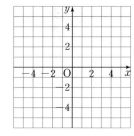

$(-a, b)$ y축 대칭 (a, b)
원점 대칭　x축 대칭
$(-a, -b)$ $(a, -b)$

개념 CHECK **01**

• 사분면 위의 점의 좌표의 부호
(1) 제1사분면 ⇒ $(+, ⊙)$
(2) 제2사분면 ⇒ $(ⓒ, +)$
(3) 제3사분면 ⇒ $(-, ⓒ)$
(4) 제4사분면 ⇒ $(ⓔ, -)$

좌표평면 위에 네 점 A, B, C, D를 각각 나타내고, 각 점은 제몇 사분면 위의 점인지 구하시오.

(1) A$(4, 4)$

(2) B$(3, -5)$

(3) C$(-5, 1)$

(4) D$(-2, -3)$

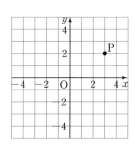

개념 CHECK **02**

• 점 (a, b)와
(1) x축에 대하여 대칭인 점
⇒ $(a, ⓜ)$
(2) y축에 대하여 대칭인 점
⇒ $(ⓗ, b)$
(3) ⓐ 에 대하여 대칭인 점
⇒ $(-a, -b)$

점 P$(3, 2)$에 대하여 다음 점을 좌표평면 위에 나타내고, 좌표를 구하시오.

(1) x축에 대하여 대칭인 점 Q

(2) y축에 대하여 대칭인 점 R

(3) 원점에 대하여 대칭인 점 S

답 | ⊙ + ⓒ − ⓒ − ⓔ + ⓜ $-b$
ⓗ $-a$ ⓐ 원점

다음 중 제2사분면 위의 점인 것은?

① $(0, -1)$ ② $(3, -2)$ ③ $(4, 1)$

④ $(-1, -5)$ ⑤ $(-4, 2)$

풀이 과정

① y축 위의 점이므로 어느 사분면에도 속하지 않는다.

② 제4사분면

③ 제1사분면

④ 제3사분면

⑤ 제2사분면

따라서 제2사분면 위의 점은 ⑤ $(-4, 2)$이다.

정답 ⑤

BIBLE SAYS 사분면 위의 점 (x, y)의 좌표의 부호

05·Ⓐ (숫자 Change)

다음 중 제3사분면 위의 점인 것은?

① $(2, -4)$ ② $(-3, 1)$ ③ $(5, 4)$

④ $(-1, -6)$ ⑤ $(2, 0)$

05·Ⓑ (표현 Change)

다음 중 점의 좌표와 그 점이 속하는 사분면이 바르게 짝 지어진 것을 모두 고르면? (정답 2개)

① $(1, 7)$ ⇨ 제1사분면

② $(-3, 0)$ ⇨ 제1사분면

③ $(4, -2)$ ⇨ 제4사분면

④ $(-3, 3)$ ⇨ 제3사분면

⑤ $(-6, -1)$ ⇨ 제2사분면

점 $P(a, b)$가 제3사분면 위의 점일 때, 점 $Q(b, -a)$는 제 몇 사분면 위의 점인지 구하시오.

풀이 과정

점 $P(a, b)$가 제3사분면 위의 점이므로 $a<0, b<0$

점 $Q(b, -a)$에서 (x좌표)$=b<0$, (y좌표)$=-a>0$이므로 점 Q는 제2사분면 위의 점이다.

정답 제2사분면

BIBLE SAYS 두 수의 곱의 부호

(1) (양수)×(양수)=(양수) ⎤
    (음수)×(음수)=(양수) ⎦ 부호가 같은 두 수의 곱은 양수

(2) (양수)×(음수)=(음수) ⎤
    (음수)×(양수)=(음수) ⎦ 부호가 다른 두 수의 곱은 음수

06·Ⓐ (숫자 Change)

점 $A(a, b)$가 제4사분면 위의 점일 때, 점 $B(b, a)$는 제몇 사분면 위의 점인지 구하시오.

06·Ⓑ (표현 Change)

점 (a, b)가 제2사분면 위의 점일 때, 다음 중 제1사분면 위의 점은?

① $(a, -b)$ ② $(-a, b)$ ③ (b, a)

④ $(ab, -a)$ ⑤ (b, ab)

---

07 사분면의 판단 (2) – 두 수의 부호를 이용하는 경우

⋒유형ON >>> 158쪽

$ab<0$, $a-b>0$일 때, 점 (a, b)는 제몇 사분면 위의 점인지 구하시오.

풀이 과정

$ab<0$이므로 a와 b의 부호가 서로 다르다.
이때 $a-b>0$이므로 $a>0$, $b<0$
따라서 점 (a, b)는 제4사분면 위의 점이다.

정답 제4사분면

07·A (숫자 Change)

$ab>0$, $a+b<0$일 때, 점 (a, b)는 제몇 사분면 위의 점인지 구하시오.

07·B (표현 Change)

$ab<0$, $a<b$일 때, 다음 중 제3사분면 위의 점은?

① (a, b) ② (b, a) ③ $(-a, b)$
④ $(a, -b)$ ⑤ $(-a, -b)$

08 대칭인 점의 좌표

⋒유형ON >>> 159쪽

다음 중 점 $(5, -2)$와 x축에 대하여 대칭인 점의 좌표는?

① $(5, 2)$ ② $(-5, 2)$ ③ $(-5, -2)$
④ $(-2, 5)$ ⑤ $(2, -5)$

풀이 과정

x축에 대하여 대칭인 점은 y좌표의 부호만 반대이다.
따라서 점 $(5, -2)$와 x축에 대하여 대칭인 점의 좌표는 ① $(5, 2)$이다.

정답 ①

08·A (숫자 Change)

다음 중 점 $(-3, -4)$와 y축에 대하여 대칭인 점의 좌표는?

① $(3, 4)$ ② $(-3, 4)$ ③ $(3, -4)$
④ $(-4, -3)$ ⑤ $(4, 3)$

08·B (표현 Change)

좌표평면 위의 두 점 $A(a, -2)$, $B(4, b)$가 원점에 대하여 대칭일 때, $a+b$의 값을 구하시오.

01

두 순서쌍 $\left(\frac{1}{2}a, -1\right)$, $(-4, 3b+2)$가 서로 같을 때, $b-a$의 값은?

① 5   ② 6   ③ 7
④ 8   ⑤ 9

02
대표 유형 02

다음 중 좌표평면 위의 다섯 개의 점 A, B, C, D, E의 좌표를 나타낸 것으로 옳지 <u>않은</u> 것을 모두 고르면?

(정답 2개)

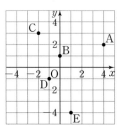

① A(4, 2)   ② B(1, 0)
③ C(-2, 3)   ④ D(-1, 1)
⑤ E(1, -4)

03 생각이 쑥쑥
대표 유형 02

그림과 같이 직사각형 ABCD가 좌표평면 위에 있을 때, 두 점 A, C의 좌표를 각각 구하시오. (단, 직사각형 ABCD의 네 변은 각각 좌표축에 평행하다.)

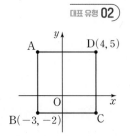

04
대표 유형 03

다음 중 x축 위에 있고, x좌표가 $-\frac{11}{6}$인 점의 좌표는?

① $\left(-\frac{11}{6}, -\frac{11}{6}\right)$ ② $\left(-\frac{11}{6}, 0\right)$
③ $\left(-\frac{11}{6}, \frac{11}{6}\right)$ ④ $\left(0, -\frac{11}{6}\right)$
⑤ $\left(\frac{11}{6}, -\frac{11}{6}\right)$

05
대표 유형 03

점 A$(a+3, 2a-4)$는 x축 위의 점이고, 점 B$(5-b, -2b)$는 y축 위의 점일 때, $a+b$의 값을 구하시오.

06
대표 유형 04

좌표평면 위의 세 점 A$(-2, 1)$, B$(-2, -3)$, C$(4, 3)$을 꼭짓점으로 하는 삼각형 ABC의 넓이를 구하시오.

07
대표 유형 05

다음 보기 중 제4사분면 위의 점은 모두 몇 개인지 구하시오.

보기
ㄱ. $(-1, 2)$ ㄴ. $(3, -4)$ ㄷ. $(5, 1)$
ㄹ. $(0, 4)$ ㅁ. $(-2, -5)$ ㅂ. $(1, -3)$

08
대표 유형 05

다음 중 옳은 것은?

① 점 $(0, 2)$는 x축 위의 점이다.

② 점 $(1, 0)$은 제1사분면 위의 점이다.

③ 점 $(-2, 1)$은 제2사분면 위의 점이다.

④ 점 $(3, -1)$은 제3사분면 위의 점이다.

⑤ 점 $(-1, -4)$는 제4사분면 위의 점이다.

09
대표 유형 06

점 (b, a)가 제2사분면 위의 점일 때, 점 $(b-a, a)$는 제몇 사분면 위의 점인지 구하시오.

10
대표 유형 06

점 (a, b)가 제4사분면 위의 점일 때, 다음 중 항상 옳은 것을 모두 고르면? (정답 2개)

① $ab > 0$ ② $\dfrac{a}{b} < 0$ ③ $a+b > 0$

④ $a-b < 0$ ⑤ $b-a < 0$

11
대표 유형 07

$a > 0$, $-b < 0$일 때, 다음 중 제3사분면 위의 점은?

① $(-a, b)$ ② (b, a) ③ (ab, a)

④ $\left(\dfrac{a}{b}, -b\right)$ ⑤ $(-a-b, -a)$

12
생각이 쑥쑥 **대표 유형 07**

$ab < 0$, $b-a < 0$일 때, 다음 중 점 $(a, -b)$와 같은 사분면 위의 점은?

① $(0, 5)$ ② $(-1, -2)$ ③ $(-3, 1)$

④ $(2, 4)$ ⑤ $(1, -4)$

13
대표 유형 08

다음 중 점 $(-6, 1)$과 원점에 대하여 대칭인 점의 좌표는?

① $(6, 1)$ ② $(6, -1)$ ③ $(-6, -1)$

④ $(1, -6)$ ⑤ $(-1, 6)$

14
대표 유형 08

좌표평면 위의 두 점 $A(-3, a+2)$, $B(1-b, 5)$가 y축에 대하여 대칭일 때, $a+b$의 값을 구하시오.

03 그래프

···· Ⅳ09 순서쌍과 좌표

(1) **변수** : x, y와 같이 여러 가지로 변하는 값을 나타내는 문자

(2) **그래프** : 두 변수 x, y의 순서쌍 (x, y)를 좌표로 하는 점 전체를 좌표평면 위에 나타낸 것

(3) **그래프의 이해** : 주어진 두 변수 사이의 관계를 좌표평면 위에 그래프로 나타내면 두 변수의 변화 관계를 알 수 있다.

> 변수와 달리 일정한 값을 갖는 수나 문자를 상수라 한다.
>
> 그래프는 점, 직선, 곡선 등으로 나타낼 수 있다.
>
> 그래프를 이용하면 두 변수 사이의 증가와 감소, 변화의 빠르기, 변화의 전체 흐름 등을 쉽게 파악할 수 있다.

(예시) 그림은 시간에 따른 자동차의 속력을 그래프로 나타낸 것이고, 이 그래프에서 속력의 변화를 해석하면 다음 표와 같다.

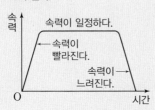

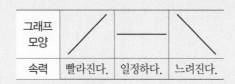

그래프 모양	╱	—	╲
속력	빨라진다.	일정하다.	느려진다.

바이블 POINT

x의 값이 증가함에 따라 변화하는 양을 y라 할 때, y의 값의 변화는 다음과 같다.

➡ 빠르게 증가하다가 점점 느리게 증가한다.

➡ 느리게 증가하다가 점점 빠르게 증가한다.

➡ 느리게 감소하다가 점점 빠르게 감소한다.

➡ 빠르게 감소하다가 점점 느리게 감소한다.

➡ 증가와 감소를 반복한다.

개념 CHECK 01

• 두 변수 사이의 관계를 좌표평면 위에 점, 직선, 곡선 등으로 나타낸 그림을 ⊙ [ ]라 한다.

수정이가 1세일 때, 오빠는 4세이었다. 수정이의 나이가 x세일 때, 오빠의 나이를 y세라 하자. 다음 표를 완성하고, 두 변수 x와 y 사이의 관계를 그래프로 나타내시오.

x	1	2	3	4	5
y	4				
(x, y)					

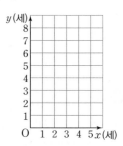

개념 CHECK 02

현준이가 집에서 출발하여 5 km 떨어져 있는 서점에 가서 책을 사고 다시 집으로 돌아왔다. 그림은 현준이가 집에서 출발한 지 x분 후의 집으로부터 떨어진 거리를 y km라 할 때, x와 y 사이의 관계를 그래프로 나타낸 것이다. 다음 □ 안에 알맞은 수를 써넣으시오. (단, 집에서 서점까지의 길은 직선이다.)

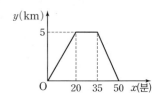

(1) 현준이는 집에서 출발한 지 [ ]분 후에 서점에 도착하였다.

(2) 서점에서 책을 사는 데 걸린 시간은 [ ]분이다.

(3) 현준이가 집에서 출발하여 다시 집으로 돌아올 때까지 걸린 시간은 [ ]분이다.

답 | ⊙ 그래프

<table>
<tr><td>대표
유형</td><td>**01**</td><td>**상황에 맞는 그래프 찾기**</td></tr>
</table>

⋔ 유형ON >>> 161쪽

다음 상황을 읽고, 시간에 따른 물병 안에 남은 물의 양을 나타낸 그래프로 가장 알맞은 것을 보기에서 고르시오.

경진이는 등산을 하기 전에 물 한 병을 사서 반쯤 마신 후, 가방에 넣었다. 정상에 도착한 후 남은 물을 다 마셨다.

보기
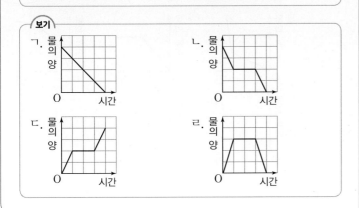

풀이 과정

물을 마실 때 시간이 지날수록 그래프의 모양은 오른쪽 아래로 향한다.
물을 반쯤 마신 후, 가방에 넣고 정상에 도착하기 전까지의 그래프의 모양은 수평이다.
따라서 그래프로 가장 알맞은 것은 ㄴ이다.

정답 ㄴ

01 · Ⓐ 숫자 Change

다음 상황을 읽고, 시간에 따른 속력의 변화를 나타낸 그래프로 가장 알맞은 것을 보기에서 고르시오.

운동장을 일정한 속력으로 달리던 지성이가 물을 마시기 위하여 점점 속력을 줄인 후 잠시 멈추었다가 출발하여 점점 속력을 높인 후 다시 일정한 속력으로 달렸다.

보기
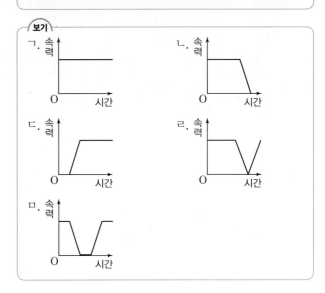

01 · Ⓑ 표현 Change

이동한 시간 x에 따른 집으로부터 떨어진 거리를 y라 할 때, 다음 상황을 나타낸 그래프로 가장 알맞은 것을 보기에서 각각 고르시오. (단, 지은, 혜지, 도진이는 직선으로 이동한다.)

보기
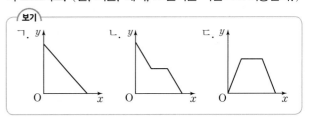

(1) 지은이는 학교에서 출발하여 일정한 속력으로 걸어서 곧바로 집으로 돌아갔다.

(2) 혜지는 집에서 출발하여 일정한 속력으로 공원에 가서 쉬다가 다시 집으로 돌아왔다.

(3) 도진이는 학교에서 출발하여 일정한 속력으로 걸어서 마트에 들른 후 음료수를 사고 집으로 왔다.
(단, 마트는 학교와 집 사이에 있다.)

그림과 같이 밑면의 크기가 서로 다른 원기둥 모양의 세 그릇 A, B, C에 물을 채우려고 할 때, 일정한 속력으로 물을 채우기 시작한 지 x분 후의 물의 높이를 y cm라 하자. 각 그릇에 알맞은 그래프를 다음 보기에서 각각 골라 짝 지으시오.

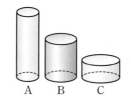

A   B   C

보기

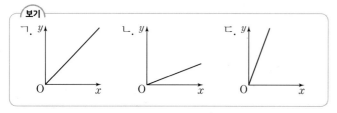

ㄱ. y ㄴ. y ㄷ. y

풀이 과정

그릇의 밑면의 반지름의 길이가 길수록 같은 시간 동안 물의 높이는 느리게 증가한다.

세 그릇 A, B, C의 밑면의 반지름의 길이는 A<B<C이므로 각 그릇에 알맞은 그래프는 A−ㄷ, B−ㄱ, C−ㄴ이다.

정답 A−ㄷ, B−ㄱ, C−ㄴ

02·Ⓐ (숫자 Change)

그림과 같은 물병에 일정한 속력으로 물을 채울 때, 다음 중 시간에 따른 물의 높이를 나타낸 그래프로 가장 알맞은 것은?

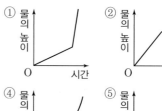

① 물의 높이 ⋯ 시간   ② 물의 높이 ⋯ 시간   ③ 물의 높이 ⋯ 시간

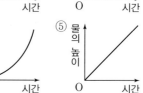

④ 물의 높이 ⋯ 시간   ⑤ 물의 높이 ⋯ 시간

02·Ⓑ (표현 Change)

그림은 어떤 그릇에 시간당 일정한 양의 물을 채울 때, 경과 시간 x분과 물의 높이 y cm 사이의 관계를 그래프로 나타낸 것이다. 이 그릇의 모양으로 가장 알맞은 것을 다음 보기에서 고르시오.

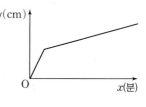

y(cm)

x(분)

보기

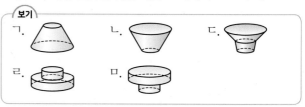

ㄱ.   ㄴ.   ㄷ.

ㄹ.   ㅁ.

02·Ⓒ (표현 Change)

그림과 같은 물병에 일정한 속력으로 물을 채울 때, 다음 중 경과 시간 x에 따른 물의 높이 y를 나타낸 그래프로 가장 알맞은 것은?

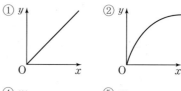

① y ⋯ x ② y ⋯ x ③ y ⋯ x

④ y ⋯ x ⑤ y ⋯ x

BIBLE SAYS 물통에 시간당 일정한 양의 물을 채울 때

(1) 물통의 폭이 일정하면 물의 높이는 일정하게 증가한다.

(2) 물통의 폭이 위로 갈수록 점점 넓어지면 물의 높이는 점점 느리게 증가한다.

(3) 물통의 폭이 위로 갈수록 점점 좁아지면 물의 높이는 점점 빠르게 증가한다.

대표유형 **03** 그래프의 해석 (1)

⋂ 유형ON >>> 159쪽

그림은 민수가 집에서 학교까지 가는데 집에서 출발한 지 x분 후의 집으로부터 떨어진 거리를 y m라 할 때, x와 y 사이의 관계를 그래프로 나타낸 것이다. 다음 물음에 답하시오. (단, 민수는 직선으로 이동한다.)

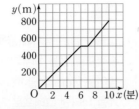

(1) 민수가 집에서 출발한 후 6분 동안 이동한 거리를 구하시오.

(2) 민수가 집에서 출발한 후 멈춰 있다가 다시 이동하기 시작한 것은 집에서 출발한 지 몇 분 후인지 구하시오.

풀이 과정

(1) $x=6$일 때 $y=500$이므로 집에서 출발한 후 6분 동안 이동한 거리는 500 m이다.

(2) 민수가 멈춰 있는 동안에는 이동 거리에 변화가 없으므로 민수가 멈춰 있을 때에는 집에서 출발한 지 6분 후부터 7분 후까지이다.
따라서 민수가 멈춰 있다가 다시 이동하기 시작한 것은 집에서 출발한 지 7분 후이다.

정답 (1) 500 m (2) 7분 후

03·Ⓐ 숫자 Change

일정한 속력으로 달리던 자전거의 브레이크를 잡아서 자전거가 멈췄다. 그림은 x초일 때의 자전거의 속력을 초속 y m라 할 때, x와 y 사이의 관계를 그래프로 나타낸 것이다. 다음 물음에 답하시오.

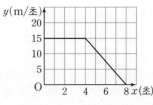

(1) 브레이크를 잡기 전의 자전거의 속력을 구하시오.

(2) 속력이 감소하기 시작하여 자전거가 완전히 멈출 때까지 걸린 시간을 구하시오.

03·Ⓑ 표현 Change

지혜는 강수량을 알아보기 위해 물통을 밖에 놓고 빗물을 받아 빗물의 높이를 측정하였다. 그림은 비가 오기 시작한 지 x분 후의 빗물의 높이를 y mm라 할 때, x와 y 사이의 관계를 그래프로 나타낸 것이다. 비가 오기 시작한 지 30분 후의 빗물의 높이를 구하시오.

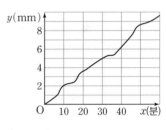

대표유형 **04** 그래프의 해석 (2) - 반복하는 그래프

⋂ 유형ON >>> 159쪽

그림은 시계 방향으로 운행하는 대관람차가 운행을 시작한 후 경과 시간과 대관람차 A칸의 지면으로부터의 높이 사이의 관계를 그래프로 나타낸 것이다. 운행을 시작한 후 40분 동안 대관람차는 몇 바퀴 회전하였는지 구하시오.

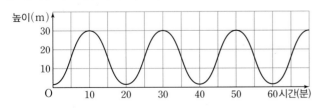

풀이 과정

대관람차 A칸은 운행을 시작한 지 10분 후까지 위로 올라가다가 10분 후부터 20분 후까지 아래로 내려와 원래 위치로 돌아오는 것을 알 수 있다.
따라서 대관람차가 한 바퀴 회전할 때, 20분이 걸리므로 40분 동안 대관람차는 2바퀴 회전한다.

정답 2바퀴

04·Ⓐ 숫자 Change

어느 항구에서 하루 동안 해수면의 높이를 측정하였다. 그림은 시각이 x시일 때의 해수면의 높이를 y m라 할 때, x와 y 사이의 관계를 그래프로 나타낸 것이다. 해수면의 높이가 5 m가 되는 순간은 하루에 몇 번 일어나는가?

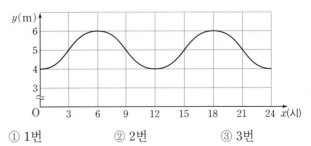

① 1번   ② 2번   ③ 3번
④ 4번   ⑤ 5번

01

대표 유형 01

다음 상황을 읽고, 시간에 따른 하루 동안의 습도 변화를 나타낸 그래프로 가장 알맞은 것을 보기에서 고르시오.

> 오전 몇 시간 동안은 습도에 변화가 없었다. 그 후 습도가 내려 가다가 다시 몇 시간 동안 변함이 없었고, 해가 지면서 습도가 올라갔다.

보기

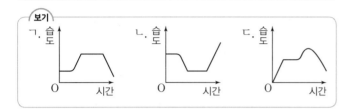

02 생각이 쑥쑥

대표 유형 01

그림은 민지가 집에서 출발하여 수민이네 집에 도착할 때까지 민지네 집으로부터 떨어진 거리를 시간에 따라 나타낸 그래프이다. 다음 상황을 나타내는 구간은?

> 민지는 놓고 온 물건이 생각나서 다시 집으로 돌아갔다.

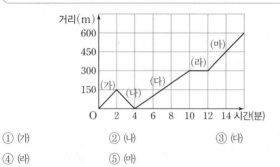

① (가)　　② (나)　　③ (다)
④ (라)　　⑤ (마)

03

대표 유형 01

그림은 김포 공항에서 제주 공항까지 가는 비행기가 출발한 지 x시간 후의 고도를 y km라 할 때, x와 y 사이의 관계를 그래프로 나타낸 것이다. 다음 중 구간 (가)에 대한 설명으로 가장 적절한 것은?

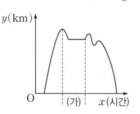

① 활주로를 달린다.
② 고도를 높인다.
③ 고도를 낮추면서 착륙한다.
④ 고도를 낮춘 후 일정하게 고도를 유지하면서 비행한다.
⑤ 고도의 변화가 심하다.

04

대표 유형 02

그림과 같은 용기에 물을 채우려고 한다. 일정한 속력으로 물을 채우기 시작한 지 x초 후의 물의 높이를 y cm라 할 때, 다음 중 x와 y 사이의 관계를 나타낸 그래프로 가장 알맞은 것은?

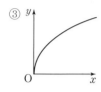

05

대표 유형 03

그림은 끓는 물을 실온에 놓아 둔 지 x분 후의 물의 온도를 y °C라 할 때, x와 y 사이의 관계를 그래프로 나타낸 것이다. 실온에 놓아둔 지 4분 후와 10분 후의 물의 온도의 차를 구하시오.

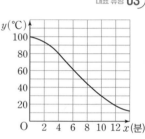

06

대표 유형 03

어느 통신사의 데이터 요금제는 기본 요금과 추가 요금으로 구성된다. 데이터를 x GB 사용할 때의 요금을 y만 원이라 할 때, 다음에서 설명하는 요금제를 그래프로 나타내면 그림과 같다. $a+b+c$의 값을 구하시오.

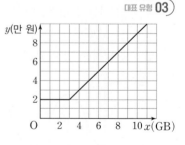

> 기본 요금 a만 원에 데이터 b GB를 기본으로 제공하고, 기본 제공량을 모두 사용한 후에는 1 GB당 c만 원씩 요금이 추가된다.

● 워크북 097쪽 ● 정답과 풀이 075쪽

09 순서쌍과 좌표

07

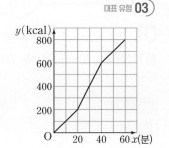

그림은 민서가 자전거를 탄 지 x분 후의 소모되는 열량을 y kcal라 할 때, x와 y 사이의 관계를 그래프로 나타낸 것이다. 다음 보기 중 옳은 것을 모두 고르시오.

보기

ㄱ. 자전거를 1시간 동안 탔을 때, 소모되는 열량은 800 kcal 이다.

ㄴ. 600 kcal를 소모하려면 자전거를 30분 동안 타야 한다.

ㄷ. 자전거를 30분 동안 탔을 때 소모되는 열량은 자전거를 20분 동안 탔을 때 소모되는 열량의 2배이다.

08

대표 유형 03

재석이는 집으로부터 2400 m 떨어진 학교를 가는데 도중에 편의점에 들러 음료수를 구입하였다. 그림은 재석이가 출발한 지 x분 후의 집으로부터 떨어진 거리를 y m라 할 때, x와 y 사이의 관계를 그래프로 나타낸 것이다. 다음 중 옳지 않은 것은? (단, 재석이는 직선으로 이동한다.)

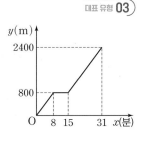

① 집을 출발하여 학교에 가는 데 걸린 시간은 31분이다.
② 집에서 편의점까지의 거리는 800 m이다.
③ 편의점에서 학교까지의 거리는 1700 m이다.
④ 편의점에서 음료수를 구입하는 데 걸린 시간은 7분이다.
⑤ 집에서 편의점까지 갈 때의 속력은 분속 100 m이다.

09

대표 유형 03

그림은 5 km 단축 마라톤 대회에 참가한 A, B 두 사람이 출발점에서 동시에 출발하여 x분 동안 달린 거리를 y km라 할 때, x와 y 사이의 관계를 그래프로 나타낸 것이다. 다음 물음에 답하시오. (단, 마라톤 코스는 직선이다.)

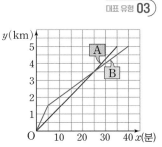

(1) A, B 두 사람이 만나는 것은 출발한 지 몇 분 후인지 구하시오.

(2) 출발한 지 35분 후 A, B 두 사람 사이의 거리는 몇 km인지 구하시오.

10

대표 유형 04

그림은 일정한 속력으로 움직이는 회전목마의 시간에 따른 지면으로부터 높이의 변화를 그래프로 나타낸 것이다. 회전목마는 한 바퀴 도는 데 16초가 걸리고, 매 바퀴 지면으로부터 높이의 변화가 동일하다고 한다. 회전목마는 움직이기 시작한 후 31초 동안 가장 높은 위치까지 몇 번 올라가는가?

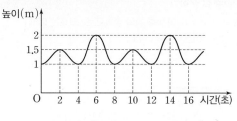

① 3번   ② 4번   ③ 5번
④ 6번   ⑤ 7번

11 생각이 쑥쑥

대표 유형 04

그림은 원 모양의 대관람차의 어느 칸의 출발한 지 x분 후의 지면으로부터의 높이를 y m라 할 때, x와 y 사이의 관계를 그래프로 나타낸 것이다. 다음 중 옳지 않은 것은?

 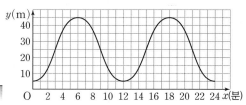

① 가장 낮은 위치에 있을 때 지면으로부터의 높이는 5 m이다.
② 가장 높은 위치에 있을 때 지면으로부터의 높이는 45 m이다.
③ 대관람차의 지름은 40 m이다.
④ 출발한 지 12분 후부터 15분 후까지는 지면으로부터의 높이가 점점 높아진다.
⑤ 한 바퀴를 돌아 처음 자리로 되돌아오는 데 걸리는 시간은 24분이다.

함께 풀기

점 $(2a-1, 3b+6)$은 x축 위의 점이고, 점 $\left(1-\dfrac{1}{4}a, 2b+3\right)$은 y축 위의 점일 때, ab의 값을 구하시오.

풀이 과정

1단계 b의 값 구하기

점 $(2a-1, 3b+6)$이 x축 위의 점이므로 y좌표는 0이다.

즉, $3b+6=0$이므로 $3b=-6$ ∴ $b=-2$ ······ 40%

2단계 a의 값 구하기

점 $\left(1-\dfrac{1}{4}a, 2b+3\right)$이 y축 위의 점이므로 x좌표는 0이다.

즉, $1-\dfrac{1}{4}a=0$이므로 $-\dfrac{1}{4}a=-1$ ∴ $a=4$ ······ 40%

3단계 ab의 값 구하기

∴ $ab=4\times(-2)=-8$ ······ 20%

정답 _____ -8

따라 풀기

01 점 A$(a+5, 2a-6)$은 x축 위의 점이고, 점 B$(2b+4, b-11)$은 y축 위의 점일 때, ab의 값을 구하시오.

풀이 과정

1단계 a의 값 구하기

2단계 b의 값 구하기

3단계 ab의 값 구하기

정답 _____

함께 풀기

점 (a, b)가 제2사분면 위의 점일 때, 점 $(ab, a-b)$는 제몇 사분면 위의 점인지 구하시오.

풀이 과정

1단계 a, b의 부호 구하기

점 (a, b)가 제2사분면 위의 점이므로
$a<0$, $b>0$ ······ 30%

2단계 ab, $a-b$의 부호 구하기

$a<0$, $b>0$이므로 $ab<0$, $a-b<0$ ······ 40%

3단계 점 $(ab, a-b)$가 속하는 사분면 구하기

따라서 점 $(ab, a-b)$는 제3사분면 위의 점이다.   ······ 30%

정답 _____ 제3사분면

따라 풀기

02 점 $(-a, b)$가 제3사분면 위의 점일 때, 점 $(ab, a-b)$는 제몇 사분면 위의 점인지 구하시오.

풀이 과정

1단계 a, b의 부호 구하기

2단계 ab, $a-b$의 부호 구하기

3단계 점 $(ab, a-b)$가 속하는 사분면 구하기

정답 _____

03 좌표평면 위의 세 점 A$(-3, -2)$, B$(2, -2)$, C$(1, 4)$를 꼭짓점으로 하는 삼각형 ABC의 넓이를 구하시오.

> 풀이 과정

> 정답

04 두 점 $(4a+3, 7b+5)$, $(-a, 2b-5)$가 y축에 대하여 대칭일 때, $a-b$의 값을 구하시오.

> 풀이 과정

> 정답

05 그림은 미정이가 집에서 출발하여 편의점에 들러서 간식을 산 뒤 서점에서 친구를 만나 이야기를 나누고 집으로 돌아올 때까지 집에서 떨어진 거리를 시간에 따라 그래프로 나타낸 것이다. 집, 편의점, 서점은 순서대로 일직선 위에 있을 때, 다음 물음에 답하시오.

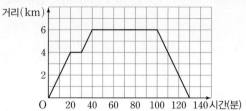

(1) 미정이가 편의점에서 간식을 사는 데 걸린 시간은 몇 분인지 구하시오.

(2) 미정이네 집에서 서점까지의 거리를 구하시오.

> 풀이 과정

> 정답

06 그림은 지후가 놀이기구에 탑승했을 때, 지후가 탄 놀이기구의 지면으로부터의 높이를 시간에 따라 그래프로 나타낸 것이다. 놀이기구가 움직이기 시작한 후 12초 동안 놀이기구가 가장 높이 올라갔을 때의 높이를 x m, 높이가 1.5 m인 지점에 도달한 것은 총 y번이라 할 때, $x+y$의 값을 구하시오.

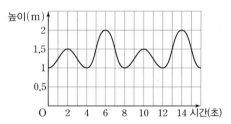

> 풀이 과정

> 정답

STEP 1 기본 다지기

01

두 순서쌍 $(3-a, -5)$, $(2, 2b-1)$이 서로 같을 때, $a+b$의 값은?

① -2　　　　② -1　　　　③ 0

④ 1　　　　⑤ 2

02

다음 중 좌표평면 위의 다섯 개의 점 A, B, C, D, E의 좌표를 나타낸 것으로 옳은 것은?

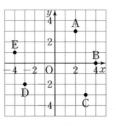

① $A(3, 2)$　　　② $B(0, 4)$

③ $C(-3, 3)$　　④ $D(-3, -2)$

⑤ $E(-4, 0)$

03

다음 중 옳지 <u>않은</u> 것은?

① 원점의 좌표는 $(0, 0)$이다.

② 점 $(3, 0)$은 x축 위의 점이다.

③ 점 $(0, -5)$는 y축 위의 점이다.

④ x좌표가 4, y좌표가 -2인 점의 좌표는 $(4, -2)$이다.

⑤ 점 $(2, -1)$과 점 $(-1, 2)$는 같은 점이다.

04

좌표평면 위의 네 점 $A(-2, 1)$, $B(-2, -4)$, $C(2, -4)$, $D(2, 4)$를 꼭짓점으로 하는 사각형 ABCD의 넓이를 구하시오.

05

점 $A(2, a)$가 제1사분면 위의 점이고, 점 $B(3, b)$가 제4사분면 위의 점일 때, 점 $C(-a, b)$는 제몇 사분면 위의 점인지 구하시오.

06

$a<0$, $b>0$일 때, 다음 중 점의 좌표와 그 점이 속하는 사분면을 바르게 짝 지은 것은?

① (a, b) ⇨ 제4사분면

② $(-b, a)$ ⇨ 제2사분면

③ $(ab, -a)$ ⇨ 제1사분면

④ $(b, a-b)$ ⇨ 제4사분면

⑤ $(b-a, -a)$ ⇨ 제3사분면

07

$ab>0$, $a+b>0$일 때, 점 $(a, -b)$는 제몇 사분면 위의 점인가?

① 제1사분면   ② 제2사분면

③ 제3사분면   ④ 제4사분면

⑤ 어느 사분면에도 속하지 않는다.

08

점 $(ab, a+b)$가 제4사분면 위의 점일 때, 다음 중 점 $\left(-a, \dfrac{b}{a}\right)$ 와 같은 사분면 위의 점은?

① $(-4, 1)$ ② $(-2, -3)$ ③ $(-1, 0)$

④ $(1, -6)$ ⑤ $(5, 2)$

09

그림은 형준이가 집에서 출발하여 문구점을 향하여 가는데 경과 시간 x에 따른 집으로부터 떨어진 거리를 y라 할 때, x와 y 사이의 관계를 그래프로 나타낸 것이다. 다음 중 이 그래프에 대한 설명으로 가장 적절한 것은? (단, 형준이는 직선으로 이동한다.)

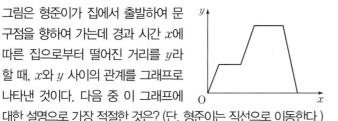

① 형준이는 집에서 문구점까지만 이동했고, 중간에 1번 멈춰 있었다.

② 형준이는 집에서 문구점까지만 이동했고, 중간에 2번 멈춰 있었다.

③ 형준이는 집에서 문구점까지만 이동했고, 중간에 3번 멈춰 있었다.

④ 형준이는 집에서 문구점까지 갔다가 다시 집에 왔고, 중간에 1번 멈춰 있었다.

⑤ 형준이는 집에서 문구점까지 갔다가 다시 집에 왔고, 중간에 2번 멈춰 있었다.

10

그림과 같은 그릇에 일정한 속력으로 물을 채울 때, 다음 중 경과 시간 x에 따른 물의 높이 y의 관계 변화를 나타낸 그래프로 가장 알맞은 것은?

  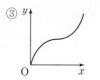

11

그림은 수영이가 자전거를 타고 어느 지역을 10시간 동안 여행할 때, 이동 시간에 따른 자전거의 속력을 그래프로 나타낸 것이다. 수영이가 자전거를 타고 이 지역을 여행하는 동안 자전거가 정지한 시간은 모두 몇 분인지 구하시오.

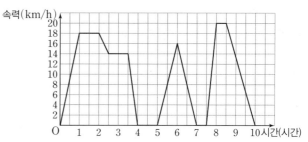

12

그림은 인호와 예지가 학교에서 동시에 출발하여 도서관까지 가는데 학교에서 출발한 지 x분 후의 학교로부터 떨어진 거리를 y km라 할 때, x와 y 사이의 관계를 그래프로 나타낸 것이다. 인호와 예지가 처음으로 만나는 것은 학교를 출발한 지 몇 분 후인지 구하시오. (단, 인호와 예지는 직선으로 이동한다.)

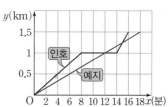

STEP 2 실력 다지기

13

$|a| < |b|$, $ab > 0$, $a+b < 0$일 때, 다음 점 중 속하는 사분면이 나머지 넷과 다른 하나는?

① $(-a, b)$ ② $(-b, a)$ ③ $(a-b, b-a)$

④ $(-a, -a-b)$ ⑤ $\left(\dfrac{b}{a}, b-a\right)$

14

$\dfrac{a}{b} < 0$, $a-b < 0$일 때, 점 $(b-a, a)$는 제몇 사분면 위의 점인가?

① 제1사분면   ② 제2사분면

③ 제3사분면   ④ 제4사분면

⑤ 어느 사분면에도 속하지 않는다.

15

점 A(3, 5)와 x축에 대하여 대칭인 점을 B, 점 A와 y축에 대하여 대칭인 점을 C라 할 때, 삼각형 ABC의 넓이를 구하시오.

16

그림은 정식이가 친구에게 초대를 받아 집을 출발하여 선물 가게에서 선물을 산 후, 친구네 집을 방문하여 놀고 다시 집으로 돌아올 때, 시각에 따른 집으로부터의 거리를 그래프로 나타낸 것이다. 다음 중 옳지 않은 것은? (단, 정식이네 집, 선물 가게, 친구네 집은 순서대로 일직선 위에 있다.)

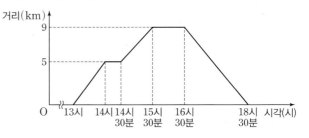

① 정식이가 집을 출발한 후 친구네 집을 방문하여 놀고 다시 집으로 돌아오는 데까지 5시간 30분이 걸렸다.

② 정식이네 집에서 선물 가게까지의 거리는 5 km이다.

③ 정식이가 선물 가게에서 선물을 사는 데 걸린 시간은 30분이고, 친구네 집을 방문하여 논 시간은 1시간이다.

④ 정식이는 선물 가게에서 친구네 집으로 가는 데 시속 8 km로 움직였다.

⑤ 정식이가 친구네 집에서 다시 집으로 돌아오는 데 걸린 시간은 2시간이다.

17

그림은 형과 동생이 집에서 출발하여 1 km 떨어진 학교까지 같은 직선 도로로 이동할 때, 집에서 떨어진 거리를 시간에 따라 그래프로 나타낸 것이다. 동

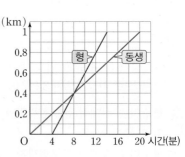

생이 출발한 지 a분 후에 형이 출발하였고, 형과 동생은 형이 출발한 지 b분 후에 만났다. $a+b$의 값을 구하시오.

정답을 맞힌 문항에 ○표를 하고 결과를 점검한 다음, 이 단원의 내용을 얼마나 성취했는지 확인하세요.

자기평가

문항 번호																
1	2	3	4	5	6	7	8	9	10	11	12	13	14	15	16	17

1개~8개 개념 학습이 필요해요!   **9개~11개** 부족한 부분을 검토해 봅시다!   **12개~14개** 실수를 줄여 봅시다!   **15개~17개** 훌륭합니다!

IV

10

정비례와 반비례

01 정비례

(1) **정비례** : 두 변수 x, y에 대하여 x의 값이 2배, 3배, 4배, …로 변함에 따라 y의 값도 2배, 3배, 4배, …로 변하는 관계가 있을 때, y는 x에 정비례한다고 한다.

(2) y가 x에 정비례하면 x와 y 사이의 관계식은
$$y=ax\,(a\neq0)$$
로 나타낼 수 있다.

(참고) y가 x에 정비례할 때, $\dfrac{y}{x}\,(x\neq0)$의 값은 항상 일정하다. ➡ $y=ax\,(a\neq0)$에서 $\dfrac{y}{x}=a$ (일정)

(예시)

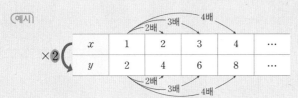

x	1	2	3	4	…
y	2	4	6	8	…

➡ ① x와 y 사이의 관계를 식으로 나타내면 $y=2x$

　② $\dfrac{y}{x}=\dfrac{2}{1}=\dfrac{4}{2}=\dfrac{6}{3}=\cdots=2$ (일정)

> 0이 아닌 a에 대하여 x와 y 사이의 관계를 나타내는 식이 $y=ax$, $\dfrac{y}{x}=a$ 꼴이면 y는 x에 정비례한다.
>
> $y=ax+b\,(a\neq0,\ b\neq0)$와 같이 0이 아닌 상수항 b가 있으면 y는 x에 정비례하지 않는다.

개념 CHECK　01

• 두 변수 x, y에 대하여 x의 값이 2배, 3배, 4배, …로 변함에 따라 y의 값도 2배, 3배, 4배, …로 변하는 관계가 있을 때, y는 x에 　⑦　 한다고 한다.

가로의 길이가 4 cm, 세로의 길이가 x cm인 직사각형의 넓이를 y cm²라 할 때, 다음 물음에 답하시오.

(1) 다음 표를 완성하시오.

x	1	2	3	4	5	…
y						…

(2) y가 x에 정비례하는지 말하시오.

(3) x와 y 사이의 관계식을 구하시오.

개념 CHECK　02

• y가 x에 정비례할 때, x와 y 사이의 관계식은 $y=$ 　ⓒ　 $(a\neq0)$로 나타낼 수 있다.

다음 중 y가 x에 정비례하는 것에는 ○표, 정비례하지 않는 것에는 ×표를 (　　) 안에 써넣으시오.

(1) $y=3x$ 　　　　　　(　　　)　　　(2) $y=\dfrac{5}{x}$ 　　　　　(　　　)

(3) $y=x+1$ 　　　　　(　　　)　　　(4) $y=-\dfrac{x}{4}$ 　　　　(　　　)

(5) $\dfrac{y}{x}=-1$ 　　　　(　　　)　　　(6) $xy=3$ 　　　　　　(　　　)

답 | ⑦ 정비례 ⓒ ax

대표유형 01 정비례 관계 찾기

유형ON >>> 168쪽

다음 중 y가 x에 정비례하는 것은?

① $y=\dfrac{x}{2}$ ② $y=\dfrac{3}{x}$ ③ $y=2x-1$

④ $xy=-4$ ⑤ $x+y=5$

풀이 과정

y가 x에 정비례하면 x와 y 사이의 관계식은 $y=ax$ $(a\neq0)$ 꼴로 나타내어진다.

④ $xy=-4$에서 $y=-\dfrac{4}{x}$

⑤ $x+y=5$에서 $y=-x+5$

따라서 y가 x에 정비례하는 것은 ①이다.

정답 ①

01·Ⓐ (숫자 Change)

다음 중 y가 x에 정비례하지 <u>않는</u> 것은?

① $y=\dfrac{1}{3}x$ ② $y=-x$ ③ $y=-\dfrac{x}{5}$

④ $\dfrac{y}{x}=4$ ⑤ $xy=2$

01·Ⓑ (표현 Change)

다음 중 y가 x에 정비례하지 <u>않는</u> 것을 모두 고르면?

(정답 2개)

① 토끼 x마리의 다리의 개수 y
② 올해 14세인 민정이의 x년 후의 나이 y세
③ 한 변의 길이가 x cm인 정삼각형의 둘레의 길이 y cm
④ 시속 10 km로 x km를 갔을 때 걸리는 시간 y시간
⑤ 하루 24시간 중 낮의 길이가 x시간일 때, 밤의 길이 y시간

대표유형 02 정비례 관계식 구하기

유형ON >>> 168쪽

y가 x에 정비례하고 $x=3$일 때 $y=-6$이다. 이때 x와 y 사이의 관계식을 구하시오.

풀이 과정

y가 x에 정비례하므로 $y=ax$로 놓고 $x=3$, $y=-6$을 대입하면

$-6=3a$ ∴ $a=-2$

따라서 x와 y 사이의 관계식은 $y=-2x$

정답 $y=-2x$

02·Ⓐ (숫자 Change)

y가 x에 정비례하고 $x=-8$일 때 $y=-20$이다. 이때 x와 y 사이의 관계식을 구하시오.

02·Ⓑ (표현 Change)

y가 x에 정비례하고 $x=-10$일 때 $y=4$이다. $y=-6$일 때 x의 값은?

① -15 ② -5 ③ 5
④ 15 ⑤ 20

BIBLE SAYS

y가 x에 정비례하고 $x=m$일 때 $y=n$이면 x와 y 사이의 관계식은 다음과 같은 순서로 구한다.

❶ $y=ax$ $(a\neq0)$로 놓는다.
❷ ❶의 식에 $x=m$, $y=n$을 대입하여 a의 값을 구한다.

02 정비례 관계 $y=ax\,(a\neq0)$의 그래프 ··· Ⅳ 10 정비례와 반비례

x의 값의 범위가 수 전체일 때, 정비례 관계 $y=ax\,(a\neq0)$의 그래프는 원점을 지나는 직선이다.

	$a>0$	$a<0$
그래프	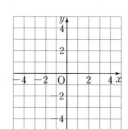	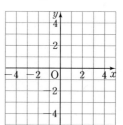
그래프의 모양	오른쪽 위(／)로 향하는 직선	오른쪽 아래(＼)로 향하는 직선
지나는 사분면	제1사분면, 제3사분면	제2사분면, 제4사분면
증가·감소 상태	x의 값이 증가하면 y의 값도 증가한다.	x의 값이 증가하면 y의 값은 감소한다.

(참고) 정비례 관계 $y=ax\,(a\neq0)$의 그래프는 a의 절댓값이 클수록 y축에 가깝다.

변수 x의 값이 유한개이면 그래프는 유한개의 점으로 나타나고, 수 전체이면 직선으로 나타난다.

특별한 말이 없으면 정비례 관계 $y=ax\,(a\neq0)$에서 x의 값의 범위는 수 전체로 생각한다.

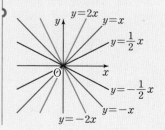

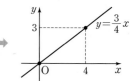

바이블 POINT

정비례 관계의 그래프 그리기

정비례 관계 $y=ax\,(a\neq0)$의 그래프는 항상 원점을 지나는 직선이므로 원점 O와 그래프가 지나는 다른 한 점을 찾아 직선으로 연결한다.

$y=\dfrac{3}{4}x$의 그래프는 원점을 지나는 직선이다. ➡ $y=\dfrac{3}{4}x$에 $x=4$를 대입하면 $y=\dfrac{3}{4}\times4=3$ 이므로 $y=\dfrac{3}{4}x$의 그래프는 점 $(4,\ 3)$을 지난다. ➡ (그래프)

(개념 CHECK) **01** 다음 정비례 관계의 그래프를 좌표평면 위에 그리시오.

• x의 값의 범위가 수 전체일 때, 정비례 관계 $y=ax\,(a\neq0)$의 그래프는 원점을 지나는 ㉠ 이다.

(1) $y=3x$

(2) $y=-\dfrac{1}{2}x$

(개념 CHECK) **02** 정비례 관계 $y=ax$의 그래프가 그림과 같을 때, 상수 a의 값을 구하시오.

(1)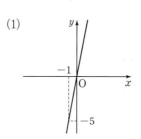

(2)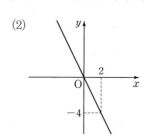

답 | ㉠ 직선

대표 유형 **03** **정비례 관계 $y=ax$ $(a\neq0)$의 그래프**

⋒유형ON >>> 170쪽

다음 중 정비례 관계 $y=-4x$의 그래프는?

①

②

③

④

⑤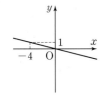

03·A (숫자 Change)

다음 중 정비례 관계 $y=\dfrac{4}{3}x$의 그래프는?

① ②

③ ④

⑤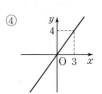

풀이 과정

정비례 관계 $y=ax$ $(a\neq0)$의 그래프는 원점 O와 이 그래프가 지나는 또 다른 한 점을 찾아 직선으로 이으면 된다.

$y=-4x$의 그래프는 원점과 점 $(1,\,-4)$를 지나는 직선이므로 ④이다.

(정답) ④

대표 유형 **04** **정비례 관계 $y=ax$ $(a\neq0)$의 그래프 위의 점**

⋒유형ON >>> 171쪽

다음 중 정비례 관계 $y=\dfrac{5}{2}x$의 그래프 위의 점은?

① $(-4,\,-2)$ ② $(-2,\,5)$ ③ $(0,\,2)$

④ $(2,\,5)$ ⑤ $(4,\,-10)$

04·A (숫자 Change)

다음 중 정비례 관계 $y=-3x$의 그래프 위의 점이 <u>아닌</u> 것은?

① $(-2,\,6)$ ② $(-1,\,3)$ ③ $(0,\,0)$

④ $(1,\,-3)$ ⑤ $(3,\,9)$

풀이 과정

$y=\dfrac{5}{2}x$에 주어진 점의 좌표를 각각 대입하면

① $-2\neq\dfrac{5}{2}\times(-4)$ ② $5\neq\dfrac{5}{2}\times(-2)$ ③ $2\neq\dfrac{5}{2}\times0$

④ $5=\dfrac{5}{2}\times2$ ⑤ $-10\neq\dfrac{5}{2}\times4$

따라서 $y=\dfrac{5}{2}x$의 그래프 위의 점은 ④이다.

(정답) ④

04·B (표현 Change)

정비례 관계 $y=-\dfrac{1}{4}x$의 그래프가 점 $(a,\,-2)$를 지날 때, a의 값을 구하시오.

BIBLE SAYS

점 $(p,\,q)$가 정비례 관계 $y=ax$ $(a\neq0)$의 그래프 위의 점이다.

➡ 정비례 관계 $y=ax$의 그래프가 점 $(p,\,q)$를 지난다.

➡ $y=ax$에 $x=p$, $y=q$를 대입하면 등식이 성립한다.

다음 중 정비례 관계 $y=\dfrac{2}{3}x$의 그래프에 대한 설명으로 옳지 <u>않은</u> 것은?

① 원점을 지나는 직선이다.
② 점 $(-6,\ -4)$를 지난다.
③ 오른쪽 위로 향하는 직선이다.
④ 제2사분면과 제4사분면을 지난다.
⑤ x의 값이 증가하면 y의 값도 증가한다.

풀이 과정

정비례 관계 $y=\dfrac{2}{3}x$의 그래프는 그림과 같다.

④ 제1사분면과 제3사분면을 지난다.

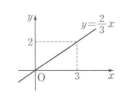

정답 ④

05·Ⓐ 숫자 Change

다음 중 정비례 관계 $y=-4x$의 그래프에 대한 설명으로 옳은 것을 모두 고르면? (정답 2개)

① 원점을 지나지 않는다.
② 점 $(-2,\ 8)$을 지난다.
③ 제2사분면과 제4사분면을 지난다.
④ x의 값이 증가하면 y의 값도 증가한다.
⑤ 정비례 관계 $y=-5x$의 그래프보다 y축에 더 가깝다.

05·Ⓑ 표현 Change

다음 정비례 관계의 그래프 중 y축에 가장 가까운 것은?

① $y=-3x$ ② $y=x$ ③ $y=-\dfrac{1}{5}x$

④ $y=-\dfrac{5}{2}x$ ⑤ $y=2x$

그림과 같은 그래프가 나타내는 x와 y 사이의 관계식은?

① $y=-\dfrac{3}{2}x$ ② $y=-\dfrac{2}{3}x$

③ $y=-\dfrac{6}{x}$ ④ $y=\dfrac{2}{3}x$

⑤ $y=\dfrac{3}{2}x$

풀이 과정

그래프가 원점을 지나는 직선이므로 $y=ax\,(a\neq 0)$라 하자.
점 $(-3,\ 2)$를 지나므로 $y=ax$에 $x=-3$, $y=2$를 대입하면

$2=-3a$ $\therefore\ a=-\dfrac{2}{3}$

따라서 x와 y 사이의 관계식은 $y=-\dfrac{2}{3}x$

정답 ②

06·Ⓐ 숫자 Change

그림과 같은 그래프가 나타내는 x와 y 사이의 관계식을 구하시오.

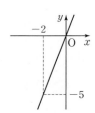

06·Ⓑ 표현 Change

그림과 같은 그래프가 점 $(k,\ -1)$을 지날 때, k의 값을 구하시오.

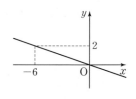

대표유형 07 정비례 관계 $y=ax\ (a\neq0)$의 그래프와 도형의 넓이

⋒ 유형ON >>> 173쪽

그림과 같이 정비례 관계 $y=\dfrac{2}{3}x$의 그래프 위의 한 점 A에서 x축에 수직인 직선을 그었을 때, x축과 만나는 점을 B라 하자. 점 A의 y좌표가 4일 때, 삼각형 AOB의 넓이를 구하시오. (단, O는 원점)

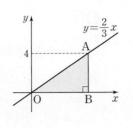

풀이 과정

점 A의 y좌표가 4이므로 $y=\dfrac{2}{3}x$에 $y=4$를 대입하면

$4=\dfrac{2}{3}x$ $\therefore x=6$ $\therefore$ A$(6,\ 4)$

$\therefore$ (삼각형 AOB의 넓이)$=\dfrac{1}{2}\times$(선분 OB의 길이)$\times$(선분 AB의 길이)

$\qquad\qquad\qquad\qquad\quad=\dfrac{1}{2}\times6\times4=12$

정답 12

BIBLE SAYS

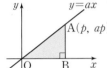

➡ (삼각형 AOB의 넓이) (단, O는 원점)

$=\dfrac{1}{2}\times$(선분 OB의 길이)$\times$(선분 AB의 길이)

$=\dfrac{1}{2}\times|p|\times|ap|$

07·Ⓐ (숫자 Change)

그림과 같이 정비례 관계 $y=-2x$의 그래프 위의 한 점 A에서 x축에 수직인 직선을 그었을 때, x축과 만나는 점을 B라 하자. 점 A의 y좌표가 10일 때, 삼각형 ABO의 넓이를 구하시오.

(단, O는 원점)

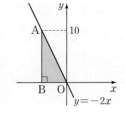

07·Ⓑ (표현 Change)

그림과 같이 정비례 관계 $y=\dfrac{3}{4}x$의 그래프 위의 한 점 A에서 x축에 수직인 직선을 그었을 때, x축과 만나는 점 B의 좌표는 $(12,\ 0)$이다. 이때 삼각형 AOB의 넓이를 구하시오. (단, O는 원점)

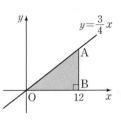

대표유형 08 정비례 관계의 활용

⋒ 유형ON >>> 173쪽

자동차를 타고 시속 80 km로 x시간 동안 달린 거리를 y km라 할 때, 다음 물음에 답하시오.

(1) x와 y 사이의 관계식을 구하시오.

(2) 이 자동차를 타고 5시간 동안 달린 거리를 구하시오.

(3) 240 km를 가는 데 걸리는 시간을 구하시오.

풀이 과정

(1) (거리)=(속력)$\times$(시간)이므로 $y=80x$

(2) $y=80x$에 $x=5$를 대입하면 $y=80\times5=400$

　따라서 이 자동차를 타고 5시간 동안 달린 거리는 400 km이다.

(3) $y=80x$에 $y=240$을 대입하면

　$240=80x$ $\therefore x=3$

　따라서 240 km를 가는 데 걸리는 시간은 3시간이다.

정답 (1) $y=80x$ (2) 400 km (3) 3시간

BIBLE SAYS

정비례 관계를 활용한 문제는 다음과 같은 순서로 해결한다.

❶ y가 x에 정비례하면 $y=ax\ (a\neq0)$로 나타낸다.

❷ ❶의 식에 주어진 조건을 대입하여 필요한 값을 구한다.

08·Ⓐ (표현 Change)

높이가 28 cm인 원기둥 모양의 빈 물통에 물을 넣을 때, 물의 높이는 매분 4 cm씩 증가한다. 물을 넣기 시작한 지 x분 후의 물의 높이를 y cm라 할 때, 다음 물음에 답하시오.

(1) x와 y 사이의 관계식을 구하시오.

(2) 물을 넣기 시작한 지 4분 후의 물의 높이를 구하시오.

(3) 물통에 물을 가득 채우는 데 걸리는 시간을 구하시오.

08·Ⓑ (표현 Change)

어느 자동차 회사에서 출시한 신차는 5 L의 휘발유로 70 km를 갈 수 있다고 한다. 이 자동차가 x L의 휘발유로 y km를 갈 수 있다고 할 때, 다음 물음에 답하시오.

(1) x와 y 사이의 관계식을 구하시오.

(2) 이 자동차로 154 km 떨어진 곳을 가는 데 필요한 휘발유의 양을 구하시오.

01 대표 유형 **01**

다음 중 x의 값이 2배, 3배, 4배, …가 될 때, y의 값도 2배, 3배, 4배, …가 되는 관계가 있는 것을 모두 고르면? (정답 2개)

① $y=-\dfrac{5}{6}x$ ② $xy=-3$ ③ $\dfrac{y}{x}=2$

④ $y=\dfrac{1}{x}$ ⑤ $y=7-x$

02 대표 유형 **02**

y가 x에 정비례하고 x와 y 사이의 관계가 다음 표와 같을 때, $A+B$의 값을 구하시오.

x	-4	-2	B
y	A	-3	$\dfrac{9}{2}$

03 대표 유형 **04**

정비례 관계 $y=-5x$의 그래프가 점 $(a,\ a-12)$를 지날 때, a의 값을 구하시오.

04 생각이 쑥쑥 대표 유형 **06**

정비례 관계 $y=ax$의 그래프가 그림과 같을 때, 이 그래프 위의 점 A의 x좌표를 구하시오. (단, a는 상수)

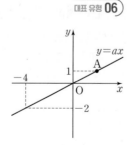

05 대표 유형 **05**

다음 보기 중 정비례 관계 $y=-\dfrac{2}{5}x$의 그래프에 대한 설명으로 옳은 것을 모두 고르시오.

<보기>
ㄱ. 원점을 지나지 않는다.
ㄴ. 오른쪽 아래로 향하는 직선이다.
ㄷ. 제1사분면과 제3사분면을 지난다.
ㄹ. x의 값이 증가하면 y의 값은 감소한다.

06 대표 유형 **07**

그림과 같이 정비례 관계 $y=\dfrac{3}{4}x$의 그래프 위의 한 점 A에서 x축에 수직인 직선을 그었을 때, x축과 만나는 점을 B라 하자. 점 A의 y좌표가 6일 때, 삼각형 AOB의 넓이는? (단, O는 원점)

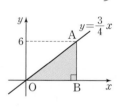

① 18   ② 21   ③ 24

④ 27   ⑤ 30

07 대표 유형 **08**

매단 물체의 무게에 정비례하여 용수철의 길이가 늘어나는 용수철 저울이 있다. 이 저울에 18 g짜리 물체를 매달면 용수철이 3 cm만큼 늘어난다고 할 때, 다음 물음에 답하시오.

(1) x g짜리 물체를 매달면 용수철이 y cm만큼 늘어난다고 할 때, x와 y 사이의 관계식을 구하시오.

(2) 용수철이 5 cm만큼 늘어났을 때, 매단 물체의 무게는 몇 g인지 구하시오.

03 반비례

(1) 반비례 : 두 변수 x, y에 대하여 x의 값이 2배, 3배, 4배, …로 변함에 따라 y의 값은 $\frac{1}{2}$배, $\frac{1}{3}$배, $\frac{1}{4}$배, …로 변하는 관계가 있을 때, y는 x에 반비례한다고 한다.

(2) y가 x에 반비례하면 x와 y 사이의 관계식은

$$y=\frac{a}{x} \ (a \neq 0)$$

로 나타낼 수 있다.

(참고) y가 x에 반비례할 때, xy의 값은 항상 일정하다. ➡ $y=\frac{a}{x} \ (a \neq 0)$에서 $xy=a$ (일정)

(예시)

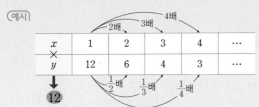

x	1	2	3	4	…
y	12	6	4	3	…

➡ ① x와 y 사이의 관계를 식으로 나타내면 $y=\dfrac{12}{x}$

② $xy=1\times12=2\times6=3\times4=\cdots=$ 12 (일정)

> 0이 아닌 a에 대하여 x와 y 사이의 관계를 나타내는 식이 $y=\dfrac{a}{x}$, $xy=a$ 꼴이면 y는 x에 반비례한다.
>
> $y=\dfrac{a}{x}+b \ (a\neq0, \ b\neq0)$와 같이 0이 아닌 상수항 b가 있으면 y는 x에 반비례하지 않는다.

개념 CHECK **01**

• 두 변수 x, y에 대하여 x의 값이 2배, 3배, 4배, …로 변함에 따라 y의 값은 $\frac{1}{2}$배, $\frac{1}{3}$배, $\frac{1}{4}$배, …로 변하는 관계가 있을 때, y는 x에 ⊙ [ ] 한다고 한다.

길이가 60 cm인 리본을 x cm씩 자르면 y개의 조각이 생긴다고 할 때, 다음 물음에 답하시오.

(1) 다음 표를 완성하시오.

x	1	2	3	4	…
y					…

(2) y가 x에 반비례하는지 말하시오.

(3) x와 y 사이의 관계식을 구하시오.

개념 CHECK **02**

• y가 x에 반비례할 때, x와 y 사이의 관계식은 $y=$ ⓒ [ ] $(a\neq0)$로 나타낼 수 있다.

다음 중 y가 x에 반비례하는 것에는 ○표, 반비례하지 않는 것에는 ×표를 ( ) 안에 써넣으시오.

(1) $y=-x$ ( ) (2) $y=\dfrac{4}{x}$ ( )

(3) $y=\dfrac{x}{6}$ ( ) (4) $y=\dfrac{2}{x}+1$ ( )

(5) $xy=-2$ ( ) (6) $\dfrac{y}{x}=5$ ( )

답 | ⊙ 반비례 ⓒ $\dfrac{a}{x}$

대표유형 01 반비례 관계 찾기

⋒ 유형ON >>> 175쪽

다음 중 y가 x에 반비례하는 것을 모두 고르면? (정답 2개)

① $y=-\dfrac{x}{4}$ ② $y=\dfrac{5}{x}$ ③ $y=3x-1$

④ $\dfrac{y}{x}=7$ ⑤ $xy=-6$

풀이 과정

y가 x에 반비례하면 x와 y 사이의 관계식은 $y=\dfrac{a}{x}\,(a\neq0)$ 꼴로 나타내어진다.

④ $\dfrac{y}{x}=7$에서 $y=7x$

⑤ $xy=-6$에서 $y=-\dfrac{6}{x}$

따라서 y가 x에 반비례하는 것은 ②, ⑤이다.

정답 ②, ⑤

01 · A 숫자 Change

다음 보기 중 y가 x에 반비례하는 것을 모두 고르시오.

보기
ㄱ. $y=-5x$ ㄴ. $y=-\dfrac{8}{x}$ ㄷ. $y=\dfrac{x}{3}$

ㄹ. $y=x-5$ ㅁ. $y=\dfrac{1}{x}+2$ ㅂ. $xy=4$

01 · B 표현 Change

다음 중 y가 x에 반비례하는 것은?

① 한 개에 800원인 과자 x개의 값 y원
② 시속 100 km로 x시간 동안 달린 거리 y km
③ 총 140쪽인 책을 x쪽 읽고 남은 쪽수 y
④ 넓이가 20 cm²인 삼각형의 밑변의 길이가 x cm일 때, 높이 y cm
⑤ 7 %의 소금물 x g 속에 녹아 있는 소금의 양 y g

대표유형 02 반비례 관계식 구하기

⋒ 유형ON >>> 176쪽

y가 x에 반비례하고 $x=4$일 때 $y=9$이다. 이때 x와 y 사이의 관계식을 구하시오.

풀이 과정

y가 x에 반비례하므로 $y=\dfrac{a}{x}$로 놓고 $x=4$, $y=9$를 대입하면

$9=\dfrac{a}{4}$ $\therefore a=36$

따라서 x와 y 사이의 관계식은 $y=\dfrac{36}{x}$

정답 $y=\dfrac{36}{x}$

02 · A 숫자 Change

y가 x에 반비례하고 $x=-3$일 때 $y=7$이다. 이때 x와 y 사이의 관계식을 구하시오.

02 · B 표현 Change

y가 x에 반비례하고 $x=6$일 때 $y=-8$이다. $y=12$일 때 x의 값은?

① -4 ② -3 ③ -2
④ 3 ⑤ 4

BIBLE SAYS

y가 x에 반비례하고 $x=m$일 때 $y=n$이면 x와 y 사이의 관계식은 다음과 같은 순서로 구한다.

❶ $y=\dfrac{a}{x}\,(a\neq0)$로 놓는다.

❷ ❶의 식에 $x=m$, $y=n$을 대입하여 a의 값을 구한다.

04 반비례 관계 $y=\dfrac{a}{x}\ (a\neq0)$의 그래프

··· Ⅳ ⑩ 정비례와 반비례

x의 값의 범위가 0이 아닌 수 전체일 때, 반비례 관계 $y=\dfrac{a}{x}\ (a\neq0)$의 그래프는 좌표축에 가까워지
<u>면서 한없이 뻗어 나가는 한 쌍의 매끄러운 곡선이다.</u>

→ 좌표축과 만나지 않는다.

> 특별한 말이 없으면 반비례 관계 $y=\dfrac{a}{x}\ (a\neq0)$에서 x의 값의 범위는 0을 제외한 수 전체로 생각한다.

	$a>0$	$a<0$
그래프	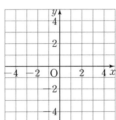	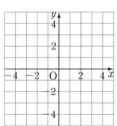
지나는 사분면	제1사분면, 제3사분면	제2사분면, 제4사분면
증가·감소 상태	각 사분면에서 x의 값이 증가하면 y의 값은 감소한다.	각 사분면에서 x의 값이 증가하면 y의 값도 증가한다.

참고 반비례 관계 $y=\dfrac{a}{x}\ (a\neq0)$의 그래프는 a의 절댓값이 클수록 원점에서 멀다.

→ 좌표축에서 멀다.

개념 CHECK `01`

- x의 값의 범위가 ㉠ 이 아닌 수 전체일 때, 반비례 관계 $y=\dfrac{a}{x}\ (a\neq0)$의 그래프는 좌표축에 가까워지면서 한없이 뻗어 나가는 한 쌍의 매끄러운 ㉡ 이다.

다음 반비례 관계의 그래프를 좌표평면 위에 나타내시오.

(1) $y=\dfrac{2}{x}$

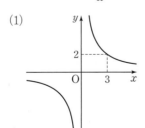

(2) $y=-\dfrac{3}{x}$

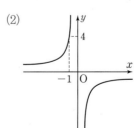

개념 CHECK `02`

반비례 관계 $y=\dfrac{a}{x}$의 그래프가 그림과 같을 때, 상수 a의 값을 구하시오.

(1)

(2)

답 | ㉠ 0 ㉡ 곡선

10 정비례와 반비례 **213**

대표유형 **03** 반비례 관계 $y=\dfrac{a}{x}\,(a\neq 0)$의 그래프

다음 중 반비례 관계 $y=-\dfrac{4}{x}$의 그래프는?

①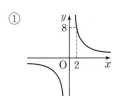

②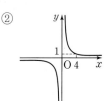

③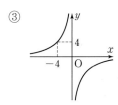

④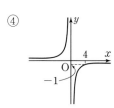

⑤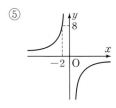

풀이 과정

$y=-\dfrac{4}{x}$의 그래프는 제2사분면과 제4사분면을 지나는 한 쌍의 매끄러운 곡선이고, 점 $(4,\ -1)$을 지나므로 ④이다.

(정답) ④

03·Ⓐ (숫자 Change)

다음 중 반비례 관계 $y=\dfrac{5}{x}$의 그래프는?

①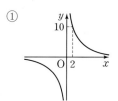

②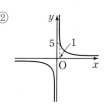

③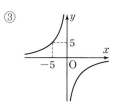

④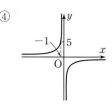

⑤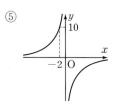

대표유형 **04** 반비례 관계 $y=\dfrac{a}{x}\,(a\neq 0)$의 그래프 위의 점

다음 중 반비례 관계 $y=\dfrac{3}{x}$의 그래프 위의 점이 <u>아닌</u> 것은?

① $\left(-6,\ -\dfrac{1}{2}\right)$ ② $(-1,\ -3)$ ③ $\left(2,\ \dfrac{3}{2}\right)$

④ $(3,\ -1)$ ⑤ $\left(9,\ \dfrac{1}{3}\right)$

풀이 과정

$y=\dfrac{3}{x}$에 주어진 점의 좌표를 각각 대입하면

① $-\dfrac{1}{2}=\dfrac{3}{-6}$ ② $-3=\dfrac{3}{-1}$ ③ $\dfrac{3}{2}=\dfrac{3}{2}$

④ $-1\neq\dfrac{3}{3}$ ⑤ $\dfrac{1}{3}=\dfrac{3}{9}$

따라서 $y=\dfrac{3}{x}$의 그래프 위의 점이 아닌 것은 ④이다.

(정답) ④

BIBLE SAYS

점 $(p,\ q)$가 반비례 관계 $y=\dfrac{a}{x}\,(a\neq 0)$의 그래프 위의 점이다.

➡ 반비례 관계 $y=\dfrac{a}{x}$의 그래프가 점 $(p,\ q)$를 지난다.

➡ $y=\dfrac{a}{x}$에 $x=p,\ y=q$를 대입하면 등식이 성립한다.

04·Ⓐ (숫자 Change)

다음 중 반비례 관계 $y=-\dfrac{6}{x}$의 그래프 위의 점은?

① $(-6,\ -1)$ ② $(-3,\ -2)$ ③ $(-2,\ 12)$

④ $(-1,\ -6)$ ⑤ $(3,\ -2)$

04·Ⓑ (표현 Change)

반비례 관계 $y=\dfrac{8}{x}$의 그래프가 점 $(a,\ -4)$를 지날 때, a의 값을 구하시오.

대표유형 05 반비례 관계 $y=\dfrac{a}{x}(a\neq0)$의 그래프의 성질

유형ON >>> 179쪽

다음 중 반비례 관계 $y=\dfrac{12}{x}$의 그래프에 대한 설명으로 옳은 것은?

① 원점을 지난다.

② 오른쪽 위로 향하는 직선이다.

③ 점 $(-2, -6)$을 지난다.

④ 제2사분면과 제4사분면을 지난다.

⑤ 각 사분면에서 x의 값이 증가하면 y의 값도 증가한다.

풀이 과정

반비례 관계 $y=\dfrac{12}{x}$의 그래프는 그림과 같다.

① 원점을 지나지 않는다.

② 한 쌍의 매끄러운 곡선이다.

④ 제1사분면과 제3사분면을 지난다.

⑤ 각 사분면에서 x의 값이 증가하면 y의 값은 감소한다.

따라서 옳은 것은 ③이다.

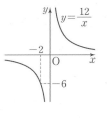

정답 ③

05·Ⓐ (숫자 Change)

다음 중 반비례 관계 $y=-\dfrac{4}{x}$의 그래프에 대한 설명으로 옳지 <u>않은</u> 것을 모두 고르면? (정답 2개)

① 한 쌍의 매끄러운 곡선이다.

② 점 $(-2, 2)$를 지난다.

③ $x<0$일 때, 제4사분면을 지난다.

④ 각 사분면에서 x의 값이 증가하면 y의 값도 증가한다.

⑤ 반비례 관계 $y=\dfrac{8}{x}$의 그래프보다 원점에서 더 멀리 떨어져 있다.

05·Ⓑ (표현 Change)

다음 반비례 관계의 그래프 중 원점에서 가장 멀리 떨어진 것은?

① $y=\dfrac{3}{x}$ ② $y=\dfrac{1}{x}$ ③ $y=\dfrac{1}{2x}$

④ $y=-\dfrac{1}{3x}$ ⑤ $y=-\dfrac{5}{x}$

대표유형 06 그래프를 이용하여 반비례 관계식 구하기

유형ON >>> 181쪽

그림과 같은 그래프가 나타내는 x와 y 사이의 관계식은?

① $y=\dfrac{5}{2}x$ ② $y=10x$

③ $y=-\dfrac{10}{x}$ ④ $y=\dfrac{5}{x}$

⑤ $y=\dfrac{10}{x}$

풀이 과정

그래프가 좌표축에 가까워지면서 한없이 뻗어 나가는 한 쌍의 매끄러운 곡선이므로 $y=\dfrac{a}{x}(a\neq0)$라 하자.

점 $(2, 5)$를 지나므로 $y=\dfrac{a}{x}$에 $x=2$, $y=5$를 대입하면

$5=\dfrac{a}{2}$ $\quad\therefore a=10$

따라서 x와 y 사이의 관계식은 $y=\dfrac{10}{x}$

정답 ⑤

06·Ⓐ (숫자 Change)

그림과 같은 그래프가 나타내는 x와 y 사이의 관계식을 구하시오.

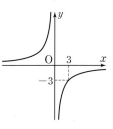

06·Ⓑ (표현 Change)

그림과 같은 그래프에서 k의 값을 구하시오.

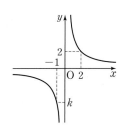

그림과 같이 반비례 관계 $y=\dfrac{4}{x}$ $(x>0)$의 그래프 위의 점 A 에서 x축, y축에 수직인 직선을 그어 y축과 만나는 점을 B, x축과 만나는 점을 C라 하자. 점 C의 x좌표가 2일 때, 직사각형 BOCA의 넓이를 구하시오. (단, O는 원점)

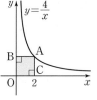

풀이 과정

점 C의 x좌표가 2이므로 점 A의 x좌표도 2이다.

$y=\dfrac{4}{x}$에 $x=2$를 대입하면 $y=\dfrac{4}{2}=2$ ∴ A$(2, 2)$, B$(0, 2)$

∴ (직사각형 BOCA의 넓이)=(선분 OC의 길이)×(선분 OB의 길이)
$$=2\times2=4$$

（정답） 4

BIBLE SAYS

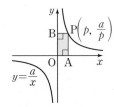

➡ (직사각형 OAPB의 넓이) (단, O는 원점)
= (선분 OA의 길이) × (선분 OB의 길이)
$$=|p|\times\left|\dfrac{a}{p}\right|=|a|$$

07·Ⓐ （숫자 Change）

그림은 반비례 관계 $y=-\dfrac{16}{x}$ $(x>0)$의 그래프이고, 점 A의 좌표는 $(0, -4)$이다. 이 그래프 위의 점 P에 대하여 직사각형 OAPB의 넓이를 구하시오.

(단, O는 원점)

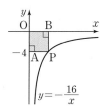

07·Ⓑ （표현 Change）

그림과 같이 x좌표가 3, -3인 두 점 A, C가 반비례 관계 $y=\dfrac{15}{x}$의 그래프 위에 있다. 이때 네 변이 x축 또는 y축에 각각 평행한 직사각형 ABCD의 넓이를 구하시오.

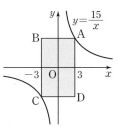

그림은 정비례 관계 $y=\dfrac{3}{2}x$의 그래프 와 반비례 관계 $y=\dfrac{a}{x}$ $(x>0)$의 그래 프이다. 두 그래프가 점 P에서 만날 때, 상수 a의 값을 구하시오.

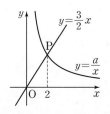

풀이 과정

$y=\dfrac{3}{2}x$의 그래프가 점 P를 지나므로 $y=\dfrac{3}{2}x$에 $x=2$를 대입하면

$y=\dfrac{3}{2}\times2=3$ ∴ P$(2, 3)$

또한 $y=\dfrac{a}{x}$의 그래프가 점 P$(2, 3)$을 지나므로

$y=\dfrac{a}{x}$에 $x=2$, $y=3$을 대입하면

$3=\dfrac{a}{2}$ ∴ $a=6$

（정답） 6

08·Ⓐ （숫자 Change）

그림은 정비례 관계 $y=ax$의 그래프 와 반비례 관계 $y=-\dfrac{6}{x}$ $(x<0)$의 그래프이다. 두 그래프가 점 A$(-2, b)$에서 만날 때, $2a+b$의 값을 구하시오. (단, a는 상수)

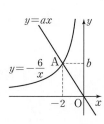

08·Ⓑ （표현 Change）

그림과 같이 정비례 관계 $y=\dfrac{1}{2}x$ 의 그래프와 반비례 관계 $y=\dfrac{a}{x}$의 그래프가 만나는 점 A의 x좌표가 2일 때, 상수 a의 값을 구하시오.

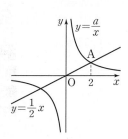

대표유형 09 반비례 관계의 그래프 위의 점 중 x좌표와 y좌표가 정수인 점의 개수

유형ON >>> 180쪽

반비례 관계 $y=\dfrac{6}{x}$의 그래프 위의 점 중 x좌표와 y좌표가 모두 정수인 점의 개수를 구하시오.

풀이 과정

$y=\dfrac{6}{x}$에서 y가 정수이려면 $|x|$는 6의 약수이어야 하므로 x의 값은
$1, 2, 3, 6, -1, -2, -3, -6$이다.
따라서 구하는 점의 좌표는 $(1, 6), (2, 3), (3, 2), (6, 1)$,
$(-1, -6), (-2, -3), (-3, -2), (-6, -1)$의 8개이다.

정답 8

BIBLE SAYS

반비례 관계 $y=\dfrac{a}{x}\ (a\neq0)$의 그래프 위의 점 (m, n) 중 m, n이 모두 정수인 경우

➡ $n=\dfrac{a}{m}$이고 m, n이 모두 정수이므로 $|m|$이 $|a|$의 약수이다.

09·A 숫자 Change

반비례 관계 $y=-\dfrac{9}{x}$의 그래프 위의 점 중 x좌표와 y좌표가 모두 정수인 점의 개수를 구하시오.

09·B 표현 Change

반비례 관계 $y=\dfrac{4}{x}$의 그래프 위의 점 중 x좌표와 y좌표가 모두 자연수인 점의 개수를 구하시오.

대표유형 10 반비례 관계의 활용

유형ON >>> 177쪽

180 L 들이 수조에 물을 가득 채우려고 한다. 1분에 x L씩 물을 넣어 수조에 물을 가득 채우는 데 걸리는 시간을 y분이라 할 때, 다음 물음에 답하시오.

(1) x와 y 사이의 관계식을 구하시오.

(2) 1분에 4 L씩 물을 넣을 때, 수조에 물을 가득 채우는 데 걸리는 시간을 구하시오.

(3) 5분 만에 수조에 물을 가득 채우려면 1분에 몇 L씩 물을 넣어야 하는지 구하시오.

풀이 과정

(1) 1분에 x L씩 y분 동안 넣은 물의 양이 180 L이어야 하므로
$xy=180 \quad \therefore y=\dfrac{180}{x}$

(2) $y=\dfrac{180}{x}$에 $x=4$를 대입하면 $y=\dfrac{180}{4}=45$
따라서 1분에 4 L씩 물을 넣을 때, 수조에 물을 가득 채우는 데 걸리는 시간은 45분이다.

(3) $y=\dfrac{180}{x}$에 $y=5$를 대입하면 $5=\dfrac{180}{x} \quad \therefore x=36$
따라서 5분 만에 수조에 물을 가득 채우려면 1분에 36 L씩 물을 넣어야 한다.

정답 (1) $y=\dfrac{180}{x}$ (2) 45분 (3) 36 L

BIBLE SAYS

반비례 관계를 활용한 문제는 다음과 같은 순서로 구한다.
❶ y가 x에 반비례하면 $y=\dfrac{a}{x}\ (a\neq0)$로 나타낸다.
❷ ❶의 식에 주어진 조건을 대입하여 필요한 값을 구한다.

10·A 표현 Change

재연이네 집에서 놀이 공원까지의 거리는 120 km이다. 재연이네 가족이 자동차를 타고 놀이 공원으로 갈 때, 시속 x km로 가면 y시간이 걸린다고 한다. 다음 물음에 답하시오.

(1) x와 y 사이의 관계식을 구하시오.

(2) 자동차를 타고 시속 80 km로 갈 때, 놀이 공원에 도착하는 데 걸리는 시간을 구하시오.

(3) 놀이 공원에 2시간 만에 도착했을 때, 자동차의 속력을 구하시오.

10·B 표현 Change

온도가 일정할 때, 기체의 부피 y cm³는 압력 x기압에 반비례한다. 어떤 기체의 부피가 20 cm³일 때, 이 기체의 압력은 3기압이다. 다음 물음에 답하시오.

(1) x와 y 사이의 관계식을 구하시오.

(2) 기체의 부피가 12 cm³일 때, 압력을 구하시오.

배운대로 학습하기

01

대표 유형 **01**

다음 보기 중 y가 x에 반비례하는 것을 모두 고르시오.

> **보기**
> ㄱ. 한 개에 x원인 귤 10개의 값 y원
> ㄴ. 곱이 20인 두 자연수 x와 y
> ㄷ. 한 변의 길이가 x cm인 정사각형의 둘레의 길이 y cm
> ㄹ. 2 L의 우유를 x명이 나누어 마실 때, 한 사람이 마실 수 있는 우유의 양 y L

02

대표 유형 **02**

y가 x에 반비례하고 x와 y 사이의 관계가 다음 표와 같을 때, $A+B$의 값을 구하시오.

x	-6	A	-2
y	2	4	B

03

대표 유형 **03**

다음 중 반비례 관계 $y=-\dfrac{3}{x}$의 그래프는?

① 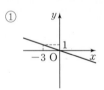 ② ③

④ 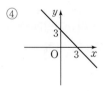 ⑤

04

대표 유형 **04**

반비례 관계 $y=-\dfrac{20}{x}$의 그래프가 두 점 $(-4,\ a)$, $(b,\ 10)$을 지날 때, $a+b$의 값을 구하시오.

05

대표 유형 **03⊕05**

다음 x와 y 사이의 관계를 나타내는 식 중 그 그래프가 제1사분면과 제3사분면을 지나지 <u>않는</u> 것을 모두 고르면? (정답 2개)

① $y=-x$
② $y=\dfrac{4}{x}$
③ $y=-\dfrac{3}{x}$
④ $y=\dfrac{1}{2}x$
⑤ $y=2x$

06

대표 유형 **05**

다음 중 반비례 관계 $y=\dfrac{a}{x}\ (a\neq 0)$의 그래프에 대한 설명으로 옳은 것을 모두 고르면? (정답 2개)

① 원점을 지나는 직선이다.
② 점 $(1,\ a)$를 지난다.
③ $a>0$이면 $x<0$인 범위에서 x의 값이 증가하면 y의 값은 감소한다.
④ $a<0$이면 제1사분면과 제3사분면을 지난다.
⑤ a의 절댓값이 클수록 원점에 가깝다.

07

대표 유형 05

두 반비례 관계 $y=\dfrac{a}{x}$, $y=-\dfrac{3}{x}$의 그
래프가 그림과 같을 때, 상수 a의 값의
범위를 구하시오.

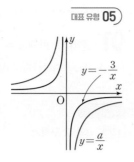

08

대표 유형 06

반비례 관계 $y=\dfrac{a}{x}$의 그래프가 그림과
같을 때, 이 그래프 위의 점 P의 y좌표
를 구하시오. (단, a는 상수)

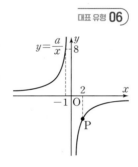

09

대표 유형 07

그림은 반비례 관계 $y=\dfrac{24}{x}$ $(x>0)$의
그래프이다. 이 그래프 위의 점 P에서
x축, y축에 수직인 직선을 그어 x축과
만나는 점을 A, y축과 만나는 점을 B
라 할 때, 직사각형 BOAP의 넓이를
구하시오. (단, O는 원점)

10

대표 유형 08

그림과 같이 정비례 관계 $y=\dfrac{5}{2}x$의 그
래프와 반비례 관계 $y=\dfrac{a}{x}$ $(x>0)$의
그래프가 점 P$(2, b)$에서 만날 때,
$a+b$의 값을 구하시오. (단, a는 상수)

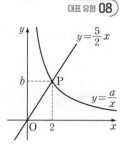

11 생각이 쑥쑥

대표 유형 09

반비례 관계 $y=-\dfrac{20}{x}$의 그래프 위의 점 중 제2사분면 위에 있고,
x좌표와 y좌표가 모두 정수인 점의 개수를 구하시오.

12

대표 유형 10

똑같은 기계 8대로 5시간을 작업해야 끝나는 일이 있다. 이 일을
끝내는 데 똑같은 기계 x대로 작업하면 y시간이 걸린다고 할 때,
다음 물음에 답하시오.

(1) x와 y 사이의 관계식을 구하시오.

(2) 4시간 만에 일을 끝내려면 몇 대의 기계가 필요한지 구하시오.

함께 풀기

정비례 관계 $y=-\dfrac{4}{3}x$의 그래프가 세 점 $(a, -4)$, $(6, b)$, $(c, 2)$를 지날 때, $a+b+2c$의 값을 구하시오.

풀이 과정

1단계 a의 값 구하기

$y=-\dfrac{4}{3}x$에 $x=a$, $y=-4$를 대입하면

$-4=-\dfrac{4}{3}a$ $\therefore a=3$ ······ 30%

2단계 b의 값 구하기

$y=-\dfrac{4}{3}x$에 $x=6$, $y=b$를 대입하면

$b=-\dfrac{4}{3}\times6=-8$ ······ 30%

3단계 c의 값 구하기

$y=-\dfrac{4}{3}x$에 $x=c$, $y=2$를 대입하면

$2=-\dfrac{4}{3}c$ $\therefore c=-\dfrac{3}{2}$ ······ 30%

4단계 $a+b+2c$의 값 구하기

$\therefore a+b+2c=3+(-8)+2\times\left(-\dfrac{3}{2}\right)=3+(-8)+(-3)=-8$

      ······ 10%

정답 -8

따라 풀기

01 정비례 관계 $y=-4x$의 그래프가 세 점 $(a, -7)$, $(-3, b)$, $(c, 5)$를 지날 때, $a+b-c$의 값을 구하시오.

풀이 과정

1단계 a의 값 구하기

2단계 b의 값 구하기

3단계 c의 값 구하기

4단계 $a+b-c$의 값 구하기

정답

함께 풀기

서로 맞물려서 돌아가는 두 톱니바퀴 A, B가 있다. 톱니가 16개인 톱니바퀴 A가 1분 동안 5번 회전할 때, 톱니가 x개인 톱니바퀴 B는 1분 동안 y번 회전한다고 한다. 톱니바퀴 B가 1분 동안 10번 회전할 때, 톱니바퀴 B의 톱니는 몇 개인지 구하시오.

풀이 과정

1단계 x와 y 사이의 관계식 구하기

두 톱니바퀴 A, B가 서로 맞물려서 돌아갈 때,

(A의 톱니의 개수)×(A의 회전 수)

=(B의 톱니의 개수)×(B의 회전 수)이므로

$16\times5=x\times y$ $\therefore y=\dfrac{80}{x}$ ······ 50%

2단계 톱니바퀴 B의 톱니가 몇 개인지 구하기

$y=\dfrac{80}{x}$에 $y=10$을 대입하면

$10=\dfrac{80}{x}$ $\therefore x=8$

따라서 톱니바퀴 B의 톱니는 8개이다.   ······ 50%

정답   8개

따라 풀기

02 서로 맞물려서 돌아가는 두 톱니바퀴 A, B가 있다. 톱니가 14개인 톱니바퀴 A가 1분 동안 5번 회전할 때, 톱니가 x개인 톱니바퀴 B는 1분 동안 y번 회전한다고 한다. 톱니바퀴 B가 1분 동안 7번 회전할 때, 톱니바퀴 B의 톱니는 몇 개인지 구하시오.

풀이 과정

1단계 x와 y 사이의 관계식 구하기

2단계 톱니바퀴 B의 톱니가 몇 개인지 구하기

정답

03 그림과 같은 그래프가 점 $(k, 3)$을 지날 때, k의 값을 구하시오.

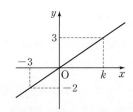

풀이 과정

정답 _____

04 그림과 같이 용수철에 10 g짜리 추를 매달았더니 용수철의 길이가 2 cm 늘어났다고 한다. x g짜리 추를 매달았을 때 늘어난 용수철의 길이를 y cm라 할 때, 다음 물음에 답하시오. (단, 용수철의 늘어난 길이는 추의 무게에 정비례한다.)

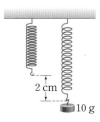

(1) x와 y 사이의 관계식을 구하시오.

(2) 늘어난 용수철의 길이가 9 cm가 되게 하려면 몇 g짜리 추를 매달아야 하는지 구하시오.

풀이 과정

정답 _____

05 x의 값이 2배, 3배, 4배, ⋯가 될 때 y의 값은 $\frac{1}{2}$배, $\frac{1}{3}$배, $\frac{1}{4}$배, ⋯가 되고 x와 y 사이의 관계가 다음 표와 같다. 이때 $A+B$의 값을 구하시오.

x	-9	-6	3	B
y	-4	$2A$	12	2

풀이 과정

정답 _____

06 다음 조건을 모두 만족시키는 그래프가 나타내는 x와 y 사이의 관계식을 구하시오.

⑺ 제1사분면과 제3사분면을 지난다.
⑷ 좌표축에 점점 가까워지면서 한없이 뻗어 나가는 한 쌍의 매끄러운 곡선이다.
⑸ 점 $(6, 3)$을 지난다.

풀이 과정

정답 _____

★ : 중요

STEP 1 기본 다지기

01

다음 중 y가 x에 정비례하는 것을 모두 고르면? (정답 2개)

① 무게가 100 g인 빈 컵에 물 x g을 넣었을 때, 전체 무게 y g
② 넓이가 16 cm²인 직각삼각형의 밑변의 길이 x cm와 높이 y cm
③ 길이가 100 cm인 끈을 x등분 했을 때, 끈 한 개의 길이 y cm
④ 한 변의 길이가 x cm인 정사각형의 둘레의 길이 y cm
⑤ 자동차가 시속 60 km로 x시간 동안 이동한 거리 y km

02

y가 x에 정비례하고 $x=-7$일 때 $y=2$이다. $x=14$일 때 y의 값은?

① -7 ② -4 ③ 2
④ 4 ⑤ 7

03

정비례 관계 $y=x$, $y=ax$의 그래프가 그림과 같을 때, 다음 중 상수 a의 값이 될 수 있는 것은?

① -3 ② $-\dfrac{4}{3}$
③ $\dfrac{1}{4}$ ④ 2
⑤ 5

04

다음 중 정비례 관계 $y=ax\ (a\neq0)$의 그래프에 대한 설명으로 옳지 않은 것을 모두 고르면? (정답 2개)

① a의 값에 관계없이 항상 원점을 지난다.
② 점 $(1,\ a)$를 지난다.
③ $a>0$이면 오른쪽 아래로 향하는 직선이다.
④ $a<0$이면 제2사분면과 제4사분면을 지난다.
⑤ a의 값에 관계없이 항상 x의 값이 증가하면 y의 값도 증가한다.

05

다음 중 그림과 같은 그래프 위의 점이 아닌 것은?

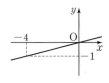

① $(-20,\ -5)$ ② $(-8,\ -2)$
③ $(12,\ 3)$ ④ $\left(\dfrac{6}{5},\ \dfrac{3}{10}\right)$
⑤ $\left(\dfrac{8}{3},\ \dfrac{4}{3}\right)$

06

그림과 같은 직사각형 ABCD에서 점 P가 꼭짓점 A를 출발하여 꼭짓점 B까지 변 AB 위를 움직인다. 삼각형 APD의 넓이가 21 cm²일 때, 점 P는 몇 cm 움직였는지 구하시오.

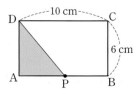

07

다음 중 반비례 관계 $y = -\dfrac{8}{x}$의 그래프는?

① 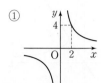 ②   ③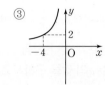

④ 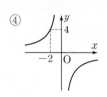 ⑤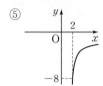

08

다음 보기 중 x와 y 사이의 관계를 나타내는 그래프가 제1사분면과 제3사분면을 지나는 것을 모두 고르시오.

> **보기**
> ㄱ. $y = 4x$ ㄴ. $y = -6x$ ㄷ. $y = \dfrac{2}{x}$
> ㄹ. $y = -\dfrac{2}{3x}$ ㅁ. $y = -\dfrac{5}{x}$ ㅂ. $y = \dfrac{4}{3}x$

09

다음 x와 y 사이의 관계를 나타내는 그래프 중 $x > 0$일 때, x의 값이 증가하면 y의 값도 증가하는 것을 모두 고르면? (정답 2개)

① $y = -3x$ ② $y = -\dfrac{3}{x}$ ③ $y = -\dfrac{1}{2}x$

④ $y = \dfrac{1}{4}x$ ⑤ $y = \dfrac{5}{x}$

10

다음 중 그림과 같은 그래프에 대한 설명으로 옳은 것은?

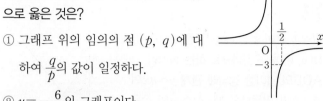

① 그래프 위의 임의의 점 (p, q)에 대하여 $\dfrac{q}{p}$의 값이 일정하다.

② $y = -\dfrac{6}{x}$의 그래프이다.

③ 점 $(-2, -6)$을 지난다.

④ $y = \dfrac{1}{x}$의 그래프보다 원점에서 더 멀리 떨어져 있다.

⑤ $x > 0$일 때, x의 값이 증가하면 y의 값은 감소한다.

11

그림은 반비례 관계 $y = \dfrac{a}{x} \,(x < 0)$의 그래프이고, 점 P는 이 그래프 위의 점이다. 점 B의 좌표가 $(-4, 0)$이고 직사각형 OAPB의 넓이가 20일 때, 상수 a의 값을 구하시오. (단, O는 원점)

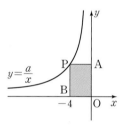

12

부피가 360 cm^3인 직육면체의 가로의 길이, 세로의 길이, 높이를 각각 5 cm, $x \text{ cm}$, $y \text{ cm}$라 할 때, 다음 물음에 답하시오.

(1) x와 y 사이의 관계식을 구하시오.

(2) 직육면체의 높이가 6 cm일 때, 세로의 길이를 구하시오.

STEP 2 실력 다지기

13

그림과 같이 원점 O와 두 점 A(0, 8), B(6, 0)을 꼭짓점으로 하는 삼각형 AOB의 넓이를 정비례 관계 $y=ax$의 그래프가 이등분할 때, 상수 a의 값을 구하시오.

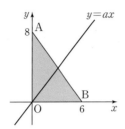

14

그림은 필라테스와 줄넘기를 할 때, 운동 시간 x분과 소모되는 열량 y kcal 사이의 관계를 각각 나타낸 그래프이다. 필라테스와 줄넘기를 각각 40분 동안 할 때, 소모되는 열량의 차를 구하시오.

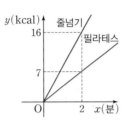

15

2시간 동안 가동했을 때 소모되는 전력량이 200 Wh인 선풍기가 있다. 이 선풍기를 x시간 동안 가동했을 때 소모되는 전력량을 y Wh라 할 때, 다음 보기 중 옳은 것을 모두 고르시오.

> **보기**
>
> ㄱ. y는 x에 반비례한다.
> ㄴ. xy의 값은 100으로 일정하다.
> ㄷ. x와 y 사이의 관계식은 $y=100x$이다.
> ㄹ. 이 선풍기를 5시간 동안 가동했을 때 소모되는 전력량은 500 Wh이다.

16

그림은 정비례 관계 $y=\dfrac{4}{3}x$의 그래프와 반비례 관계 $y=\dfrac{a}{x}\,(x>0)$의 그래프이다. 두 그래프가 만나는 점 A의 x좌표가 6일 때, 상수 a의 값을 구하시오.

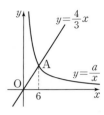

17

반비례 관계 $y=\dfrac{a}{x}$의 그래프가 점 $(-4, 4)$를 지날 때, 이 그래프 위의 점 중 x좌표와 y좌표가 모두 정수인 점의 개수를 구하시오. (단, a는 상수)

18

그림은 주파수 x MHz와 파장 y m 사이의 관계를 나타낸 그래프이다. 주파수가 60 MHz일 때, 파장은 몇 m인지 구하시오.

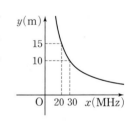

자기 평가 정답을 맞힌 문항에 ○표를 하고 결과를 점검한 다음, 이 단원의 내용을 얼마나 성취했는지 확인하세요.

문항 번호																	
1	2	3	4	5	6	7	8	9	10	11	12	13	14	15	16	17	18

| **1**개 ~**9**개 개념 학습이 필요해요! | **10**개 ~**12**개 부족한 부분을 검토해 봅시다! | **13**개 ~**15**개 실수를 줄여 봅시다! | **16**개 ~**18**개 훌륭합니다! |

MEMO

I 01 소인수분해

01 소수와 합성수

개념 CHECK ● 본책 008쪽

01 2, 3, 5, 7, 11, 13, 17, 19, 23, 29, 31, 37, 41, 43, 47

02 (1) 1, 37 / 2 / 소수　　　　(2) 1, 53 / 2 / 소수
(3) 1, 3, 23, 69 / 4 / 합성수　(4) 1, 11, 121 / 3 / 합성수

대표 유형 ● 본책 009쪽

01·Ⓐ ④　　**Ⓑ** ②　　　　**02·Ⓐ** ③

02 거듭제곱

개념 CHECK ● 본책 010쪽

01 (1) 3, 4　　(2) 5, 2　　(3) 10, 3　　(4) 0.3, 2

(5) $\frac{1}{2}$, 8　(6) $\frac{7}{13}$, 4

02 (1) 5^3　(2) 3^5　(3) $2^2 \times 7^3$　(4) $\left(\frac{1}{4}\right)^4$

(5) $\frac{1}{10^4}$　(6) $\left(\frac{1}{3}\right)^3 \times \left(\frac{1}{11}\right)^2$

대표 유형 ● 본책 011쪽

03·Ⓐ ④　　**Ⓑ** 3　　　　**04·Ⓐ** 347　**Ⓑ** 3

배운대로 학습하기 ● 본책 012쪽

01 ⑤　　**02** 가　　**03** 3　　**04** ④
05 ⑤　　**06** ③　　**07** 1　　**08** ⑤

03 소인수분해

개념 CHECK ● 본책 013쪽

01 2, 3, 3 / 2, 3 / 2, 2

02 (1) $2^3 \times 3$ / 2, 3　　(2) $3^2 \times 7$ / 3, 7
(3) 3^4 / 3　　(4) $2^3 \times 3 \times 5$ / 2, 3, 5

대표 유형 ● 본책 014쪽

01·Ⓐ ③, ⑤　**Ⓑ** 10　　**02·Ⓐ** 10　　**Ⓑ** ③

04 소인수분해를 이용하여 약수 구하기

개념 CHECK ● 본책 015쪽

01 (1)

×	1	5
1	1	5
3	3	15
3^2	9	45

⇨ 45의 약수 : 1, 3, 5, 9, 15, 45

(2)

×	1	3	3^2
1	1	3	9
2	2	6	18
2^2	4	12	36
2^3	8	24	72

⇨ 72의 약수 : 1, 2, 3, 4, 6, 8, 9, 12, 18, 24, 36, 72

02 (1) 6　　(2) 12　　(3) 18　　(4) 8
(5) 9　　(6) 18

대표 유형 ● 본책 016~017쪽

03·Ⓐ ②, ③　**Ⓑ** ㄱ, ㄴ, ㅁ　**04·Ⓐ** ②　　**Ⓑ** 29
05·Ⓐ 4　　**Ⓑ** 2　　　　**06·Ⓐ** ④

배운대로 학습하기 ● 본책 018~019쪽

01 ③　　**02** ④　　**03** 10　　**04** ⑤
05 ④　　**06** ①, ③　**07** ⑤　　**08** ④
09 ①, ④　**10** ③　　**11** ⑤　　**12** ④, ⑤

서술형 훈련하기 ● 본책 020~021쪽

01 178　　**02** 2　　**03** 8　　**04** 4가지
05 125　　**06** 9

중단원 마무리하기 ● 본책 022~024쪽

01 ⑤　　**02** ③　　**03** 6　　**04** ④
05 13　　**06** ②, ④　**07** 35　　**08** ②
09 ④　　**10** ④　　**11** ②　　**12** ③
13 12, 13　**14** ④　　**15** 75　　**16** 147
17 135　　**18** 9

Ⅰ 02 최대공약수와 최소공배수

01 최대공약수

개념 CHECK
● 본책 026쪽

01 (1) 1, 2, 3, 4, 6, 8, 12, 24　(2) 1, 2, 4, 8, 16, 32
　　(3) 1, 2, 4, 8　　　　　　　(4) 8
02 (1) 1, 2, 4　(2) 1, 3, 5, 15　(3) 1, 2, 4, 7, 14, 28

대표 유형
● 본책 027쪽

01·Ⓐ ②　　**Ⓑ** ②　　**02·Ⓐ** ④　　**Ⓑ** 3개

02 최대공약수 구하기

개념 CHECK
● 본책 028쪽

01 (1) 2×3^2　(2) $2^2 \times 5^2$
02 (1) 21　(2) 18

대표 유형
● 본책 029~030쪽

03·Ⓐ ③　　**Ⓑ** 3　　**04·Ⓐ** ④　　**Ⓑ** ②
05·Ⓐ 14　　**Ⓑ** ④　　**06·Ⓐ** 18　　**Ⓑ** 9

배운대로 학습하기
● 본책 031쪽

01 ⑤　　**02** 5개　　**03** 4　　**04** ②, ⑤
05 ⑤　　**06** 8개　　**07** ④　　**08** 36

03 최소공배수

개념 CHECK
● 본책 032쪽

01 (1) 8, 16, 24, 32, 40, 48, 56, 64, 72, 80, …
　　(2) 10, 20, 30, 40, 50, 60, 70, 80, …
　　(3) 40, 80, 120, …　　　　(4) 40
02 (1) 4, 8, 12　(2) 7, 14, 21　(3) 16, 32, 48

대표 유형
● 본책 033쪽

01·Ⓐ (1) 60, 120, 180, …　(2) 60　(3) 60, 120, 180, …
02·Ⓐ ②　　**Ⓑ** ②

04 최소공배수 구하기

개념 CHECK
● 본책 034쪽

01 (1) $2^3 \times 3^2$　(2) $2^2 \times 3^2 \times 7$
02 (1) 168　(2) 270

대표 유형
● 본책 035~037쪽

03·Ⓐ ⑤　　**Ⓑ** 6　　**04·Ⓐ** ④　　**Ⓑ** 4개
05·Ⓐ 55　　**Ⓑ** 6　　**06·Ⓐ** 2　　**Ⓑ** 16
07·Ⓐ 140　　**Ⓑ** 4개　　**08·Ⓐ** 121　　**Ⓑ** 123

05 최대공약수와 최소공배수의 관계

개념 CHECK
● 본책 038쪽

01 28, 84, 21 / 4, 4, 3, 3, 21
02 (1) 8, 96　(2) 240, 720

대표 유형
● 본책 039쪽

09·Ⓐ 72　　　　　　**Ⓑ** 1350
10·Ⓐ 60　　　　　　**Ⓑ** $A=12, B=20$

배운대로 학습하기
● 본책 040~041쪽

01 96　　**02** ③　　**03** ⑤　　**04** 5
05 ④　　**06** ②　　**07** $a=7$, 최대공약수 : 14
08 ④　　**09** 60　　**10** 124　　**11** ②
12 25

서술형 훈련하기
● 본책 042~043쪽

01 $a=12$, 최대공약수 : 36　　**02** 47　　**03** 10
04 6　　**05** 13　　**06** 364

중단원 마무리하기
● 본책 044~047쪽

01 ④　　**02** ②　　**03** ④　　**04** 19
05 ③　　**06** ②, ③　　**07** ⑤　　**08** ④
09 49　　**10** $\frac{140}{17}$　　**11** 12　　**12** 1, 3, 9
13 13　　**14** ④　　**15** 150　　**16** ③
17 910　　**18** 98　　**19** ③　　**20** 6
21 ⑤　　**22** 24　　**23** ③　　**24** 112, 16

Ⅱ. 정수와 유리수

03 정수와 유리수

01 양수와 음수, 정수

개념 CHECK
● 본책 050쪽

01 (1) -700　(2) $+10000$　(3) -2　(4) $+3$

02 (1) $+6, 4$　(2) $-2, -5$　(3) $-2, +6, 0, 4, -5$

(4) $-2, 0, -5$

대표 유형
● 본책 051쪽

01·Ⓐ ②　　　　**02·Ⓐ** ④　　**Ⓑ** 2

02 유리수

개념 CHECK
● 본책 052쪽

01 (1) $+1.6, +\dfrac{5}{3}, +7$　　(2) $-4, -\dfrac{3}{2}$

(3) $-4, +1.6, -\dfrac{3}{2}, 0, +\dfrac{5}{3}, +7$

(4) $+1.6, -\dfrac{3}{2}, +\dfrac{5}{3}$

02

수	-3	$+\dfrac{1}{2}$	-0.1	0	$+\dfrac{10}{5}$
양수		○			○
음수	○		○		
정수	○			○	○
유리수	○	○	○	○	○

대표 유형
● 본책 053쪽

03·Ⓐ 4　　**Ⓑ** ③　　　**04·Ⓐ** ⑤

03 수직선

개념 CHECK
● 본책 054쪽

01 (1) -3　(2) $-\dfrac{2}{3}$　(3) $\dfrac{1}{4}$　(4) $\dfrac{3}{2}$

02
```
        (2)    (3)          (1)          (4)
  ◄──┼───┼───┼───┼───┼───┼───┼───┼──►
    -4  -3  -2  -1   0   1   2   3   4
```

03
```
                 A                          B
  ◄──┼───┼───┼───┼───┼───┼───┼───┼──►
    -4  -3  -2  -1   0   1   2   3   4
```

대표 유형
● 본책 055~056쪽

05·Ⓐ ①　　　　　　**06·Ⓐ** ④　　**Ⓑ** 3

07·Ⓐ 2　　**Ⓑ** $-5, 1$　　**08·Ⓐ** $a=0, b=1$

배운대로 학습하기
● 본책 057~058쪽

01 ⑤　　**02** ③　　**03** ③, ⑤　　**04** 1

05 ③, ⑤　　**06** ④　　**07** ④　　**08** ④

09 ④　　**10** -1　　**11** $a=-4, b=3$

12 -1

04 절댓값

개념 CHECK
● 본책 059쪽

01 (1) 3　(2) 4　(3) 0　(4) $\dfrac{8}{7}$

(5) 1.5　(6) $\dfrac{4}{5}$

02 (1) $6, -6$　(2) $\dfrac{3}{11}, -\dfrac{3}{11}$　(3) 0

(4) 4　(5) -0.7　(6) $\dfrac{1}{2}$

대표 유형
● 본책 060~061쪽

01·Ⓐ 24　　**Ⓑ** 12

02·Ⓐ $8, -8$　　**Ⓑ** $a=\dfrac{3}{5}, b=-\dfrac{3}{5}$

03·Ⓐ ⑤　　**Ⓑ** 5　　　**04·Ⓐ** ⑤　　**Ⓑ** ②

05 수의 대소 관계

개념 CHECK
● 본책 062쪽

01 (1) $>$　(2) $>$　(3) $<$　(4) $>$

(5) $<$　(6) $<$

02 (1) $>$　(2) $\leq, \leq$　(3) $\leq, <$

대표 유형
● 본책 063쪽

05·Ⓐ ③　　**Ⓑ** $\dfrac{10}{7}$　　**06·Ⓐ** ⑤

배운대로 학습하기
● 본책 064~065쪽

01 4　　**02** 14　　**03** $-\dfrac{8}{5}$　　**04** $0.6, -3.3$

05 ⑤　　**06** ④　　**07** 3　　**08** ③

09 ⑤　　**10** ④　　**11** 6　　**12** 5

서술형 훈련하기
● 본책 066~067쪽

01 3 **02** 4 **03** 3
04 $a=-3$, $b=3$ **05** 3, -3 **06** 4

중단원 마무리하기
● 본책 068~070쪽

01 ③ **02** ② **03** ②, ③
04 $A=-4$, $B=10$ **05** $a=-3$, $b=3$
06 ③ **07** ㄱ, ㄴ, ㄷ **08** C **09** ①
10 ④ **11** ③ **12** 10 **13** 12
14 ① **15** 23 **16** $\frac{13}{10}$ **17** a, c, b
18 9

Ⅱ. 정수와 유리수

Ⅱ 04 정수와 유리수의 덧셈과 뺄셈

01 유리수의 덧셈

개념 CHECK
● 본책 072쪽

01 (1) $+, 3, +, 7$ (2) $-, 3, -, 7$
(3) $+, 3, +, 1$ (4) $-, 3, -, 1$
02 (1) $+10$ (2) $+6$ (3) -3 (4) $+2.1$
(5) $-\frac{11}{12}$ (6) -1

대표 유형
● 본책 073쪽

01·Ⓐ ① **Ⓑ** $(+3)+(-6)=-3$
02·Ⓐ ④ **Ⓑ** $+\frac{2}{5}$

02 덧셈의 계산 법칙

개념 CHECK
● 본책 074쪽

01 ㉠ 덧셈의 교환법칙 ㉡ 덧셈의 결합법칙
02 (1) 0 (2) $+12$ (3) $+0.4$ (4) $-\frac{4}{7}$

대표 유형
● 본책 075쪽

03·Ⓐ ㉡ **Ⓑ** (가) 교환 (나) 결합 (다) $-\frac{5}{7}$ (라) $+\frac{2}{7}$
04·Ⓐ ③

배운대로 학습하기
● 본책 076쪽

01 ① **02** ④ **03** $-\frac{1}{3}$ **04** ②
05 (가) 교환 (나) 결합 (다) $+9$ (라) -6 **06** ①

03 유리수의 뺄셈

개념 CHECK
● 본책 077쪽

01 (1) $-, 4, +, 4, +, 2$ (2) $+, 3, +, 3, +, 9$
(3) $-, 5, -, 5, -, 6$ (4) $+, 2, -, 2, -, 5$
02 (1) $+11$ (2) -17 (3) -5.9 (4) $+4.3$
(5) $-\frac{1}{2}$ (6) $+\frac{13}{6}$

대표 유형
● 본책 078쪽

01·Ⓐ ③ **Ⓑ** ④ **02·Ⓐ** ⑤

04 덧셈과 뺄셈의 혼합 계산

개념 CHECK
● 본책 079쪽

01 (1) $+, 6, +, 6, +, 6, -, 14$
(2) $-, 7, -, 7, -, 7, -, 11, -, 6$
02 (1) -18 (2) 4 (3) $-\frac{9}{4}$ (4) 4
(5) -0.4 (6) $-\frac{1}{2}$

대표 유형
● 본책 080~081쪽

03·Ⓐ ① **Ⓑ** 11 **04·Ⓐ** ④ **Ⓑ** $-\frac{23}{6}$
05·Ⓐ $\frac{16}{15}$ **Ⓑ** $-\frac{8}{5}$ **06·Ⓐ** 3 **Ⓑ** $\frac{17}{21}$

배운대로 학습하기
● 본책 082~083쪽

01 ⑤ **02** $\frac{9}{20}$ **03** 5 **04** $-\frac{13}{4}$
05 $\frac{11}{2}$ **06** $-\frac{49}{12}$ **07** ④ **08** ②
09 -6 **10** $\frac{9}{4}$ **11** ④ **12** $-\frac{17}{12}$

서술형 훈련하기
● 본책 084~085쪽

01 $-\dfrac{41}{12}$ **02** 9 **03** $\dfrac{1}{12}$ **04** $-\dfrac{1}{6}$

05 1 **06** $\dfrac{13}{15}$

중단원 마무리하기
● 본책 086~088쪽

01 ㉠, ㉡ **02** (개) 2 (내) -7 (대) 9 **03** ①

04 화요일 **05** ② **06** ⑤ **07** $\dfrac{13}{4}$

08 ③ **09** -2 **10** $-\dfrac{33}{8}$ **11** ④

12 $-\dfrac{1}{2}$ **13** ① **14** 235개 **15** $\dfrac{5}{4}$

16 $\dfrac{37}{30}$

Ⅱ. 정수와 유리수

05 정수와 유리수의 곱셈과 나눗셈

01 유리수의 곱셈

개념 CHECK
● 본책 090쪽

01 (1) $+$, $+$, 20 (2) $+$, $+$, 20 (3) $-$, $-$, 20 (4) $-$, $-$, 20

02 (1) -8 (2) $+42$ (3) 0 (4) -9

(5) $-\dfrac{4}{3}$ (6) $+\dfrac{2}{5}$

대표 유형
● 본책 091쪽

01·Ⓐ ③

02·Ⓐ $+\dfrac{49}{30}$ **Ⓑ** $-\dfrac{5}{6}$

02 곱셈의 계산 법칙

개념 CHECK
● 본책 092쪽

01 ㉠ 교환법칙 ㉡ 결합법칙

02 (1) -20 (2) $+\dfrac{4}{3}$ (3) $+\dfrac{6}{5}$ (4) $-\dfrac{3}{32}$

대표 유형
● 본책 093쪽

03·Ⓐ 교환, 결합, -8, $+16$ **Ⓑ** 교환, 결합, -100, $+39$

04·Ⓐ -9

03 세 개 이상의 유리수의 곱셈

개념 CHECK
● 본책 094쪽

01 (1) $+$, $+$, 42 (2) $-$, $-$, 3

02 (1) -3, -3, -3, -27 (2) $-\dfrac{1}{2}$, $-\dfrac{1}{2}$, $+\dfrac{1}{4}$

(3) -2, -2, -2, -2, -16

대표 유형
● 본책 095쪽

05·Ⓐ -54 **Ⓑ** $-\dfrac{1}{10}$

06·Ⓐ ④ **Ⓑ** -1

04 분배법칙

개념 CHECK
● 본책 096쪽

01 (1) 2, 100, 2, 1400, 28, 1428

(2) 37, 100, -50

02 (1) -1470 (2) $+7$ (3) -16966 (4) -4.13

대표 유형
● 본책 097쪽

07·Ⓐ 100, -140 **Ⓑ** ①

08·Ⓐ ③ **Ⓑ** -30

배운대로 학습하기
● 본책 098~099쪽

01 ④ **02** -5 **03** ① **04** -5

05 $\dfrac{1}{17}$ **06** $\dfrac{5}{3}$ **07** ① **08** ④

09 ④ **10** ① **11** 3289 **12** $\dfrac{5}{4}$

05 유리수의 나눗셈

개념 CHECK
● 본책 100쪽

01 (1) $+$, $+$, 3 (2) $+$, $+$, 5 (3) $-$, $-$, 6 (4) $-$, $-$, 8

02 (1) $+\dfrac{1}{3}$ (2) $-\dfrac{1}{12}$ (3) $-\dfrac{4}{3}$ (4) $+\dfrac{7}{3}$

대표 유형
● 본책 101쪽

01·Ⓐ ①

02·Ⓐ ① **Ⓑ** $+\dfrac{21}{10}$

06 정수와 유리수의 혼합 계산

● 본책 102쪽

개념 CHECK

01 (1) $-\dfrac{1}{6}$, 39 (2) 16, $-\dfrac{1}{10}$, -8 (3) -27, -2, 45

02 (1) ㉢, ㉡, ㉣, ㉠, ㉤ (2) 6

대표 유형

● 본책 103~105쪽

03·Ⓐ $\dfrac{1}{5}$ **Ⓑ** ③ **04·Ⓐ** 2 **Ⓑ** ③

05·Ⓐ $-\dfrac{1}{4}$ **Ⓑ** $\dfrac{2}{9}$ **06·Ⓐ** -1 **Ⓑ** $-\dfrac{19}{15}$

07·Ⓐ (1) $>$ (2) $>$ (3) $<$ **Ⓑ** ㄷ

08·Ⓐ $a<0$, $b<0$ **Ⓑ** ㄷ

배운대로 학습하기

● 본책 106~107쪽

01 $-\dfrac{1}{8}$ **02** ⑤ **03** ⑤ **04** ③

05 2 **06** ② **07** 6 **08** ①

09 -35 **10** $\dfrac{5}{8}$ **11** ③ **12** ⑤

서술형 훈련하기

● 본책 108~109쪽

01 $\dfrac{4}{15}$ **02** $\dfrac{9}{35}$ **03** 2 **04** 9

05 $\dfrac{3}{8}$ **06** $-\dfrac{1}{3}$

중단원 마무리하기

● 본책 110~113쪽

01 ⑤ **02** $\dfrac{9}{2}$ **03** ⑤ **04** 3

05 ④ **06** 10 **07** ② **08** -1

09 ① **10** ④ **11** 5 **12** 13

13 $-\dfrac{1}{21}$ **14** $-\dfrac{17}{18}$ **15** ③ **16** ③

17 -2^3 **18** $\dfrac{7}{36}$ **19** ⑤ **20** ④

21 10점 **22** $-\dfrac{3}{4}$

Ⅲ. 문자와 식

Ⅲ 06 문자의 사용과 식

01 곱셈 기호와 나눗셈 기호의 생략

개념 CHECK

● 본책 116쪽

01 (1) $4x$ (2) $-2a$ (3) $0.01b$ (4) xyz

(5) $3a^2b^3$ (6) $-2a+5b$

02 (1) $\dfrac{x}{3}$ (2) $-\dfrac{5}{a}$ (3) $-2b$ (4) $\dfrac{6a}{b}$

(5) $\dfrac{x}{7}-\dfrac{y}{3}$ (6) $\dfrac{6}{x+y}$

대표 유형

● 본책 117쪽

01·Ⓐ ② **Ⓑ** ④ **02·Ⓐ** ③

02 문자의 사용

개념 CHECK

● 본책 118쪽

01 (1) $8a$ (2) $x+3$ (3) $500-a$

(4) $3000-200x$ (5) $6a$

(6) $2x$ (7) $\dfrac{a}{400}$

대표 유형

● 본책 119쪽

03·Ⓐ ㄱ, ㄹ

04·Ⓐ $(150-60x)$ km **Ⓑ** $\left(\dfrac{3}{5}a+\dfrac{2}{5}b\right)$ g

03 식의 값

개념 CHECK

● 본책 120쪽

01 (1) 3, 13 (2) $\dfrac{1}{2}$, -3 (3) -1, 4 (4) -2, 4, -2

02 (1) 5 (2) -2 (3) 17 (4) 13

대표 유형

● 본책 121쪽

05·Ⓐ ① **Ⓑ** ④

06·Ⓐ (1) $\dfrac{1}{2}(a+b)h$ (2) 16 **Ⓑ** 초속 343 m

배운대로 학습하기

● 본책 122쪽

01 ④ **02** ⑤ **03** ④ **04** ③

05 ① **06** 6 **07** (1) $2(a+b)$ (2) 26

04 다항식과 일차식

개념 CHECK ● 본책 123쪽

01 (1) $-x$, 2 / 2 / -1 (2) x^2, $\frac{x}{3}$, $\frac{1}{4}$ / $\frac{1}{4}$ / $\frac{1}{3}$

      (3) $3x^2$, $-2x$, -1 / -1 / -2

02 (1) 1   (2) 2   (3) 2   (4) 1

대표 유형 ● 본책 124쪽

01·Ⓐ ①, ③   **Ⓑ** 8   **02·Ⓐ** ②, ⑤   **Ⓑ** 3

05 일차식과 수의 곱셈, 나눗셈

개념 CHECK ● 본책 125쪽

01 (1) -3, $-12x$ (2) $\frac{1}{5}$, $\frac{1}{5}$, $-3y$

02 (1) 2, 2, 2, $10x-6$

      (2) $-\frac{1}{4}$, $-\frac{1}{4}$, $-\frac{1}{4}$, $-3a-2$

대표 유형 ● 본책 126쪽

03·Ⓐ (1) $\frac{3}{2}x$ (2) $-20y$ (3) $4a$ (4) $5x$ **Ⓑ** ⑤

04·Ⓐ ⑤   **Ⓑ** 15

배운대로 학습하기 ● 본책 127쪽

01 ③   **02** -1 **03** ③, ④   **04** -1

05 ⑤   **06** 1   **07** ②

06 동류항

개념 CHECK ● 본책 128쪽

01 (1) ○   (2) ×   (3) ○   (4) ×

02 (1) $4x$ (2) $-4a$ (3) $-x+5$ (4) $2a+7$

대표 유형 ● 본책 129쪽

01·Ⓐ ⑤   **Ⓑ** $2x$와 $\frac{3}{5}x$, $-y$와 $3y$, 5와 -12

02·Ⓐ ②   **Ⓑ** ④

07 일차식의 덧셈과 뺄셈

개념 CHECK ● 본책 130쪽

01 (1) $7x-3$ (2) $11x-6$ (3) $9x+1$ (4) $2x+15$

02 (1) $3x-6$ (2) $3x+7y$ (3) $\frac{1}{6}x-\frac{7}{12}$ (4) $\frac{17}{10}x-\frac{1}{10}$

대표 유형 ● 본책 131~133쪽

03·Ⓐ ④   **Ⓑ** 7   **04·Ⓐ** $x+1$ **Ⓑ** ④

05·Ⓐ $\frac{4}{3}x+\frac{5}{6}$ **Ⓑ** ④

06·Ⓐ $-8x+25$ **Ⓑ** 2

07·Ⓐ ②   **Ⓑ** $9x-8$ **08·Ⓐ** $7x-3$ **Ⓑ** $11x-17$

배운대로 학습하기 ● 본책 134~135쪽

01 $0.1x^2$, $-3x^2$, $\frac{x^2}{2}$ **02** -4 **03** ③

04 ③   **05** $2x+28$ **06** $2x-10$ **07** ②

08 $-11x+30$ **09** ⑤   **10** ②

11 $4x-10$ **12** ⑤

서술형 훈련하기 ● 본책 136~137쪽

01 -10 **02** $\frac{1}{3}x-\frac{2}{3}$ **03** $\frac{27}{25}a$원

04 (1) $12a+14$ (2) 38   **05** $17x-9$ **06** $41x-32$

중단원 마무리하기 ● 본책 138~140쪽

01 ①, ③   **02** ④   **03** $\left(\frac{3}{4}a+\frac{2000}{b}\right)$원

04 ⑤   **05** ④   **06** ③   **07** ㄴ, ㄷ, ㅅ

08 ④   **09** ⑤   **10** ②, ③   **11** ④

12 $-16x+13$ **13** -6 **14** (1) $4n$ (2) 60

15 $5x+60$ **16** 6   **17** $-15x+11y$

18 $16x-1$

Ⅲ 07 일차방정식의 풀이

01 방정식과 항등식

개념 CHECK
● 본교재 142쪽

01 (1) ×   (2) ○   (3) ○   (4) ×

02 (1) 방   (2) 항   (3) 항   (4) 방

     (5) 항   (6) 방

대표 유형
● 본교재 143~144쪽

01 · Ⓐ $50-16x=2$ **Ⓑ** ④

02 · Ⓐ ⑤   **Ⓑ** ③   **03 · Ⓐ** ⑤   **Ⓑ** 2개

04 · Ⓐ $a=-5, b=2$ **Ⓑ** ①

02 등식의 성질

개념 CHECK
● 본교재 145쪽

01 (1) 2   (2) 3   (3) 5   (4) 4

02 3, 3, 3, 5, 5, 5, 5, 5, 1

03 (1) $x=8$ (2) $x=-7$ (3) $x=15$ (4) $x=-3$

대표 유형
● 본교재 146쪽

05 · Ⓐ ④   **Ⓑ** ④   **06 · Ⓐ** ㉠   **Ⓑ** 6

배운대로 학습하기
● 본교재 147쪽

01 ④   **02** ④   **03** $x=-1$ **04** ⑤

05 5   **06** ②, ③   **07** ③, ⑤

03 일차방정식

개념 CHECK
● 본교재 148쪽

01 (1) $x=7+4$ (2) $3x=2-5$

     (3) $4x-x=9$ (4) $2x+x=-7$

     (5) $x-2x=8+1$ (6) $5x+3x=3-4$

02 (1) ○   (2) ○   (3) ×   (4) ○

     (5) ×   (6) ×

대표 유형
● 본교재 149쪽

01 · Ⓐ ④   **Ⓑ** ⑤   **02 · Ⓐ** ②, ⑤   **Ⓑ** ②

04 일차방정식의 풀이

개념 CHECK
● 본교재 150쪽

01 x, 1, 2, -6, 2, -3

02 8, $2x$, -8, -3, -15, -3, 5

03 (1) $x=3$ (2) $x=1$ (3) $x=4$ (4) $x=-2$

     (5) $x=7$ (6) $x=-2$

대표 유형
● 본교재 151쪽

03 · Ⓐ ④   **Ⓑ** ③   **04 · Ⓐ** ④   **Ⓑ** ②

05 복잡한 일차방정식의 풀이

개념 CHECK
● 본교재 152쪽

01 10, 4, 8, 4, 8, 3, -3, -1

02 6, 4, 2, 2, 4, 10

03 (1) $x=9$ (2) $x=-6$

대표 유형
● 본교재 153~155쪽

05 · Ⓐ ④   **Ⓑ** 1

06 · Ⓐ $x=-\dfrac{1}{2}$ **Ⓑ** ④

07 · Ⓐ -1 **Ⓑ** -6 **08 · Ⓐ** $-\dfrac{1}{9}$ **Ⓑ** 5

09 · Ⓐ ①   **Ⓑ** $\dfrac{1}{2}$ **10 · Ⓐ** 3   **Ⓑ** ⑤

배운대로 학습하기
● 본교재 156~157쪽

01 ②   **02** ㄱ, ㄷ   **03** ③, ⑤   **04** ④

05 ④   **06** $x=2$ **07** ④   **08** ⑤

09 1   **10** ④   **11** ①   **12** ④

서술형 훈련하기
● 본교재 158~159쪽

01 -30 **02** 3   **03** 10   **04** $x=1$

05 10   **06** -1

중단원 마무리하기
● 본교재 160~162쪽

01 ⑤   **02** ④   **03** ②, ④   **04** ④

05 ③   **06** ③, ⑤   **07** ④   **08** 3

09 5   **10** 2   **11** -4 **12** ②

13 ④   **14** 63   **15** 24   **16** 15

17 5   **18** 6

III. 문자와 식

08 일차방정식의 활용

01 일차방정식의 활용 (1)

개념 CHECK ● 본책 164쪽

01 $x-1$, $x-1$, 2, 20, 10, 10, 9
02 (1) $x+(x-2)=34$ (2) 18명

대표 유형 ● 본책 165~168쪽

01 · Ⓐ 19, 21 Ⓑ 69
02 · Ⓐ 75 Ⓑ 37
03 · Ⓐ 3년 후 Ⓑ ④
04 · Ⓐ 5마리 Ⓑ ③
05 · Ⓐ 3 Ⓑ 4 cm
06 · Ⓐ 7명 Ⓑ 50개
07 · Ⓐ 4일 Ⓑ 10시간
08 · Ⓐ 16000원 Ⓑ 27000원

배운대로 학습하기 ● 본책 169쪽

01 ② **02** 26 **03** ③ **04** 7문제
05 ③ **06** ③ **07** 2일 **08** 2500원

02 일차방정식의 활용 (2)

개념 CHECK ● 본책 170쪽

01 (1) 6, $\dfrac{x}{3}$, $\dfrac{x}{6}$ (2) $\dfrac{x}{3}+\dfrac{x}{6}=3$, 6 km
02 (1) $x+10$, $30(x+10)$, $50x$
(2) $30(x+10)=50x$, 15분 후

대표 유형 ● 본책 171~172쪽

01 · Ⓐ ③ Ⓑ 600 m
02 · Ⓐ 4 km
03 · Ⓐ 12분 후 Ⓑ 1 km
04 · Ⓐ 20분 후 Ⓑ 20분 후

03 일차방정식의 활용 (3)

개념 CHECK ● 본책 173쪽

01 (1) 500, $500+x$, $500+x$
(2) $\dfrac{20}{100}\times500=\dfrac{16}{100}\times(500+x)$
(3) 125 g
02 (1) 400, $\dfrac{16}{100}\times x$, $\dfrac{14}{100}\times(400+x)$
(2) $\dfrac{10}{100}\times400+\dfrac{16}{100}\times x=\dfrac{14}{100}\times(400+x)$
(3) 800 g

대표 유형 ● 본책 174쪽

05 · Ⓐ ② Ⓑ 50 g **06** · Ⓐ ⑤
06 · Ⓑ 10 %의 소금물 : 150 g, 18 %의 소금물 : 250 g

배운대로 학습하기 ● 본책 175쪽

01 ② **02** 2 km **03** 8 km
04 오전 8시 32분 **05** 7분 후 **06** ②
07 100 g

서술형 훈련하기 ● 본책 176~177쪽

01 학생 : 7명, 지우개 : 45개 **02** 45 km
03 7년 후 **04** (1) 20 cm (2) 30초 **05** 2일
06 75 g

중단원 마무리하기 ● 본책 178~181쪽

01 24 **02** 9세 **03** ⑤ **04** 18 cm
05 150 cm² **06** 6개월 후 **07** 200 mL **08** ④
09 7명, 53전 **10** 200개 **11** ② **12** ②
13 20분 후 **14** ③ **15** 24일 **16** 39명
17 ② **18** 280명 **19** ③ **20** 8시간
21 100 m **22** 4시 $21\dfrac{9}{11}$분 $\left(\text{또는 4시 }\dfrac{240}{11}\text{분}\right)$

Ⅳ 09 순서쌍과 좌표

01 순서쌍과 좌표

개념 CHECK
● 본책 184쪽

01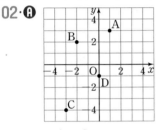

02 A(1, 0), B(3, 3), C(-4, 1), D(0, -3)

대표 유형
● 본책 185~186쪽

01·Ⓐ 7　　**Ⓑ** (-1, -3), (-1, 3), (1, -3), (1, 3)

02·Ⓐ 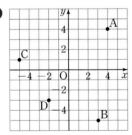　　**Ⓑ** 4

03·Ⓐ (1) $\left(\dfrac{5}{8}, 0\right)$　(2) (0, -3.6)　　**Ⓑ** ③

04·Ⓐ 10　　**Ⓑ** 20

02 사분면

개념 CHECK
● 본책 187쪽

01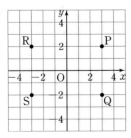

(1) 제1사분면　(2) 제4사분면　(3) 제2사분면　(4) 제3사분면

02

(1) Q(3, -2)　(2) R(-3, 2)　(3) S(-3, -2)

대표 유형
● 본책 188~189쪽

05·Ⓐ ④　　　　　　　　**Ⓑ** ①, ③

06·Ⓐ 제2사분면　　　　**Ⓑ** ②

07·Ⓐ 제3사분면　　　　**Ⓑ** ④

08·Ⓐ ③　　　　　　　　**Ⓑ** -2

배운대로 학습하기
● 본책 190~191쪽

01 ③　　**02** ②, ④　　**03** A(-3, 5), C(4, -2)

04 ②　　**05** 7　　**06** 12　　**07** 2개

08 ③　　**09** 제2사분면　　**10** ②, ⑤　　**11** ⑤

12 ④　　**13** ②　　**14** 1

03 그래프

개념 CHECK
● 본책 192쪽

01

x	1	2	3	4	5
y	4	5	6	7	8
(x, y)	(1, 4)	(2, 5)	(3, 6)	(4, 7)	(5, 8)

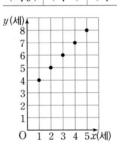

02 (1) 20　　(2) 15　　(3) 50

대표 유형
● 본책 193~195

01·Ⓐ ㅁ　　**Ⓑ** (1) ㄱ　(2) ㄷ　(3) ㄴ

02·Ⓐ ④　　**Ⓑ** ㅁ　　**Ⓒ** ④

03·Ⓐ (1) 초속 15 m　(2) 4초　　**Ⓑ** 5 mm　　**04·Ⓐ** ④

배운대로 학습하기
● 본책 196~197쪽

01 ㄴ　　**02** ②　　**03** ④　　**04** ④

05 50 ℃　　**06** 6　　**07** ㄱ, ㄷ　　**08** ③

09 (1) 25분 후　(2) 0.5 km　　**10** ②　　**11** ⑤

서술형 훈련하기
● 본책 198~199쪽

01 -6　　**02** 제2사분면　　**03** 15　　**04** 1

05 (1) 10분　(2) 6 km　　**06** 6

중단원 마무리하기
● 본책 200~202쪽

01 ② **02** ④ **03** ⑤ **04** 26

05 제3사분면 **06** ④ **07** ④ **08** ⑤

09 ⑤ **10** ④ **11** 90분 **12** 12분 후

13 ④ **14** ④ **15** 30 **16** ④

17 8

Ⅳ. 좌표평면과 그래프

Ⅳ ⑩ 정비례와 반비례

01 정비례

개념 CHECK
● 본책 204쪽

01 (1) 4, 8, 12, 16, 20 (2) 정비례한다.

(3) $y=4x$

02 (1) ○ (2) × (3) × (4) ○

(5) ○ (6) ×

대표 유형
● 본책 205쪽

01·Ⓐ ⑤ **Ⓑ** ②, ⑤

02·Ⓐ $y=\dfrac{1}{4}x$ **Ⓑ** ④

02 정비례 관계 $y=ax\,(a\neq0)$의 그래프

개념 CHECK
● 본책 206쪽

02 (1) 5 (2) −2

대표 유형
● 본책 207~209쪽

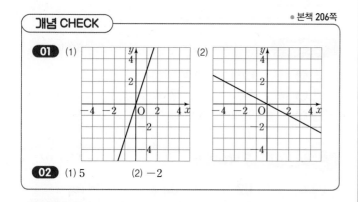

03·Ⓐ ④ **04·Ⓐ** ⑤ **Ⓑ** 8

05·Ⓐ ②, ③ **Ⓑ** ① **06·Ⓐ** $y=\dfrac{5}{2}x$ **Ⓑ** 3

07·Ⓐ 25 **Ⓑ** 54

08·Ⓐ (1) $y=4x$ (2) 16 cm (3) 7분

Ⓑ (1) $y=14x$ (2) 11 L

배운대로 학습하기
● 본책 210쪽

01 ①, ③ **02** −3 **03** 2 **04** 2

05 ㄴ, ㄹ **06** ③ **07** (1) $y=\dfrac{1}{6}x$ (2) 30 g

03 반비례

개념 CHECK
● 본책 211쪽

01 (1) 60, 30, 20, 15 (2) 반비례한다.

(3) $y=\dfrac{60}{x}$

02 (1) × (2) ○ (3) × (4) ×

(5) ○ (6) ×

대표 유형
● 본책 212쪽

01·Ⓐ ㄴ, ㅂ **Ⓑ** ④

02·Ⓐ $y=-\dfrac{21}{x}$ **Ⓑ** ①

04 반비례 관계 $y=\dfrac{a}{x}\,(a\neq0)$의 그래프

개념 CHECK
● 본책 213쪽

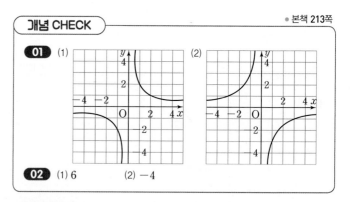

02 (1) 6 (2) −4

대표 유형
● 본책 214~217쪽

03·Ⓐ ② **04·Ⓐ** ⑤ **Ⓑ** −2

05·Ⓐ ③, ⑤ **Ⓑ** ⑤

06·Ⓐ $y=-\dfrac{9}{x}$ **Ⓑ** −4

07·Ⓐ 16 **Ⓑ** 60 **08·Ⓐ** 0 **Ⓑ** 2

09·Ⓐ 6 **Ⓑ** 3

10·Ⓐ (1) $y=\dfrac{120}{x}$ (2) 1시간 30분 (3) 시속 60 km

Ⓑ (1) $y=\dfrac{60}{x}$ (2) 5기압

배운대로 학습하기

● 본책 218~219쪽

01 ㄴ, ㄹ **02** 3 **03** ② **04** 3

05 ①, ③ **06** ②, ③ **07** $a < -3$ **08** -4

09 24 **10** 15 **11** 6

12 (1) $y = \dfrac{40}{x}$ (2) 10대

서술형 훈련하기

● 본책 220~221쪽

01 15 **02** 10개 **03** $\dfrac{9}{2}$

04 (1) $y = \dfrac{1}{5}x$ (2) 45 g **05** 15 **06** $y = \dfrac{18}{x}$

중단원 마무리하기

● 본책 222~224쪽

01 ④, ⑤ **02** ② **03** ③ **04** ③, ⑤

05 ⑤ **06** 7 cm **07** ④ **08** ㄱ, ㄷ, ㅂ

09 ②, ④ **10** ④ **11** -20

12 (1) $y = \dfrac{72}{x}$ (2) 12 cm **13** $\dfrac{4}{3}$ **14** 180 kcal

15 ㄷ, ㄹ **16** 48 **17** 10 **18** 5 m

MEMO

MEMO

MEMO

개념을 완벽하게 마스터하는
중학 수학 개념 기본서

수학의 바이블 · 개념ON

수학의 바이블 개념ON은
반드시 알아야 하는 수학 개념과 필수 유형을
어떤 교재보다도 '쉽고 빠르게' 이해할 수 있도록 구성하였습니다.

바이블 Point 1 완벽 개념 정리와 핵심 문제 풀이까지 단계별 학습

- 핵심 문제를 대표 유형으로 제공하고 대표 유형에 대한 유사, 변형 문제
  (숫자 Change, 표현 Change)로 실전 훈련이 가능하도록 구성
- 수학의 바이블 유형ON과 연계 학습이 가능한 상호 순환 구성

바이블 Point 2 개념의 원리와 공식을 확실하게 이해할 수 있는 워크북

- 본책의 핵심 코너인 '배운대로 해결하기'와 1:1 매칭한 [배운대로 복습하기]
- 서술형 문제의 쓰기 연습이 가능한 [서술형 훈련하기]

바이블 Point 3 개념을 완벽하게 마스터할 수 있는 바이블만의 커리큘럼

- 쉽고 빠르게 개념을 완벽하게 마스터할 수 있는 '바이블 개념'
- 필수 유형만 선정하여 체계적으로 학습할 수 있는 '바이블 유형'

가르치기 쉽고 빠르게 배울 수 있는 **이투스북**

www.etoosbook.com

○ **도서 내용 문의**
홈페이지 > 이투스북 고객센터 > 1:1 문의
○ **도서 정답 및 해설**
홈페이지 > 도서자료실 > 정답/해설
○ **도서 정오표**
홈페이지 > 도서자료실 > 정오표
○ **선생님을 위한 강의 지원 서비스 T폴더**
홈페이지 > 교강사 T폴더

대표 개념
46개
+
대표 유형
144개

본책 유사문항
496문항 수록

워크북 PDF 파일 제공

2022 개정 교육과정

수학의 바이블

개념 ON

정답과 풀이

ON [켜다]
실력의 불을 켜다

온 [모두의]
모든 개념을 담다

중학 **1·1**

이투스북

수학의 바이블

수학의 바이블

개념 ON

정답과 풀이

| 본책 |

중학 **1·1**

I 01 소인수분해

01 소수와 합성수

개념 CHECK ● 본책 008쪽

01 2, 3, 5, 7, 11, 13, 17, 19, 23, 29, 31, 37, 41, 43, 47

02 (1) 1, 37 / 2 / 소수 　　(2) 1, 53 / 2 / 소수

(3) 1, 3, 23, 69 / 4 / 합성수　(4) 1, 11, 121 / 3 / 합성수

01

1	2	3	4	5	6	7	8	9	10
11	12	13	14	15	16	17	18	19	20
21	22	23	24	25	26	27	28	29	30
31	32	33	34	35	36	37	38	39	40
41	42	43	44	45	46	47	48	49	50

대표 유형 ● 본책 009쪽

01·A ④　**B** ②　　**02·A** ③

01·A 　　　　　　　　　　　　　정답 ④

소수는 2, 19, 31, 79의 4개이다.

01·B 　　　　　　　　　　　　　정답 ②

15 이상 25 미만인 합성수는 15, 16, 18, 20, 21, 22, 24의 7개이다.

다른 풀이

15 이상 25 미만인 소수는 17, 19, 23의 3개이므로 합성수의 개수는 $(24-15+1)-3=7$이다.

02·A 　　　　　　　　　　　　　정답 ③

③ 가장 작은 합성수는 4이다.

④ 10 이하의 소수는 2, 3, 5, 7의 4개이다.

⑤ 소수는 약수가 2개, 합성수는 약수가 3개 이상이므로 1을 제외한 모든 자연수는 약수가 2개 이상이다.

따라서 옳지 않은 것은 ③이다.

02 거듭제곱

개념 CHECK ● 본책 010쪽

01 (1) 3, 4　(2) 5, 2　(3) 10, 3　(4) 0.3, 2

(5) $\frac{1}{2}$, 8　(6) $\frac{7}{13}$, 4

02 (1) 5^3　(2) 3^5　(3) $2^2 \times 7^3$　(4) $\left(\frac{1}{4}\right)^4$

(5) $\frac{1}{10^4}$　(6) $\left(\frac{1}{3}\right)^3 \times \left(\frac{1}{11}\right)^2$

대표 유형 ● 본책 011쪽

03·A ④　**B** 3　　**04·A** 347　**B** 3

03·A 　　　　　　　　　　　　　정답 ④

① $3^2=3 \times 3=9$

② $4 \times 4 \times 4=4^3$

③ $2+2+2+5+5=2 \times 3+5 \times 2$

⑤ $\frac{5}{3} \times \frac{5}{3} \times \frac{5}{3} \times \frac{5}{3}=\left(\frac{5}{3}\right)^4$

따라서 옳은 것은 ④이다.

03·B 　　　　　　　　　　　　　정답 3

$3 \times 2 \times 11 \times 3 \times 2=2^2 \times 3^2 \times 11$이므로

$a=2$, $b=2$, $c=1$

$\therefore a+b-c=2+2-1=3$

04·A 　　　　　　　　　　　　　정답 347

$81=3 \times 3 \times 3 \times 3=3^4$이므로 $a=4$

$7^3=7 \times 7 \times 7=343$이므로 $b=343$

$\therefore a+b=4+343=347$

04·B 　　　　　　　　　　　　　정답 3

$64=2 \times 2 \times 2 \times 2 \times 2 \times 2=2^6$이므로 $a=6$

$125=5 \times 5 \times 5=5^3$이므로 $b=3$

$\therefore a-b=6-3=3$

배운대로 학습하기 ● 본책 012쪽

01 ⑤　**02** 가　**03** 3　**04** ④

05 ⑤　**06** ③　**07** 1　**08** ⑤

01 　　　　　　　　　　　　　정답 ⑤

약수가 2개인 수는 소수이다.

따라서 구하는 수는 ⑤이다.

02 　　　　　　　　　　　　　정답 가

주어진 그림에서 소수가 적혀 있는 칸을 색칠하면 그림과 같으므로 나타나는 글자는 '가'이다.

18	15	1	19	50
2	23	30	43	66
8	97	39	5	3
75	31	24	13	42
20	86	51	47	72

03 　　　　　　　　　　　　　정답 3

소수는 2, 3, 5, 7, 11, 13, 17, 19의 8개이므로 $a=8$

1은 소수도 합성수도 아니므로 합성수의 개수는

$20-8-1=11$　$\therefore b=11$

$\therefore b-a=11-8=3$

다른 풀이

20 이하의 자연수 중 합성수는 4, 6, 8, 9, 10, 12, 14, 15, 16, 18, 20의 11개이므로 $b=11$

04 ····························· 정답 ④

① 가장 작은 소수는 2이다.

② 2는 소수이지만 짝수이다.

③ 2와 3은 소수이지만 $2 \times 3 = 6$은 합성수이다.

④ 3의 배수 중 소수는 3의 1개뿐이다.

⑤ 합성수는 1보다 큰 자연수 중 소수가 아닌 수이다.

따라서 옳은 것은 ④이다.

05 ····························· 정답 ⑤

⑤ 5^4은 $5 \times 5 \times 5 \times 5$를 간단히 나타낸 것이다.

06 ····························· 정답 ③

③ $7 \times 7 \times 7 + 11 \times 11 = 7^3 + 11^2$

07 ····························· 정답 1

$5 \times 3 \times 5 \times 7 \times 5 \times 3 \times 7 = 3^2 \times 5^3 \times 7^2$이므로

$a=2$, $b=3$, $c=2$

$\therefore a+c-b = 2+2-3 = 1$

08 ····························· 정답 ⑤

$32 = 2 \times 2 \times 2 \times 2 \times 2 = 2^5$이므로 $a=5$

$\left(\dfrac{1}{7}\right)^2 = \dfrac{1}{7} \times \dfrac{1}{7} = \dfrac{1}{49}$이므로 $b=49$

$\therefore a+b = 5+49 = 54$

---

03 소인수분해

개념 CHECK   ● 본책 013쪽

01 2, 3, 3 / 2, 3 / 2, 2

02 (1) $2^3 \times 3$ / 2, 3   (2) $3^2 \times 7$ / 3, 7

　　 (3) 3^4 / 3   (4) $2^3 \times 3 \times 5$ / 2, 3, 5

01 **방법 1**
$$\begin{array}{r} 2\,)\,\underline{18} \\ 3\,)\,\underline{9} \\ 3 \end{array}$$

방법 2
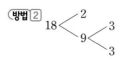

따라서 18을 소인수분해하면 $18 = 2 \times 3^2$

---

02 (1)
$$\begin{array}{r} 2\,)\,\underline{24} \\ 2\,)\,\underline{12} \\ 2\,)\,\underline{6} \\ 3 \end{array}$$

따라서 $24 = 2^3 \times 3$이므로 소인수는 2, 3이다.

(2)
$$\begin{array}{r} 3\,)\,\underline{63} \\ 3\,)\,\underline{21} \\ 7 \end{array}$$

따라서 $63 = 3^2 \times 7$이므로 소인수는 3, 7이다.

(3)
$$\begin{array}{r} 3\,)\,\underline{81} \\ 3\,)\,\underline{27} \\ 3\,)\,\underline{9} \\ 3 \end{array}$$

따라서 $81 = 3^4$이므로 소인수는 3이다.

(4)
$$\begin{array}{r} 2\,)\,\underline{120} \\ 2\,)\,\underline{60} \\ 2\,)\,\underline{30} \\ 3\,)\,\underline{15} \\ 5 \end{array}$$

따라서 $120 = 2^3 \times 3 \times 5$이므로 소인수는 2, 3, 5이다.

대표 유형   ● 본책 014쪽

01·A ③, ⑤   **B** 10   **02·A** 10   **B** ③

01·A ····························· 정답 ③, ⑤

$126 = 2 \times 3^2 \times 7$이므로 소인수는 2, 3, 7이다.

따라서 126의 소인수가 아닌 것은 ③, ⑤이다.

01·B ····························· 정답 10

$168 = 2^3 \times 3 \times 7$이므로

$a=3$, $b=7$

$\therefore a+b = 3+7 = 10$

02·A ····························· 정답 10

$360 = 2^3 \times 3^2 \times 5$에 자연수를 곱하여 어떤 자연수의 제곱이 되도록 하려면 곱하는 자연수는 $2 \times 5 \times ($자연수$)^2$ 꼴이어야 한다.

따라서 곱할 수 있는 가장 작은 자연수는 $2 \times 5 \times 1^2 = 10$

02·B ····························· 정답 ③

$98 \times x = 2 \times 7^2 \times x$가 어떤 자연수의 제곱이 되도록 하려면 자연수 x는 $2 \times ($자연수$)^2$ 꼴이어야 한다.

① $2 = 2 \times 1^2$ ② $8 = 2 \times 2^2$ ③ $14 = 2 \times 7$

④ $18 = 2 \times 3^2$ ⑤ $32 = 2 \times 4^2$

따라서 자연수 x가 될 수 없는 수는 ③이다.

04 소인수분해를 이용하여 약수 구하기

● 본책 015쪽

개념 CHECK

01 (1) 풀이 참조 (2) 풀이 참조

02 (1) 6   (2) 12   (3) 18   (4) 8

      (5) 9   (6) 18

01 (1)

$\times$	1	5
1	1	5
3	3	15
3^2	9	45

⇨ 45의 약수 : 1, 3, 5, 9, 15, 45

(2)

$\times$	1	3	3^2
1	1	3	9
2	2	6	18
2^2	4	12	36
2^3	8	24	72

⇨ 72의 약수 : 1, 2, 3, 4, 6, 8, 9, 12, 18, 24, 36, 72

02 (1) $5+1=6$

(2) $(3+1)\times(2+1)=12$

(3) $(2+1)\times(1+1)\times(2+1)=18$

(4) $56=2^3\times7$이므로 $(3+1)\times(1+1)=8$

(5) $100=2^2\times5^2$이므로 $(2+1)\times(2+1)=9$

(6) $180=2^2\times3^2\times5$이므로 $(2+1)\times(2+1)\times(1+1)=18$

대표 유형

● 본책 016~017쪽

03·A ②, ③   **B** ㄱ, ㄴ, ㅁ   **04·A** ②   **B** 29

05·A 4   **B** 2   **06·A** ④

03·A   정답 ②, ③

$2^3\times3\times5$의 약수는 (2^3의 약수)$\times$(3의 약수)$\times$(5의 약수) 꼴이다.

② $3^2\times5$에서 3^2은 3의 약수가 아니다.

③ $2\times3\times5^2$에서 5^2은 5의 약수가 아니다.

03·B   정답 ㄱ, ㄴ, ㅁ

$260=2^2\times5\times13$의 약수는 (2^2의 약수)$\times$(5의 약수)$\times$(13의 약수) 꼴이다.

ㄷ. $2^3\times13$에서 2^3은 2^2의 약수가 아니다.

ㄹ. $5^2\times13$에서 5^2은 5의 약수가 아니다.

ㅂ. $2^2\times5\times13^2$에서 13^2은 13의 약수가 아니다.

따라서 260의 약수인 것은 ㄱ, ㄴ, ㅁ이다.

04·A   정답 ②

약수의 개수를 구해 보면 다음과 같다.

① $(3+1)\times(1+1)=8$

② $(2+1)\times(1+1)=6$

③ $6+1=7$

④ $36=2^2\times3^2$이므로 $(2+1)\times(2+1)=9$

⑤ $150=2\times3\times5^2$이므로 $(1+1)\times(1+1)\times(2+1)=12$

따라서 약수의 개수가 가장 적은 것은 ②이다.

04·B   정답 29

7^4의 약수의 개수는 $4+1=5$이므로 $a=5$

$2^3\times3^2\times11$의 약수의 개수는 $(3+1)\times(2+1)\times(1+1)=24$이므로 $b=24$

$\therefore a+b=5+24=29$

05·A   정답 4

$2^4\times13^a$의 약수의 개수가 25이므로

$(4+1)\times(a+1)=25$

$5\times(a+1)=25$

$a+1=5$ $\therefore a=4$

05·B   정답 2

$3^a\times5^2\times7^3$의 약수의 개수는

$(a+1)\times(2+1)\times(3+1)=12\times(a+1)$

$2^5\times3^5$의 약수의 개수는

$(5+1)\times(5+1)=36$

약수의 개수가 같으므로 $12\times(a+1)=36$

$a+1=3$ $\therefore a=2$

06·A   정답 ④

① $3^5\times2$이므로 약수의 개수는 $(5+1)\times(1+1)=12$

② $3^5\times4=2^2\times3^5$이므로 약수의 개수는 $(2+1)\times(5+1)=18$

③ $3^5\times6=3^5\times2\times3=2\times3^6$이므로 약수의 개수는 $(1+1)\times(6+1)=14$

④ $3^5\times8=2^3\times3^5$이므로 약수의 개수는 $(3+1)\times(5+1)=24$

⑤ $3^5\times27=3^5\times3^3=3^8$이므로 약수의 개수는 $8+1=9$

따라서 □ 안에 들어갈 수 있는 수는 ④이다.

배운대로 학습하기

● 본책 018~019쪽

01 ③	02 ④	03 10	04 ⑤
05 ④	06 ①, ③	07 ⑤	08 ④
09 ①, ④	10 ③	11 ⑤	12 ④, ⑤

01

정답 ③

① $2\,\underline{)18}$
　$3\,\underline{)\ 9}$
　　3
∴ $18=2\times3^2$

② $2\,\underline{)24}$
　$2\,\underline{)12}$
　$2\,\underline{)\ 6}$
　　3
∴ $24=2^3\times3$

③ $2\,\underline{)36}$
　$2\,\underline{)18}$
　$3\,\underline{)\ 9}$
　　3
∴ $36=2^2\times3^2$

④ $2\,\underline{)40}$
　$2\,\underline{)20}$
　$2\,\underline{)10}$
　　5
∴ $40=2^3\times5$

⑤ $2\,\underline{)96}$
　$2\,\underline{)48}$
　$2\,\underline{)24}$
　$2\,\underline{)12}$
　$2\,\underline{)\ 6}$
　　3
∴ $96=2^5\times3$

따라서 소인수분해한 것으로 옳은 것은 ③이다.

02

정답 ④

$2^3\times5^2$의 소인수는 2, 5이다.
① $12=2^2\times3$이므로 소인수는 2, 3이다.
② $30=2\times3\times5$이므로 소인수는 2, 3, 5이다.
③ $45=3^2\times5$이므로 소인수는 3, 5이다.
④ $100=2^2\times5^2$이므로 소인수는 2, 5이다.
⑤ $140=2^2\times5\times7$이므로 소인수는 2, 5, 7이다.
따라서 $2^3\times5^2$과 소인수가 같은 것은 ④이다.

03

정답 10

$84=2^2\times3\times7$이므로
$a=2$, $b=1$, $c=7$
∴ $a+b+c=2+1+7=10$

04

정답 ⑤

$40=2^3\times5$이므로 $2^3\times5\times a=b^2$
이 식을 만족시키는 가장 작은 자연수 a는 $2\times5\times$ (자연수)^2 꼴이어야 한다.
∴ $a=2\times5\times1^2=10$
따라서 $40\times a=40\times10=400=20^2=b^2$이므로 $b=20$
∴ $a+b=10+20=30$

참고 어떤 자연수의 제곱인 수는 소인수분해했을 때, 모든 소인수의 지수가 짝수이다.
　　따라서 어떤 자연수의 제곱인 수는 다음과 같은 순서대로 만들 수 있다.
　　❶ 주어진 수를 소인수분해한다.
　　❷ 지수가 홀수인 소인수를 찾아 지수가 짝수가 되도록 적당한 수를 곱하거나 적당한 수로 나눈다.

05

정답 ④

$240=2^4\times3\times5$이므로 x는 240의 약수이면서
$3\times5\times$ (자연수)^2 꼴이어야 한다.

① $4=2^2$　　② $20=2^2\times5$　　③ $24=2^3\times3$
④ $60=2^2\times3\times5$　⑤ $120=2^3\times3\times5$
따라서 x의 값이 될 수 있는 것은 ④이다.

06

정답 ①, ③

$144=2^4\times3^2$의 약수는 (2^4의 약수)$\times$(3^2의 약수) 꼴이다.
② 7은 2^4의 약수도 아니고 3^2의 약수도 아니다.
④ $2^5\times3$에서 2^5은 2^4의 약수가 아니다.
⑤ $2^3\times3^3$에서 3^3은 3^2의 약수가 아니다.
따라서 144의 약수인 것은 ①, ③이다.

07

정답 ⑤

$3^2\times5^2\times7$의 약수는 (3^2의 약수)$\times$(5^2의 약수)$\times$(7의 약수) 꼴이다.
⑤ $3^3\times5^2\times7$에서 3^3은 3^2의 약수가 아니다.

08

정답 ④

약수의 개수를 구해 보면 다음과 같다.
① $88=2^3\times11$이므로 $(3+1)\times(1+1)=8$
② $(1+1)\times(3+1)=8$
③ $3\times14=2\times3\times7$이므로 $(1+1)\times(1+1)\times(1+1)=8$
④ $175=5^2\times7$이므로 $(2+1)\times(1+1)=6$
⑤ $7+1=8$
따라서 약수의 개수가 나머지 넷과 다른 하나는 ④이다.

09

정답 ①, ④

① $108=2^2\times3^3$
② 소인수는 2, 3이다.
③ 108의 약수는 (2^2의 약수)$\times$(3^3의 약수) 꼴이므로 2×3^3은 108의 약수이다.
④ 약수의 개수는 $(2+1)\times(3+1)=12$
⑤ $108\times3=(2^2\times3^3)\times3=2^2\times3^4=(2\times3^2)\times(2\times3^2)=18^2$
따라서 옳지 않은 것은 ①, ④이다.

10

정답 ③

$2^n\times7^2$의 약수의 개수가 12이므로
$(n+1)\times(2+1)=12$
$n+1=4$　　∴ $n=3$

11

정답 ⑤

$180=2^2\times3^2\times5$이므로 약수의 개수는
$(2+1)\times(2+1)\times(1+1)=18$
$2^x\times7^2$의 약수의 개수는 $(x+1)\times(2+1)=3\times(x+1)$
이때 180의 약수의 개수와 $2^x\times7^2$의 약수의 개수가 같으므로
$18=3\times(x+1)$
$x+1=6$　　∴ $x=5$

12 〈정답〉 ④, ⑤

① $3^3 \times 6 = 3^3 \times 2 \times 3 = 2 \times 3^4$이므로 약수의 개수는
$(1+1) \times (4+1) = 10$

② $3^3 \times 8 = 2^3 \times 3^3$이므로 약수의 개수는 $(3+1) \times (3+1) = 16$

③ $3^3 \times 12 = 3^3 \times 2^2 \times 3 = 2^2 \times 3^4$이므로 약수의 개수는
$(2+1) \times (4+1) = 15$

④ $3^3 \times 18 = 3^3 \times 2 \times 3^2 = 2 \times 3^5$이므로 약수의 개수는
$(1+1) \times (5+1) = 12$

⑤ $3^3 \times 25 = 3^3 \times 5^2$이므로 약수의 개수는 $(3+1) \times (2+1) = 12$

따라서 □ 안에 들어갈 수 있는 수는 ④, ⑤이다.

서술형 훈련하기
● 본책 020~021쪽

01 178 **02** 2 **03** 8 **04** 4가지
05 125 **06** 9

01 〈정답〉 178

[1단계] a의 값 구하기

$3 \times 5^2 \times 7$의 약수 중 두 번째로 작은 수는 가장 작은 소인수이므로
$a = 3$ …… 45%

[2단계] b의 값 구하기

$3 \times 5^2 \times 7$의 약수 중 두 번째로 큰 수는 주어진 수를 가장 작은 소인수인 3으로 나눈 수이므로 $b = 5^2 \times 7 = 175$ …… 45%

[3단계] $a+b$의 값 구하기

∴ $a+b = 3+175 = 178$ …… 10%

02 〈정답〉 2

[1단계] 288의 약수의 개수 구하기

$288 = 2^5 \times 3^2$이므로
288의 약수의 개수는
$(5+1) \times (2+1) = 18$ …… 30%

[2단계] $2^2 \times 5 \times 7^a$의 약수의 개수를 a를 사용하여 나타내기

$2^2 \times 5 \times 7^a$의 약수의 개수는
$(2+1) \times (1+1) \times (a+1) = 6 \times (a+1)$ …… 30%

[3단계] a의 값 구하기

이때 288의 약수의 개수와 $2^2 \times 5 \times 7^a$의 약수의 개수가 같으므로
$6 \times (a+1) = 18,\ a+1 = 3$
∴ $a = 2$ …… 40%

03 〈정답〉 8

[1단계] $P(819)$의 값 구하기

$819 = 3^2 \times 7 \times 13$

$P(819)$는 819의 소인수 중 가장 큰 수이므로
$P(819) = 13$ …… 45%

[2단계] $Q(385)$의 값 구하기

$385 = 5 \times 7 \times 11$

$Q(385)$는 385의 소인수 중 가장 작은 수이므로
$Q(385) = 5$ …… 45%

[3단계] $P(819) - Q(385)$의 값 구하기

∴ $P(819) - Q(385) = 13 - 5 = 8$ …… 10%

04 〈정답〉 4가지

[1단계] 50 미만의 소수 구하기

50 미만의 소수는
2, 3, 5, 7, 11, 13, 17, 19, 23, 29, 31, 37, 41, 43, 47 …… 40%

[2단계] 50을 서로 다른 두 소수의 합으로 나타내는 방법은 모두 몇 가지인지 구하기

$50 = 3+47 = 7+43 = 13+37 = 19+31$

따라서 50을 서로 다른 두 소수의 합으로 나타내는 방법은 모두 4가지이다. …… 60%

05 〈정답〉 125

[1단계] 80을 소인수분해하기

$80 = 2^4 \times 5$ …… 30%

[2단계] 곱할 수 있는 가장 작은 세 자리 자연수 구하기

곱할 수 있는 자연수는 $5 \times (자연수)^2$ 꼴이다.

따라서 곱할 수 있는 자연수를 작은 수부터 차례로 나열하면
$5 \times 1^2,\ 5 \times 2^2,\ 5 \times 3^2,\ 5 \times 4^2 = 80,\ 5 \times 5^2 = 125,\ 5 \times 6^2 = 180,\ \cdots$
이므로 가장 작은 세 자리 자연수는 125이다. …… 70%

06 〈정답〉 9

[1단계] 180을 소인수분해하기

$180 = 2^2 \times 3^2 \times 5$ …… 20%

[2단계] 180의 약수 중 5의 배수의 개수는 $2^2 \times 3^2$의 약수의 개수와 같음을 알기

5의 배수는 $5 \times (자연수)$ 꼴이므로
180의 약수 중 5의 배수의 개수는 $2^2 \times 3^2$의 약수의 개수와 같다. …… 40%

[3단계] 180의 약수 중 5의 배수의 개수 구하기

따라서 180의 약수 중 5의 배수의 개수는 $2^2 \times 3^2$의 약수의 개수인
$(2+1) \times (2+1) = 9$ …… 40%

01 ⑤	**02** ③	**03** 6	**04** ④
05 13	**06** ②, ④	**07** 35	**08** ②
09 ④	**10** ④	**11** ②	**12** ③
13 12, 13	**14** ④	**15** 75	**16** 147
17 135	**18** 9		

01
정답 ⑤

$16=2\times2\times2\times2=2^4$이므로 $a=4$

$3^5=3\times3\times3\times3\times3=243$이므로 $b=243$

$\therefore a+b=4+243=247$

02
정답 ③

⑷에서 약수가 2개인 자연수는 소수이다.

이때 ㈎에서 30보다 크고 50보다 작은 자연수이므로 구하는 소수는

31, 37, 41, 43, 47의 5개이다.

03
정답 6

$3\times3\times5\times11\times5\times5\times3\times11\times11\times5\times3\times3=3^5\times5^4\times11^3$

이므로 $x=5$, $y=4$, $z=3$

$\therefore x+y-z=5+4-3=6$

04
정답 ④

① $48=2^4\times3$이므로 소인수는 2, 3

$\quad \therefore$ (소인수의 합)$=2+3=5$

② $60=2^2\times3\times5$이므로 소인수는 2, 3, 5

$\quad \therefore$ (소인수의 합)$=2+3+5=10$

③ $98=2\times7^2$이므로 소인수는 2, 7

$\quad \therefore$ (소인수의 합)$=2+7=9$

④ $132=2^2\times3\times11$이므로 소인수는 2, 3, 11

$\quad \therefore$ (소인수의 합)$=2+3+11=16$

⑤ $208=2^4\times13$이므로 소인수는 2, 13

$\quad \therefore$ (소인수의 합)$=2+13=15$

따라서 소인수의 합이 가장 큰 것은 ④이다.

05
정답 13

$675=3^3\times5^2$이므로

$a=3$, $b=5$, $m=3$, $n=2$ 또는 $a=5$, $b=3$, $m=2$, $n=3$

$\therefore a+b+m+n=13$

06
정답 ②, ④

① 가장 작은 소수는 2이다.

③ 20을 소인수분해하면 $2^2\times5$이다.

④ $42=2\times3\times7$이므로 소인수는 2, 3, 7이다.

⑤ 7보다 작은 소수는 2, 3, 5이다.

따라서 옳은 것은 ②, ④이다.

07
정답 35

$2^4\times5^3\times7\times a$가 어떤 자연수의 제곱이 되도록 하려면

a는 $5\times7\times$(자연수)^2 꼴이어야 한다.

$\therefore a=5\times7\times1^2=35$

08
정답 ②

$3^3\times5^2\times7^3\times11$의 약수는

$(3^3$의 약수)$\times(5^2$의 약수)$\times(7^3$의 약수)$\times(11$의 약수) 꼴이다.

ㄴ. $7^2\times11^2$에서 11^2은 11의 약수가 아니다.

ㄹ. $3^3\times5^2\times7^5$에서 7^5은 7^3의 약수가 아니다.

ㅂ. $5^3\times7^4\times11$에서 5^3은 5^2의 약수가 아니고, 7^4은 7^3의 약수가 아니다.

따라서 $3^3\times5^2\times7^3\times11$의 약수인 것은 ㄱ, ㄷ, ㅁ이다.

09
정답 ④

$261=3^2\times29$이므로 261의 약수는

1, 3, 9, 29, 87, 261

따라서 모든 약수의 합은

$1+3+9+29+87+261=390$

10
정답 ④

약수의 개수를 구해 보면 다음과 같다.

① $20=2^2\times5$이므로 $(2+1)\times(1+1)=6$

② $32=2^5$이므로 $5+1=6$

③ $63=3^2\times7$이므로 $(2+1)\times(1+1)=6$

④ $105=3\times5\times7$이므로 $(1+1)\times(1+1)\times(1+1)=8$

⑤ $242=2\times11^2$이므로 $(1+1)\times(2+1)=6$

따라서 약수의 개수가 나머지 넷과 다른 하나는 ④이다.

11
정답 ②

$8\times3^2\times7^a=2^3\times3^2\times7^a$이므로

약수의 개수는 $(3+1)\times(2+1)\times(a+1)=12\times(a+1)$

이때 $12\times(a+1)=36$이므로 $a+1=3$ $\quad \therefore a=2$

12
정답 ③

약수의 개수가 3인 자연수는 (소수)^2 꼴이므로

2^2, 3^2, 5^2, 7^2, 11^2, $13^2=169$, $17^2=289$, $\cdots$

이 중 200 이하의 자연수는

2^2, 3^2, 5^2, 7^2, 11^2, 13^2의 6개이다.

BIBLE SAYS 약수의 개수가 k인 자연수

(1) 약수의 개수가 2인 자연수 ➡ 소수
(2) 약수의 개수가 3인 자연수 ➡ (소수)^2 꼴
(3) 약수의 개수가 4인 자연수
➡ (소수)^3 또는 $a \times b$ (a, b는 서로 다른 소수) 꼴
(4) 약수의 개수가 홀수인 자연수
➡ 소인수분해했을 때, 모든 소인수의 지수가 짝수
➡ 어떤 자연수의 제곱인 수

13
정답 12, 13

소수를 크기가 작은 것부터 차례대로 나열하면
2, 3, 5, 7, 11, 13, 17, 19, …
따라서 a가 될 수 있는 수는 12, 13이다.

14
정답 ④

a는 108의 약수이고 $108 = 2^2 \times 3^3$이므로
a는 (2^2의 약수) $\times$ (3^3의 약수) 꼴이다.
④ $2^3 \times 3^2$에서 2^3은 2^2의 약수가 아니다.

15
정답 75

$300 = 2^2 \times 3 \times 5^2$이므로 x는 300의 약수이면서 $3 \times$ (자연수)^2 꼴이어야 한다.
따라서 x의 값은 3, 3×2^2, 3×5^2, 3×10^2, 즉 3, 12, 75, 300이므로 두 번째로 큰 자연수는 75이다.

16
정답 147

$20 = 2^2 \times 5$, $175 = 5^2 \times 7$이므로
$(2^2 \times 5) \times a = (5^2 \times 7) \times b = c^2$
이 식을 만족시키는 가장 작은 자연수 c에 대하여
$c^2 = 2^2 \times 5^2 \times 7^2 = 4900 = 70^2$ ∴ $c = 70$
$20 \times a = 4900$에서 $a = 245$
$175 \times b = 4900$에서 $b = 28$
∴ $a - b - c = 245 - 28 - 70 = 147$

17
정답 135

(가)에서 $A = 3^a \times 5^b$ (a, b는 자연수) 꼴이다.
(나)에서 약수의 개수가 8이므로
$8 = 2 \times 4 = (1+1) \times (3+1)$
즉, $a = 1$, $b = 3$ 또는 $a = 3$, $b = 1$
∴ $A = 3^3 \times 5$ 또는 $A = 3 \times 5^3$
따라서 주어진 조건을 모두 만족시키는 가장 작은 자연수 A의 값은
$3^3 \times 5 = 135$

18
정답 9

$15 = 14 + 1$ 또는 $15 = 5 \times 3 = (4+1) \times (2+1)$이므로 약수가 15인 자연수는 2^{14}이거나 $2^4 \times a^2$ (a는 2가 아닌 소수) 꼴이어야 한다.
(i) $2^4 \times \square$가 2^{14}일 때, $\square = 2^{10}$
(ii) $2^4 \times \square$가 $2^4 \times a^2$ (a는 2가 아닌 소수) 꼴일 때,
$\square = 3^2, 5^2, 7^2, \cdots$
(i), (ii)에서 $\square$ 안에 들어갈 수 있는 가장 작은 자연수는 9이다.

BIBLE SAYS 약수의 개수가 주어질 때 가능한 수 찾기

$a^m \times \square$ (a는 소수, m은 자연수)의 약수의 개수가 주어지면
(i) $\square$가 a의 거듭제곱 꼴인 경우
(ii) $\square$가 a의 거듭제곱 꼴이 아닌 경우
로 나누어 생각한다.

I 02 최대공약수와 최소공배수

01 최대공약수

● 본책 026쪽

개념 CHECK

01 (1) 1, 2, 3, 4, 6, 8, 12, 24　(2) 1, 2, 4, 8, 16, 32
(3) 1, 2, 4, 8　　(4) 8
02 (1) 1, 2, 4　(2) 1, 3, 5, 15　(3) 1, 2, 4, 7, 14, 28

02 두 자연수의 공약수는 최대공약수의 약수이므로
(1) 공약수는 4의 약수인 1, 2, 4이다.
(2) 공약수는 15의 약수인 1, 3, 5, 15이다.
(3) 공약수는 28의 약수인 1, 2, 4, 7, 14, 28이다.

대표 유형

● 본책 027쪽

01·Ⓐ ②　　Ⓑ ②　　02·Ⓐ ④　　Ⓑ 3개

01·Ⓐ 　　　　　　　　　　　　　　　정답 ②

두 자연수 A, B의 공약수는 최대공약수인 35의 약수이므로
1, 5, 7, 35이다.
따라서 두 수 A, B의 공약수가 아닌 것은 ②이다.

01·Ⓑ 　　　　　　　　　　　　　　　정답 ②

두 자연수의 공약수는 최대공약수인 $2^3 \times 3$의 약수이므로 공약수의
개수는
$(3+1) \times (1+1) = 8$

02·Ⓐ 　　　　　　　　　　　　　　　정답 ④

두 수의 최대공약수를 각각 구해 보면
① 1　② 1　③ 1　④ 7　⑤ 1
따라서 두 수가 서로소가 아닌 것은 ④이다.

02·Ⓑ 　　　　　　　　　　　　　　　정답 3개

주어진 수 5, 20, 27, 32, 49, 52와 16의 최대공약수는 각각
1, 4, 1, 16, 1, 4이다.
따라서 주어진 수 중 16과 서로소인 것은 5, 27, 49의 3개이다.

02 최대공약수 구하기

● 본책 028쪽

개념 CHECK

01 (1) 2×3^2　(2) $2^2 \times 5^2$
02 (1) 21　(2) 18

01 (1)
$$2 \times 3^2$$
$$2^3 \times 3^4$$
$$(최대공약수) = 2 \times 3^2$$

(2)
$$2^2 \quad \times 5^4$$
$$2^3 \times 3 \times 5^2$$
$$2^2 \quad \times 5^3 \times 7$$
$$(최대공약수) = 2^2 \quad \times 5^2$$

02 (1)
```
3 ) 42   63
7 ) 14   21
     2    3
```
$(최대공약수) = 3 \times 7 = 21$

(2)
```
2 ) 18   36   54
3 )  9   18   27
3 )  3    6    9
     1    2    3
```
$(최대공약수) = 2 \times 3 \times 3 = 18$

대표 유형

● 본책 029~030쪽

03·Ⓐ ③　　Ⓑ 3　　04·Ⓐ ④　　Ⓑ ②
05·Ⓐ 14　　Ⓑ ④　　06·Ⓐ 18　　Ⓑ 9

03·Ⓐ 　　　　　　　　　　　　　　　정답 ③

$$2^3 \times 3$$
$$108 = 2^2 \times 3^3$$
$$(최대공약수) = 2^2 \times 3$$

03·Ⓑ 　　　　　　　　　　　　　　　정답 3

최대공약수를 구할 때는 각 수의
공통인 소인수의 거듭제곱에서 지
수가 같으면 그대로, 지수가 다르
면 작은 것을 택하여 곱한다.

$$2^3 \times 3^a \times 5^4$$
$$3^2 \times 5^2 \times 7$$
$$(최대공약수) = \quad 3 \times 5^b$$

$2^3 \times 3^a \times 5^4$, $3^2 \times 5^2 \times 7$의 최대공약수가 3×5^b이므로 $a=1$, $b=2$
$\therefore a+b = 1+2 = 3$

04·Ⓐ

정답 ④

$2^2 \times 3^2 \times 5$, $2^2 \times 3^3 \times 7$, $2^3 \times 3^2$의
최대공약수는 $2^2 \times 3^2$이므로 공약
수는 $2^2 \times 3^2$의 약수이다.
이때 $2^2 \times 3^2$의 약수는
(2^2의 약수)×(3^2의 약수) 꼴이다.
④ $2^3 \times 3$에서 2^3은 2^2의 약수가 아니다.

$$2^2 \times 3^2 \times 5$$
$$2^2 \times 3^3 \quad \times 7$$
$$2^3 \times 3^2$$
$$\overline{\text{(최대공약수)}=2^2 \times 3^2}$$

04·Ⓑ

정답 ②

공약수의 개수는 최대공약수의 약
수의 개수와 같다.
이때 두 수 84, 150의 최대공약수
는 2×3이므로 공약수의 개수는
$(1+1)\times(1+1)=4$

$$84=2^2 \times 3 \quad \times 7$$
$$150=2 \times 3 \times 5^2$$
$$\overline{\text{(최대공약수)}=2 \times 3}$$

05·Ⓐ

정답 14

$\dfrac{28}{n}$, $\dfrac{70}{n}$이 자연수가 되도록 하
는 n의 값은 28과 70의 공약수
이다.
이때 n의 값 중 가장 큰 수는 28과 70의 최대공약수이므로 구하는
수는 14이다.

$$28=2^2 \quad \times 7$$
$$70=2 \times 5 \times 7$$
$$\overline{\text{(최대공약수)}=2 \quad \times 7=14}$$

05·Ⓑ

정답 ④

$\dfrac{30}{n}$, $\dfrac{75}{n}$가 자연수가 되도록 하
는 n의 값은 30과 75의 공약수
이다.
이때 30과 75의 최대공약수는 15이므로
$n=1, 3, 5, 15$
따라서 자연수 n의 값이 아닌 것은 ④이다.

$$30=2 \times 3 \times 5$$
$$75= \quad 3 \times 5^2$$
$$\overline{\text{(최대공약수)}= \quad 3 \times 5=15}$$

06·Ⓐ

정답 18

어떤 자연수로 39를 나누면 3이 남
고, 56을 나누면 2가 남으므로 어떤
자연수로 $39-3=36$과 $56-2=54$
를 나누면 나누어떨어진다.
따라서 어떤 자연수는 36과 54의 공약수 중 3보다 큰 수이므로
구하는 가장 큰 수는 36과 54의 최대공약수인 18이다.

$$36=2^2 \times 3^2$$
$$54=2 \times 3^3$$
$$\overline{\text{(최대공약수)}=2 \times 3^2=18}$$

06·Ⓑ

정답 9

어떤 자연수로 80을 나누면 8이 남
고, 76을 나누면 5가 부족하므로 어
떤 자연수로 $80-8=72$와
$76+5=81$을 나누면 나누어떨어진다.
따라서 어떤 자연수는 72와 81의 공약수 중 8보다 큰 수이고, 72와
81의 최대공약수가 9이므로 어떤 자연수는 9이다.

$$72=2^3 \times 3^2$$
$$81= \quad 3^4$$
$$\overline{\text{(최대공약수)}= \quad 3^2=9}$$

배운대로 학습하기
● 본책 031쪽

| 01 ⑤ | 02 5개 | 03 4 | 04 ②, ⑤ |
| 05 ⑤ | 06 8개 | 07 ④ | 08 36 |

01

정답 ⑤

두 자연수 A, B의 공약수는 최대공약수인 $12=2^2 \times 3$의 약수이므
로 공약수의 개수는
$(2+1)\times(1+1)=6$

02

정답 5개

10보다 작은 자연수 중 8과 서로소인 자연수는 1, 3, 5, 7, 9의 5개
이다.

03

정답 4

최대공약수를 구할 때는 각 수의
공통인 소인수의 거듭제곱에서 지
수가 같으면 그대로, 지수가 다르면
작은 것을 택하여 곱한다.
$2^a \times 3^3 \times 5^4$, $2^3 \times 5^b \times 7$의 최대공약수가 $2^2 \times 5^2$이므로
$a=2$, $b=2$
$\therefore a+b=2+2=4$

$$2^a \times 3^3 \times 5^4$$
$$2^3 \quad \times 5^b \times 7$$
$$\overline{\text{(최대공약수)}=2^2 \quad \times 5^2}$$

04

정답 ②, ⑤

① □=3일 때, 최대공약수는 3이다.
③ □=2×5일 때, 최대공약수는 $2 \times 3 \times 5$이다.
④ □=2×5^3일 때, 최대공약수는 $2 \times 3 \times 5^2$이다.

05

정답 ⑤

두 수의 최대공약수는 2×3^2이므로
공약수는 2×3^2의 약수이다.
따라서 공약수는
(2의 약수)×(3^2의 약수) 꼴이다.
⑤ 2×3^3에서 3^3은 3^2의 약수가 아니다.

$$216=2^3 \times 3^3$$
$$2 \times 3^2 \times 5^2$$
$$\overline{\text{(최대공약수)}=2 \times 3^2}$$

06

정답 8개

공약수의 개수는 최대공약수의
약수의 개수와 같다.
주어진 세 수의 최대공약수는
$2 \times 3 \times 5$이므로 공약수의 개수는
$(1+1)\times(1+1)\times(1+1)=8$

$$2^2 \times 3 \times 5^2$$
$$2 \times 3^2 \times 5$$
$$2^2 \times 3 \times 5 \times 7$$
$$\overline{\text{(최대공약수)}=2 \times 3 \times 5}$$

07 (정답) ④

n의 값은 168과 280의 공약
수이므로 n의 값 중 가장 큰
수는 168과 280의 최대공약
수이다.

$$168=2^3\times3\qquad\times7$$
$$280=2^3\qquad\times5\times7$$
$$\overline{\text{(최대공약수)}=2^3\qquad\times7=56}$$

이때 168과 280의 최대공약수는 56이므로 구하는 수는 56이다.

08 (정답) 36

어떤 자연수로 147을 나누면 3이
남고, 112를 나누면 4가 남으므로
어떤 자연수로 $147-3=144$와
$112-4=108$을 나누면 나누어떨
어진다.

$$144=2^4\times3^2$$
$$108=2^2\times3^3$$
$$\overline{\text{(최대공약수)}=2^2\times3^2=36}$$

따라서 어떤 자연수는 144와 108의 공약수 중 4보다 큰 수이므로
구하는 가장 큰 수는 144와 108의 최대공약수인 36이다.

03 최소공배수

● 본책 032쪽

> **개념 CHECK**
>
> **01** (1) 8, 16, 24, 32, 40, 48, 56, 64, 72, 80, …
>
> (2) 10, 20, 30, 40, 50, 60, 70, 80, …
>
> (3) 40, 80, 120, …   (4) 40
>
> **02** (1) 4, 8, 12   (2) 7, 14, 21   (3) 16, 32, 48

02 두 자연수의 공배수는 최소공배수의 배수이므로

(1) 공배수는 4의 배수인 4, 8, 12, …이다.

(2) 공배수는 7의 배수인 7, 14, 21, …이다.

(3) 공배수는 16의 배수인 16, 32, 48, …이다.

> **대표 유형**
>
> ● 본책 033쪽
>
> **01·Ⓐ** (1) 60, 120, 180, … (2) 60 (3) 60, 120, 180, …
>
> **02·Ⓐ** ②   **Ⓑ** ②

01·Ⓐ (정답) (1) 60, 120, 180, … (2) 60 (3) 60, 120, 180, …

(1) 15의 배수 : 15, 30, 45, 60, 75, 90, 105, 120, …

   20의 배수 : 20, 40, 60, 80, 100, 120, …

   따라서 15와 20의 공배수는 60, 120, 180, …이다.

(2) (1)에서 15와 20의 최소공배수는 60이다.

(3) 15와 20의 최소공배수인 60의 배수는 60, 120, 180, …이다.

02·Ⓐ (정답) ②

두 자연수 A, B의 공배수는 최소공배수인 24의 배수이므로
24, 48, 72, 96, 120, …이다.

따라서 두 수 A, B의 공배수가 아닌 것은 ②이다.

02·Ⓑ (정답) ②

두 자연수 A, B의 공배수는 최소공배수인 25의 배수이다.

따라서 100 이하의 자연수 중 25의 배수는 25, 50, 75, 100의 4개
이므로 공배수 중 100 이하의 자연수는 모두 4개이다.

04 최소공배수 구하기

● 본책 034쪽

> **개념 CHECK**
>
> **01** (1) $2^3\times3^2$ (2) $2^2\times3^2\times7$
>
> **02** (1) 168   (2) 270

01 (1)

$$2^3\times3$$
$$2^2\times3^2$$
$$\overline{\text{(최소공배수)}=2^3\times3^2}$$

(2)

$$2\times3^2$$
$$2^2\times3\times7$$
$$2^2\qquad\times7$$
$$\overline{\text{(최소공배수)}=2^2\times3^2\times7}$$

02 (1)

$$\begin{array}{r|rr}2&24&42\\\hline3&12&21\\\hline&4&7\end{array}$$

(최소공배수)$=2\times3\times4\times7=168$

(2)

$$\begin{array}{r|rrr}3&27&30&45\\\hline3&9&10&15\\\hline5&3&10&5\\\hline&3&2&1\end{array}$$

(최소공배수)$=3\times3\times5\times3\times2\times1=270$

> **대표 유형**
>
> ● 본책 035~037쪽
>
> **03·Ⓐ** ⑤   **Ⓑ** 6   **04·Ⓐ** ④   **Ⓑ** 4개
>
> **05·Ⓐ** 55   **Ⓑ** 6   **06·Ⓐ** 2   **Ⓑ** 16
>
> **07·Ⓐ** 140   **Ⓑ** 4개   **08·Ⓐ** 121   **Ⓑ** 123

03·Ⓐ
정답 ⑤

$$
\begin{array}{r}
72 = 2^3 \times 3^2 \\
2^2 \times 3 \times 5^3\\
\hline
(최소공배수) = 2^3 \times 3^2 \times 5^3
\end{array}
$$

03·Ⓑ
정답 6

최소공배수를 구할 때는 각 수의 공통인 소인수의 거듭제곱에서 지수가 같으면 그대로, 지수가 다르면 큰 것을 택하여 곱하고, 공통이 아닌 소인수도 곱한다.

$$
\begin{array}{r}
2^3 \times 7^a\\
2^2 \times 5 \times 7\\
\hline
(최소공배수) = 2^b \times 5 \times 7^2
\end{array}
$$

$2^3 \times 7^a$, $2^2 \times 5 \times 7$의 최소공배수가 $2^b \times 5 \times 7^2$이므로
$a=2$, $b=3$
$\therefore a \times b = 2 \times 3 = 6$

04·Ⓐ
정답 ④

세 수 12, 40, 54의 최소공배수는 $2^3 \times 3^3 \times 5$이므로 공배수는 $2^3 \times 3^3 \times 5$의 배수이다.
따라서 공배수인 것은 ④이다.

$$
\begin{array}{r}
12 = 2^2 \times 3 \\
40 = 2^3 \times 5\\
54 = 2 \times 3^3 \\
\hline
(최소공배수) = 2^3 \times 3^3 \times 5
\end{array}
$$

04·Ⓑ
정답 4개

두 수 24, 30의 최소공배수는 120이므로 공배수는 120의 배수이다.
따라서 500 이하의 자연수 중 120의 배수는 120, 240, 360, 480의 4개이다.

$$
\begin{array}{r}
24 = 2^3 \times 3 \\
30 = 2 \times 3 \times 5\\
\hline
(최소공배수) = 2^3 \times 3 \times 5 = 120
\end{array}
$$

05·Ⓐ
정답 55

최대공약수가 2×3^3이므로 2^a, 2^2의 지수 중 작은 것이 1이다.
$\therefore a=1$
최소공배수가 $2^2 \times 3^5 \times 7 \times 11$이므로 3^3, 3^b의 지수 중 큰 것이 5이다. $\quad \therefore b=5$
한편, $c=11$이므로 $a \times b \times c = 1 \times 5 \times 11 = 55$

$$
\begin{array}{r}
2^{\textcircled{a}} \times 3^3 \times 7 \phantom{\times \textcircled{c}}\\
2^2 \times 3^{\textcircled{b}} \times \textcircled{c}\\
\hline
(최대공약수) = 2^{\textcircled{1}} \times 3^3\\
(최소공배수) = 2^2 \times 3^{\textcircled{5}} \times 7 \times \textcircled{11}
\end{array}
$$

05·Ⓑ
정답 6

최대공약수가 2×13이므로 2^a, 2^2, 2^2의 지수 중 작은 것이 1이다.
$\therefore a=1$
최소공배수가 $2^2 \times 5^2 \times 13^3$이므로 5, 5^c의 지수 중 큰 것이 2이다.
$\therefore c=2$
또한 13, 13^b, 13의 지수 중 큰 것이 3이다. $\quad \therefore b=3$
$\therefore a+b+c = 1+3+2 = 6$

$$
\begin{array}{r}
2^{\textcircled{a}} \times 5 \times 13 \\
2^2 \times 13^{\textcircled{b}}\\
2^2 \times 5^{\textcircled{c}} \times 13 \\
\hline
(최대공약수) = 2^{\textcircled{1}} \times 13\\
(최소공배수) = 2^2 \times 5^{\textcircled{2}} \times 13^{\textcircled{3}}
\end{array}
$$

06·Ⓐ
정답 2

$$
\begin{array}{r}
3 \times a = 3 \times a\\
12 \times a = 2^2 \times 3 \times a\\
15 \times a = 3 \times 5 \times a\\
\hline
(최소공배수) = 2^2 \times 3 \times 5 \times a = 60 \times a
\end{array}
$$

$60 \times a = 120 \qquad \therefore a=2$

다른 풀이
$(최소공배수) = a \times 3 \times 1 \times 4 \times 5$
$ = a \times 60$
이때 최소공배수가 120이므로
$a \times 60 = 120 \qquad \therefore a=2$

$$
\begin{array}{r|ccc}
a & 3 \times a & 12 \times a & 15 \times a\\
3 & 3 & 12 & 15\\
\hline
& 1 & 4 & 5
\end{array}
$$

06·Ⓑ
정답 16

세 자연수를 $2 \times x$, $3 \times x$, $5 \times x$ (x는 자연수)라 하면

$$
\begin{array}{r}
2 \times x = 2 \times x\\
3 \times x = 3 \times x\\
5 \times x = 5 \times x\\
\hline
(최소공배수) = 2 \times 3 \times 5 \times x = 30 \times x
\end{array}
$$

$30 \times x = 240 \qquad \therefore x=8$
따라서 세 자연수 중 가장 작은 수는 $2 \times 8 = 16$

다른 풀이
$(최소공배수) = x \times 2 \times 3 \times 5$
$ = x \times 30$
이때 최소공배수가 240이므로
$x \times 30 = 240 \qquad \therefore x=8$
따라서 세 자연수 중 가장 작은 수는 $2 \times 8 = 16$

$$
\begin{array}{r|ccc}
x & 2 \times x & 3 \times x & 5 \times x\\
\hline
& 2 & 3 & 5
\end{array}
$$

07·Ⓐ
정답 140

$\dfrac{1}{28}$에 곱하여 그 결과가 자연수가 되게 하는 자연수 ➡ 28의 배수

$\dfrac{1}{35}$에 곱하여 그 결과가 자연수가 되게 하는 자연수 ➡ 35의 배수

따라서 주어진 두 분수 중 어느 것에 곱하여도 그 결과가 자연수가 되게 하는 가장 작은 자연수는 28과 35의 최소공배수이므로 140이다.

$$
\begin{array}{r}
28 = 2^2 \times 7\\
35 = 5 \times 7\\
\hline
(최소공배수) = 2^2 \times 5 \times 7 = 140
\end{array}
$$

07·Ⓑ
정답 4개

$\dfrac{1}{12}$에 곱하여 그 결과가 자연수가 되게 하는 자연수 ➡ 12의 배수

$\dfrac{1}{18}$에 곱하여 그 결과가 자연수가 되게 하는 자연수 ➡ 18의 배수

따라서 주어진 두 분수 중 어느 것에 곱하여도 그 결과가 자연수가 되게 하는 자연수는 12와 18의 최소공배수의 배수이다.

$$
\begin{array}{r}
12 = 2^2 \times 3 \\
18 = 2 \times 3^2\\
\hline
(최소공배수) = 2^2 \times 3^2 = 36
\end{array}
$$

이때 12와 18의 최소공배수는 36이므로 150 이하의 36의 배수는 36, 72, 108, 144의 4개이다.

08·Ⓐ 정답 121

6, 8, 10의 어느 수로 나누어도
1이 남는 자연수를 A라 하면
$A-1$은 6, 8, 10의 공배수이다.
이때 6, 8, 10의 최소공배수는
120이므로
$A-1=120, 240, 360, \cdots$
$\therefore A=121, 241, 361, \cdots$
따라서 가장 작은 자연수는 121이다.

$$
\begin{aligned}
6 &= 2 \times 3 \\
8 &= 2^3 \\
10 &= 2 \times 5 \\
\hline
(\text{최소공배수}) &= 2^3 \times 3 \times 5 = 120
\end{aligned}
$$

08·Ⓑ 정답 123

4, 5, 6의 어느 수로 나누어도 3이
남는 자연수를 A라 하면
$A-3$은 4, 5, 6의 공배수이다.
4, 5, 6의 최소공배수는 60이므
로 $A-3=60, 120, 180, \cdots$
$\therefore A=63, 123, 183, \cdots$
따라서 세 자리 자연수 중 가장 작은 수는 123이다.

$$
\begin{aligned}
4 &= 2^2 \\
5 &= 5 \\
6 &= 2 \times 3 \\
\hline
(\text{최소공배수}) &= 2^2 \times 3 \times 5 = 60
\end{aligned}
$$

05 최대공약수와 최소공배수의 관계

개념 CHECK • 본책 038쪽

01 28, 84, 21 / 4, 4, 3, 3, 21
02 (1) 8, 96　　(2) 240, 720

01 방법 1
(두 자연수의 곱)=(최대공약수)×(최소공배수)이므로
$A \times 28 = 7 \times 84$　$\therefore A = 21$

방법 2
(최소공배수)$=7 \times a \times 4 = 84$
$\therefore a = 3$
$\therefore A = 7 \times 3 = 21$

$$
7 \,) \, \underline{A \quad 28} \\
\quad\;\; a \quad 4
$$

대표 유형 • 본책 039쪽

09·Ⓐ 72　　　　　**Ⓑ** 1350
10·Ⓐ 60　　　　　**Ⓑ** $A=12, B=20$

09·Ⓐ 정답 72

(두 자연수의 곱)=(최대공약수)×(최소공배수)이므로
$576 = 8 \times (\text{최소공배수})$
$\therefore (\text{최소공배수}) = 72$

09·Ⓑ 정답 1350

(두 자연수의 곱)=(최대공약수)×(최소공배수)
　　　　　　　$=15 \times 90 = 1350$

10·Ⓐ 정답 60

(두 자연수의 곱)=(최대공약수)×(최소공배수)이므로
$A \times 96 = 12 \times 480$　$\therefore A = 60$

다른 풀이

$A = 12 \times a$ (a와 8은 서로소)라 하면
A, 96의 최소공배수가 480이므로
$12 \times a \times 8 = 480$　$\therefore a = 5$
$\therefore A = 12 \times 5 = 60$

$$
12 \,) \, \underline{A \quad 96} \\
\quad\;\; a \quad 8
$$

10·Ⓑ 정답 $A=12, B=20$

두 자연수 A, B의 최대공약수가 4이므로
$A=4 \times a$, $B=4 \times b$ (a, b는 서로소, $a<b$)
라 하자.
이때 A, B의 최소공배수가 60이므로
$4 \times a \times b = 60$　$\therefore a \times b = 15$
(i) $a=1$, $b=15$일 때, $A=4$, $B=60$
(ii) $a=3$, $b=5$일 때, $A=12$, $B=20$
이때 A, B는 두 자리 자연수이므로
$A=12$, $B=20$

$$
4 \,) \, \underline{4 \times a \quad 4 \times b} \\
\quad\;\; a \qquad\;\; b
$$

배운대로 학습하기 • 본책 040~041쪽

01 96　　**02** ③　　**03** ⑤　　**04** 5
05 ④　　**06** ②　　**07** $a=7$, 최대공약수 : 14
08 ④　　**09** 60　　**10** 124　　**11** ②
12 25

01 정답 96

두 자연수 A, B의 공배수는 최소공배수인 12의 배수이다.
이때 $12 \times 8 = 96$, $12 \times 9 = 108$이므로 공배수 중 100에 가장 가까운 수는 96이다.

02 정답 ③

① 최소공배수는 $3^2 \times 5^2 \times 7$
② $150 = 2 \times 3 \times 5^2$이므로 최소공배수는 $2 \times 3^3 \times 5^2$
④ 최소공배수는 $3^5 \times 5^4 \times 7 \times 11$
⑤ $28 = 2^2 \times 7$, $36 = 2^2 \times 3^2$, $54 = 2 \times 3^3$이므로
　최소공배수는 $2^2 \times 3^3 \times 7$

본책

정답과 풀이

다른 풀이

① 3×5^2
$3^2 \times 5 \times 7$
(최소공배수)$=3^2 \times 5^2 \times 7$

② $3^3 \times 5$
$150 = 2 \times 3 \times 5^2$
(최소공배수)$=2 \times 3^3 \times 5^2$

③ $3^3 \times 5$
$3^2 \times 5 \times 7$
(최소공배수)$=3^3 \times 5 \times 7$

④ $3^5 \times 5^2 \times 7$
$5^3 \times 7$
$3^3 \times 5^4 \times 11$
(최소공배수)$=3^5 \times 5^4 \times 7 \times 11$

⑤ $28 = 2^2 \times 7$
$36 = 2^2 \times 3^2$
$54 = 2 \times 3^3$
(최소공배수)$=2^2 \times 3^3 \times 7$

03 〔정답〕 ⑤
$36 = 2^2 \times 3^2$, $48 = 2^4 \times 3$이므로 36과 48의 최대공약수는
$2^2 \times 3 = 12$ ∴ $36 \star 48 = 12$
$30 = 2 \times 3 \times 5$, $12 = 2^2 \times 3$이므로 30과 12의 최소공배수는
$2^2 \times 3 \times 5 = 60$
∴ $30 \bullet (36 \star 48) = 30 \bullet 12 = 60$

04 〔정답〕 5
2^a, 2의 지수 중 큰 것이 2이므로 $a=2$
7^2, 7^b의 지수 중 큰 것이 3이므로 $b=3$
∴ $a+b=2+3=5$

05 〔정답〕 ④
두 수 $2 \times 3^3 \times 7^2$, 252의 공배수는
최소공배수인 $2^2 \times 3^3 \times 7^2$의 배수
이다.
따라서 주어진 두 수의 공배수가 아닌
것은 ④이다.

$2 \times 3^3 \times 7^2$
$252 = 2^2 \times 3^2 \times 7$
(최소공배수)$=2^2 \times 3^3 \times 7^2$

06 〔정답〕 ②
최대공약수가 $2^2 \times 5^2$이므로 5^4, 5^b의 지수 중 작은 것이 2이다.
∴ $b=2$
최소공배수가 $2^3 \times 3^2 \times 5^4$이므로 2^a, 2^2의 지수 중 큰 것이 3이다.
∴ $a=3$
∴ $a+b=2+3=5$

07 〔정답〕 $a=7$, 최대공약수 : 14
$4 \times a = 2^2 \times a$
$6 \times a = 2 \times 3 \times a$
$30 \times a = 2 \times 3 \times 5 \times a$
(최대공약수)$=2 \times a$
(최소공배수)$=2^2 \times 3 \times 5 \times a$
이때 최소공배수가 420이므로
$2^2 \times 3 \times 5 \times a = 420$, $60 \times a = 420$
∴ $a=7$
따라서 세 자연수의 최대공약수는
$2 \times a = 2 \times 7 = 14$

다른 풀이

최대공약수 ← a) $4 \times a$ $6 \times a$ $30 \times a$
2) 4 6 30
3) 2 3 15
2 1 5 → 최소공배수

이때 최소공배수가 420이므로
$a \times 2 \times 3 \times 2 \times 1 \times 5 = 420$, $a \times 60 = 420$
∴ $a=7$
따라서 세 자연수의 최대공약수는
$a \times 2 = 7 \times 2 = 14$

08 〔정답〕 ④
㈎에서 세 자연수의 비가 $2:4:5$이므로 세 자연수를
$2 \times x$, $4 \times x$, $5 \times x$ (x는 자연수)라 하면
$4 \times x = 2^2 \times x$이므로 세 수의 최대공약수는 x, 최소공배수는
$2^2 \times 5 \times x$이다.
㈏에서 세 자연수의 최소공배수는 180이므로
$2^2 \times 5 \times x = 180$, $20 \times x = 180$ ∴ $x=9$
따라서 세 자연수의 최대공약수는 9이다.

다른 풀이

㈎에서 세 자연수의 비가 $2:4:5$이
므로 세 자연수를
$2 \times x$, $4 \times x$, $5 \times x$ (x는 자연수)
라 하자.

x) $2 \times x$ $4 \times x$ $5 \times x$
2) 2 4 5
1 2 5

㈏에서 세 자연수의 최소공배수는 180이므로
$x \times 2 \times 1 \times 2 \times 5 = 180$
$20 \times x = 180$ ∴ $x=9$
따라서 세 자연수의 최대공약수는 9이다.

09 〔정답〕 60
구하는 수는 6, 15, 20의 최소공
배수이므로 60이다.

$6 = 2 \times 3$
$15 = 3 \times 5$
$20 = 2^2 \times 5$
(최소공배수)$=2^2 \times 3 \times 5 = 60$

10
(정답) 124

5, 8, 12의 어느 수로 나누어도
4가 남는 자연수를 x라 하면
$x-4$는 5, 8, 12의 공배수이다.
이때 5, 8, 12의 최소공배수는
120이므로

$$\begin{array}{r} 5=5 \\ 8=2^3 \\ 12=2^2\times3 \\ \hline (최소공배수)=2^3\times3\times5=120 \end{array}$$

$x-4=120,\ 240,\ 360,\ \cdots$
$\therefore x=124,\ 244,\ 364,\ \cdots$
따라서 가장 작은 수는 124이다.

11
(정답) ②

(두 자연수의 곱)=(최대공약수)×(최소공배수)이므로
$648=9\times(최소공배수)$
$\therefore (최소공배수)=72$

12
(정답) 25

두 자연수 A, B의 최대공약수가 5이므로
$A=5\times a$, $B=5\times b$ (a, b는 서로소, $a<b$)
라 하자.

$$5) \overline{5\times a \quad 5\times b}$$
$$ a \qquad\quad b$$

이때 A, B의 곱이 150이므로
$5\times a\times 5\times b=150$ $\therefore a\times b=6$
(ⅰ) $a=1$, $b=6$일 때, $A=5$, $B=30$
(ⅱ) $a=2$, $b=3$일 때, $A=10$, $B=15$
이때 A, B는 두 자리 자연수이므로
$A=10$, $B=15$
$\therefore A+B=10+15=25$

서술형 훈련하기
● 본책 042~043쪽

01 $a=12$, 최대공약수 : 36	**02** 47	**03** 10
04 6	**05** 13	**06** 364

01
(정답) $a=12$, 최대공약수 : 36

[1단계] a의 값 구하기

$$\begin{array}{r} 9\times a=3^2\times a \\ 12\times a=2^2\times3\ \times a \\ 18\times a=2\ \times3^2\times a \\ \hline (최대공약수)=3\ \times a \\ (최소공배수)=2^2\times3^2\times a \end{array}$$

이때 최소공배수가 432이므로
$2^2\times3^2\times a=432$, $36\times a=432$
$\therefore a=12$ …… 70 %

다른 풀이

$$\begin{array}{l} 최대공약수 \leftarrow a)\ \overline{9\times a \quad 12\times a \quad 18\times a} \\ 3)\ \overline{\ 9 \qquad 12 \qquad\ 18\ } \\ 2)\ \overline{\ 3 \qquad\ 4 \qquad\ 6\ } \\ 3)\ \overline{\ 3 \qquad\ 2 \qquad\ 3\ } \\ 1 \qquad\ 2 \qquad\ 1\ \rightarrow 최소공배수 \end{array}$$

이때 최소공배수가 432이므로
$a\times3\times2\times3\times1\times2\times1=432$
$36\times a=432$ $\therefore a=12$

[2단계] 최대공약수 구하기
따라서 세 자연수의 최대공약수는
$3\times a=3\times12=36$ …… 30 %

02
(정답) 47

[1단계] a, b의 조건 구하기

$\dfrac{8}{9}\times\dfrac{b}{a}=(자연수)$ ➡ a는 8의 약수, b는 9의 배수

$\dfrac{14}{15}\times\dfrac{b}{a}=(자연수)$ ➡ a는 14의 약수, b는 15의 배수

이때 $\dfrac{b}{a}$는 가장 작은 기약분수이므로 a는 8과 14의 최대공약수,

b는 9와 15의 최소공배수이어야 한다. …… 50 %

[2단계] $a+b$의 값 구하기

이때 $8=2^3$, $14=2\times7$의 최대공약수는 2이고 $9=3^2$, $15=3\times5$의
최소공배수는 $3^2\times5=45$이므로 구하는 기약분수는

$\dfrac{b}{a}=\dfrac{(9와\ 15의\ 최소공배수)}{(8과\ 14의\ 최대공약수)}=\dfrac{45}{2}$

$\therefore a+b=2+45=47$ …… 50 %

03
(정답) 10

[1단계] a, b, c의 값 구하기

$2^a\times3^3\times5^2$, $2^5\times3^3\times5^b$, $2^4\times3^c\times5^4$의 최대공약수가 $2^3\times3^2\times5^2$,
최소공배수가 $2^5\times3^3\times5^5$이므로 각각의 소인수의 지수 중 최대공약
수는 가장 작은 것, 최소공배수는 가장 큰 것을 택한다.
소인수 2의 지수 a, 5, 4 중 가장 작은 것이 3이므로 $a=3$
소인수 3의 지수 3, 3, c 중 가장 작은 것이 2이므로 $c=2$
소인수 5의 지수 2, b, 4 중 가장 큰 것이 5이므로 $b=5$ …… 80 %

[2단계] $a+b+c$의 값 구하기

$\therefore a+b+c=3+5+2=10$ …… 20 %

04
(정답) 6

[1단계] 소인수분해를 이용하여 세 자연수의 최대공약수 구하기

세 자연수 72, 84, 108을 각각 소인수분해하면
$72=2^3\times3^2$, $84=2^2\times3\times7$, $108=2^2\times3^3$이므로
이 세 자연수의 최대공약수는 $2^2\times3=12$ …… 50 %

[2단계] 최대공약수의 성질을 이용하여 공약수 중 두 번째로 큰 수 구하기

세 자연수의 공약수는 최대공약수인 12의 약수이므로
1, 2, 3, 4, 6, 12이다.
따라서 공약수 중 두 번째로 큰 수는 6이다. ⋯⋯ 50%

05 ⟨정답⟩ 13

[1단계] A의 값 구하기

(두 수의 곱)=(최대공약수)×(최소공배수)이므로
$A \times 143 = 11 \times 286$ ∴ $A = 22$ ⋯⋯ 50%

[2단계] A의 모든 소인수의 합 구하기

따라서 $A = 2 \times 11$이므로 A의 모든 소인수의 합은
$2 + 11 = 13$ ⋯⋯ 50%

06 ⟨정답⟩ 364

[1단계] 6, 8, 15의 어느 수로 나누어도 4가 남는 자연수의 조건 구하기

6, 8, 15의 어느 수로 나누어도 4가 남는 자연수를 x라 하면
$x - 4$는 6, 8, 15의 공배수이다. ⋯⋯ 30%

[2단계] 조건을 만족시키는 자연수 구하기

이때 $6 = 2 \times 3$, $8 = 2^3$, $15 = 3 \times 5$의 최소공배수는 $2^3 \times 3 \times 5 = 120$
이므로
$x - 4 = 120, 240, 360, \cdots$
∴ $x = 124, 244, 364, \cdots$ ⋯⋯ 50%

[3단계] 세 번째로 작은 수 구하기

따라서 구하는 자연수 중 세 번째로 작은 수는 364이다. ⋯⋯ 20%

중단원 마무리하기
※ 본책 044~047쪽

01 ④	**02** ②	**03** ④	**04** 19
05 ③	**06** ②, ③	**07** ⑤	**08** ④
09 49	**10** $\frac{140}{17}$	**11** 12	**12** 1, 3, 9
13 13	**14** ④	**15** 150	**16** ③
17 910	**18** 98	**19** ③	**20** 6
21 ⑤	**22** 24	**23** ③	**24** 112, 16

01 ⟨정답⟩ ④

21과 a의 공약수가 1개이므로 a는 21과 서로소인 수이다.
21과 주어진 수의 최대공약수를 각각 구하면
① 3   ② 7   ③ 7   ④ 1   ⑤ 7
따라서 a의 값이 될 수 있는 것은 ④이다.

02 ⟨정답⟩ ②

① 최대공약수는 $2^2 \times 7 = 28$
② 최대공약수는 $5 \times 11 = 55$
③ $15 = 3 \times 5$, $36 = 2^2 \times 3^2$이므로 최대공약수는 3
④ 최대공약수는 $2^2 \times 5 = 20$
⑤ $18 = 2 \times 3^2$, $24 = 2^3 \times 3$, $60 = 2^2 \times 3 \times 5$이므로 최대공약수는
   $2 \times 3 = 6$
따라서 최대공약수가 가장 큰 것은 ②이다.

03 ⟨정답⟩ ④

$45 = 3^2 \times 5$이므로 A와 45의 최대공약수가 5가 되려면
$A = 5 \times a$ (a는 9와 서로소) 꼴이어야 한다.
① $55 = 5 \times 11$ ② $65 = 5 \times 13$ ③ $70 = 2 \times 5 \times 7$
④ $75 = 3 \times 5^2$ ⑤ $80 = 2^4 \times 5$
따라서 A의 값이 될 수 없는 것은 ④이다.

04 ⟨정답⟩ 19

㈎, ㈏에서 14 이상 20 이하의 자연수 중 소수는 17, 19이다.
㈐에서 17과 19 중 51과 서로소인 수는 19이다.

05 ⟨정답⟩ ③

두 자연수 A, B의 공배수는 최소공배수인 30의 배수이므로
30, 60, 90, $\cdots$이다.
따라서 두 수 A, B의 공배수가 아닌 것은 ③이다.

06 ⟨정답⟩ ②, ③

② 세 수의 최소공배수는 $2^3 \times 3^3 \times 5^2$
   이다.
③ 세 수의 최대공약수가 $2^2 \times 3$이므로
   세 수의 공약수는
   (2^2의 약수)×(3의 약수) 꼴이다.
   따라서 $2^2 \times 5$는 세 수의 공약수가
   아니다.

$$2^2 \times 3^2$$
$$2^2 \times 3^3 \times 5$$
$$2^3 \times 3 \times 5^2$$
(최대공약수)$= 2^2 \times 3$
(최소공배수)$= 2^3 \times 3^3 \times 5^2$

07 ⟨정답⟩ ⑤

$$36 = 2^2 \times 3^2$$
$$60 = 2^2 \times 3 \times 5$$
(최대공약수)$= 2^2 \times 3 = 12$

36과 60의 최대공약수는 12이므로 36 ◎ 60 = 12

$$12 = 2^2 \times 3$$
$$42 = 2 \times 3 \times 7$$
(최소공배수)$= 2^2 \times 3 \times 7 = 84$

12와 42의 최소공배수는 84이므로 12 ⊙ 42 = 84
∴ (36 ◎ 60) ⊙ 42 = 12 ⊙ 42 = 84

08 〔정답〕 ④

세 자연수 $2 \times 3 \times 5$, A, 2×3^2의 최대공약수가 $6 = 2 \times 3$이고, 최소공배수가 $180 = 2^2 \times 3^2 \times 5$이므로 A의 값이 될 수 있는 수는 $2^2 \times 3 = 12$, $2^2 \times 3^2 = 36$, $2^2 \times 3 \times 5 = 60$, $2^2 \times 3^2 \times 5 = 180$
따라서 A의 값이 될 수 없는 것은 ④이다.

〔보충 설명〕

④ $2 \times 3 \times 5$, $120 = 2^3 \times 3 \times 5$, 2×3^2의 최대공약수는 $2 \times 3 = 6$, 최소공배수는 $2^3 \times 3^2 \times 5 = 360$이다.

09 〔정답〕 49

세 자연수 $2 \times x$, $3 \times x$, $7 \times x$의 최소공배수가 294이므로
$2 \times 3 \times 7 \times x = 294$, $42 \times x = 294$ ∴ $x = 7$
따라서 세 자연수 중 가장 큰 수는 $7 \times 7 = 49$

10 〔정답〕 $\dfrac{140}{17}$

두 분수 중 어느 것에 곱하여도 그 결과가 자연수가 되게 하는 가장 작은 분수는 $\dfrac{(35와 20의 최소공배수)}{(17과 51의 최대공약수)}$ 이다.
이때 17, $51 = 3 \times 17$의 최대공약수는 17이고 $35 = 5 \times 7$, $20 = 2^2 \times 5$의 최소공배수는 $2^2 \times 5 \times 7 = 140$이므로 구하는 가장 작은 기약분수는 $\dfrac{140}{17}$이다.

11 〔정답〕 12

(두 자연수의 곱)=(최대공약수)×(최소공배수)이므로
$A \times 15 = 3 \times 60$ ∴ $A = 12$

12 〔정답〕 1, 3, 9

(두 자연수의 곱)=(최대공약수)×(최소공배수)이므로
$486 =$ (최대공약수)$\times 54$ ∴ (최대공약수)$= 9$
따라서 공약수는 최대공약수의 약수이므로 1, 3, 9이다.

13 〔정답〕 13

$117 = 3^2 \times 13$이므로 117과 서로소인 수는 3의 배수도 아니고 13의 배수도 아닌 수이다.
20 이하의 자연수 중 3의 배수는 6개, 13의 배수는 1개이므로 구하는 수의 개수는
$20 - 6 - 1 = 13$

14 〔정답〕 ④

① $38 = 2 \times 19$, $95 = 5 \times 19$에서 최대공약수가 19이므로 서로소가 아니다.
② 서로소인 두 자연수의 공약수는 1이다.
③ 두 홀수 3, 9는 최대공약수가 3이므로 서로소가 아니다.
⑤ 3과 8은 최대공약수가 1이지만 8은 소수가 아니다.

15 〔정답〕 150

두 수의 공약수는 두 수의 최대공약수인 $2^2 \times 3 \times 5^2$의 약수이다.
따라서 공약수 중 두 번째로 큰 수는 $2^2 \times 3 \times 5^2$을 가장 작은 소인수 2로 나눈 수이므로
$2 \times 3 \times 5^2 = 150$

〔다른 풀이〕

두 수의 공약수는 두 수의 최대공약수인 $2^2 \times 3 \times 5^2 = 300$의 약수이다.
300의 약수는 1, 2, 3, 4, 5, 6, 10, 12, 15, 20, 25, 30, 50, 60, 75, 100, 150, 300이다.
이 중 두 번째로 큰 수는 150이다.

16 〔정답〕 ③

$2^3 \times a$, $2^2 \times 5^2 \times 7$의 최대공약수가 $20 = 2^2 \times 5$이므로 a가 될 수 있는 수는 $5 \times b$ (b는 5, 7과 서로소) 꼴이다.
① 7 ② $14 = 2 \times 7$ ③ $15 = 3 \times 5$
④ $21 = 3 \times 7$ ⑤ $35 = 5 \times 7$
따라서 a가 될 수 있는 것은 ③이다.

17 〔정답〕 910

㈎에서 x는 26, 65로 모두 나누어떨어지므로 26과 65의 공배수이다.
$26 = 2 \times 13$, $65 = 5 \times 13$의 최소공배수는 $2 \times 5 \times 13 = 130$이므로 x는 130의 배수이다.
$130 \times 7 = 910$, $130 \times 8 = 1040$이므로 가장 큰 세 자리 자연수는 910이다.

18 〔정답〕 98

세 자연수를 $3 \times a$, $5 \times a$, $6 \times a$ (a는 자연수)라 하면
$6 \times a = 2 \times 3 \times a$이므로 세 수의 최소공배수는
$2 \times 3 \times 5 \times a$
즉, $2 \times 3 \times 5 \times a = 210$이므로 $30 \times a = 210$
∴ $a = 7$
따라서 세 자연수는 $3 \times 7 = 21$, $5 \times 7 = 35$, $6 \times 7 = 42$이므로 구하는 합은
$21 + 35 + 42 = 98$

〔다른 풀이〕

세 자연수를 $3 \times a$, $5 \times a$, $6 \times a$ (a는 자연수)라 하면

$$
\begin{array}{r|ccc}
a & 3 \times a & 5 \times a & 6 \times a \\
\hline
3 & 3 & 5 & 6 \\
\hline
& 1 & 5 & 2
\end{array}
$$

$a \times 3 \times 1 \times 5 \times 2 = 210$
∴ $a = 7$
따라서 세 자연수는 $3 \times 7 = 21$, $5 \times 7 = 35$, $6 \times 7 = 42$이므로 구하는 합은
$21 + 35 + 42 = 98$

19 　　　　　　　　　　　(정답) ③

$99=3^2 \times 11$이고 최소공배수가 $2^2 \times 3^2 \times 11$이므로 A는 2^2의 배수이고 $2^2 \times 3^2 \times 11$의 약수이어야 한다.

① $4=2^2$

② $12=2^2 \times 3$

③ $28=2^2 \times 7$

④ $44=2^2 \times 11$

⑤ $132=2^2 \times 3 \times 11$

따라서 A가 될 수 없는 것은 ③이다.

20 　　　　　　　　　　　(정답) 6

세 자연수 $45=3^2 \times 5$, $2^a \times 3 \times 5^2$, $2^3 \times 3^2 \times 7^b$의 최소공배수는

$2^3 \times 3^2 \times 5^2 \times 7^b$ 또는 $2^a \times 3^2 \times 5^2 \times 7^b$

이때 최소공배수가 어떤 자연수의 제곱이 되려면 최소공배수의 각 소인수의 지수가 짝수이어야 하므로 최소공배수는

$2^a \times 3^2 \times 5^2 \times 7^b$ $(a>3)$이고, a, b는 짝수이어야 한다.

따라서 가장 작은 자연수 a, b의 값은 각각 4, 2이므로

$a+b=4+2=6$

21 　　　　　　　　　　　(정답) ⑤

자연수 A로 132를 나누면 나머지가 2이다.

$$130 = 2 \times 5 \quad\quad \times 13$$
$$182 = 2 \quad\quad \times 7 \times 13$$
$$\overline{(최대공약수)=2 \quad\quad\quad\quad \times 13 = 26}$$

➡ $(132-2)$, 즉 130은 A로 나누어떨어진다.

자연수 A로 184를 나누면 나머지가 2이다.

➡ $(184-2)$, 즉 182는 A로 나누어떨어진다.

따라서 A는 130과 182의 공약수 중 2보다 큰 수이므로 가장 큰 자연수 A는 130과 182의 최대공약수인 26이다.

22 　　　　　　　　　　　(정답) 24

㈎에서 3과 4의 최소공배수는 12이므로 x는 12의 배수이다.

㈏에서 $72=2^3 \times 3^2$, $240=2^4 \times 3 \times 5$의 최대공약수는 $2^3 \times 3=24$이므로 x는 24의 약수이다.

따라서 x는 12의 배수이면서 24의 약수이므로

$x=12$ 또는 $x=24$

이때 $12=2^2 \times 3$, $24=2^3 \times 3$이므로 12와 24의 약수의 개수는 각각

$(2+1) \times (1+1)=6$, $(3+1) \times (1+1)=8$

㈐에서 $x=24$

23 　　　　　　　　　　　(정답) ③

3, 5, 12의 어느 수로 나누어도 모두 1이 남는 자연수를 x라 하면 $x-1$은 3, 5, 12의 공배수이다.

3, 5, 12의 최소공배수는 60이므로 $x-1=60$, 120, 180, $\cdots$

$\therefore x=61$, 121, 181, $\cdots$

따라서 가장 작은 세 자리 자연수는 121이다.

24 　　　　　　　　　　　(정답) 112, 16

$A=8 \times a$, $B=8 \times b$ (a, b는 서로소, $a<b$)라 하면

$8 \times a \times b=120$이므로 $a \times b=15$

(ⅰ) $a=1$, $b=15$일 때, $A=8$, $B=120$

(ⅱ) $a=3$, $b=5$일 때, $A=24$, $B=40$

(ⅰ), (ⅱ)에서 $B-A=120-8=112$ 또는 $B-A=40-24=16$

Ⅱ03 정수와 유리수

01 양수와 음수, 정수

개념 CHECK ● 본책 050쪽

01 (1) -700 (2) $+10000$ (3) -2 (4) $+3$

02 (1) $+6$, 4 (2) -2, -5 (3) -2, $+6$, 0, 4, -5
(4) -2, 0, -5

대표 유형 ● 본책 051쪽

01·Ⓐ ② **02·Ⓐ** ④ **Ⓑ** 2

01·Ⓐ 정답 ②

② $+3$ cm

02·Ⓐ 정답 ④

정수는 $+1$, 9, 0, $-\dfrac{6}{2}=-3$의 4개이다.

02·Ⓑ 정답 2

양의 정수는 $+\dfrac{24}{6}=+4$의 1개이므로 $a=1$

음의 정수는 -1, $-\dfrac{14}{7}=-2$, -7의 3개이므로 $b=3$

$\therefore b-a=3-1=2$

02 유리수

개념 CHECK ● 본책 052쪽

01 (1) $+1.6$, $+\dfrac{5}{3}$, $+7$ (2) -4, $-\dfrac{3}{2}$

(3) -4, $+1.6$, $-\dfrac{3}{2}$, 0, $+\dfrac{5}{3}$, $+7$

(4) $+1.6$, $-\dfrac{3}{2}$, $+\dfrac{5}{3}$

02 풀이 참조

02

수	-3	$+\dfrac{1}{2}$	-0.1	0	$+\dfrac{10}{5}$
양수		○			○
음수	○		○		
정수	○			○	○
유리수	○	○	○	○	○

대표 유형 ● 본책 053쪽

03·Ⓐ 4 **Ⓑ** ③ **04·Ⓐ** ⑤

03·Ⓐ 정답 4

$-\dfrac{16}{2}=-8$, -2는 정수이므로 정수가 아닌 유리수는

3.14, $-\dfrac{7}{4}$, $+\dfrac{12}{5}$, $+9.3$의 4개이다.

03·Ⓑ 정답 ③

① 양수는 $+\dfrac{6}{5}$, $\dfrac{12}{6}$, $+8$의 3개이다.

② 정수는 -3, $\dfrac{12}{6}=2$, 0, $+8$의 4개이다.

③ 유리수는 $+\dfrac{6}{5}$, -3, -2.9, $\dfrac{12}{6}$, 0, $+8$의 6개이다.

④ 양의 정수는 $\dfrac{12}{6}=2$, $+8$의 2개이다.

⑤ 정수가 아닌 유리수는 $+\dfrac{6}{5}$, -2.9의 2개이다.

따라서 옳은 것은 ③이다.

04·Ⓐ 정답 ⑤

① 양의 정수, 0, 음의 정수를 통틀어 정수라 한다.

② 가장 작은 양의 정수는 1이다.

③ $-\dfrac{1}{3}$은 음의 유리수이지만 음의 정수는 아니다.

④ $\dfrac{3}{4}$은 유리수이지만 정수는 아니다.

BIBLE SAYS

서로 다른 두 유리수 사이에는 무수히 많은 유리수가 존재한다.

(예시) 두 유리수 6.6과 6.7 사이에 있는 유리수는

6.61, 6.618, 6.61987, $\cdots$

과 같이 무수히 많다.

03 수직선

개념 CHECK ● 본책 054쪽

01 (1) -3 (2) $-\dfrac{2}{3}$ (3) $\dfrac{1}{4}$ (4) $\dfrac{3}{2}$

02 풀이 참조

03 풀이 참조

02
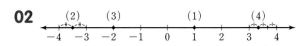

03 (1) 점 A는 0보다 $\dfrac{3}{2}$만큼 작은 수를 나타내므로 점 A가 나타내는 수는 $-\dfrac{3}{2}$이다.

(2) 점 B는 0보다 4만큼 큰 수를 나타내므로 점 B가 나타내는 수는 4이다.

따라서 두 점 A, B가 나타내는 수를 수직선 위에 나타내면 다음과 같다.

대표 유형
● 본책 055~056쪽

05·Ⓐ ①	**06·Ⓐ** ④	**Ⓑ** 3
07·Ⓐ 2	**Ⓑ** -5, 1	**08·Ⓐ** $a=0$, $b=1$

05·Ⓐ ──────────────── 정답 ①

① A : -4.5

06·Ⓐ ──────────────── 정답 ④

주어진 수를 수직선 위에 점으로 나타내면 그림과 같다.

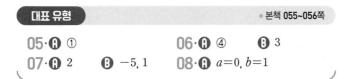

따라서 오른쪽에서 두 번째에 있는 수는 3.5이다.

06·Ⓑ ──────────────── 정답 3

수직선에서 0을 나타내는 점을 기준으로 왼쪽에 있는 수는 음수이다.
따라서 주어진 수 중 음수는 -8.7, $-\dfrac{1}{4}$, -3의 3개이다.

07·Ⓐ ──────────────── 정답 2

-3과 7을 수직선 위에 점으로 나타내면 그림과 같다.

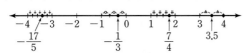

따라서 -3과 7을 나타내는 두 점으로부터 같은 거리에 있는 점이 나타내는 수는 2이다.

07·Ⓑ ──────────────── 정답 -5, 1

-2를 수직선 위에 점으로 나타내면 그림과 같다.

따라서 -2를 나타내는 점으로부터 거리가 3인 점이 나타내는 두 수는 -5, 1이다.

08·Ⓐ ──────────────── 정답 $a=0$, $b=1$

$\dfrac{5}{4}=1\dfrac{1}{4}$이므로 $-\dfrac{1}{3}$, $\dfrac{5}{4}$를 수직선 위에 점으로 나타내면 그림과 같다.

$-\dfrac{1}{3}$에 가장 가까운 정수는 0이므로 $a=0$

$\dfrac{5}{4}$에 가장 가까운 정수는 1이므로 $b=1$

배운대로 학습하기
● 본책 057~058쪽

01 ⑤	**02** ③	**03** ③, ⑤	**04** 1
05 ③, ⑤	**06** ④	**07** ④	**08** ④
09 ④	**10** -1	**11** $a=-4$, $b=3$	
12 -1			

01 ──────────────── 정답 ⑤

① -1000원 ② -15분 ③ $-20\,\mathrm{kg}$
④ $-3\,°\mathrm{C}$ ⑤ $+8$명
따라서 부호가 나머지 넷과 다른 하나는 ⑤이다.

02 ──────────────── 정답 ③

③ $+264\,\mathrm{m}$

03 ──────────────── 정답 ③, ⑤

자연수가 아닌 정수는 0과 음의 정수이다.
①, ④ 정수가 아니다.
② 자연수
따라서 자연수가 아닌 정수는 ③, ⑤이다.

04 ──────────────── 정답 1

양의 정수는 9, $\dfrac{28}{14}=2$의 2개이므로 $a=2$

음의 정수는 -11의 1개이므로 $b=1$
$\therefore a-b=2-1=1$

05 ──────────────── 정답 ③, ⑤

①, ②, ④ 음의 유리수
③ 0은 양의 유리수도 아니고 음의 유리수도 아니다.
⑤ 양의 유리수
따라서 음의 유리수가 아닌 것은 ③, ⑤이다.

06 ・ 정답 ④

① 자연수는 $\frac{27}{3}=9$의 1개이다.

② 정수는 -10, $\frac{27}{3}=9$의 2개이다.

③ 양수는 $+\frac{1}{8}$, $\frac{3}{4}$, $\frac{27}{3}$, $+5.4$의 4개이다.

④ 음의 유리수는 -2.7, -10의 2개이다.

⑤ 정수가 아닌 유리수는 $+\frac{1}{8}$, -2.7, $\frac{3}{4}$, $+5.4$의 4개이다.

따라서 옳은 것은 ④이다.

07 ・ 정답 ④

④ 가장 작은 음의 정수는 알 수 없다.

08 ・ 정답 ④

④ $D : \frac{3}{2}$

09 ・ 정답 ④

$A : -5$, $B : -\frac{3}{2}$, $C : \frac{1}{2}$, $D : 2$, $E : \frac{8}{3}$

① 점 C가 나타내는 수는 $\frac{1}{2}$이다.

② 점 E가 나타내는 수는 $\frac{8}{3}$이다.

③ 양수는 점 C, D, E가 나타내는 수로 3개이다.

④ 음의 정수는 점 A가 나타내는 수로 1개이다.

⑤ 유리수는 점 A, B, C, D, E가 나타내는 수로 5개이다.

따라서 옳은 것은 ④이다.

10 ・ 정답 -1

-6과 4를 수직선 위에 점으로 나타내면 그림과 같다.

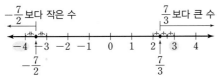

따라서 -6과 4를 나타내는 두 점으로부터 같은 거리에 있는 점이 나타내는 수는 -1이다.

11 ・ 정답 $a=-4$, $b=3$

$-\frac{7}{2}=-3\frac{1}{2}$, $\frac{7}{3}=2\frac{1}{3}$이므로 $-\frac{7}{2}$, $\frac{7}{3}$을 수직선 위에 나타내면 그림과 같다.

$-\frac{7}{2}$보다 작은 수 중 가장 큰 정수는 -4이므로 $a=-4$

$\frac{7}{3}$보다 큰 수 중 가장 작은 정수는 3이므로 $b=3$

12 ・ 정답 -1

$-\frac{22}{5}=-4\frac{2}{5}$, $\frac{5}{3}=1\frac{2}{3}$이므로 $-\frac{22}{5}$, $\frac{5}{3}$를 수직선 위에 점으로 나타내면 그림과 같다.

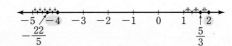

$-\frac{22}{5}$에 가장 가까운 정수는 -4이므로 $a=-4$

$\frac{5}{3}$에 가장 가까운 정수는 2이므로 $b=2$

따라서 -4와 2를 나타내는 두 점으로부터 같은 거리에 있는 점이 나타내는 수는 -1이다.

04 절댓값

● 본책 059쪽

개념 CHECK

01 (1) 3　　(2) 4　　(3) 0　　(4) $\frac{8}{7}$

　　(5) 1.5　　(6) $\frac{4}{5}$

02 (1) 6, -6　　(2) $\frac{3}{11}$, $-\frac{3}{11}$　　(3) 0

　　(4) 4　　(5) -0.7　　(6) $\frac{1}{2}$

대표 유형

● 본책 060~061쪽

01 · **A** 24　　**B** 12

02 · **A** 8, -8　　**B** $a=\frac{3}{5}$, $b=-\frac{3}{5}$

03 · **A** ⑤　　**B** 5　　　04 · **A** ⑤　　**B** ②

01 · A ・ 정답 24

$+\frac{12}{7}$의 절댓값은 $\frac{12}{7}$이므로 $a=\frac{12}{7}$

-14의 절댓값은 14이므로 $b=14$

$\therefore a\times b=\frac{12}{7}\times 14=24$

01 · Ⓑ 〈정답〉 12

−4의 절댓값은 4이므로 $a=4$
절댓값이 8인 양수는 8이므로 $b=8$
∴ $a+b=4+8=12$

02 · Ⓐ 〈정답〉 8, −8

절댓값이 같고 부호가 반대인 두 수를 나타내는 두 점 사이의 거리
가 16이므로 두 점은 0을 나타내는 점으로부터 각각 $16 \times \frac{1}{2}=8$만
큼 떨어져 있다.
따라서 구하는 두 수는 8, −8이다.

02 · Ⓑ 〈정답〉 $a=\frac{3}{5}$, $b=-\frac{3}{5}$

두 수 a, b의 절댓값이 같으므로 두 수를 나타내는 두 점은 0을 나타
내는 점으로부터 같은 거리에 있다.
두 점 사이의 거리가 $\frac{6}{5}$이므로 두 점은 0을 나타내는 점으로부터 각
각 $\frac{6}{5} \times \frac{1}{2}=\frac{3}{5}$만큼 떨어져 있다.
따라서 두 수는 $\frac{3}{5}$, $-\frac{3}{5}$이고 a가 b보다 크므로 $a=\frac{3}{5}$, $b=-\frac{3}{5}$

03 · Ⓐ 〈정답〉 ⑤

주어진 수의 절댓값의 대소를 비교하면
$\left|\frac{4}{5}\right| < |-1| < |1.4| < |2| < \left|-\frac{15}{7}\right|$
따라서 절댓값이 가장 작은 수는 $\frac{4}{5}$이다.

03 · Ⓑ 〈정답〉 5

주어진 수의 절댓값의 대소를 비교하면
$|-7| > \left|\frac{19}{3}\right| > \left|\frac{27}{5}\right| > |5| > \left|-\frac{1}{5}\right| > |0|$
따라서 구하는 수는 5이다.

04 · Ⓐ 〈정답〉 ⑤

절댓값이 $\frac{13}{7}$ 초과 4 이하인 정수는 절댓값이 2, 3, 4인 수이다.
절댓값이 2인 수는 2, −2
절댓값이 3인 수는 3, −3
절댓값이 4인 수는 4, −4
따라서 구하는 정수는 6개이다.

04 · Ⓑ 〈정답〉 ②

$|a|$는 0 이상이고 2.5보다 작은 정수이므로 0, 1, 2이다.
절댓값이 0인 수는 0
절댓값이 1인 수는 1, −1
절댓값이 2인 수는 2, −2
따라서 구하는 정수 a는 5개이다.

---

05 수의 대소 관계

개념 CHECK ● 본책 062쪽

01 (1) > (2) > (3) < (4) >
(5) < (6) <
02 (1) > (2) ≤, ≤ (3) ≤, <

01

(4) $\frac{3}{2}=\frac{9}{6}$이므로 $\frac{9}{6} > \frac{7}{6}$ ∴ $\frac{3}{2} > \frac{7}{6}$

(6) $-\frac{2}{5}=-\frac{6}{15}$이므로 $-\frac{6}{15} < -\frac{1}{15}$ ∴ $-\frac{2}{5} < -\frac{1}{15}$

대표 유형 ● 본책 063쪽

05 · Ⓐ ③ **Ⓑ** $\frac{10}{7}$ **06 · Ⓐ** ⑤

05 · Ⓐ 〈정답〉 ③

① $-12 < -9$
② $0.1=\frac{1}{10}$, $\frac{1}{5}=\frac{2}{10}$이므로 $\frac{1}{10} < \frac{2}{10}$ ∴ $0.1 < \frac{1}{5}$
③ $-\frac{1}{4}=-\frac{5}{20}$, $-\frac{1}{5}=-\frac{4}{20}$이므로 $-\frac{5}{20} < -\frac{4}{20}$
∴ $-\frac{1}{4} < -\frac{1}{5}$
④ $\frac{3}{2}=\frac{6}{4}$, $\left|-\frac{5}{4}\right|=\frac{5}{4}$이므로 $\frac{6}{4} > \frac{5}{4}$ ∴ $\frac{3}{2} > \left|-\frac{5}{4}\right|$
⑤ $\left|-\frac{3}{4}\right|=\frac{3}{4}=\frac{21}{28}$, $\left|+\frac{6}{7}\right|=\frac{6}{7}=\frac{24}{28}$이므로 $\frac{21}{28} < \frac{24}{28}$
∴ $\left|-\frac{3}{4}\right| < \left|+\frac{6}{7}\right|$
따라서 옳지 않은 것은 ③이다.

05 · Ⓑ 〈정답〉 $\frac{10}{7}$

주어진 수의 대소를 비교하면
$-3 < -\frac{2}{5} < 0 < \frac{10}{7} < |-5|$
따라서 구하는 수는 $\frac{10}{7}$이다.

BIBLE SAYS

세 개 이상의 수의 대소 비교는 다음과 같은 순서대로 한다.
❶ 양수는 양수끼리, 음수는 음수끼리 비교한다.
　① 양수의 대소 비교 ➡ 절댓값이 큰 수가 크다.
　② 음수의 대소 비교 ➡ 절댓값이 작은 수가 크다.
❷ (음수)<0<(양수)임을 이용하여 작은 수부터 차례대로 나열하여
　대소 관계를 파악한다.

06·🅐

정답 ⑤

⑤ $-\dfrac{1}{3}\leq a\leq\dfrac{2}{5}$

🔵 배운대로 학습하기

● 본책 064~065쪽

01 4	**02** 14	**03** $-\dfrac{8}{5}$	**04** 0.6, -3.3
05 ⑤	**06** ④	**07** 3	**08** ③
09 ⑤	**10** ④	**11** 6	**12** 5

01

정답 4

-6의 절댓값은 6이므로 $a=6$

절댓값이 $\dfrac{2}{3}$인 양수는 $\dfrac{2}{3}$이므로 $b=\dfrac{2}{3}$

$\therefore a\times b=6\times\dfrac{2}{3}=4$

02

정답 14

절댓값이 7인 두 수는 7, -7이고
그림에서 이 두 수를 나타내는 두 점
사이의 거리는 14이다.

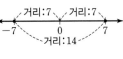

BIBLE SAYS

절댓값이 $a\,(a>0)$인 두 수를 나타내는 두 점 사이의 거리
➡ $2\times a$

03

정답 $-\dfrac{8}{5}$

두 수 A, B의 절댓값이 같으므로 두 수 A, B를 나타내는 두 점은 0을 나타내는 점으로부터 같은 거리에 있다.

이때 A가 B보다 $\dfrac{16}{5}$만큼 작으므로 두 수 A, B를 나타내는 두 점 사이의 거리가 $\dfrac{16}{5}$이다.

따라서 두 수 A, B를 나타내는 두 점
은 0을 나타내는 점으로부터 각각
$\dfrac{16}{5}\times\dfrac{1}{2}=\dfrac{8}{5}$만큼 떨어져 있으므로
두 수는 $\dfrac{8}{5}$, $-\dfrac{8}{5}$이다.

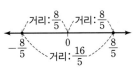

이때 $A<B$이므로 $A=-\dfrac{8}{5}$

04

정답 0.6, -3.3

주어진 수의 절댓값의 대소를 비교하면

$|0.6|<|1|<\left|-\dfrac{3}{2}\right|<\left|-\dfrac{11}{6}\right|<|-3.3|$

따라서 절댓값이 가장 작은 수는 0.6이고 절댓값이 가장 큰 수는 -3.3이다.

05

정답 ⑤

0을 나타내는 점에서 가장 멀리 떨어져 있는 점이 나타내는 수는 절댓값이 가장 큰 수이다.

이때 주어진 수의 절댓값의 대소를 비교하면

$|-3|<|6.3|<\left|\dfrac{19}{3}\right|<|7|<\left|-\dfrac{29}{4}\right|$

따라서 구하는 수는 $-\dfrac{29}{4}$이다.

06

정답 ④

절댓값이 4.1 이하인 정수는 절댓값이 0, 1, 2, 3, 4인 수이다.

절댓값이 0인 수는 0
절댓값이 1인 수는 1, -1
절댓값이 2인 수는 2, -2
절댓값이 3인 수는 3, -3
절댓값이 4인 수는 4, -4

따라서 구하는 정수는 9개이다.

07

정답 3

$|-6|=6$, $\left|-\dfrac{5}{2}\right|=\dfrac{5}{2}$, $|+3.9|=3.9$, $|0|=0$, $\left|\dfrac{14}{3}\right|=4\dfrac{2}{3}$,

$|-4|=4$, $|1|=1$

따라서 절댓값이 4 이상인 수는 -6, $\dfrac{14}{3}$, -4의 3개이다.

08

정답 ③

② 절댓값이 1보다 작은 정수는 0뿐이므로 1개이다.
③ 음수의 절댓값은 0보다 크다.

따라서 옳지 않은 것은 ③이다.

09

정답 ⑤

① $8<10$

② $-2.3<-1.2$

③ $-\dfrac{2}{5}=-\dfrac{6}{15}$, $-\dfrac{1}{3}=-\dfrac{5}{15}$이므로 $-\dfrac{6}{15}<-\dfrac{5}{15}$

$\therefore -\dfrac{2}{5}<-\dfrac{1}{3}$

④ $\dfrac{1}{5}=\dfrac{2}{10}$, $\left|-\dfrac{3}{2}\right|=\dfrac{3}{2}=\dfrac{15}{10}$이므로 $\dfrac{2}{10}<\dfrac{15}{10}$

$\therefore \dfrac{1}{5}<\left|-\dfrac{3}{2}\right|$

⑤ $\left|-\dfrac{5}{7}\right|=\dfrac{5}{7}=\dfrac{25}{35}$, $\left|-\dfrac{3}{5}\right|=\dfrac{3}{5}=\dfrac{21}{35}$이므로 $\dfrac{25}{35}>\dfrac{21}{35}$

$\therefore \left|-\dfrac{5}{7}\right|>\left|-\dfrac{3}{5}\right|$

따라서 부등호의 방향이 나머지 넷과 다른 하나는 ⑤이다.

10 　　　　　　　　　　　　　　　정답 ④

주어진 수의 대소를 비교하면

$$-6<-2.8<-\frac{10}{9}<\frac{2}{5}<4<\frac{14}{2}$$

① 0보다 작은 수는 -2.8, $-\frac{10}{9}$, -6의 3개이다.

④ 각 수의 절댓값을 차례대로 구하면

$\frac{2}{5}$, 2.8, 4, $\frac{10}{9}=1\frac{1}{9}$, $\frac{14}{2}=7$, 6이므로

절댓값이 가장 작은 수는 $\frac{2}{5}$이다.

따라서 옳지 않은 것은 ④이다.

11 　　　　　　　　　　　　　　　정답 6

$-\frac{16}{3}=-5\frac{1}{3}$, $\frac{11}{4}=2\frac{3}{4}$이므로 $-\frac{16}{3}$과 $\frac{11}{4}$ 사이에 있는 정수는

-5, -4, -3, -2, -1, 0, 1, 2

따라서 자연수가 아닌 정수는 -5, -4, -3, -2, -1, 0의 6개이다.

12 　　　　　　　　　　　　　　　정답 5

$-4<x\le\frac{5}{3}$를 만족시키는 정수 x는 -3, -2, -1, 0, 1의 5개이다.

서술형 훈련하기
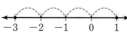 ● 본책 066~067쪽

01 3	**02** 4	**03** 3
04 $a=-3$, $b=3$	**05** 3, -3	**06** 4

01 　　　　　　　　　　　　　　　정답 3

1단계 ㈎를 만족시키는 정수 구하기

㈎에서 x는 -5보다 작지 않고, 양수가 아니므로 0보다 작거나 같다.

즉, $-5\le x\le 0$

이를 만족시키는 정수 x는

-5, -4, -3, -2, -1, 0 ⋯⋯ 50 %

2단계 조건을 모두 만족시키는 정수의 개수 구하기

이때 ㈏를 만족시키는 x의 값은 -2, -1, 0의 3개이다. ⋯⋯ 50 %

02 　　　　　　　　　　　　　　　정답 4

1단계 a의 값 구하기

$a>0$이므로 그림에서 -3을 나타내는 점으로부터 거리가 4인 점이 나타내는 수는 1이다.

$\therefore a=1$ ⋯⋯ 40 %

2단계 b의 값 구하기

1과 7을 수직선 위에 점으로 나타내면 그림과 같다.

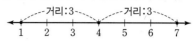

그림에서 1과 7을 나타내는 두 점으로부터 같은 거리에 있는 점이 나타내는 수는 4이다. $\therefore b=4$ ⋯⋯ 40 %

3단계 $a\times b$의 값 구하기

$\therefore a\times b=1\times 4=4$ ⋯⋯ 20 %

03 　　　　　　　　　　　　　　　정답 3

1단계 a의 값 구하기

양의 유리수는 $\frac{15}{3}$, 23, $\frac{5}{10}$, 8.2의 4개이므로

$a=4$ ⋯⋯ 25 %

2단계 b의 값 구하기

음의 유리수는 -5.3, $-\frac{7}{5}$, -13의 3개이므로 $b=3$ ⋯⋯ 25 %

3단계 c의 값 구하기

$\frac{15}{3}=5$, $\frac{5}{10}=\frac{1}{2}$이므로

정수가 아닌 유리수는 -5.3, $-\frac{7}{5}$, $\frac{5}{10}$, 8.2의 4개이다.

$\therefore c=4$ ⋯⋯ 30 %

4단계 $a+b-c$의 값 구하기

$\therefore a+b-c=4+3-4=3$ ⋯⋯ 20 %

04 　　　　　　　　　　　　정답 $a=-3$, $b=3$

1단계 $-\frac{11}{4}$, $\frac{10}{3}$을 수직선 위에 점으로 나타내기

$-\frac{11}{4}=-2\frac{3}{4}$, $\frac{10}{3}=3\frac{1}{3}$이므로 $-\frac{11}{4}$, $\frac{10}{3}$을 수직선 위에 점으로 나타내면 그림과 같다.

⋯⋯ 70 %

2단계 a, b의 값 구하기

$-\frac{11}{4}$에 가장 가까운 정수는 -3이므로 $a=-3$

$\frac{10}{3}$에 가장 가까운 정수는 3이므로 $b=3$ ⋯⋯ 30 %

05 　　　　　　　　　　　　　　　정답 3, -3

1단계 두 점이 0을 나타내는 점으로부터 떨어진 거리 구하기

절댓값이 같고 부호가 반대인 두 수를 나타내는 두 점 사이의 거리가 6이므로 두 점은 0을 나타내는 점으로부터 각각 $6\times\frac{1}{2}=3$만큼 떨어져 있다. ⋯⋯ 50 %

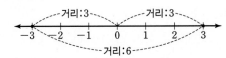

따라서 구하는 두 수는 3, -3이다. ⋯⋯ 50 %

06
〔정답〕 4

1단계 a의 값 구하기

$-\dfrac{25}{7}=-3\dfrac{4}{7}$이므로 $-\dfrac{25}{7}$보다 작은 정수는 -4, -5, -6, $\cdots$

$\therefore a=-4$ ⋯⋯ 60 %

2단계 a와 절댓값이 같으면서 부호가 반대인 수 구하기

따라서 a와 절댓값이 같으면서 부호가 반대인 수는 4이다. ⋯⋯ 40 %

중단원 마무리하기
본책 068~070쪽

01 ③	**02** ②	**03** ②, ③
04 $A=-4$, $B=10$		**05** $a=-3$, $b=3$
06 ③	**07** ㄱ, ㄴ, ㄷ	**08** C	**09** ①
10 ④	**11** ③	**12** 10	**13** 12
14 ①	**15** 23	**16** $\dfrac{13}{10}$	**17** a, c, b
18 9			

01
〔정답〕 ③

③ $+1000$원

02
〔정답〕 ②

① 유리수는 0, -3, $+2$, $\dfrac{2}{5}$, -2.6, $-\dfrac{28}{7}$의 6개이다.

② 정수는 0, -3, $+2$, $-\dfrac{28}{7}=-4$의 4개이다.

③ 음수는 -3, -2.6, $-\dfrac{28}{7}$의 3개이다.

④ 양의 유리수는 $+2$, $\dfrac{2}{5}$의 2개이다.

⑤ 정수가 아닌 유리수는 $\dfrac{2}{5}$, -2.6의 2개이다.

따라서 옳지 않은 것은 ②이다.

03
〔정답〕 ②, ③

② 자연수가 아닌 정수는 0 또는 음의 정수이다.

③ 1과 2 사이에는 정수가 없다.

04
〔정답〕 $A=-4$, $B=10$

두 수 A, B를 나타내는 두 점 사이의 거리가 14이므로 두 수 A, B를 나타내는 두 점은 3을 나타내는 점으로부터 각각 $14\times\dfrac{1}{2}=7$만큼 떨어져 있다.

이때 $A<B$이므로 $A=-4$, $B=10$

05
〔정답〕 $a=-3$, $b=3$

$-\dfrac{5}{2}=-2\dfrac{1}{2}$, $\dfrac{8}{3}=2\dfrac{2}{3}$이므로 $-\dfrac{5}{2}$, $\dfrac{8}{3}$을 수직선 위에 점으로 나타내면 그림과 같다.

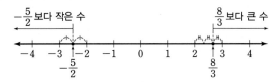

$-\dfrac{5}{2}$보다 작은 수 중 가장 큰 정수는 -3이므로 $a=-3$

$\dfrac{8}{3}$보다 큰 수 중 가장 작은 정수는 3이므로 $b=3$

06
〔정답〕 ③

0을 나타내는 점에서 가장 가까이에 있는 점이 나타내는 수는 절댓값이 가장 작은 수이다.

이때 주어진 수의 절댓값의 대소를 비교하면

$|0.5|<\left|\dfrac{4}{5}\right|<|-1|<|2|<\left|-\dfrac{14}{6}\right|$

따라서 구하는 수는 0.5이다.

07
〔정답〕 ㄱ, ㄴ, ㄷ

ㄹ. 절댓값이 클수록 수직선 위에서 그 수를 나타내는 점은 0을 나타내는 점으로부터 멀리 떨어져 있다.

08
〔정답〕 C

$\left|-\dfrac{15}{7}\right|=\dfrac{15}{7}=2\dfrac{1}{7}$, $|3.2|=3.2$이므로 $\left|-\dfrac{15}{7}\right|<|3.2|$

첫 번째 갈림길에서는 3.2가 적힌 길을 선택한다.

$\left|-\dfrac{7}{4}\right|=\dfrac{7}{4}=\dfrac{35}{20}$, $\left|-\dfrac{8}{5}\right|=\dfrac{8}{5}=\dfrac{32}{20}$이므로 $\left|-\dfrac{7}{4}\right|>\left|-\dfrac{8}{5}\right|$

두 번째 갈림길에서는 $-\dfrac{7}{4}$이 적힌 길을 선택한다.

따라서 도착 지점은 C이다.

09
〔정답〕 ①

$2\leq|x|<\dfrac{17}{3}$에서 $2\leq|x|<5\dfrac{2}{3}$

이때 x는 정수이므로 $|x|$는 2, 3, 4, 5이다.

절댓값이 2인 수는 2, -2
절댓값이 3인 수는 3, -3
절댓값이 4인 수는 4, -4
절댓값이 5인 수는 5, -5
따라서 구하는 정수 x는 8개이다.

10   (정답) ④

① $\dfrac{10}{3}=\dfrac{20}{6}$, $|-3.5|=3.5=\dfrac{7}{2}=\dfrac{21}{6}$이므로 $\dfrac{20}{6}<\dfrac{21}{6}$

   $\therefore \dfrac{10}{3}<|-3.5|$

② $|0|=0$, $\left|-\dfrac{7}{4}\right|=\dfrac{7}{4}$이므로 $0<\dfrac{7}{4}$

   $\therefore |0|<\left|-\dfrac{7}{4}\right|$

③ $-7.1<5$

④ $\dfrac{7}{3}=\dfrac{28}{12}$, $\dfrac{9}{4}=\dfrac{27}{12}$이므로 $\dfrac{28}{12}>\dfrac{27}{12}$

   $\therefore \dfrac{7}{3}>\dfrac{9}{4}$

⑤ $-\dfrac{9}{4}=-\dfrac{45}{20}$, $-\dfrac{7}{5}=-\dfrac{28}{20}$이므로 $-\dfrac{45}{20}<-\dfrac{28}{20}$

   $\therefore -\dfrac{9}{4}<-\dfrac{7}{5}$

따라서 부등호의 방향이 나머지 넷과 다른 하나는 ④이다.

11   (정답) ③

③ $2<x\leq 6$

12   (정답) 10

4.6보다 작은 자연수는 1, 2, 3, 4의 4개이므로 $x=4$

$-\dfrac{7}{2}$ 이상이고 3 미만인 정수는 -3, -2, -1, 0, 1, 2의 6개이므로 $y=6$

$\therefore x+y=4+6=10$

13   (정답) 12

점 A가 나타내는 수는 -2 또는 2이다.
그림에서 점 B가 나타내는 수는 -8 또는 10이다.

거리:9   거리:9
-8 1   10

따라서 두 점 A, B 사이의 거리가 가장 길 때는 A, B가 나타내는 수가 각각 -2, 10일 때이므로 구하는 거리는 12이다.

14   (정답) ①

두 점 A, C가 나타내는 수는 -5, 1이므로 두 점 사이의 거리는 6이다.
즉, 두 점 A와 B, 두 점 B와 C, 두 점 C와 D 사이의 거리는 각각
$6\times\dfrac{1}{2}=3$

따라서 점 D는 점 C로부터 오른쪽으로 3만큼 떨어져 있으므로 점 D가 나타내는 수는 4이다.

15   (정답) 23

절댓값이 0인 수는 0
절댓값이 1인 수는 1, -1
절댓값이 2인 수는 2, -2
    $\vdots$
절댓값이 a인 수는 a, $-a$
절댓값이 a 이하인 정수가 47개이므로 이 중 0을 제외한 정수는 46개이다.

$\therefore a=\dfrac{46}{2}=23$

16   (정답) $\dfrac{13}{10}$

$\left|-\dfrac{3}{2}\right|=\dfrac{3}{2}=\dfrac{15}{10}$이므로 $\left|-\dfrac{3}{2}\right|>\left|\dfrac{13}{10}\right|$

$\therefore \left(-\dfrac{3}{2}\right)\heartsuit\dfrac{13}{10}=\dfrac{13}{10}$

$\left|-\dfrac{6}{5}\right|=\dfrac{6}{5}=\dfrac{12}{10}$이므로 $\left|-\dfrac{6}{5}\right|<\left|\dfrac{13}{10}\right|$

$\therefore \left(-\dfrac{6}{5}\right)\blacktriangle\left\{\left(-\dfrac{3}{2}\right)\heartsuit\dfrac{13}{10}\right\}=\left(-\dfrac{6}{5}\right)\blacktriangle\dfrac{13}{10}=\dfrac{13}{10}$

17   (정답) a, c, b

㉮에서 $b>-4$, $c>-4$
㉯에서 $|c|=|-4|=4$이므로 $c=4$
㉰에서 $a>4$이므로 $c<a$ …… ㉠
㉱에서 b는 c보다 -4에 가까우므로 $b<c$ …… ㉡
㉠, ㉡에서 $b<c<a$이므로 큰 수부터 차례대로 나열하면 a, c, b이다.

18   (정답) 9

$-\dfrac{3}{2}=-\dfrac{15}{10}$, $\dfrac{4}{5}=\dfrac{8}{10}$이므로 구하는 기약분수는

$-\dfrac{13}{10}$, $-\dfrac{11}{10}$, $-\dfrac{9}{10}$, $-\dfrac{7}{10}$, $-\dfrac{3}{10}$, $-\dfrac{1}{10}$, $\dfrac{1}{10}$, $\dfrac{3}{10}$, $\dfrac{7}{10}$의 9개이다.

Ⅱ 04 정수와 유리수의 덧셈과 뺄셈

01 유리수의 덧셈

● 본책 072쪽

01 (1) +, 3, +, 7　　　　(2) −, 3, −, 7
　　(3) +, 3, +, 1　　　　(4) −, 3, −, 1

02 (1) +10　　(2) +6　　(3) −3　　(4) +2.1
　　(5) $-\dfrac{11}{12}$　　(6) −1

02 (1) $(+2)+(+8)=+(2+8)=+10$
(2) $(+7)+(-1)=+(7-1)=+6$
(3) $(-0.9)+(-2.1)=-(0.9+2.1)=-3$
(4) $(+3.5)+(-1.4)=+(3.5-1.4)=+2.1$
(5) $\left(-\dfrac{1}{3}\right)+\left(-\dfrac{7}{12}\right)=\left(-\dfrac{4}{12}\right)+\left(-\dfrac{7}{12}\right)$
$\qquad =-\left(\dfrac{4}{12}+\dfrac{7}{12}\right)=-\dfrac{11}{12}$
(6) $(+1.5)+\left(-\dfrac{5}{2}\right)=\left(+\dfrac{3}{2}\right)+\left(-\dfrac{5}{2}\right)$
$\qquad =-\left(\dfrac{5}{2}-\dfrac{3}{2}\right)=-\dfrac{2}{2}=-1$

● 본책 073쪽

01·ⓐ ①　　**ⓑ** $(+3)+(-6)=-3$
02·ⓐ ④　　**ⓑ** $+\dfrac{2}{5}$

01·ⓐ ─────────── 정답 ①
0을 나타내는 점에서 왼쪽으로 3만큼 이동한 다음 왼쪽으로 2만큼 이동한 것이 0을 나타내는 점에서 왼쪽으로 5만큼 이동한 것과 같다.
∴ $(-3)+(-2)=-5$

01·ⓑ ─────────── 정답 $(+3)+(-6)=-3$
0을 나타내는 점에서 오른쪽으로 3만큼 이동한 다음 왼쪽으로 6만큼 이동한 것이 0을 나타내는 점에서 왼쪽으로 3만큼 이동한 것과 같다.
∴ $(+3)+(-6)=-3$

02·ⓐ ─────────── 정답 ④
① $(-6)+(-4)=-(6+4)=-10$
② $(-8)+(+3)=-(8-3)=-5$
③ $(+0.3)+(+1.2)=+(0.3+1.2)=+1.5$
④ $\left(-\dfrac{4}{9}\right)+\left(+\dfrac{5}{9}\right)=+\left(\dfrac{5}{9}-\dfrac{4}{9}\right)=+\dfrac{1}{9}$

⑤ $\left(+\dfrac{2}{3}\right)+\left(-\dfrac{3}{5}\right)=\left(+\dfrac{10}{15}\right)+\left(-\dfrac{9}{15}\right)$
$\qquad =+\left(\dfrac{10}{15}-\dfrac{9}{15}\right)=+\dfrac{1}{15}$
따라서 옳지 않은 것은 ④이다.

02·ⓑ ─────────── 정답 $+\dfrac{2}{5}$
$a=\left(+\dfrac{2}{5}\right)+\left(-\dfrac{3}{2}\right)=\left(+\dfrac{4}{10}\right)+\left(-\dfrac{15}{10}\right)=-\dfrac{11}{10}$
$b=(-2.2)+(+3.7)=+(3.7-2.2)=+1.5$
$\therefore a+b=\left(-\dfrac{11}{10}\right)+(+1.5)=\left(-\dfrac{11}{10}\right)+\left(+\dfrac{15}{10}\right)$
$\qquad =+\left(\dfrac{15}{10}-\dfrac{11}{10}\right)=+\dfrac{4}{10}=+\dfrac{2}{5}$

02 덧셈의 계산 법칙

● 본책 074쪽

01 ㉠ 덧셈의 교환법칙　㉡ 덧셈의 결합법칙

02 (1) 0　　(2) +12　　(3) +0.4　　(4) $-\dfrac{4}{7}$

02 (1) $(+7)+(-9)+(+2)=(-9)+(+7)+(+2)$
$\qquad =(-9)+\{(+7)+(+2)\}$
$\qquad =(-9)+(+9)=0$
(2) $(-8)+(+24)+(-4)=(+24)+(-8)+(-4)$
$\qquad =(+24)+\{(-8)+(-4)\}$
$\qquad =(+24)+(-12)=+12$
(3) $(+4.1)+(-9.6)+(+5.9)$
$\qquad =(-9.6)+(+4.1)+(+5.9)$
$\qquad =(-9.6)+\{(+4.1)+(+5.9)\}$
$\qquad =(-9.6)+(+10)=+0.4$
(4) $\left(-\dfrac{1}{3}\right)+\left(+\dfrac{3}{7}\right)+\left(-\dfrac{2}{3}\right)$
$\qquad =\left(+\dfrac{3}{7}\right)+\left(-\dfrac{1}{3}\right)+\left(-\dfrac{2}{3}\right)$
$\qquad =\left(+\dfrac{3}{7}\right)+\left\{\left(-\dfrac{1}{3}\right)+\left(-\dfrac{2}{3}\right)\right\}$
$\qquad =\left(+\dfrac{3}{7}\right)+(-1)=-\dfrac{4}{7}$

● 본책 075쪽

03·ⓐ ㉡　**ⓑ** (가) 교환　(나) 결합　(다) $-\dfrac{5}{7}$　(라) $+\dfrac{2}{7}$
04·ⓐ ③

03·ⓐ

정답 ㉡

$(-0.7)+(+3)+(-0.6)$
$=(+3)+(-0.7)+(-0.6)$ ㉠ 덧셈의 교환법칙
$=(+3)+\{(-0.7)+(-0.6)\}$ ㉡ 덧셈의 결합법칙
$=(+3)+(-1.3)$ ㉢
$=+1.7$ ㉣

03·ⓑ

정답 (가) 교환 (나) 결합 (다) $-\dfrac{5}{7}$ (라) $+\dfrac{2}{7}$

$\left(-\dfrac{2}{7}\right)+(+1)+\left(-\dfrac{3}{7}\right)$
$=(+1)+\left(-\dfrac{2}{7}\right)+\left(-\dfrac{3}{7}\right)$ 덧셈의 교환 법칙
$=(+1)+\left\{\left(-\dfrac{2}{7}\right)+\left(-\dfrac{3}{7}\right)\right\}$ 덧셈의 결합 법칙
$=(+1)+\left(\boxed{-\dfrac{5}{7}}\right)$
$=\boxed{+\dfrac{2}{7}}$

04·ⓐ

정답 ③

$\left(-\dfrac{1}{3}\right)+\left(-\dfrac{5}{2}\right)+\left(-\dfrac{4}{3}\right)+\left(+\dfrac{7}{2}\right)$
$=\left(-\dfrac{1}{3}\right)+\left(-\dfrac{4}{3}\right)+\left(-\dfrac{5}{2}\right)+\left(+\dfrac{7}{2}\right)$
$=\left\{\left(-\dfrac{1}{3}\right)+\left(-\dfrac{4}{3}\right)\right\}+\left\{\left(-\dfrac{5}{2}\right)+\left(+\dfrac{7}{2}\right)\right\}$
$=\left(-\dfrac{5}{3}\right)+(+1)=-\dfrac{2}{3}$

🔵 배운대로 학습하기
● 본책 076쪽

01 ① **02** ④ **03** $-\dfrac{1}{3}$ **04** ②

05 (가) 교환 (나) 결합 (다) $+9$ (라) -6 **06** ①

01

정답 ①

0을 나타내는 점에서 왼쪽으로 2만큼 이동한 다음 오른쪽으로 6만큼 이동한 것이 0을 나타내는 점에서 오른쪽으로 4만큼 이동한 것과 같다.
∴ $(-2)+(+6)=+4$

02

정답 ④

① $(-4)+(+3)=-1$
② $(+4.7)+(-2.8)=+1.9$
③ $\left(+\dfrac{7}{3}\right)+\left(-\dfrac{3}{2}\right)=\left(+\dfrac{14}{6}\right)+\left(-\dfrac{9}{6}\right)=+\dfrac{5}{6}$
④ $(-3)+(+8)=+5$
⑤ $\left(+\dfrac{2}{3}\right)+\left(+\dfrac{3}{5}\right)=\left(+\dfrac{10}{15}\right)+\left(+\dfrac{9}{15}\right)=+\dfrac{19}{15}$

따라서 계산 결과가 가장 큰 것은 ④이다.

03

정답 $-\dfrac{1}{3}$

$-4<-\dfrac{16}{5}<-\dfrac{7}{9}<+\dfrac{5}{2}<+\dfrac{11}{3}$이므로
가장 큰 수와 가장 작은 수의 합은
$\left(+\dfrac{11}{3}\right)+(-4)=\left(+\dfrac{11}{3}\right)+\left(-\dfrac{12}{3}\right)=-\dfrac{1}{3}$

04

정답 ②

05

정답 (가) 교환 (나) 결합 (다) $+9$ (라) -6

$(+5.4)+(-15)+(+3.6)$
$=(-15)+(+5.4)+(+3.6)$ 덧셈의 교환 법칙
$=(-15)+\{(+5.4)+(+3.6)\}$ 덧셈의 결합 법칙
$=(-15)+(\boxed{+9})$
$=\boxed{-6}$

06

정답 ①

$(-2)+\left(+\dfrac{5}{14}\right)+(-3)+\left(+\dfrac{9}{14}\right)$
$=(-2)+(-3)+\left(+\dfrac{5}{14}\right)+\left(+\dfrac{9}{14}\right)$
$=\{(-2)+(-3)\}+\left\{\left(+\dfrac{5}{14}\right)+\left(+\dfrac{9}{14}\right)\right\}$
$=(-5)+(+1)=-4$

03 유리수의 뺄셈

개념 CHECK
● 본책 077쪽

01 (1) $-$, 4, $+$, 4, $+$, 2 (2) $+$, 3, $+$, 3, $+$, 9
(3) $-$, 5, $-$, 5, $-$, 6 (4) $+$, 2, $-$, 2, $-$, 5

02 (1) $+11$ (2) -17 (3) -5.9 (4) $+4.3$
(5) $-\dfrac{1}{2}$ (6) $+\dfrac{13}{6}$

02 (1) $(+7)-(-4)=(+7)+(+4)=+11$
(2) $(-11)-(+6)=(-11)+(-6)=-17$
(3) $(-4.3)-(+1.6)=(-4.3)+(-1.6)=-5.9$
(4) $(-1.2)-(-5.5)=(-1.2)+(+5.5)=+4.3$
(5) $\left(+\dfrac{1}{4}\right)-\left(+\dfrac{3}{4}\right)=\left(+\dfrac{1}{4}\right)+\left(-\dfrac{3}{4}\right)=-\dfrac{2}{4}=-\dfrac{1}{2}$
(6) $\left(+\dfrac{2}{3}\right)-\left(-\dfrac{3}{2}\right)=\left(+\dfrac{4}{6}\right)+\left(+\dfrac{9}{6}\right)=+\dfrac{13}{6}$

대표 유형

01 · ⓐ ③　　ⓑ ④　　02 · ⓐ ⑤

01 · ⓐ

① $(+4)-(+2)=(+4)+(-2)=+2$

② $(-7)-(-13)=(-7)+(+13)=+6$

③ $(-3.5)-(+4.5)=(-3.5)+(-4.5)=-8$

④ $\left(+\dfrac{3}{8}\right)-\left(-\dfrac{5}{8}\right)=\left(+\dfrac{3}{8}\right)+\left(+\dfrac{5}{8}\right)=+1$

⑤ $\left(-\dfrac{1}{3}\right)-\left(-\dfrac{2}{7}\right)=\left(-\dfrac{1}{3}\right)+\left(+\dfrac{2}{7}\right)$

$\qquad\qquad\qquad =\left(-\dfrac{7}{21}\right)+\left(+\dfrac{6}{21}\right)=-\dfrac{1}{21}$

따라서 옳지 않은 것은 ③이다.

01 · ⓑ

① $(-4)-(-5)=(-4)+(+5)=+1$

② $(+3)-(+2)=(+3)+(-2)=+1$

③ $(-1)-(+2)=(-1)+(-2)=-3$

④ $\left(-\dfrac{5}{2}\right)-\left(-\dfrac{3}{2}\right)=\left(-\dfrac{5}{2}\right)+\left(+\dfrac{3}{2}\right)=-\dfrac{2}{2}=-1$

⑤ $\left(+\dfrac{3}{5}\right)-\left(+\dfrac{1}{6}\right)=\left(+\dfrac{3}{5}\right)+\left(-\dfrac{1}{6}\right)$

$\qquad\qquad\qquad =\left(+\dfrac{18}{30}\right)+\left(-\dfrac{5}{30}\right)=+\dfrac{13}{30}$

따라서 계산 결과가 -1인 것은 ④이다.

02 · ⓐ

① $(+3)+(-1)=+2$

② $(-2)-(-4)=(-2)+(+4)=+2$

③ $(-3)+(+5)=+2$

④ $\left(+\dfrac{1}{2}\right)-\left(-\dfrac{3}{2}\right)=\left(+\dfrac{1}{2}\right)+\left(+\dfrac{3}{2}\right)=+\dfrac{4}{2}=+2$

⑤ $(-1)-\left(+\dfrac{3}{4}\right)=(-1)+\left(-\dfrac{3}{4}\right)=\left(-\dfrac{4}{4}\right)+\left(-\dfrac{3}{4}\right)=-\dfrac{7}{4}$

따라서 계산 결과가 나머지 넷과 다른 하나는 ⑤이다.

04 덧셈과 뺄셈의 혼합 계산

개념 CHECK

01 (1) $+, 6, +, 6, +, 6, -, 14$

(2) $-, 7, -, 7, -, 7, -, 11, -, 6$

02 (1) -18　　(2) 4　　(3) $-\dfrac{9}{4}$　　(4) 4

(5) -0.4　　(6) $-\dfrac{1}{2}$

---

02 (1) $(-8)+(+2)-(+12)=(-8)+(+2)+(-12)$

$\qquad\qquad\qquad\qquad\quad =(+2)+\{(-8)+(-12)\}$

$\qquad\qquad\qquad\qquad\quad =(+2)+(-20)=-18$

(2) $(-0.3)+(+1.8)-(-2.5)$

$\quad =(-0.3)+\{(+1.8)+(+2.5)\}$

$\quad =(-0.3)+(+4.3)=4$

(3) $\left(+\dfrac{1}{4}\right)-\left(-\dfrac{3}{2}\right)+(-4)=\left\{\left(+\dfrac{1}{4}\right)+\left(+\dfrac{6}{4}\right)\right\}+(-4)$

$\qquad\qquad\qquad\qquad\qquad =\left(+\dfrac{7}{4}\right)+(-4)=-\dfrac{9}{4}$

(4) $-9+15-2=(-9)+(+15)-(+2)$

$\qquad\qquad\quad =(-9)+(+15)+(-2)$

$\qquad\qquad\quad =(+15)+\{(-9)+(-2)\}$

$\qquad\qquad\quad =(+15)+(-11)=4$

(5) $5.8-3.7-2.5=(+5.8)-(+3.7)-(+2.5)$

$\qquad\qquad\qquad =(+5.8)+(-3.7)+(-2.5)$

$\qquad\qquad\qquad =(+5.8)+\{(-3.7)+(-2.5)\}$

$\qquad\qquad\qquad =(+5.8)+(-6.2)=-0.4$

(6) $-\dfrac{3}{5}+\dfrac{1}{2}-\dfrac{2}{5}=\left(-\dfrac{3}{5}\right)+\left(+\dfrac{1}{2}\right)-\left(+\dfrac{2}{5}\right)$

$\qquad\qquad\qquad =\left(-\dfrac{3}{5}\right)+\left(+\dfrac{1}{2}\right)+\left(-\dfrac{2}{5}\right)$

$\qquad\qquad\qquad =\left(+\dfrac{1}{2}\right)+\left\{\left(-\dfrac{3}{5}\right)+\left(-\dfrac{2}{5}\right)\right\}$

$\qquad\qquad\qquad =\left(+\dfrac{1}{2}\right)+(-1)=-\dfrac{1}{2}$

대표 유형

03 · ⓐ ①　　ⓑ 11　　　04 · ⓐ ④　　ⓑ $-\dfrac{23}{6}$

05 · ⓐ $\dfrac{16}{15}$　　ⓑ $-\dfrac{8}{5}$　　06 · ⓐ 3　　ⓑ $\dfrac{17}{21}$

03 · ⓐ

$\left(-\dfrac{9}{2}\right)+\left(-\dfrac{4}{5}\right)-\left(+\dfrac{6}{5}\right)-\left(-\dfrac{1}{2}\right)$

$=\left(-\dfrac{9}{2}\right)+\left(-\dfrac{4}{5}\right)+\left(-\dfrac{6}{5}\right)+\left(+\dfrac{1}{2}\right)$

$=\left\{\left(-\dfrac{9}{2}\right)+\left(+\dfrac{1}{2}\right)\right\}+\left\{\left(-\dfrac{4}{5}\right)+\left(-\dfrac{6}{5}\right)\right\}$

$=(-4)+(-2)=-6$

03 · ⓑ

$\left(-\dfrac{2}{3}\right)-\left(+\dfrac{7}{2}\right)+(+1.5)=\left(-\dfrac{2}{3}\right)+\left(-\dfrac{7}{2}\right)+\left(+\dfrac{3}{2}\right)$

$\qquad\qquad\qquad\qquad =\left(-\dfrac{2}{3}\right)+\left\{\left(-\dfrac{7}{2}\right)+\left(+\dfrac{3}{2}\right)\right\}$

$\qquad\qquad\qquad\qquad =\left(-\dfrac{2}{3}\right)+(-2)=-\dfrac{8}{3}$

따라서 $p=3$, $q=8$이므로 $p+q=3+8=11$

04·Ⓐ 　　　　　　　　　　　　　　정답 ④

$$-0.3-\frac{2}{5}+\frac{3}{2}=(-0.3)-\left(+\frac{2}{5}\right)+\left(+\frac{3}{2}\right)$$
$$=\left(-\frac{3}{10}\right)+\left(-\frac{2}{5}\right)+\left(+\frac{3}{2}\right)$$
$$=\left\{\left(-\frac{3}{10}\right)+\left(-\frac{4}{10}\right)\right\}+\left(+\frac{3}{2}\right)$$
$$=\left(-\frac{7}{10}\right)+\left(+\frac{15}{10}\right)=\frac{4}{5}$$

04·Ⓑ 　　　　　　　　　　　　　　정답 $-\dfrac{23}{6}$

$$a=(-10)+(+7)-(+2)=(-10)+(+7)+(-2)$$
$$=(+7)+\{(-10)+(-2)\}=(+7)+(-12)=-5$$
$$b=\left(-\frac{5}{6}\right)-\left(+\frac{1}{3}\right)=\left(-\frac{5}{6}\right)+\left(-\frac{2}{6}\right)=-\frac{7}{6}$$
$$\therefore a-b=-5-\left(-\frac{7}{6}\right)=\left(-\frac{30}{6}\right)+\left(+\frac{7}{6}\right)=-\frac{23}{6}$$

05·Ⓐ 　　　　　　　　　　　　　　정답 $\dfrac{16}{15}$

$a-\left(-\dfrac{2}{3}\right)=2$에서 $a=2+\left(-\dfrac{2}{3}\right)=\dfrac{6}{3}+\left(-\dfrac{2}{3}\right)=\dfrac{4}{3}$
$b+\left(-\dfrac{2}{5}\right)=2$에서 $b=2-\left(-\dfrac{2}{5}\right)=\dfrac{10}{5}+\dfrac{2}{5}=\dfrac{12}{5}$
$$\therefore b-a=\frac{12}{5}-\frac{4}{3}=\frac{36}{15}-\frac{20}{15}=\frac{16}{15}$$

05·Ⓑ 　　　　　　　　　　　　　　정답 $-\dfrac{8}{5}$

$$\left(-\frac{3}{5}\right)-(-1)-\boxed{}=+2,\ \left(-\frac{3}{5}\right)+(+1)-\boxed{}=+2$$
$$\frac{2}{5}-\boxed{}=+2$$
$$\therefore \boxed{}=\frac{2}{5}-(+2)=\frac{2}{5}+(-2)=\frac{2}{5}+\left(-\frac{10}{5}\right)=-\frac{8}{5}$$

06·Ⓐ 　　　　　　　　　　　　　　정답 3

어떤 수를 $\boxed{}$라 하면
$\boxed{}-(-4)=11$ 　 $\therefore \boxed{}=11+(-4)=7$
따라서 바르게 계산한 답은
$7+(-4)=3$

06·Ⓑ 　　　　　　　　　　　　　　정답 $\dfrac{17}{21}$

어떤 수를 $\boxed{}$라 하면 $\boxed{}+\left(-\dfrac{4}{7}\right)=-\dfrac{1}{3}$
$\therefore \boxed{}=-\dfrac{1}{3}-\left(-\dfrac{4}{7}\right)=-\dfrac{7}{21}+\dfrac{12}{21}=\dfrac{5}{21}$
따라서 바르게 계산한 답은
$\dfrac{5}{21}-\left(-\dfrac{4}{7}\right)=\dfrac{5}{21}+\dfrac{12}{21}=\dfrac{17}{21}$

배운대로 학습하기 　　　　　● 본책 082~083쪽

01 ⑤	02 $\dfrac{9}{20}$	03 5	04 $-\dfrac{13}{4}$
05 $\dfrac{11}{2}$	06 $-\dfrac{49}{12}$	07 ④	08 ②
09 -6	10 $\dfrac{9}{4}$	11 ④	12 $-\dfrac{17}{12}$

01 　　　　　　　　　　　　　　정답 ⑤

① $(+12)+(-9)=3$
② $(-8)-(+2)=(-8)+(-2)=-10$
③ $(-1.9)-(-2.8)=(-1.9)+(+2.8)=0.9$
④ $\left(-\dfrac{1}{2}\right)+\left(-\dfrac{3}{10}\right)=\left(-\dfrac{5}{10}\right)+\left(-\dfrac{3}{10}\right)=-\dfrac{4}{5}$
⑤ $\left(+\dfrac{2}{9}\right)-\left(+\dfrac{5}{6}\right)=\left(+\dfrac{4}{18}\right)+\left(-\dfrac{15}{18}\right)=-\dfrac{11}{18}$
따라서 옳지 않은 것은 ⑤이다.

02 　　　　　　　　　　　　　　정답 $\dfrac{9}{20}$

$$a=\left(-\frac{1}{2}\right)-\left(+\frac{4}{5}\right)=\left(-\frac{5}{10}\right)+\left(-\frac{8}{10}\right)=-\frac{13}{10}$$
$$b=\left(+\frac{1}{4}\right)-(-1.5)=\left(+\frac{1}{4}\right)+\left(+\frac{3}{2}\right)$$
$$=\left(+\frac{1}{4}\right)+\left(+\frac{6}{4}\right)=\frac{7}{4}$$
$$\therefore a+b=\left(-\frac{13}{10}\right)+\left(+\frac{7}{4}\right)=\left(-\frac{26}{20}\right)+\left(+\frac{35}{20}\right)=\frac{9}{20}$$

03 　　　　　　　　　　　　　　정답 5

$+\dfrac{10}{3}=+3\dfrac{1}{3},\ -\dfrac{11}{6}=-1\dfrac{5}{6}$이므로
$+\dfrac{10}{3},\ -\dfrac{11}{6}$을 수직선 위에 나타내면 그림과 같다.

따라서 $+\dfrac{10}{3}$에 가장 가까운 정수는 $+3$이므로 $a=+3$이고,
$-\dfrac{11}{6}$에 가장 가까운 정수는 -2이므로 $b=-2$
$\therefore a-b=(+3)-(-2)=(+3)+(+2)=5$

04 　　　　　　　　　　　　　　정답 $-\dfrac{13}{4}$

두 점 P, B 사이의 거리는 $-\dfrac{3}{4}-(-2)=-\dfrac{3}{4}+\dfrac{8}{4}=\dfrac{5}{4}$
따라서 두 점 A, P 사이의 거리도 $\dfrac{5}{4}$이므로 점 A가 나타내는 수는
$-2-\left(+\dfrac{5}{4}\right)=-2+\left(-\dfrac{5}{4}\right)=-\dfrac{8}{4}+\left(-\dfrac{5}{4}\right)=-\dfrac{13}{4}$

05

정답 $\dfrac{11}{2}$

x의 절댓값은 $\dfrac{5}{2}$이므로 $x=-\dfrac{5}{2}$ 또는 $x=\dfrac{5}{2}$

y의 절댓값은 3이므로 $y=-3$ 또는 $y=3$

따라서 $x-y$의 값 중 가장 큰 값은 x가 양수, y가 음수일 때이므로 구하는 값은

$\dfrac{5}{2}-(-3)=\dfrac{5}{2}+\dfrac{6}{2}=\dfrac{11}{2}$

06

정답 $-\dfrac{49}{12}$

$x=(-2)+\left(+\dfrac{5}{4}\right)=\left(-\dfrac{8}{4}\right)+\left(+\dfrac{5}{4}\right)=-\dfrac{3}{4}$

$\therefore y=\left(-\dfrac{3}{4}\right)-\left(+\dfrac{10}{3}\right)=\left(-\dfrac{9}{12}\right)+\left(-\dfrac{40}{12}\right)=-\dfrac{49}{12}$

07

정답 ④

① $(-1)+(+3)-(+7)=(-1)+(+3)+(-7)$
$=(+3)+\{(-1)+(-7)\}$
$=(+3)+(-8)=-5$

② $(+4)-(+5)+(-2)-(-6)$
$=(+4)+(-5)+(-2)+(+6)$
$=\{(+4)+(+6)\}+\{(-5)+(-2)\}$
$=(+10)+(-7)=3$

③ $(-2.4)-(-1.7)+(-3.1)$
$=(-2.4)+(+1.7)+(-3.1)$
$=(+1.7)+\{(-2.4)+(-3.1)\}$
$=(+1.7)+(-5.5)=-3.8$

④ $\left(+\dfrac{5}{6}\right)-\left(-\dfrac{1}{3}\right)+(-1)=\left(+\dfrac{5}{6}\right)+\left(+\dfrac{1}{3}\right)+(-1)$
$=\left\{\left(+\dfrac{5}{6}\right)+\left(+\dfrac{2}{6}\right)\right\}+(-1)$
$=\left(+\dfrac{7}{6}\right)+\left(-\dfrac{6}{6}\right)=\dfrac{1}{6}$

⑤ $\left(-\dfrac{2}{5}\right)+\left(-\dfrac{1}{2}\right)-\left(+\dfrac{2}{3}\right)$
$=\left(-\dfrac{2}{5}\right)+\left(-\dfrac{1}{2}\right)+\left(-\dfrac{2}{3}\right)$
$=\left\{\left(-\dfrac{4}{10}\right)+\left(-\dfrac{5}{10}\right)\right\}+\left(-\dfrac{2}{3}\right)$
$=\left(-\dfrac{9}{10}\right)+\left(-\dfrac{2}{3}\right)$
$=\left(-\dfrac{27}{30}\right)+\left(-\dfrac{20}{30}\right)=-\dfrac{47}{30}$

따라서 옳지 않은 것은 ④이다.

08

정답 ②

① $-1-6+5=(-1)-(+6)+(+5)$
$=(-1)+(-6)+(+5)$
$=\{(-1)+(-6)\}+(+5)$
$=(-7)+(+5)=-2$

② $-7+4-5=(-7)+(+4)-(+5)$
$=(-7)+(+4)+(-5)$
$=(+4)+\{(-7)+(-5)\}$
$=(+4)+(-12)=-8$

③ $2-3-4=(+2)-(+3)-(+4)$
$=(+2)+(-3)+(-4)$
$=(+2)+\{(-3)+(-4)\}$
$=(+2)+(-7)=-5$

④ $1.3-2.2+1=(+1.3)-(+2.2)+(+1)$
$=(+1.3)+(-2.2)+(+1)$
$=(-2.2)+\{(+1.3)+(+1)\}$
$=(-2.2)+(+2.3)=0.1$

⑤ $-\dfrac{7}{4}+\dfrac{8}{5}+\dfrac{3}{20}=\left(-\dfrac{7}{4}\right)+\left(+\dfrac{8}{5}\right)+\left(+\dfrac{3}{20}\right)$
$=\left(-\dfrac{35}{20}\right)+\left(+\dfrac{32}{20}\right)+\left(+\dfrac{3}{20}\right)$
$=\left(-\dfrac{35}{20}\right)+\left\{\left(+\dfrac{32}{20}\right)+\left(+\dfrac{3}{20}\right)\right\}$
$=\left(-\dfrac{35}{20}\right)+\left(+\dfrac{35}{20}\right)=0$

따라서 계산 결과가 가장 작은 것은 ②이다.

09

정답 -6

$1-2+3-4+5-6+7-8+9-10+11-12$
$=(+1)-(+2)+(+3)-(+4)$
$\qquad+(+5)-(+6)+(+7)-(+8)+(+9)$
$\qquad\qquad-(+10)+(+11)-(+12)$
$=\{(+1)+(-2)\}+\{(+3)+(-4)\}$
$\qquad+\{(+5)+(-6)\}+\{(+7)+(-8)\}$
$\qquad+\{(+9)+(-10)\}+\{(+11)+(-12)\}$
$=(-1)+(-1)+(-1)+(-1)+(-1)+(-1)$
$=-6$

10

정답 $\dfrac{9}{4}$

$a+(-1.5)=-\dfrac{3}{4}$, 즉 $a+\left(-\dfrac{3}{2}\right)=-\dfrac{3}{4}$에서

$a=-\dfrac{3}{4}-\left(-\dfrac{3}{2}\right)=-\dfrac{3}{4}+\left(+\dfrac{6}{4}\right)=\dfrac{3}{4}$

$-\dfrac{5}{2}-b=-1$에서 $b=-\dfrac{5}{2}-(-1)=-\dfrac{5}{2}+\left(+\dfrac{2}{2}\right)=-\dfrac{3}{2}$

$\therefore a-b=\dfrac{3}{4}-\left(-\dfrac{3}{2}\right)=\dfrac{3}{4}+\left(+\dfrac{6}{4}\right)=\dfrac{9}{4}$

11

정답 ④

한 변에 놓인 세 수의 합은
$(-5)+4+(-2)=4+\{(-5)+(-2)\}$
$=4+(-7)=-3$
$(-5)+A+6=-3$에서
$A+\{(-5)+6\}=-3$, $A+1=-3$
$\therefore A=-3-1=-4$

$6+B+(-2)=-3$에서
$B+\{6+(-2)\}=-3,\ B+4=-3$
$\therefore B=-3-4=-7$
$\therefore A-B=-4-(-7)=-4+7=3$

12
정답 $-\dfrac{17}{12}$

어떤 수를 $\square$라 하면 $\square+\left(+\dfrac{1}{2}\right)=-\dfrac{5}{12}$

$\therefore \square=\left(-\dfrac{5}{12}\right)-\left(+\dfrac{1}{2}\right)=\left(-\dfrac{5}{12}\right)+\left(-\dfrac{6}{12}\right)=-\dfrac{11}{12}$

따라서 바르게 계산한 답은

$\left(-\dfrac{11}{12}\right)-\left(+\dfrac{1}{2}\right)=\left(-\dfrac{11}{12}\right)+\left(-\dfrac{6}{12}\right)=-\dfrac{17}{12}$

서술형 **훈련하기**
● 본책 084~085쪽

01 $-\dfrac{41}{12}$ **02** 9 **03** $\dfrac{1}{12}$ **04** $-\dfrac{1}{6}$

05 1 **06** $\dfrac{13}{15}$

01
정답 $-\dfrac{41}{12}$

1단계 점 B가 나타내는 수 구하기
점 B가 나타내는 수는
$-5+\dfrac{17}{4}=-\dfrac{20}{4}+\dfrac{17}{4}=-\dfrac{3}{4}$ ······ 50 %

2단계 점 A가 나타내는 수 구하기
따라서 점 A가 나타내는 수는
$-\dfrac{3}{4}-\dfrac{8}{3}=-\dfrac{9}{12}-\dfrac{32}{12}=-\dfrac{41}{12}$ ······ 50 %

02
정답 9

1단계 $|a|=3$, $|b|=\dfrac{3}{2}$인 a, b의 값 각각 구하기

$|a|=3$이므로 $a=-3$ 또는 $a=3$
$|b|=\dfrac{3}{2}$이므로 $b=-\dfrac{3}{2}$ 또는 $b=\dfrac{3}{2}$ ······ 20 %

2단계 M의 값 구하기
$a-b$의 값 중 가장 큰 값은 a가 양수, b가 음수일 때이므로
$M=3-\left(-\dfrac{3}{2}\right)=\dfrac{6}{2}+\dfrac{3}{2}=\dfrac{9}{2}$ ······ 30 %

3단계 m의 값 구하기
$a-b$의 값 중 가장 작은 값은 a가 음수, b가 양수일 때이므로
$m=-3-\dfrac{3}{2}=-\dfrac{6}{2}-\dfrac{3}{2}=-\dfrac{9}{2}$ ······ 30 %

4단계 $M-m$의 값 구하기
$\therefore M-m=\dfrac{9}{2}-\left(-\dfrac{9}{2}\right)=\dfrac{9}{2}+\dfrac{9}{2}=9$ ······ 20 %

03
정답 $\dfrac{1}{12}$

1단계 a의 값 구하기
$-\dfrac{5}{3}<-1<-\dfrac{5}{6}<\dfrac{3}{2}<\dfrac{7}{4}$이므로 $a=-\dfrac{5}{3}$ ······ 40 %

2단계 b의 값 구하기
$\left|-\dfrac{5}{6}\right|<|-1|<\left|\dfrac{3}{2}\right|<\left|-\dfrac{5}{3}\right|<\left|\dfrac{7}{4}\right|$이므로
$b=\dfrac{7}{4}$ ······ 40 %

3단계 $a+b$의 값 구하기
$\therefore a+b=-\dfrac{5}{3}+\dfrac{7}{4}=-\dfrac{20}{12}+\dfrac{21}{12}=\dfrac{1}{12}$ ······ 20 %

04
정답 $-\dfrac{1}{6}$

1단계 x의 값 구하기
$x=-1-\dfrac{1}{3}=-\dfrac{4}{3}$ ······ 50 %

1단계 x보다 $\dfrac{7}{6}$만큼 큰 수 구하기

따라서 x보다 $\dfrac{7}{6}$만큼 큰 수는
$-\dfrac{4}{3}+\dfrac{7}{6}=-\dfrac{8}{6}+\dfrac{7}{6}=-\dfrac{1}{6}$ ······ 50 %

05
정답 1

1단계 a의 값 구하기
세 수의 합은 $-4+(-1)+2=-3$이므로
$a+3+(-4)=-3,\ a+\{3+(-4)\}=-3$
$a+(-1)=-3$
$\therefore a=-3-(-1)=-3+1=-2$ ······ 40 %

2단계 b의 값 구하기
$a+b+2=-3$이므로
$-2+b+2=-3$
$b+\{(-2)+2\}=-3,\ b+0=-3$
$\therefore b=-3$ ······ 40 %

3단계 $a-b$의 값 구하기
$\therefore a-b=-2-(-3)=-2+3=1$ ······ 20 %

06

1단계 어떤 수 구하기

어떤 수를 ☐ 라 하면 $\dfrac{8}{5}-$☐$=\dfrac{7}{3}$

$\therefore$ ☐ $=\dfrac{8}{5}-\dfrac{7}{3}=\dfrac{24}{15}-\dfrac{35}{15}=-\dfrac{11}{15}$ ······ 50 %

2단계 바르게 계산한 답 구하기

따라서 바르게 계산한 답은

$\dfrac{8}{5}+\left(-\dfrac{11}{15}\right)=\dfrac{24}{15}+\left(-\dfrac{11}{15}\right)=\dfrac{13}{15}$ ······ 50 %

중단원 마무리하기
본책 086~088쪽

01 ㉠, ㉡	**02** (개 2 (내) -7 (대) 9		**03** ①
04 화요일	**05** ②	**06** ⑤	**07** $\dfrac{13}{4}$
08 ③	**09** -2	**10** $-\dfrac{33}{8}$	**11** ④
12 $-\dfrac{1}{2}$	**13** ①	**14** 235개	**15** $\dfrac{5}{4}$
16 $\dfrac{37}{30}$			

01
정답 ㉠, ㉡

㉠ 덧셈의 교환법칙 ㉡ 덧셈의 결합법칙

02
정답 (개 2 (내) -7 (대) 9

[그림 1]에서 규칙은 위쪽의 왼쪽의 수에서 오른쪽의 수를 뺀 값을
아래쪽에 써넣은 것이다.

(개) : $-3-(-5)=-3+5=2$

(내) : $-5-2=-7$

(대) : $2-(-7)=2+7=9$

03
정답 ①

$\therefore (+3)-(+4)=-1$

04
정답 화요일

월요일부터 금요일까지의 일교차를 각각 구하면

월요일 : $-4-(-11)=-4+11=7(℃)$

화요일 : $4-(-7)=4+7=11(℃)$

수요일 : $3-(-6)=3+6=9(℃)$

목요일 : $-3-(-10)=-3+10=7(℃)$

금요일 : $-1-(-8)=-1+8=7(℃)$

따라서 일교차가 가장 큰 요일은 화요일이다.

05
정답 ②

$\left(+\dfrac{1}{2}\right)-\left(+\dfrac{3}{4}\right)=\left(+\dfrac{2}{4}\right)+\left(-\dfrac{3}{4}\right)=-\dfrac{1}{4}$

① $\left(-\dfrac{3}{2}\right)-\left(-\dfrac{7}{8}\right)=\left(-\dfrac{12}{8}\right)+\left(+\dfrac{7}{8}\right)=-\dfrac{5}{8}$

② $(-0.5)+\left(+\dfrac{1}{4}\right)=\left(-\dfrac{1}{2}\right)+\left(+\dfrac{1}{4}\right)$

$=\left(-\dfrac{2}{4}\right)+\left(+\dfrac{1}{4}\right)=-\dfrac{1}{4}$

③ $\dfrac{3}{4}-\dfrac{1}{2}=\dfrac{3}{4}-\dfrac{2}{4}=\dfrac{1}{4}$

④ $\dfrac{1}{2}+\dfrac{1}{4}=\dfrac{2}{4}+\dfrac{1}{4}=\dfrac{3}{4}$

⑤ $\dfrac{1}{4}-\left(-\dfrac{1}{2}\right)=\dfrac{1}{4}+\dfrac{2}{4}=\dfrac{3}{4}$

따라서 $\left(+\dfrac{1}{2}\right)-\left(+\dfrac{3}{4}\right)$의 계산 결과와 같은 것은 ②이다.

06
정답 ⑤

-2보다 -8만큼 작은 수는

$-2-(-8)=-2+8=6$

절댓값이 10인 음수는 -10

따라서 구하는 값은 $6+(-10)=-4$

07
정답 $\dfrac{13}{4}$

점 A가 나타내는 수는 $-1-\dfrac{1}{2}=-\dfrac{3}{2}$

점 B가 나타내는 수는 $2-\dfrac{1}{4}=\dfrac{7}{4}$

따라서 두 점 A, B 사이의 거리는

$\dfrac{7}{4}-\left(-\dfrac{3}{2}\right)=\dfrac{7}{4}+\dfrac{6}{4}=\dfrac{13}{4}$

08
정답 ③

$a=3-\left(-\dfrac{5}{6}\right)=\dfrac{18}{6}+\dfrac{5}{6}=\dfrac{23}{6}$

$b=-\dfrac{4}{5}+\left(-\dfrac{4}{3}\right)=-\dfrac{12}{15}+\left(-\dfrac{20}{15}\right)=-\dfrac{32}{15}$

따라서 $-\dfrac{32}{15}=-2\dfrac{2}{15}$, $\dfrac{23}{6}=3\dfrac{5}{6}$이므로 $-\dfrac{32}{15}<x<\dfrac{23}{6}$을 만족

시키는 정수 x는 -2, -1, 0, 1, 2, 3의 6개이다.

09 ──────────── 정답 -2

$$-\frac{1}{4}+\frac{2}{3}-3+\frac{7}{12}$$
$$=\left(-\frac{1}{4}\right)+\left(+\frac{2}{3}\right)-(+3)+\left(+\frac{7}{12}\right)$$
$$=\left(-\frac{3}{12}\right)+\left(+\frac{8}{12}\right)+(-3)+\left(+\frac{7}{12}\right)$$
$$=\left(-\frac{3}{12}\right)+\left\{\left(+\frac{8}{12}\right)+\left(+\frac{7}{12}\right)\right\}+(-3)$$
$$=\left\{\left(-\frac{3}{12}\right)+\left(+\frac{15}{12}\right)\right\}+(-3)$$
$$=(+1)+(-3)$$
$$=-2$$

10 ──────────── 정답 $-\dfrac{33}{8}$

$A+\left(-\dfrac{3}{4}\right)=\dfrac{5}{8}$에서 $A=\dfrac{5}{8}-\left(-\dfrac{3}{4}\right)=\dfrac{5}{8}+\dfrac{6}{8}=\dfrac{11}{8}$

$B-(-4)=-\dfrac{3}{2}$에서

$B=-\dfrac{3}{2}+(-4)=-\dfrac{3}{2}+\left(-\dfrac{8}{2}\right)=-\dfrac{11}{2}$

$\therefore A+B=\dfrac{11}{8}+\left(-\dfrac{11}{2}\right)=\dfrac{11}{8}+\left(-\dfrac{44}{8}\right)=-\dfrac{33}{8}$

11 ──────────── 정답 ④

$\left(+\dfrac{2}{3}\right)-\boxed{}-\left(+\dfrac{1}{6}\right)=1$에서

$\left(+\dfrac{2}{3}\right)-\boxed{}+\left(-\dfrac{1}{6}\right)=1$

$\left(+\dfrac{4}{6}\right)+\left(-\dfrac{1}{6}\right)-\boxed{}=1,\ \left(+\dfrac{1}{2}\right)-\boxed{}=1$

$\therefore \boxed{}=\left(+\dfrac{1}{2}\right)-1=\left(+\dfrac{1}{2}\right)-\dfrac{2}{2}=-\dfrac{1}{2}$

12 ──────────── 정답 $-\dfrac{1}{2}$

어떤 수를 $\boxed{}$라 하면 $\boxed{}-\left(-\dfrac{3}{2}\right)=\dfrac{5}{2}$

$\therefore \boxed{}=\dfrac{5}{2}+\left(-\dfrac{3}{2}\right)=1$

따라서 바르게 계산한 답은

$1+\left(-\dfrac{3}{2}\right)=\dfrac{2}{2}+\left(-\dfrac{3}{2}\right)=-\dfrac{1}{2}$

13 ──────────── 정답 ①

$|a|<3$을 만족시키는 정수 a는 $-2,\ -1,\ 0,\ 1,\ 2$

$|b|<10$을 만족시키는 정수 b는 $-9,\ -8,\ \cdots,\ 8,\ 9$

따라서 $a=-2,\ b=-9$일 때 $a+b$의 값이 가장 작으므로 구하는 값은

$a+b=(-2)+(-9)=-11$

14 ──────────── 정답 235개

5월 5일에 판매된 과자를 $\boxed{}$개라 하면

$\boxed{}-10+13-15+27=250$

$\boxed{}+15=250$ $\therefore \boxed{}=235$

따라서 5월 5일에 판매된 과자는 235개이다.

15 ──────────── 정답 $\dfrac{5}{4}$

(다)에서 $|b|=\dfrac{11}{12}-\dfrac{2}{3}=\dfrac{11}{12}-\dfrac{8}{12}=\dfrac{1}{4}$

$\therefore b=\dfrac{1}{4}$ 또는 $b=-\dfrac{1}{4}$

(나)에서 b는 음수이므로 $b=-\dfrac{1}{4}$

(가)에서 $a+\left(-\dfrac{1}{4}\right)=1$이므로 $a=1-\left(-\dfrac{1}{4}\right)=1+\dfrac{1}{4}=\dfrac{5}{4}$

16 ──────────── 정답 $\dfrac{37}{30}$

$a+\left(-\dfrac{4}{3}\right)=-\dfrac{2}{5}$이므로 $a=-\dfrac{2}{5}-\left(-\dfrac{4}{3}\right)=-\dfrac{6}{15}+\dfrac{20}{15}=\dfrac{14}{15}$

$b+(-2)=-\dfrac{2}{5}$이므로 $b=-\dfrac{2}{5}-(-2)=-\dfrac{2}{5}+\dfrac{10}{5}=\dfrac{8}{5}$

$\dfrac{3}{2}+c=-\dfrac{2}{5}$이므로 $c=-\dfrac{2}{5}-\dfrac{3}{2}=-\dfrac{4}{10}-\dfrac{15}{10}=-\dfrac{19}{10}$

$\therefore a-b-c=\dfrac{14}{15}-\dfrac{8}{5}-\left(-\dfrac{19}{10}\right)=\dfrac{28}{30}-\dfrac{48}{30}+\dfrac{57}{30}=\dfrac{37}{30}$

Ⅱ 05 정수와 유리수의 곱셈과 나눗셈

01 유리수의 곱셈

개념 CHECK   ● 본책 090쪽

01 (1) $+$, $+$, 20 (2) $+$, $+$, 20 (3) $-$, $-$, 20 (4) $-$, $-$, 20

02 (1) -8 (2) $+42$ (3) 0   (4) -9

      (5) $-\dfrac{4}{3}$ (6) $+\dfrac{2}{5}$

02 (1) $(+2)\times(-4)=-(2\times4)=-8$

(2) $(-7)\times(-6)=+(7\times6)=+42$

(3) $(+6)\times0=0$

(4) $(-24)\times\left(+\dfrac{3}{8}\right)=-\left(24\times\dfrac{3}{8}\right)=-9$

(5) $\left(+\dfrac{6}{7}\right)\times\left(-\dfrac{14}{9}\right)=-\left(\dfrac{6}{7}\times\dfrac{14}{9}\right)=-\dfrac{4}{3}$

(6) $\left(-\dfrac{4}{3}\right)\times(-0.3)=\left(-\dfrac{4}{3}\right)\times\left(-\dfrac{3}{10}\right)$
$=+\left(\dfrac{4}{3}\times\dfrac{3}{10}\right)=+\dfrac{2}{5}$

대표 유형   ● 본책 091쪽

01·Ⓐ ③

02·Ⓐ $+\dfrac{49}{30}$ **Ⓑ** $-\dfrac{5}{6}$

01·Ⓐ ⎯⎯⎯⎯⎯⎯⎯⎯⎯⎯⎯⎯ 정답 ③

$\left(+\dfrac{2}{5}\right)\times\left(-\dfrac{5}{12}\right)=-\left(\dfrac{2}{5}\times\dfrac{5}{12}\right)=-\dfrac{1}{6}$

① $(+8)\times(-5)=-(8\times5)=-40$

② $\left(-\dfrac{5}{4}\right)\times\left(+\dfrac{9}{10}\right)=-\left(\dfrac{5}{4}\times\dfrac{9}{10}\right)=-\dfrac{9}{8}$

③ $\left(+\dfrac{3}{8}\right)\times\left(-\dfrac{4}{9}\right)=-\left(\dfrac{3}{8}\times\dfrac{4}{9}\right)=-\dfrac{1}{6}$

④ $(-3.6)\times\left(+\dfrac{1}{4}\right)=-\left(\dfrac{18}{5}\times\dfrac{1}{4}\right)=-\dfrac{9}{10}$

⑤ $\left(-\dfrac{1}{12}\right)\times(-2)=+\left(\dfrac{1}{12}\times2\right)=+\dfrac{1}{6}$

따라서 계산 결과가 $\left(+\dfrac{2}{5}\right)\times\left(-\dfrac{5}{12}\right)$와 같은 것은 ③이다.

02·Ⓐ ⎯⎯⎯⎯⎯⎯⎯⎯⎯⎯⎯⎯ 정답 $+\dfrac{49}{30}$

$A=\left(-\dfrac{8}{3}\right)\times\left(-\dfrac{1}{2}\right)=+\left(\dfrac{8}{3}\times\dfrac{1}{2}\right)=+\dfrac{4}{3}$

$B=\left(+\dfrac{3}{16}\right)\times\left(-\dfrac{8}{5}\right)=-\left(\dfrac{3}{16}\times\dfrac{8}{5}\right)=-\dfrac{3}{10}$

$\therefore A-B=\left(+\dfrac{4}{3}\right)-\left(-\dfrac{3}{10}\right)=\left(+\dfrac{4}{3}\right)+\left(+\dfrac{3}{10}\right)$
$=\left(+\dfrac{40}{30}\right)+\left(+\dfrac{9}{30}\right)=+\dfrac{49}{30}$

02·Ⓑ ⎯⎯⎯⎯⎯⎯⎯⎯⎯⎯⎯⎯ 정답 $-\dfrac{5}{6}$

$A=\left(+\dfrac{5}{6}\right)\times\left(-\dfrac{3}{2}\right)=-\left(\dfrac{5}{6}\times\dfrac{3}{2}\right)=-\dfrac{5}{4}$

$B=\left(-\dfrac{7}{4}\right)\times\left(-\dfrac{8}{21}\right)=+\left(\dfrac{7}{4}\times\dfrac{8}{21}\right)=+\dfrac{2}{3}$

$\therefore A\times B=\left(-\dfrac{5}{4}\right)\times\left(+\dfrac{2}{3}\right)=-\left(\dfrac{5}{4}\times\dfrac{2}{3}\right)=-\dfrac{5}{6}$

02 곱셈의 계산 법칙

개념 CHECK   ● 본책 092쪽

01 ㉠ 교환법칙 ㉡ 결합법칙

02 (1) -20 (2) $+\dfrac{4}{3}$ (3) $+\dfrac{6}{5}$ (4) $-\dfrac{3}{32}$

02 (1) $\left(-\dfrac{25}{4}\right)\times(-8)\times\left(-\dfrac{2}{5}\right)$
$=(-8)\times\left(-\dfrac{25}{4}\right)\times\left(-\dfrac{2}{5}\right)$
$=(-8)\times\left\{\left(-\dfrac{25}{4}\right)\times\left(-\dfrac{2}{5}\right)\right\}$
$=(-8)\times\left(+\dfrac{5}{2}\right)=-20$

(2) $\left(-\dfrac{5}{21}\right)\times(-12)\times\left(+\dfrac{7}{15}\right)$
$=\left(-\dfrac{5}{21}\right)\times\left(+\dfrac{7}{15}\right)\times(-12)$
$=\left\{\left(-\dfrac{5}{21}\right)\times\left(+\dfrac{7}{15}\right)\right\}\times(-12)$
$=\left(-\dfrac{1}{9}\right)\times(-12)=+\dfrac{4}{3}$

(3) $\left(-\dfrac{5}{3}\right)\times\left(+\dfrac{4}{5}\right)\times(-0.9)$
$=\left(-\dfrac{5}{3}\right)\times\left(+\dfrac{4}{5}\right)\times\left(-\dfrac{9}{10}\right)$
$=\left(-\dfrac{5}{3}\right)\times\left(-\dfrac{9}{10}\right)\times\left(+\dfrac{4}{5}\right)$
$=\left\{\left(-\dfrac{5}{3}\right)\times\left(-\dfrac{9}{10}\right)\right\}\times\left(+\dfrac{4}{5}\right)$
$=\left(+\dfrac{3}{2}\right)\times\left(+\dfrac{4}{5}\right)=+\dfrac{6}{5}$

(4) $\left(-\dfrac{13}{7}\right)\times\left(-\dfrac{1}{4}\right)\times\left(-\dfrac{21}{104}\right)$
$=\left(-\dfrac{13}{7}\right)\times\left(-\dfrac{21}{104}\right)\times\left(-\dfrac{1}{4}\right)$
$=\left\{\left(-\dfrac{13}{7}\right)\times\left(-\dfrac{21}{104}\right)\right\}\times\left(-\dfrac{1}{4}\right)$
$=\left(+\dfrac{3}{8}\right)\times\left(-\dfrac{1}{4}\right)=-\dfrac{3}{32}$

정답과 풀이

대표 유형 ● 본책 093쪽

03·Ⓐ 교환, 결합, -8, $+16$ Ⓑ 교환, 결합, -100, $+39$
04·Ⓐ -9

03·Ⓐ 〔정답〕 교환, 결합, -8, $+16$

03·Ⓑ 〔정답〕 교환, 결합, -100, $+39$

04·Ⓐ 〔정답〕 -9

$$\left(+\frac{5}{6}\right)\times(-10)\times\left(-\frac{2}{5}\right)\times(-2.7)$$
$$=\left(+\frac{5}{6}\right)\times(-10)\times\left(-\frac{2}{5}\right)\times\left(-\frac{27}{10}\right)$$
$$=\left(+\frac{5}{6}\right)\times\left(-\frac{2}{5}\right)\times(-10)\times\left(-\frac{27}{10}\right)\quad\text{덧셈의 교환법칙}$$
$$=\left\{\left(+\frac{5}{6}\right)\times\left(-\frac{2}{5}\right)\right\}\times\left\{(-10)\times\left(-\frac{27}{10}\right)\right\}\quad\text{덧셈의 결합법칙}$$
$$=\left(-\frac{1}{3}\right)\times(+27)=-9$$

03 세 개 이상의 유리수의 곱셈

개념 CHECK ● 본책 094쪽

01 (1) $+$, $+$, 42 (2) $-$, $-$, 3

02 (1) -3, -3, -3, -27 (2) $-\frac{1}{2}$, $-\frac{1}{2}$, $+\frac{1}{4}$
(3) -2, -2, -2, -2, -16

대표 유형 ● 본책 095쪽

05·Ⓐ -54 Ⓑ $-\frac{1}{10}$
06·Ⓐ ④ Ⓑ -1

05·Ⓐ 〔정답〕 -54

$$\left(-\frac{3}{4}\right)\times(+12)\times(-0.8)\times\left(-\frac{15}{2}\right)$$
$$=\left(-\frac{3}{4}\right)\times(+12)\times\left(-\frac{4}{5}\right)\times\left(-\frac{15}{2}\right)$$
$$=-\left(\frac{3}{4}\times12\times\frac{4}{5}\times\frac{15}{2}\right)=-54$$

05·Ⓑ 〔정답〕 $-\frac{1}{10}$

$$\underbrace{\left(-\frac{1}{2}\right)\times\left(-\frac{2}{3}\right)\times\left(-\frac{3}{4}\right)\times\cdots\times\left(-\frac{9}{10}\right)}_{\text{음수가 9개}}$$
$$=-\left(\frac{1}{2}\times\frac{2}{3}\times\frac{3}{4}\times\cdots\times\frac{9}{10}\right)=-\frac{1}{10}$$

06·Ⓐ 〔정답〕 ④

① $(-2)^3=(-2)\times(-2)\times(-2)=-8$
② $-\left(-\frac{5}{4}\right)^2=-\left\{\left(-\frac{5}{4}\right)\times\left(-\frac{5}{4}\right)\right\}=-\left(+\frac{25}{16}\right)=-\frac{25}{16}$
③ $\left(-\frac{1}{5}\right)^3=\left(-\frac{1}{5}\right)\times\left(-\frac{1}{5}\right)\times\left(-\frac{1}{5}\right)=-\frac{1}{125}$
④ $-4^3=-(4\times4\times4)=-64$
⑤ $(-1)^{11}=\underbrace{(-1)\times(-1)\times\cdots\times(-1)}_{\text{음수가 11개}}=-1$
따라서 가장 작은 수는 ④이다.

06·Ⓑ 〔정답〕 -1

$$(-1)+(-1)^2+(-1)^3+(-1)^4+(-1)^5$$
$$=(-1)+(+1)+(-1)+(+1)+(-1)$$
$$=-1$$

04 분배법칙

개념 CHECK ● 본책 096쪽

01 (1) 2, 100, 2, 1400, 28, 1428
(2) 37, 100, -50

02 (1) -1470 (2) $+7$ (3) -16966 (4) -4.13

02 (1) $(-1.47)\times473+(-1.47)\times527$
$=(-1.47)\times(473+527)$
$=(-1.47)\times1000$
$=-1470$

(2) $\left\{\frac{2}{5}+\left(-\frac{3}{4}\right)\right\}\times(-20)$
$=\frac{2}{5}\times(-20)+\left(-\frac{3}{4}\right)\times(-20)$
$=(-8)+(+15)$
$=+7$

(3) $998\times(-17)$
$=(1000-2)\times(-17)$
$=1000\times(-17)+(-2)\times(-17)$
$=(-17000)+(+34)$
$=-16966$

(4) $4.13\times(-2.8)-4.13\times(-1.8)$
$=4.13\times\{(-2.8)-(-1.8)\}$
$=4.13\times\{(-2.8)+(+1.8)\}$
$=4.13\times(-1)$
$=-4.13$

07·Ⓐ 100, −140   Ⓑ ①
08·Ⓐ ③   Ⓑ −30

07·Ⓐ 〈정답〉 100, −140

07·Ⓑ 〈정답〉 ①

주어진 식에서 분배법칙이 이용된 곳은 ①이다.

08·Ⓐ 〈정답〉 ③

$(a+b) \times c = a \times c + b \times c = 5 + (-6) = -1$

08·Ⓑ 〈정답〉 −30

$(-1.3) \times 42 + (-1.3) \times 58 = (-1.3) \times (42+58)$
$= (-1.3) \times 100 = -130$

따라서 $a=100$, $b=-130$이므로
$a+b = 100 + (-130) = -30$

배운대로 학습하기 • 본책 098~099쪽

01 ④	02 −5	03 ①	04 −5
05 $\frac{1}{17}$	06 $\frac{5}{3}$	07 ①	08 ④
09 ④	10 ①	11 3289	12 $\frac{5}{4}$

01 〈정답〉 ④

① $(-7) \times (+2) = -(7 \times 2) = -14$
② $(-8) \times (-3) = +(8 \times 3) = +24$
③ $(+1.2) \times (-0.5) = -(1.2 \times 0.5) = -0.6$
④ $\left(+\frac{15}{14}\right) \times \left(+\frac{7}{5}\right) = +\left(\frac{15}{14} \times \frac{7}{5}\right) = +\frac{3}{2}$
⑤ $\left(-\frac{1}{5}\right) \times \left(-\frac{4}{3}\right) = +\left(\frac{1}{5} \times \frac{4}{3}\right) = +\frac{4}{15}$

따라서 계산 결과가 옳지 않은 것은 ④이다.

02 〈정답〉 −5

$a = \frac{1}{2} + \left(-\frac{4}{3}\right) = \frac{3}{6} + \left(-\frac{8}{6}\right) = -\frac{5}{6}$
$b = 5 - (-1) = 5 + 1 = 6$
$\therefore a \times b = \left(-\frac{5}{6}\right) \times 6 = -5$

03 〈정답〉 ①

04 〈정답〉 −5

정수가 아닌 유리수는 $-\frac{9}{4}$, $-\frac{8}{3}$, $+\frac{25}{6}$, $-\frac{1}{5}$이므로
이 네 수의 곱을 계산하면
$\left(-\frac{9}{4}\right) \times \left(-\frac{8}{3}\right) \times \left(+\frac{25}{6}\right) \times \left(-\frac{1}{5}\right)$
$= -\left(\frac{9}{4} \times \frac{8}{3} \times \frac{25}{6} \times \frac{1}{5}\right) = -5$

05 〈정답〉 $\frac{1}{17}$

$\underbrace{\left(-\frac{1}{3}\right) \times \left(-\frac{3}{5}\right) \times \left(-\frac{5}{7}\right) \times \cdots \times \left(-\frac{15}{17}\right)}_{\text{음수가 8개}}$
$= +\left(\frac{1}{3} \times \frac{3}{5} \times \frac{5}{7} \times \cdots \times \frac{15}{17}\right) = \frac{1}{17}$

06 〈정답〉 $\frac{5}{3}$

주어진 네 수 중에서 서로 다른 세 수를 뽑아 곱한 값이 가장 크려면
(양수)×(음수)×(음수) 꼴이어야 한다.
이때 음수 2개는 절댓값이 큰 수이어야 하므로 구하는 가장 큰 값은
$\frac{1}{4} \times (-5) \times \left(-\frac{4}{3}\right) = \frac{5}{3}$

보충 설명

주어진 수가 양수 1개, 음수 3개이므로 이 중 세 수를 뽑으면
음수 3개 또는 양수 1개와 음수 2개가 뽑히게 된다.
각 경우 세 수의 곱의 부호는 다음과 같다.
(i) 음수 3개의 곱 ⇨ −
(ii) 양수 1개와 음수 2개의 곱 ⇨ +

07 〈정답〉 ①

$\left(-\frac{3}{2}\right)^2 = \left(-\frac{3}{2}\right) \times \left(-\frac{3}{2}\right) = \frac{9}{4}$
$-\left(-\frac{1}{2}\right)^2 = -\left\{\left(-\frac{1}{2}\right) \times \left(-\frac{1}{2}\right)\right\} = -\frac{1}{4}$
$\left(-\frac{1}{2}\right)^3 = \left(-\frac{1}{2}\right) \times \left(-\frac{1}{2}\right) \times \left(-\frac{1}{2}\right) = -\frac{1}{8}$
$(-1)^3 = (-1) \times (-1) \times (-1) = -1$
$-\left(\frac{1}{3}\right)^2 = -\left(\frac{1}{3} \times \frac{1}{3}\right) = -\frac{1}{9}$

따라서 가장 큰 수는 $\left(-\frac{3}{2}\right)^2$, 가장 작은 수는 $(-1)^3$이므로
그 곱은
$\left(-\frac{3}{2}\right)^2 \times (-1)^3 = \frac{9}{4} \times (-1) = -\frac{9}{4}$

08 〈정답〉 ④

$A = \left(-\frac{11}{6}\right) \times \frac{3}{22} = -\frac{1}{4}$
$B = \left(-\frac{1}{3}\right)^3 \times \left(-\frac{6}{5}\right)^2 = \left(-\frac{1}{27}\right) \times \frac{36}{25} = -\frac{4}{75}$

$$\therefore A \times B = \left(-\frac{1}{4}\right) \times \left(-\frac{4}{75}\right) = \frac{1}{75}$$

09 　　　　　　　　　　　　　　　정답 ④

① $(-1)^2 = 1$ 　　　　② $\{-(-1)\}^2 = (+1)^2 = 1$
③ $-(-1)^3 = -(-1) = 1$ 　④ $-(-1)^2 = -1$
⑤ $\{-(-1)\}^3 = (+1)^3 = 1$
따라서 계산 결과가 나머지 넷과 다른 하나는 ④이다.

10 　　　　　　　　　　　　　　　정답 ①

n이 짝수일 때, $n+1$은 홀수, $n+2$는 짝수이므로
$$(-1)^{n+1} - (-1)^n - (-1)^{n+2} = -1 - 1 - 1$$
$$= -3$$

11 　　　　　　　　　　　　　　　정답 3289

$$31 \times 103 = 31 \times (100+3) \quad \to a=3$$
$$= 31 \times 100 + 31 \times 3$$
$$= 3100 + 93 \quad \to b=93$$
$$= 3193 \quad \to c=3193$$
따라서 $a=3$, $b=93$, $c=3193$이므로
$$a+b+c = 3+93+3193 = 3289$$

12 　　　　　　　　　　　　　　　정답 $\frac{5}{4}$

$a \times (b+c) = a \times b + a \times c$이므로
$$\frac{1}{2} = -\frac{3}{4} + a \times c$$
$$\therefore a \times c = \frac{1}{2} - \left(-\frac{3}{4}\right) = \frac{1}{2} + \frac{3}{4}$$
$$= \frac{2}{4} + \frac{3}{4} = \frac{5}{4}$$

05 유리수의 나눗셈

● 본책 100쪽

개념 CHECK

01 (1) $+, +, 3$　(2) $+, +, 5$　(3) $-, -, 6$　(4) $-, -, 8$

02 (1) $+\frac{1}{3}$　(2) $-\frac{1}{12}$　(3) $-\frac{4}{3}$　(4) $+\frac{7}{3}$

02 (1) $(+6) \div (+18) = (+6) \times \left(+\frac{1}{18}\right) = +\frac{1}{3}$

(2) $\left(+\frac{5}{6}\right) \div (-10) = \left(+\frac{5}{6}\right) \times \left(-\frac{1}{10}\right) = -\frac{1}{12}$

(3) $\left(-\frac{2}{5}\right) \div \left(+\frac{3}{10}\right) = \left(-\frac{2}{5}\right) \times \left(+\frac{10}{3}\right) = -\frac{4}{3}$

(4) $\left(-\frac{3}{4}\right) \div \left(-\frac{9}{28}\right) = \left(-\frac{3}{4}\right) \times \left(-\frac{28}{9}\right) = +\frac{7}{3}$

대표 유형　　　　　　　　　● 본책 101쪽

01·**A** ①
02·**A** ①　　　　　**B** $+\frac{21}{10}$

01·A 　　　　　　　　　　　　　정답 ①

$\frac{5}{3}$의 역수는 $\frac{3}{5}$이므로 $a = \frac{3}{5}$

$-0.1 = -\frac{1}{10}$의 역수는 -10이므로 $b = -10$

$$\therefore a \times b = \frac{3}{5} \times (-10) = -6$$

02·A 　　　　　　　　　　　　　정답 ①

① $(-27) \div \left(+\frac{3}{2}\right) = (-27) \times \left(+\frac{2}{3}\right) = -18$
② $(+20) \div (-4) = -(20 \div 4) = -5$
③ $0 \div \left(-\frac{2}{5}\right) = 0 \times \left(-\frac{5}{2}\right) = 0$
④ $\left(-\frac{6}{5}\right) \div \left(-\frac{9}{25}\right) = \left(-\frac{6}{5}\right) \times \left(-\frac{25}{9}\right) = +\frac{10}{3}$
⑤ $(-4.2) \div (+0.7) = -(4.2 \div 0.7) = -6$
따라서 계산 결과가 가장 작은 것은 ①이다.

02·B 　　　　　　　　　　　　　정답 $+\frac{21}{10}$

$A = (-15) \div (-5) = +(15 \div 5) = +3$
$B = \left(+\frac{3}{8}\right) \div \left(-\frac{5}{12}\right) = \left(+\frac{3}{8}\right) \times \left(-\frac{12}{5}\right) = -\frac{9}{10}$
$$\therefore A + B = (+3) + \left(-\frac{9}{10}\right)$$
$$= \left(+\frac{30}{10}\right) + \left(-\frac{9}{10}\right) = +\frac{21}{10}$$

06 정수와 유리수의 혼합 계산

● 본책 102쪽

개념 CHECK

01 (1) $-\frac{1}{6}$, 39　(2) 16, $-\frac{1}{10}$, -8　(3) -27, -2, 45

02 (1) ©, ©, ②, ①, ①　(2) 6

01 보충 설명

유리수의 곱셈과 나눗셈의 혼합 계산은 앞에서부터 차례대로 계산하여 풀 수도 있다.
예시 (1) $18 \div (-6) \times (-13) = (-3) \times (-13) = 39$

02 (2) $(-5) \times \left\{ \left(-\dfrac{1}{9}\right) \times (-3)^2 + \dfrac{2}{5} \right\} \div \dfrac{1}{2}$

$= (-5) \times \left\{ \left(-\dfrac{1}{9}\right) \times 9 + \dfrac{2}{5} \right\} \div \dfrac{1}{2}$

$= (-5) \times \left\{ (-1) + \dfrac{2}{5} \right\} \div \dfrac{1}{2}$

$= (-5) \times \left(-\dfrac{3}{5}\right) \div \dfrac{1}{2}$

$= 3 \times 2 = 6$

대표 유형 ●본책 103~105쪽

03·Ⓐ $\dfrac{1}{5}$ **Ⓑ** ③ **04·Ⓐ** 2 **Ⓑ** ③

05·Ⓐ $-\dfrac{1}{4}$ **Ⓑ** $\dfrac{2}{9}$ **06·Ⓐ** -1 **Ⓑ** $-\dfrac{19}{15}$

07·Ⓐ (1) > (2) > (3) < **Ⓑ** ㄷ

08·Ⓐ $a<0, b<0$ **Ⓑ** ㄷ

03·Ⓐ ──────────────── 정답 $\dfrac{1}{5}$

(주어진 식) $= \dfrac{9}{16} \div \left(-\dfrac{15}{2}\right) \times \left(-\dfrac{8}{3}\right)$

$= \dfrac{9}{16} \times \left(-\dfrac{2}{15}\right) \times \left(-\dfrac{8}{3}\right) = \dfrac{1}{5}$

03·Ⓑ ──────────────── 정답 ③

① $(-18) \div 6 \div 12 = (-18) \times \dfrac{1}{6} \times \dfrac{1}{12} = -\dfrac{1}{4}$

② $(-18) \div (6 \times 12) = (-18) \div 72 = -\dfrac{1}{4}$

③ $\dfrac{1}{12} \div \dfrac{1}{6} \times (-18) = \dfrac{1}{12} \times 6 \times (-18) = -9$

④ $\left(-\dfrac{1}{6}\right) \times (-18) \div (-12) = 3 \times \left(-\dfrac{1}{12}\right) = -\dfrac{1}{4}$

⑤ $\dfrac{1}{6} \div 12 \times (-18) = \dfrac{1}{6} \times \dfrac{1}{12} \times (-18) = -\dfrac{1}{4}$

따라서 계산 결과가 나머지 넷과 다른 하나는 ③이다.

04·Ⓐ ──────────────── 정답 2

(주어진 식) $= 1 + \left[\dfrac{1}{4} \times \left\{ -\dfrac{15}{2} - 27 \div \left(-\dfrac{6}{5}\right) \right\} - \dfrac{11}{4} \right]$

$= 1 + \left[\dfrac{1}{4} \times \left\{ -\dfrac{15}{2} - 27 \times \left(-\dfrac{5}{6}\right) \right\} - \dfrac{11}{4} \right]$

$= 1 + \left\{ \dfrac{1}{4} \times \left(-\dfrac{15}{2} + \dfrac{45}{2}\right) - \dfrac{11}{4} \right\}$

$= 1 + \left(\dfrac{1}{4} \times 15 - \dfrac{11}{4} \right)$

$= 1 + 1 = 2$

04·Ⓑ ──────────────── 정답 ③

계산 순서는 ㉣, ㉤, ㉢, ㉡, ㉠이므로 세 번째로 해야 할 계산은 ㉢이다.

05·Ⓐ ──────────────── 정답 $-\dfrac{1}{4}$

$\left(-\dfrac{2}{3}\right) \times \boxed{} \div \left(-\dfrac{5}{3}\right) = -\dfrac{1}{10}$에서

$\left(-\dfrac{2}{3}\right) \times \boxed{} \times \left(-\dfrac{3}{5}\right) = -\dfrac{1}{10}$

$\dfrac{2}{5} \times \boxed{} = -\dfrac{1}{10}$

$\therefore \boxed{} = \left(-\dfrac{1}{10}\right) \div \dfrac{2}{5} = \left(-\dfrac{1}{10}\right) \times \dfrac{5}{2} = -\dfrac{1}{4}$

05·Ⓑ ──────────────── 정답 $\dfrac{2}{9}$

$\boxed{} \times \left(-\dfrac{4}{9}\right) \div \left(-\dfrac{2}{3}\right)^3 = \dfrac{1}{3}$에서

$\boxed{} \times \left(-\dfrac{4}{9}\right) \div \left(-\dfrac{8}{27}\right) = \dfrac{1}{3}$

$\boxed{} \times \left(-\dfrac{4}{9}\right) \times \left(-\dfrac{27}{8}\right) = \dfrac{1}{3}, \boxed{} \times \dfrac{3}{2} = \dfrac{1}{3}$

$\therefore \boxed{} = \dfrac{1}{3} \div \dfrac{3}{2} = \dfrac{1}{3} \times \dfrac{2}{3} = \dfrac{2}{9}$

06·Ⓐ ──────────────── 정답 -1

어떤 유리수를 $\boxed{}$로 놓으면

$\boxed{} - \left(-\dfrac{1}{6}\right) = \dfrac{1}{3}$에서

$\boxed{} = \dfrac{1}{3} + \left(-\dfrac{1}{6}\right) = \dfrac{2}{6} + \left(-\dfrac{1}{6}\right) = \dfrac{1}{6}$

따라서 어떤 유리수는 $\dfrac{1}{6}$이므로 바르게 계산하면

$\dfrac{1}{6} \div \left(-\dfrac{1}{6}\right) = \dfrac{1}{6} \times (-6) = -1$

06·Ⓑ ──────────────── 정답 $-\dfrac{19}{15}$

어떤 유리수를 $\boxed{}$로 놓으면

$\boxed{} \div \left(-\dfrac{3}{5}\right) = \dfrac{10}{9}$에서

$\boxed{} = \dfrac{10}{9} \times \left(-\dfrac{3}{5}\right) = -\dfrac{2}{3}$

따라서 어떤 유리수는 $-\dfrac{2}{3}$이므로 바르게 계산하면

$-\dfrac{2}{3} + \left(-\dfrac{3}{5}\right) = -\dfrac{10}{15} + \left(-\dfrac{9}{15}\right) = -\dfrac{19}{15}$

BIBLE SAYS 바르게 계산한 결과 구하기

잘못 계산한 결과가 주어진 문제는 다음 순서대로 해결한다.
❶ 어떤 수를 $\square$로 놓는다.
❷ 잘못 계산한 결과를 이용하여 식을 세워 $\square$를 구한다.
❸ 바르게 계산한 답을 구한다.

07·Ⓐ ──────────────── 정답 (1) > (2) > (3) <

(1) $a \times b = (음수) \times (음수) = (양수)$ $\therefore a \times b > 0$

(2) $a \div b = (음수) \div (음수) = (양수)$ $\therefore a \div b > 0$

(3) $a + b = (음수) + (음수) = (음수)$ $\therefore a + b < 0$

07·Ⓑ
(정답) ㄷ

ㄱ. $a+b=$(양수)$+$(음수)의 부호는 알 수 없다.

ㄴ. $a-b=$(양수)$-$(음수)$=$(양수)$+$(양수)$=$(양수)

ㄷ. $a×b=$(양수)$×$(음수)$=$(음수)

따라서 항상 음수인 것은 ㄷ이다.

08·Ⓐ
(정답) $a<0$, $b<0$

㈎ $a×b>0$에서 두 수의 곱이 양수이므로 a, b의 부호는 같다.

즉, $a>0$, $b>0$ 또는 $a<0$, $b<0$

㈏에서 $a+b<0$인 것은 $a<0$, $b<0$

∴ $a<0$, $b<0$

08·Ⓑ
(정답) ㄷ

$a×b<0$에서 두 수의 곱이 음수이므로 a, b의 부호는 서로 다르다.

즉, $a>0$, $b<0$ 또는 $a<0$, $b>0$

이때 $a>b$이므로 $a>0$, $b<0$

ㄱ. $a+b=$(양수)$+$(음수)의 부호는 알 수 없다.

ㄴ. $a÷b=$(양수)$÷$(음수)$=$(음수)   ∴ $a÷b<0$

ㄷ. $a×b=$(양수)$×$(음수)$=$(음수)이므로

$a×b-a=$(음수)$-$(양수)$=$(음수)$+$(음수)$=$(음수)

∴ $a×b-a<0$

따라서 항상 옳은 것은 ㄷ이다.

배운대로 학습하기
● 본책 106~107쪽

01 $-\dfrac{1}{8}$	02 ⑤	03 ⑤	04 ③
05 2	06 ②	07 6	08 ①
09 -35	10 $\dfrac{5}{8}$	11 ③	12 ⑤

01
(정답) $-\dfrac{1}{8}$

마주 보는 면에 적혀 있는 두 수의 곱이 1이므로 두 수는 서로 역수 관계에 있다.

따라서 보이지 않는 면에 적혀 있는 세 수는 각각 3, $-\dfrac{2}{3}$, 4의 역수

인 $\dfrac{1}{3}$, $-\dfrac{3}{2}$, $\dfrac{1}{4}$이므로 세 수의 곱은

$$\dfrac{1}{3}×\left(-\dfrac{3}{2}\right)×\dfrac{1}{4}=-\left(\dfrac{1}{3}×\dfrac{3}{2}×\dfrac{1}{4}\right)=-\dfrac{1}{8}$$

02
(정답) ⑤

① $(+30)÷(-5)=-(30÷5)=-6$

② $(-18)÷(+3)=-(18÷3)=-6$

③ $(-5.4)÷(+0.9)=-(5.4÷0.9)=-6$

④ $\left(+\dfrac{10}{3}\right)÷\left(-\dfrac{5}{9}\right)=\left(+\dfrac{10}{3}\right)×\left(-\dfrac{9}{5}\right)=-\left(\dfrac{10}{3}×\dfrac{9}{5}\right)=-6$

⑤ $\left(+\dfrac{3}{8}\right)÷\left(-\dfrac{9}{4}\right)=\left(+\dfrac{3}{8}\right)×\left(-\dfrac{4}{9}\right)=-\left(\dfrac{3}{8}×\dfrac{4}{9}\right)=-\dfrac{1}{6}$

따라서 계산 결과가 나머지 넷과 다른 하나는 ⑤이다.

03
(정답) ⑤

(주어진 식)$=\left(-\dfrac{1}{27}\right)÷\dfrac{4}{9}×\left(-\dfrac{5}{3}\right)$

$=\left(-\dfrac{1}{27}\right)×\dfrac{9}{4}×\left(-\dfrac{5}{3}\right)=\dfrac{5}{36}$

따라서 역수는 $\dfrac{36}{5}$이다.

04
(정답) ③

① $2÷(-10)×(-15)=2×\left(-\dfrac{1}{10}\right)×(-15)$

$=+\left(2×\dfrac{1}{10}×15\right)=3$

② $2×(-8)÷(-4)=2×(-8)×\left(-\dfrac{1}{4}\right)$

$=+\left(2×8×\dfrac{1}{4}\right)=4$

③ $\left(-\dfrac{4}{5}\right)÷\dfrac{7}{12}×\dfrac{7}{4}=\left(-\dfrac{4}{5}\right)×\dfrac{12}{7}×\dfrac{7}{4}$

$=-\left(\dfrac{4}{5}×\dfrac{12}{7}×\dfrac{7}{4}\right)=-\dfrac{12}{5}$

④ $\left(-\dfrac{1}{2}\right)÷(-4)÷(-3)=\left(-\dfrac{1}{2}\right)×\left(-\dfrac{1}{4}\right)×\left(-\dfrac{1}{3}\right)$

$=-\left(\dfrac{1}{2}×\dfrac{1}{4}×\dfrac{1}{3}\right)=-\dfrac{1}{24}$

⑤ $\left(-\dfrac{1}{2}\right)^2×\left(-\dfrac{3}{10}\right)÷\left(-\dfrac{1}{5}\right)=\dfrac{1}{4}×\left(-\dfrac{3}{10}\right)×(-5)$

$=+\left(\dfrac{1}{4}×\dfrac{3}{10}×5\right)=\dfrac{3}{8}$

따라서 계산 결과가 옳지 않은 것은 ③이다.

05
(정답) 2

(주어진 식)$=\left[\dfrac{1}{3}-\left(-\dfrac{1}{2}\right)÷\left\{8×\left(-\dfrac{3}{4}\right)\right\}\right]÷\dfrac{1}{8}$

$=\left\{\dfrac{1}{3}-\left(-\dfrac{1}{2}\right)÷(-6)\right\}÷\dfrac{1}{8}$

$=\left\{\dfrac{1}{3}-\left(-\dfrac{1}{2}\right)×\left(-\dfrac{1}{6}\right)\right\}÷\dfrac{1}{8}$

$=\left(\dfrac{1}{3}-\dfrac{1}{12}\right)÷\dfrac{1}{8}$

$=\left(\dfrac{4}{12}-\dfrac{1}{12}\right)×8$

$=\dfrac{1}{4}×8=2$

06
(정답) ②

$\dfrac{1}{3}△\dfrac{5}{6}=\dfrac{1}{3}+\dfrac{1}{3}÷\dfrac{5}{6}=\dfrac{1}{3}+\dfrac{1}{3}×\dfrac{6}{5}$

$=\dfrac{1}{3}+\dfrac{2}{5}=\dfrac{5}{15}+\dfrac{6}{15}=\dfrac{11}{15}$

∴ $\dfrac{15}{4}★\left(\dfrac{1}{3}△\dfrac{5}{6}\right)=\dfrac{15}{4}★\dfrac{11}{15}=\dfrac{15}{4}×\dfrac{11}{15}-\dfrac{15}{4}$

$=\dfrac{11}{4}-\dfrac{15}{4}=-\dfrac{4}{4}=-1$

07 　　　　　　　　　　　　　　　　정답 6

장치 A에 -5를 입력하면
$$\{-5-(-3)\}\times(-1)=\{-5+(+3)\}\times(-1)$$
$$=(-2)\times(-1)=2$$
장치 B에 2를 입력하면
$$\{2\div(-2)\}+7=-1+7=6$$

08 　　　　　　　　　　　　　　　　정답 ①

$\left(-\dfrac{1}{8}\right)\times a=9$에서

$a=9\div\left(-\dfrac{1}{8}\right)=9\times(-8)=-72$

$b\div(-3)=-4$에서

$b=(-4)\times(-3)=12$

$\therefore a\div b=(-72)\div 12=-6$

09 　　　　　　　　　　　　　　　　정답 -35

$\boxed{}\times\left(-\dfrac{5}{12}\right)\div\left(-\dfrac{5}{2}\right)^2=\dfrac{7}{3}$에서

$\boxed{}\times\left(-\dfrac{5}{12}\right)\div\dfrac{25}{4}=\dfrac{7}{3}$

$\boxed{}\times\left(-\dfrac{5}{12}\right)\times\dfrac{4}{25}=\dfrac{7}{3}$, $\boxed{}\times\left(-\dfrac{1}{15}\right)=\dfrac{7}{3}$

$\therefore \boxed{}=\dfrac{7}{3}\div\left(-\dfrac{1}{15}\right)=\dfrac{7}{3}\times(-15)=-35$

10 　　　　　　　　　　　　　　　　정답 $\dfrac{5}{8}$

어떤 유리수를 $\boxed{}$로 놓으면

$\boxed{}-\left(-\dfrac{2}{3}\right)=\dfrac{1}{4}$에서

$\boxed{}=\dfrac{1}{4}+\left(-\dfrac{2}{3}\right)=\dfrac{3}{12}+\left(-\dfrac{8}{12}\right)=-\dfrac{5}{12}$

따라서 어떤 유리수는 $-\dfrac{5}{12}$이므로 바르게 계산하면

$\left(-\dfrac{5}{12}\right)\div\left(-\dfrac{2}{3}\right)=\left(-\dfrac{5}{12}\right)\times\left(-\dfrac{3}{2}\right)=\dfrac{5}{8}$

11 　　　　　　　　　　　　　　　　정답 ③

①, ②의 부호는 알 수 없다.

③ $a\div b=$(음수)$\div$(양수)$=$(음수)

④ $-b=$(음수)이므로 $a\times(-b)=$(음수)$\times$(음수)$=$(양수)

⑤ $a^2=$(음수)$^2=$(양수)이므로

$\quad a^2\div b=$(양수)$\div$(양수)$=$(양수)

따라서 항상 음수인 것은 ③이다.

12 　　　　　　　　　　　　　　　　정답 ⑤

$b\div c<0$에서 b, c의 부호는 서로 다르다.

즉, $b>0$, $c<0$ 또는 $b<0$, $c>0$

이때 $b-c<0$에서 $b<c$이므로 $b<0$, $c>0$

또한 $a\times b>0$에서 a, b의 부호는 같으므로 $a<0$

$\therefore a<0$, $b<0$, $c>0$

서술형 훈련하기 　　　　　　　　　　●본책 108~109쪽

| 01 $\dfrac{4}{15}$ | 02 $\dfrac{9}{35}$ | 03 2 | 04 9 |
| 05 $\dfrac{3}{8}$ | 06 $-\dfrac{1}{3}$ | | |

01 　　　　　　　　　　　　　　　　정답 $\dfrac{4}{15}$

1단계 가장 큰 값 구하기

세 수를 곱한 값이 가장 크려면 (양수)$\times$(음수)$\times$(음수) 꼴이어야 한다. 이때 양수는 절댓값이 큰 수이어야 하므로 가장 큰 값은

$3\times\left(-\dfrac{5}{12}\right)\times\left(-\dfrac{8}{15}\right)=\dfrac{2}{3}$ 　　　…… 40 %

2단계 가장 작은 값 구하기

세 수를 곱한 값이 가장 작으려면 (양수)$\times$(양수)$\times$(음수) 꼴이어야 한다. 이때 음수는 절댓값이 큰 수이어야 하므로 가장 작은 값은

$\dfrac{1}{4}\times 3\times\left(-\dfrac{8}{15}\right)=-\dfrac{2}{5}$ 　　　…… 40 %

3단계 가장 큰 값과 가장 작은 값의 합 구하기

따라서 가장 큰 값과 가장 작은 값의 합은

$\dfrac{2}{3}+\left(-\dfrac{2}{5}\right)=\dfrac{10}{15}+\left(-\dfrac{6}{15}\right)=\dfrac{4}{15}$ 　…… 20 %

02 　　　　　　　　　　　　　　　　정답 $\dfrac{9}{35}$

1단계 두 점 A, B 사이의 거리 구하기

두 점 A, B 사이의 거리는

$\dfrac{3}{5}-\left(-\dfrac{3}{7}\right)=\dfrac{21}{35}+\left(+\dfrac{15}{35}\right)=\dfrac{36}{35}$ 　…… 40 %

2단계 두 점 P, B 사이의 거리 구하기

두 점 P, B 사이의 거리는 $\dfrac{36}{35}\times\dfrac{1}{3}=\dfrac{12}{35}$ 　…… 40 %

3단계 점 P가 나타내는 수 구하기

따라서 점 P가 나타내는 수는

$\dfrac{3}{5}-\dfrac{12}{35}=\dfrac{21}{35}-\dfrac{12}{35}=\dfrac{9}{35}$ 　　　…… 20 %

03 　　　　　　　　　　　　　　　　정답 2

1단계 $a\times c$의 값 구하기

$a\times(b+c)=a\times b+a\times c$이므로

$1=\dfrac{3}{2}+a\times c$

$\therefore a\times c=1-\dfrac{3}{2}=\dfrac{2}{2}-\dfrac{3}{2}=-\dfrac{1}{2}$ 　　…… 50 %

2단계 $a\times(b-c)$의 값 구하기

$\therefore a\times(b-c)=a\times b-a\times c$

$\qquad =\dfrac{3}{2}-\left(-\dfrac{1}{2}\right)=\dfrac{3}{2}+\dfrac{1}{2}=2$ 　…… 50 %

04

정답 9

1단계 A의 값 구하기

A가 적힌 면과 마주 보는 면은 $-\dfrac{2}{3}$가 적힌 면이므로

$A=-\dfrac{3}{2}$ ······ 25 %

2단계 B의 값 구하기

B가 적힌 면과 마주 보는 면은 $\dfrac{2}{5}$가 적힌 면이므로

$B=\dfrac{5}{2}$ ······ 25 %

3단계 C의 값 구하기

C가 적힌 면과 마주 보는 면은 $0.2=\dfrac{1}{5}$이 적힌 면이므로

$C=5$ ······ 25 %

4단계 $B-A+C$의 값 구하기

$\therefore B-A+C=\dfrac{5}{2}-\left(-\dfrac{3}{2}\right)+5$
$=\dfrac{5}{2}+\left(+\dfrac{3}{2}\right)+5=9$ ······ 25 %

05

정답 $\dfrac{3}{8}$

1단계 $\dfrac{1}{3}\bigstar\dfrac{1}{6}$의 값 구하기

$\dfrac{1}{3}\bigstar\dfrac{1}{6}=\dfrac{1}{3}-\dfrac{1}{6}+\dfrac{1}{3}\times\dfrac{1}{6}=\dfrac{1}{3}-\dfrac{1}{6}+\dfrac{1}{18}$
$=\dfrac{6}{18}-\dfrac{3}{18}+\dfrac{1}{18}=\dfrac{2}{9}$ ······ 50 %

2단계 $\dfrac{1}{12}\bigcirc\left(\dfrac{1}{3}\bigstar\dfrac{1}{6}\right)$의 값 구하기

$\therefore \dfrac{1}{12}\bigcirc\left(\dfrac{1}{3}\bigstar\dfrac{1}{6}\right)=\dfrac{1}{12}\bigcirc\dfrac{2}{9}=\dfrac{1}{12}\div\dfrac{2}{9}$
$=\dfrac{1}{12}\times\dfrac{9}{2}=\dfrac{3}{8}$ ······ 50 %

06

정답 $-\dfrac{1}{3}$

1단계 A의 값 구하기

$A+\left(-\dfrac{1}{3}\right)=\dfrac{1}{4}$에서

$A=\dfrac{1}{4}-\left(-\dfrac{1}{3}\right)=\dfrac{1}{4}+\left(+\dfrac{1}{3}\right)$
$=\dfrac{3}{12}+\left(+\dfrac{4}{12}\right)=\dfrac{7}{12}$ ······ 40 %

2단계 B의 값 구하기

바르게 계산하면

$B=\dfrac{7}{12}\div\left(-\dfrac{1}{3}\right)=\dfrac{7}{12}\times(-3)=-\dfrac{7}{4}$ ······ 40 %

3단계 $A\div B$의 값 구하기

$\therefore A\div B=\dfrac{7}{12}\div\left(-\dfrac{7}{4}\right)=\dfrac{7}{12}\times\left(-\dfrac{4}{7}\right)=-\dfrac{1}{3}$ ······ 20 %

중단원 마무리하기

● 본책 110~113쪽

01 ⑤	**02** $\dfrac{9}{2}$	**03** ⑤	**04** 3
05 ④	**06** 10	**07** ②	**08** -1
09 ①	**10** ④	**11** 5	**12** 13
13 $-\dfrac{1}{21}$	**14** $-\dfrac{17}{18}$	**15** ③	**16** ③
17 -2^3	**18** $\dfrac{7}{36}$	**19** ⑤	**20** ④
21 10점	**22** $-\dfrac{3}{4}$		

01

정답 ⑤

① $(-2)+(+3)=+(3-2)=+1$

② $\left(-\dfrac{1}{2}\right)-\left(+\dfrac{2}{3}\right)=\left(-\dfrac{1}{2}\right)+\left(-\dfrac{2}{3}\right)$
$=\left(-\dfrac{3}{6}\right)+\left(-\dfrac{4}{6}\right)$
$=-\left(\dfrac{3}{6}+\dfrac{4}{6}\right)=-\dfrac{7}{6}$

③ $\left(+\dfrac{3}{7}\right)\times\left(-\dfrac{21}{2}\right)=-\left(\dfrac{3}{7}\times\dfrac{21}{2}\right)=-\dfrac{9}{2}$

④ $(+16)\div(+8)=+(16\div8)=+2$

⑤ $\left(-\dfrac{4}{45}\right)\div\left(-\dfrac{8}{9}\right)=\left(-\dfrac{4}{45}\right)\times\left(-\dfrac{9}{8}\right)$
$=+\left(\dfrac{4}{45}\times\dfrac{9}{8}\right)=+\dfrac{1}{10}$

따라서 계산 결과가 옳지 않은 것은 ⑤이다.

02

정답 $\dfrac{9}{2}$

절댓값의 크기를 비교하면

$\left|-\dfrac{3}{2}\right|<|1.8|<|-2|=|2|<|-3|$이므로

$M=-3,\ m=-\dfrac{3}{2}$

$\therefore M\times m=(-3)\times\left(-\dfrac{3}{2}\right)=\dfrac{9}{2}$

03

정답 ⑤

① $(-1)^6=\underbrace{(-1)\times(-1)\times\cdots\times(-1)}_{\text{음수가 6개}}=1$

② $-(-2)^3=-\{(-2)\times(-2)\times(-2)\}=-(-8)=8$

③ $\left(-\dfrac{3}{4}\right)^2=\left(-\dfrac{3}{4}\right)\times\left(-\dfrac{3}{4}\right)=\dfrac{9}{16}$

④ $-\left(\dfrac{1}{2}\right)^4=-\left(\dfrac{1}{2}\times\dfrac{1}{2}\times\dfrac{1}{2}\times\dfrac{1}{2}\right)=-\dfrac{1}{16}$

⑤ $-\left(-\dfrac{1}{3}\right)^3=-\left\{\left(-\dfrac{1}{3}\right)\times\left(-\dfrac{1}{3}\right)\times\left(-\dfrac{1}{3}\right)\right\}$
$=-\left(-\dfrac{1}{27}\right)=\dfrac{1}{27}$

따라서 계산 결과가 옳지 않은 것은 ⑤이다.

04 정답 3

n이 홀수일 때, $n+1$은 짝수, $n+4$는 홀수, $n\times2$는 짝수이므로
$(-1)^{n+1}-(-1)^{n+4}+(-1)^{n\times2}=1-(-1)+1$
$\qquad\qquad\qquad\qquad\qquad\qquad =1+1+1=3$

05 정답 ④

$(-11)\times(-8)+4\times(-11)+(-11)\times(-2)$
$=(-11)\times(-8)+(-11)\times4+(-11)\times(-2)$ ③ 곱셈의 교환법칙
⑤ 분배법칙
$=(-11)\times\{(-8)+4+(-2)\}$ ① 덧셈의 교환법칙
$=(-11)\times\{(-8)+(-2)+4\}$ ② 덧셈의 결합법칙
$=(-11)\times\{(-10)+4\}$
$=(-11)\times(-6)=66$

06 정답 10

$a\times(b-c)=a\times b-a\times c$
$\qquad\qquad\quad =-5-(-15)$
$\qquad\qquad\quad =-5+15=10$

07 정답 ②

$-\dfrac{5}{4}$의 역수는 $-\dfrac{4}{5}$이므로 $a=-\dfrac{4}{5}$
$1\dfrac{1}{3}=\dfrac{4}{3}$의 역수는 $\dfrac{3}{4}$이므로 $b=\dfrac{3}{4}$
$\therefore a\times b=\left(-\dfrac{4}{5}\right)\times\dfrac{3}{4}=-\dfrac{3}{5}$

08 정답 -1

$a=\dfrac{1}{2}-\left(-\dfrac{3}{4}\right)=\dfrac{2}{4}+\dfrac{3}{4}=\dfrac{5}{4}$
$b=-\dfrac{1}{4}-1=-\dfrac{1}{4}-\dfrac{4}{4}=-\dfrac{5}{4}$
$\therefore a\div b=\dfrac{5}{4}\div\left(-\dfrac{5}{4}\right)=\dfrac{5}{4}\times\left(-\dfrac{4}{5}\right)=-1$

09 정답 ①

$A=-\dfrac{4}{3}-\dfrac{5}{2}+2=-\dfrac{8}{6}-\dfrac{15}{6}+\dfrac{12}{6}=-\dfrac{11}{6}$
$B=\left(-\dfrac{1}{3}\right)^2\times\left(-\dfrac{21}{10}\right)\div\left(-\dfrac{14}{25}\right)$
$\quad =\dfrac{1}{9}\times\left(-\dfrac{21}{10}\right)\times\left(-\dfrac{25}{14}\right)=\dfrac{5}{12}$
$\therefore A\div B=\left(-\dfrac{11}{6}\right)\div\dfrac{5}{12}=\left(-\dfrac{11}{6}\right)\times\dfrac{12}{5}=-\dfrac{22}{5}$

10 정답 ④

계산 순서는 ㉢, ㉡, ㉣, ㉤, ㉠이므로 세 번째로 해야 할 계산은
㉣이다.

11 정답 5

(주어진 식)$=6+\left\{(-9)\div3-\dfrac{5}{2}\times(5-9)\right\}\div(-7)$
$\qquad\qquad =6+\left\{(-9)\div3-\dfrac{5}{2}\times(-4)\right\}\div(-7)$
$\qquad\qquad =6+\{(-3)+10\}\div(-7)$
$\qquad\qquad =6+7\div(-7)$
$\qquad\qquad =6+(-1)=5$

12 정답 13

$a=\left\{\dfrac{5}{3}+\left(-\dfrac{2}{3}\right)^3\times\left(-\dfrac{9}{4}\right)\right\}\div\left(\dfrac{5}{6}-\dfrac{2}{3}\right)$
$\quad =\left\{\dfrac{5}{3}+\left(-\dfrac{8}{27}\right)\times\left(-\dfrac{9}{4}\right)\right\}\div\left(\dfrac{5}{6}-\dfrac{4}{6}\right)$
$\quad =\left(\dfrac{5}{3}+\dfrac{2}{3}\right)\div\dfrac{1}{6}=\dfrac{7}{3}\times6=14$

따라서 a, 즉 14보다 작은 양의 정수는 1, 2, 3, $\cdots$, 13의 13개이다.

13 정답 $-\dfrac{1}{21}$

$\left(-\dfrac{2}{9}\right)\div\boxed{}=(-12)\div\left(-\dfrac{18}{7}\right)$에서
$\left(-\dfrac{2}{9}\right)\div\boxed{}=(-12)\times\left(-\dfrac{7}{18}\right)$
$\left(-\dfrac{2}{9}\right)\div\boxed{}=\dfrac{14}{3}$
$\therefore \boxed{}=\left(-\dfrac{2}{9}\right)\div\dfrac{14}{3}=\left(-\dfrac{2}{9}\right)\times\dfrac{3}{14}=-\dfrac{1}{21}$

14 정답 $-\dfrac{17}{18}$

$A\div\left(-\dfrac{2}{3}\right)=\dfrac{5}{12}$에서
$A=\dfrac{5}{12}\times\left(-\dfrac{2}{3}\right)=-\dfrac{5}{18}$
따라서 바르게 계산하면
$-\dfrac{5}{18}+\left(-\dfrac{2}{3}\right)=-\dfrac{5}{18}+\left(-\dfrac{12}{18}\right)=-\dfrac{17}{18}$

15 정답 ③

① $b^2=($음수$)^2=($양수$)$이므로 $a+b^2=($양수$)+($양수$)=($양수$)$
② $b^3=($음수$)^3=($음수$)$이므로
  $a-b^3=($양수$)-($음수$)=($양수$)+($양수$)=($양수$)$
③ $a\div b=($양수$)\div($음수$)=($음수$)$
④ $-b=($양수$)$이므로 $a\times(-b)=($양수$)\times($양수$)=($양수$)$
⑤ $-a=($음수$)$이므로 $(-a)\times b=($음수$)\times($음수$)=($양수$)$
따라서 계산 결과의 부호가 나머지 넷과 다른 하나는 ③이다.

16 정답 ③

주어진 네 수 중에서 서로 다른 세 수를 뽑아 곱한 값이 가장 크려면 (양수)×(음수)×(음수) 꼴이어야 하고, 양수는 절댓값이 큰 수이어야 하므로

$$A = 2 \times (-2) \times \left(-\frac{7}{4}\right) = 7$$

주어진 네 수 중에서 서로 다른 세 수를 뽑아 곱한 값이 가장 작으려면 (양수)×(양수)×(음수) 꼴이어야 하고, 음수는 절댓값이 큰 수이어야 하므로

$$B = \frac{5}{3} \times 2 \times (-2) = -\frac{20}{3}$$

$$\therefore A + B = 7 + \left(-\frac{20}{3}\right) = \frac{21}{3} + \left(-\frac{20}{3}\right) = \frac{1}{3}$$

17 정답 -2^3

$-2^3 = -8$, $(-2)^2 = 4$, $(-1)^{221} = -1$

$-(-3)^3 = -(-27) = 27$

$(-3)^3 = -27$, $-(-1)^{101} = -(-1) = 1$

작은 수부터 차례대로 나열하면

$(-3)^3$, -2^3, $(-1)^{221}$, $-(-1)^{101}$, $(-2)^2$, $-(-3)^3$

따라서 작은 수부터 차례대로 나열하였을 때 두 번째에 오는 수는 -2^3이다.

18 정답 $\frac{7}{36}$

두 점 A, B 사이의 거리는 $\frac{5}{4} - \left(-\frac{1}{3}\right) = \frac{15}{12} + \left(+\frac{4}{12}\right) = \frac{19}{12}$

두 점 A, P 사이의 거리는 $\frac{19}{12} \times \frac{1}{3} = \frac{19}{36}$

따라서 점 P가 나타내는 수는

$$\left(-\frac{1}{3}\right) + \frac{19}{36} = \left(-\frac{12}{36}\right) + \frac{19}{36} = \frac{7}{36}$$

19 정답 ⑤

$a = -\frac{1}{2}$이라 하면

① $1 - a = 1 - \left(-\frac{1}{2}\right) = 1 + \left(+\frac{1}{2}\right) = \frac{3}{2}$

② $a + 1 = -\frac{1}{2} + 1 = \frac{1}{2}$

③ $a^2 = \left(-\frac{1}{2}\right)^2 = \frac{1}{4}$

④ $a^2 = \frac{1}{4}$이므로 $\frac{1}{a^2} = 1 \div \frac{1}{4} = 1 \times 4 = 4$

  $\therefore -\frac{1}{a^2} = -4$

⑤ $a^3 = \left(-\frac{1}{2}\right)^3 = -\frac{1}{8}$

  $\therefore \frac{1}{a^3} = 1 \div \left(-\frac{1}{8}\right) = 1 \times (-8) = -8$

따라서 가장 작은 수는 ⑤이다.

문자로 주어진 수의 비교는 조건을 만족시키는 적당한 수를 문자 대신 넣어 대소를 비교한다.

20 정답 ④

$a \times b < 0$에서 두 수의 곱이 음수이므로 a, b의 부호는 서로 다르다.

즉, $a > 0$, $b < 0$ 또는 $a < 0$, $b > 0$

이때 $a < b$이므로 $a < 0$, $b > 0$

또한 $b \times c < 0$에서 b, c의 부호는 서로 다르므로 $c < 0$

① $a + b = $ (음수) + (양수)의 부호는 알 수 없다.

② $b + c = $ (양수) + (음수)의 부호는 알 수 없다.

③ $b \div c = $ (양수) ÷ (음수) = (음수)이므로 $b \div c < 0$

④ $a \times c = $ (음수) × (음수) = (양수)이므로 $a \times c > 0$

⑤ $a \times b \times c = $ (음수) × (양수) × (음수) = (양수)이므로 $a \times b \times c > 0$

따라서 항상 옳은 것은 ④이다.

21 정답 10점

8번의 가위바위보를 하여 민수가 5번 이겼으므로 3번 졌고, 영지는 3번 이기고 5번 졌다.

민수의 점수는 $5 \times 3 + 3 \times (-2) = 15 + (-6) = 9$(점)

영지의 점수는 $3 \times 3 + 5 \times (-2) = 9 + (-10) = -1$(점)

따라서 민수와 영지의 점수의 차는

$9 - (-1) = 10$(점)

22 정답 $-\frac{3}{4}$

어떤 수를 a라 하면 상자 A에서 나온 수는 $a \div \frac{6}{7} + 2$

$\frac{2}{3}$의 역수는 $\frac{3}{2}$이므로 상자 B에서 $\left(a \div \frac{6}{7} + 2\right) \times \frac{4}{3} = \frac{3}{2}$

$a \div \frac{6}{7} + 2 = \frac{3}{2} \div \frac{4}{3}$, $a \div \frac{6}{7} + 2 = \frac{3}{2} \times \frac{3}{4}$

$a \div \frac{6}{7} + 2 = \frac{9}{8}$, $a \div \frac{6}{7} = \frac{9}{8} - 2$, $a \div \frac{6}{7} = -\frac{7}{8}$

$\therefore a = \left(-\frac{7}{8}\right) \times \frac{6}{7} = -\frac{3}{4}$

06 문자의 사용과 식

01 곱셈 기호와 나눗셈 기호의 생략

개념 CHECK ● 본책 116쪽

01 (1) $4x$　　(2) $-2a$　　(3) $0.01b$　　(4) xyz

(5) $3a^2b^3$　　(6) $-2a+5b$

02 (1) $\dfrac{x}{3}$　　(2) $-\dfrac{5}{a}$　　(3) $-2b$　　(4) $\dfrac{6a}{b}$

(5) $\dfrac{x}{7}-\dfrac{y}{3}$　　(6) $\dfrac{6}{x+y}$

대표 유형 ● 본책 117쪽

01·Ⓐ ②　　**Ⓑ** ④　　**02·Ⓐ** ③

01·Ⓐ ──────── 정답 ②

① $x\times y\times(-3)=-3xy$

② $(-1)\times a\div2=-1\times a\times\dfrac{1}{2}=-\dfrac{a}{2}$

③ $a\div b\times5=a\times\dfrac{1}{b}\times5=\dfrac{5a}{b}$

④ $(x+y)\div7=\dfrac{x+y}{7}$

⑤ $a\times b\times b\div3=\dfrac{ab^2}{3}$

따라서 옳은 것은 ②이다.

01·Ⓑ ──────── 정답 ④

$\dfrac{3x^2}{y-2z}=3x^2\div(y-2z)=3\times x\times x\div(y-2\times z)$

02·Ⓐ ──────── 정답 ③

① $3\div x-y=\dfrac{3}{x}-y$

② $-4\div x+y\times3=-\dfrac{4}{x}+3y$

③ $a+b\times c\div3=a+\dfrac{bc}{3}$

④ $x\times(-1)+y\div2=-x+\dfrac{y}{2}$

⑤ $x\div5-y\div(-1)=\dfrac{x}{5}+y$

따라서 옳은 것은 ③이다.

02 문자의 사용

개념 CHECK ● 본책 118쪽

01 (1) $8a$　　(2) $x+3$　　(3) $500-a$

(4) $3000-200x$　　(5) $6a$　　(6) $2x$

(7) $\dfrac{a}{400}$

대표 유형 ● 본책 119쪽

03·Ⓐ ㄱ, ㄹ

04·Ⓐ $(150-60x)$ km　　**Ⓑ** $\left(\dfrac{3}{5}a+\dfrac{2}{5}b\right)$ g

03·Ⓐ ──────── 정답 ㄱ, ㄹ

ㄴ. (평균 점수)$=\dfrac{(점수의\ 합)}{(과목의\ 수)}=\dfrac{x+y}{2}$(점)

ㄷ. (정사각형의 한 변의 길이)$=$(정사각형의 둘레의 길이)$\div4$

$=a\div4=\dfrac{a}{4}$(cm)

ㄹ. (할인 금액)$=a\times\dfrac{10}{100}=\dfrac{1}{10}a$(원)

∴ (판매 가격)$=a-\dfrac{1}{10}a=\dfrac{9}{10}a=0.9a$(원)

따라서 옳은 것은 ㄱ, ㄹ이다.

보충 설명

(1) $x\%=\dfrac{x}{100}$, a원의 $b\%=a\times\dfrac{b}{100}=\dfrac{ab}{100}$(원)

(2) (판매 가격)$=$(정가)$-$(할인 금액)

04·Ⓐ ──────── 정답 $(150-60x)$ km

시속 60 km로 x시간 동안 간 거리는 $60\times x=60x$ (km)이므로

B 지점까지 남은 거리는 $(150-60x)$ km이다.

04·Ⓑ ──────── 정답 $\left(\dfrac{3}{5}a+\dfrac{2}{5}b\right)$ g

농도가 $a\%$인 소금물 60 g에 들어 있는 소금의 양은

$\dfrac{a}{100}\times60=\dfrac{3}{5}a$ (g)

농도가 $b\%$인 소금물 40 g에 들어 있는 소금의 양은

$\dfrac{b}{100}\times40=\dfrac{2}{5}b$ (g)

따라서 새로 만든 소금물에 들어 있는 소금의 양은 $\left(\dfrac{3}{5}a+\dfrac{2}{5}b\right)$ g이다.

03 식의 값

개념 CHECK ● 본책 120쪽

01 (1) 3, 13 (2) $\frac{1}{2}$, -3 (3) -1, 4 (4) -2, 4, -2

02 (1) 5 (2) -2 (3) 17 (4) 13

02 (1) $8a+3=8\times\frac{1}{4}+3=2+3=5$

(2) $\frac{6}{2-a}=\frac{6}{2-5}=\frac{6}{-3}=-2$

(3) $x^2+1=(-4)^2+1=16+1=17$

(4) $\frac{1}{2}x-4y=\frac{1}{2}\times2-4\times(-3)=1+12=13$

대표 유형 ● 본책 121쪽

05·Ⓐ ① **Ⓑ** ④

06·Ⓐ (1) $\frac{1}{2}(a+b)h$ (2) 16 **Ⓑ** 초속 343 m

05·Ⓐ 정답 ①

$-a^2+\frac{1}{2}ab=-(-4)^2+\frac{1}{2}\times(-4)\times5$
$\qquad=-16-10=-26$

05·Ⓑ 정답 ④

① $x+3=-\frac{1}{2}+3=\frac{5}{2}$

② $-2x+1=-2\times\left(-\frac{1}{2}\right)+1=1+1=2$

③ $-x^2=-\left(-\frac{1}{2}\right)^2=-\frac{1}{4}$

④ $\frac{4}{x}=4\div x=4\div\left(-\frac{1}{2}\right)=4\times(-2)=-8$

⑤ $x^2-1=\left(-\frac{1}{2}\right)^2-1=\frac{1}{4}-1=-\frac{3}{4}$

따라서 식의 값이 가장 작은 것은 ④이다.

06·Ⓐ 정답 (1) $\frac{1}{2}(a+b)h$ (2) 16

(1) (사다리꼴의 넓이)
$=\frac{1}{2}\times\{($윗변의 길이$)+($아랫변의 길이$)\}\times($높이$)$
$=\frac{1}{2}\times(a+b)\times h=\frac{1}{2}(a+b)h$

(2) $\frac{1}{2}(a+b)h$에 $a=3$, $b=5$, $h=4$를 대입하면
$\frac{1}{2}\times(3+5)\times4=16$

06·Ⓑ 정답 초속 343 m

$0.6x+331$에 $x=20$을 대입하면
$0.6\times20+331=12+331=343$
따라서 기온이 20 ℃일 때, 소리의 속력은 초속 343 m이다.

배운대로 학습하기 ● 본책 122쪽

01 ④ **02** ⑤ **03** ④ **04** ③
05 ① **06** 6 **07** (1) $2(a+b)$ (2) 26

01 정답 ④

① $a\times b\times c=abc$

② $a\div b\div c=a\times\frac{1}{b}\times\frac{1}{c}=\frac{a}{bc}$

③ $a\div(b\times c)=a\div bc=a\times\frac{1}{bc}=\frac{a}{bc}$

④ $a\div(b\div c)=a\div\frac{b}{c}=a\times\frac{c}{b}=\frac{ac}{b}$

⑤ $a\div(c\div b)=a\div\frac{c}{b}=a\times\frac{b}{c}=\frac{ab}{c}$

따라서 결과가 $\frac{ac}{b}$와 같은 것은 ④이다.

02 정답 ⑤

⑤ $x\times(-3)+y\div9=-3x+\frac{y}{9}$

03 정답 ④

③ 7 %는 $\frac{7}{100}$이므로 a원의 7 %는 $a\times\frac{7}{100}=\frac{7}{100}a$(원)이다.

④ (속력)$=\frac{(거리)}{(시간)}=\frac{x}{3}$, 즉 시속 $\frac{x}{3}$ km이다.

⑤ (소금의 양)$=\frac{(소금물의 농도)}{100}\times($소금물의 양$)$
$\qquad=\frac{10}{100}\times x=\frac{1}{10}x$ (g)

따라서 옳지 않은 것은 ④이다.

04 정답 ③

① $-a=-(-1)=1$ ② $a^2=(-1)^2=1$

③ $-a^2=-(-1)^2=-1$ ④ $(-a)^2=\{-(-1)\}^2=1^2=1$

⑤ $-\frac{1}{a}=-\frac{1}{-1}=1$

따라서 식의 값이 나머지 넷과 다른 하나는 ③이다.

05
정답 ①

① $2x-y=2\times2-(-1)=4+1=5$

② $\dfrac{1}{4}xy=\dfrac{1}{4}\times2\times(-1)=-\dfrac{1}{2}$

③ $x^2+y=2^2+(-1)=4-1=3$

④ $2xy+1=2\times2\times(-1)+1=-4+1=-3$

⑤ $\dfrac{3y-x}{x+y}=\dfrac{3\times(-1)-2}{2+(-1)}=\dfrac{-5}{1}=-5$

따라서 식의 값이 가장 큰 것은 ①이다.

06
정답 6

$\dfrac{2}{x}+\dfrac{3}{y}=2\div x+3\div y=2\div\left(-\dfrac{1}{3}\right)+3\div\dfrac{1}{4}$
$\qquad\qquad=2\times(-3)+3\times4=-6+12=6$

07
정답 (1) $2(a+b)$ (2) 26

(1) (직사각형의 둘레의 길이)$=2\times\{$(가로의 길이)$+$(세로의 길이)$\}$
$\qquad\qquad\qquad\qquad\qquad=2(a+b)$

(2) $2(a+b)$에 $a=8$, $b=5$를 대입하면
$\quad 2\times(8+5)=2\times13=26$

04 다항식과 일차식

개념 CHECK ● 본책 123쪽

01 (1) $-x,\ 2\ /\ 2\ /\ -1$ (2) $x^2,\ \dfrac{x}{3},\ \dfrac{1}{4}\ /\ \dfrac{1}{4}\ /\ \dfrac{1}{3}$

(3) $3x^2,\ -2x,\ -1\ /\ -1\ /\ -2$

02 (1) 1 (2) 2 (3) 2 (4) 1

01

다항식	항	상수항	x의 계수
(1) $-x+2$	$-x,\ 2$	2	-1
(2) $x^2+\dfrac{x}{3}+\dfrac{1}{4}$	$x^2,\ \dfrac{x}{3},\ \dfrac{1}{4}$	$\dfrac{1}{4}$	$\dfrac{1}{3}$
(3) $3x^2-2x-1$	$3x^2,\ -2x,\ -1$	-1	-2

대표 유형 ● 본책 124쪽

01·Ⓐ ①, ③ **Ⓑ** 8 **02·Ⓐ** ②, ⑤ **Ⓑ** 3

01·Ⓐ
정답 ①, ③

② x^2의 계수는 -2이다.

④ 상수항은 -1이다.

⑤ 항은 $-2x^2$, $6x$, -1의 3개이다.

01·Ⓑ
정답 8

x의 계수는 4이므로 $a=4$

y의 계수는 -1이므로 $b=-1$

상수항은 5이므로 $c=5$

$\therefore a+b+c=4+(-1)+5=8$

02·Ⓐ
정답 ②, ⑤

② $0\times x-1=-1$, 즉 상수항의 차수는 0이므로 일차식이 아니다.

⑤ 다항식의 차수가 2이므로 일차식이 아니다.

02·Ⓑ
정답 3

ㄴ. 다항식의 차수가 2이므로 일차식이 아니다.

ㄹ. 상수항의 차수는 0이므로 일차식이 아니다.

ㅂ. 분모에 문자가 있으므로 다항식이 아니다.

따라서 일차식은 ㄱ, ㄷ, ㅁ의 3개이다.

05 일차식과 수의 곱셈, 나눗셈

개념 CHECK ● 본책 125쪽

01 (1) -3, $-12x$ (2) $\dfrac{1}{5}$, $\dfrac{1}{5}$, $-3y$

02 (1) 2, 2, 2, $10x-6$

(2) $-\dfrac{1}{4}$, $-\dfrac{1}{4}$, $-\dfrac{1}{4}$, $-3a-2$

대표 유형 ● 본책 126쪽

03·Ⓐ (1) $\dfrac{3}{2}x$ (2) $-20y$ (3) $4a$ (4) $5x$ **Ⓑ** ⑤

04·Ⓐ ⑤ **Ⓑ** 15

03·Ⓐ
정답 (1) $\dfrac{3}{2}x$ (2) $-20y$ (3) $4a$ (4) $5x$

(2) $(-4y)\times5=(-4)\times y\times5=(-4)\times5\times y=-20y$

(3) $(-28a)\div(-7)=(-28a)\times\left(-\dfrac{1}{7}\right)=(-28)\times a\times\left(-\dfrac{1}{7}\right)$
$\qquad\qquad\qquad\qquad=(-28)\times\left(-\dfrac{1}{7}\right)\times a=4a$

(4) $\dfrac{5}{3}x\div\dfrac{1}{3}=\dfrac{5}{3}x\times3=\dfrac{5}{3}\times x\times3=\dfrac{5}{3}\times3\times x=5x$

03·🅑

정답 ⑤

$$⑤ \left(-\frac{2}{9}y\right) \div \frac{4}{3} = \left(-\frac{2}{9}y\right) \times \frac{3}{4} = \left(-\frac{2}{9}\right) \times y \times \frac{3}{4}$$
$$= \left(-\frac{2}{9}\right) \times \frac{3}{4} \times y = -\frac{1}{6}y$$

04·🅐

정답 ⑤

$$⑤ (2x+6) \div \left(-\frac{2}{3}\right) = (2x+6) \times \left(-\frac{3}{2}\right)$$
$$= 2x \times \left(-\frac{3}{2}\right) + 6 \times \left(-\frac{3}{2}\right)$$
$$= -3x - 9$$

04·🅑

정답 15

$$(-8x+20) \div \frac{4}{5} = (-8x+20) \times \frac{5}{4}$$
$$= (-8x) \times \frac{5}{4} + 20 \times \frac{5}{4}$$
$$= -10x + 25$$

따라서 $a=-10$, $b=25$이므로
$a+b=-10+25=15$

배운대로 학습하기

● 본책 127쪽

| 01 ③ | 02 -1 | 03 ③, ④ | 04 -1 |
| 05 ⑤ | 06 1 | 07 ② | |

01

정답 ③

① x^2의 계수는 7이다.

② x의 계수는 $-\frac{1}{4}$이다.

④ 다항식의 차수는 2이다.

⑤ 항은 $7x^2$, $-\frac{1}{4}x$, 3의 3개이다.

02

정답 -1

다항식의 차수는 2이므로 $a=2$
x의 계수는 -5이므로 $b=-5$
상수항은 -2이므로 $c=-2$
$\therefore a+b-c = 2+(-5)-(-2) = -1$

03

정답 ③, ④

① 상수항의 차수는 0이므로 일차식이 아니다.

② 다항식의 차수가 2이므로 일차식이 아니다.

⑤ 분모에 문자가 있으므로 다항식이 아니다.

따라서 일차식인 것은 ③, ④이다.

04

정답 -1

$(a+1)x^2+3x-2$가 x에 대한 일차식이 되려면
x^2의 계수가 0이어야 하므로
$a+1=0$ $\therefore a=-1$

05

정답 ⑤

① $2x \times (-3) = -6x$

② $3x \div 5 = 3x \times \frac{1}{5} = \frac{3}{5}x$

③ $(-4x) \times 6 = -24x$

④ $2x \times \frac{1}{4} = \frac{1}{2}x$

⑤ $7x \div \left(-\frac{1}{2}\right) = 7x \times (-2) = -14x$

따라서 옳은 것은 ⑤이다.

06

정답 1

$$-2(5x-2) = (-2) \times 5x + (-2) \times (-2)$$
$$= -10x + 4$$
이므로 상수항은 4이다.
$$(12x+9) \div (-3) = (12x+9) \times \left(-\frac{1}{3}\right)$$
$$= 12x \times \left(-\frac{1}{3}\right) + 9 \times \left(-\frac{1}{3}\right)$$
$$= -4x - 3$$
이므로 상수항은 -3이다.
따라서 구하는 합은 $4+(-3)=1$

07

정답 ②

색칠한 부분의 넓이는
$(5x-4) \times 9 = 5x \times 9 + (-4) \times 9 = 45x - 36$
따라서 $a=45$, $b=-36$이므로
$a-b = 45-(-36) = 81$

06 동류항

개념 CHECK

● 본책 128쪽

| **01** | (1) ○ | (2) × | (3) ○ | (4) × |
| **02** | (1) $4x$ | (2) $-4a$ | (3) $-x+5$ | (4) $2a+7$ |

01 (2) 차수가 다르므로 동류항이 아니다.

　　(4) 문자가 다르므로 동류항이 아니다.

02 (1) $7x-3x=(7-3)x=4x$

(2) $-2a+3a-5a=(-2+3-5)a=-4a$

(3) $5x+12-6x-7=5x-6x+12-7$
$\qquad =(5-6)x+(12-7)=-x+5$

(4) $4a-1-2a+8=4a-2a-1+8$
$\qquad =(4-2)a+(-1+8)=2a+7$

대표 유형 ● 본책 129쪽

01·Ⓐ ⑤ **Ⓑ** $2x$와 $\dfrac{3}{5}x$, $-y$와 $3y$, 5와 -12

02·Ⓐ ② **Ⓑ** ④

01·Ⓐ 정답 ⑤

⑤ $\dfrac{4}{y}$는 분모에 문자가 있으므로 다항식이 아니다.

즉, $\dfrac{4}{y}$와 y는 동류항이 아니다.

01·Ⓑ 정답 $2x$와 $\dfrac{3}{5}x$, $-y$와 $3y$, 5와 -12

02·Ⓐ 정답 ②

$7x+y-3x-6y=7x-3x+y-6y=4x-5y$
따라서 $a=4$, $b=-5$이므로
$a+b=4+(-5)=-1$

02·Ⓑ 정답 ④

$\dfrac{4}{3}x-\dfrac{1}{4}+\dfrac{1}{6}x+\dfrac{1}{2}=\dfrac{4}{3}x+\dfrac{1}{6}x-\dfrac{1}{4}+\dfrac{1}{2}$
$\qquad =\left(\dfrac{8}{6}+\dfrac{1}{6}\right)x+\left(-\dfrac{1}{4}+\dfrac{2}{4}\right)$
$\qquad =\dfrac{9}{6}x+\dfrac{1}{4}=\dfrac{3}{2}x+\dfrac{1}{4}$

---

07 일차식의 덧셈과 뺄셈

개념 CHECK ● 본책 130쪽

01 (1) $7x-3$ (2) $11x-6$ (3) $9x+1$ (4) $2x+15$

02 (1) $3x-6$ (2) $3x+7y$ (3) $\dfrac{1}{6}x-\dfrac{7}{12}$ (4) $\dfrac{17}{10}x-\dfrac{1}{10}$

---

01 (1) $(4x-2)+(3x-1)=4x-2+3x-1$
$\qquad =4x+3x-2-1=7x-3$

(2) $(6x-2)-(-5x+4)=6x-2+5x-4$
$\qquad =6x+5x-2-4$
$\qquad =11x-6$

(3) $(7x-5)+2(x+3)=7x-5+2x+6$
$\qquad =7x+2x-5+6=9x+1$

(4) $3(2x+1)-4(x-3)=6x+3-4x+12$
$\qquad =6x-4x+3+12$
$\qquad =2x+15$

---

02 (1) $2x-4-\{3-(1+x)\}=2x-4-(3-1-x)$
$\qquad =2x-4-(2-x)$
$\qquad =2x-4-2+x$
$\qquad =2x+x-4-2$
$\qquad =3x-6$

(2) $5x+\{2x-y-4(x-2y)\}=5x+(2x-y-4x+8y)$
$\qquad =5x+(2x-4x-y+8y)$
$\qquad =5x+(-2x+7y)$
$\qquad =5x-2x+7y$
$\qquad =3x+7y$

(3) $\dfrac{2x-5}{4}-\dfrac{x-2}{3}=\dfrac{3(2x-5)-4(x-2)}{12}$
$\qquad =\dfrac{6x-15-4x+8}{12}$
$\qquad =\dfrac{2x-7}{12}=\dfrac{1}{6}x-\dfrac{7}{12}$

(4) $\dfrac{3x+1}{2}+\dfrac{x-3}{5}=\dfrac{5(3x+1)+2(x-3)}{10}$
$\qquad =\dfrac{15x+5+2x-6}{10}$
$\qquad =\dfrac{17x-1}{10}=\dfrac{17}{10}x-\dfrac{1}{10}$

대표 유형 ● 본책 131~133쪽

03·Ⓐ ④ **Ⓑ** 7 **04·Ⓐ** $x+1$ **Ⓑ** ④

05·Ⓐ $\dfrac{4}{3}x+\dfrac{5}{6}$ **Ⓑ** ④

06·Ⓐ $-8x+25$ **Ⓑ** 2

07·Ⓐ ② **Ⓑ** $9x-8$ **08·Ⓐ** $7x-3$ **Ⓑ** $11x-17$

03·Ⓐ 정답 ④

① $(2x-3)+(5x+2)=2x-3+5x+2=7x-1$

② $(x+8)-4(x-1)=x+8-4x+4=-3x+12$

③ $2(x-7)+3(2x-1)=2x-14+6x-3=8x-17$

④ $-(3x-4)-2(2-x)=-3x+4-4+2x=-x$

⑤ $\dfrac{1}{5}(10x+5)+4\left(\dfrac{1}{2}x-1\right)=2x+1+2x-4=4x-3$

따라서 옳지 않은 것은 ④이다.

03·ⓑ 정답 7

$$-\frac{1}{2}(6x-8)-\frac{3}{4}(4x-12)=-3x+4-3x+9$$
$$=-6x+13$$

따라서 x의 계수는 -6, 상수항은 13이므로 구하는 합은
$-6+13=7$

04·ⓐ 정답 $x+1$

$$5x+2-\{x+4-3(1-x)\}=5x+2-(x+4-3+3x)$$
$$=5x+2-(4x+1)$$
$$=5x+2-4x-1$$
$$=x+1$$

04·ⓑ 정답 ④

$$7x-[4x-2\{x-(5x+3)\}]=7x-\{4x-2(x-5x-3)\}$$
$$=7x-\{4x-2(-4x-3)\}$$
$$=7x-(4x+8x+6)$$
$$=7x-(12x+6)$$
$$=7x-12x-6$$
$$=-5x-6$$

따라서 $a=-5$, $b=-6$이므로
$a-b=-5-(-6)=1$

05·ⓐ 정답 $\frac{4}{3}x+\frac{5}{6}$

$$\frac{x-2}{3}+\frac{2x+3}{2}=\frac{2(x-2)+3(2x+3)}{6}$$
$$=\frac{2x-4+6x+9}{6}$$
$$=\frac{8x+5}{6}=\frac{4}{3}x+\frac{5}{6}$$

05·ⓑ 정답 ④

$$\frac{4x-1}{3}-\frac{3x-1}{4}=\frac{4(4x-1)-3(3x-1)}{12}$$
$$=\frac{16x-4-9x+3}{12}$$
$$=\frac{7x-1}{12}=\frac{7}{12}x-\frac{1}{12}$$

따라서 $a=\frac{7}{12}$, $b=-\frac{1}{12}$이므로
$a+b=\frac{7}{12}+\left(-\frac{1}{12}\right)=\frac{6}{12}=\frac{1}{2}$

06·ⓐ 정답 $-8x+25$

$$2A-3B=2(-x+5)-3(2x-5)$$
$$=-2x+10-6x+15$$
$$=-8x+25$$

06·ⓑ 정답 2

$$A+2B=(3x-7)+2(-x+3)$$
$$=3x-7-2x+6$$
$$=x-1$$

따라서 $a=1$, $b=-1$이므로
$a-b=1-(-1)=2$

07·ⓐ 정답 ②

$3x+7-\boxed{}=2x+1$에서
$$\boxed{}=3x+7-(2x+1)$$
$$=3x+7-2x-1$$
$$=x+6$$

07·ⓑ 정답 $9x-8$

어떤 다항식을 $\boxed{}$라 하면
$$\boxed{}-2(4x-1)=x-6$$
$$\therefore\ \boxed{}=x-6+2(4x-1)$$
$$=x-6+8x-2$$
$$=9x-8$$

08·ⓐ 정답 $7x-3$

어떤 다항식을 A라 하면 $A+(-2x+1)=3x-1$
$$\therefore\ A=(3x-1)-(-2x+1)$$
$$=3x-1+2x-1=5x-2$$
따라서 바르게 계산한 식은
$$(5x-2)-(-2x+1)=5x-2+2x-1$$
$$=7x-3$$

08·ⓑ 정답 $11x-17$

어떤 다항식을 A라 하면 $A-(4x-5)=3x-7$
$$\therefore\ A=3x-7+(4x-5)=7x-12$$
따라서 바르게 계산한 식은
$$(7x-12)+(4x-5)=11x-17$$

배운대로 학습하기 ● 본책 134~135쪽

01 $0.1x^2$, $-3x^2$, $\dfrac{x^2}{2}$	**02** -4	**03** ③
04 ③	**05** $2x+28$	**06** $2x-10$
07 ②		
08 $-11x+30$	**09** ⑤	**10** ②
11 $4x-10$	**12** ⑤	

01

정답 $0.1x^2,\ -3x^2,\ \dfrac{x^2}{2}$

x^2과 동류항인 것은 $0.1x^2,\ -3x^2,\ \dfrac{x^2}{2}$이다.

02

정답 -4

$6a-3b-10a+4b=-4a+b$
따라서 a의 계수는 -4, b의 계수는 1이므로 구하는 곱은
$-4\times1=-4$

03

정답 ③

① $4x-7+5y+8=4x+5y+1$이므로 상수항은 1
② $6x+3-2x-1=4x+2$이므로 상수항은 2
③ $(7a-5)+2(a-3)=7a-5+2a-6=9a-11$이므로
   상수항은 -11
④ $4(x+2)-(3-2x)=4x+8-3+2x=6x+5$이므로
   상수항은 5
⑤ $\dfrac{1}{3}(9x-6)-\dfrac{1}{2}(8x+12)=3x-2-4x-6=-x-8$이므로
   상수항은 -8
따라서 상수항이 가장 작은 것은 ③이다.

04

정답 ③

$3(4x-5)+(9x-6)\div\left(-\dfrac{3}{2}\right)=12x-15+(9x-6)\times\left(-\dfrac{2}{3}\right)$
$\qquad\qquad\qquad\qquad\qquad\quad=12x-15-6x+4$
$\qquad\qquad\qquad\qquad\qquad\quad=6x-11$
따라서 x의 계수는 6, 상수항은 -11이므로 구하는 합은
$6+(-11)=-5$

05

정답 $2x+28$

(색칠한 부분의 넓이)$=(x+4)\times6-(x-1)\times4$
$\qquad\qquad\qquad\qquad=6x+24-4x+4$
$\qquad\qquad\qquad\qquad=2x+28$

06

정답 $2x-10$

$4x-3-[5x+1-\{x-2(3-x)\}]$
$=4x-3-\{5x+1-(x-6+2x)\}$
$=4x-3-\{5x+1-(3x-6)\}$
$=4x-3-(5x+1-3x+6)$
$=4x-3-(2x+7)$
$=4x-3-2x-7$
$=2x-10$

07

정답 ②

$\dfrac{1-4x}{5}+\dfrac{2(x-2)}{3}=\dfrac{3(1-4x)+10(x-2)}{15}$
$\qquad\qquad\qquad\qquad=\dfrac{3-12x+10x-20}{15}$
$\qquad\qquad\qquad\qquad=\dfrac{-2x-17}{15}=-\dfrac{2}{15}x-\dfrac{17}{15}$
따라서 $a=-\dfrac{2}{15},\ b=-\dfrac{17}{15}$이므로
$b-a=-\dfrac{17}{15}-\left(-\dfrac{2}{15}\right)=-\dfrac{17}{15}+\dfrac{2}{15}=-1$

08

정답 $-11x+30$

$2A-5B=2(-3x+5)-5(x-4)$
$\qquad\quad=-6x+10-5x+20$
$\qquad\quad=-11x+30$

09

정답 ⑤

$3A-(B-A)=3A-B+A=4A-B$
$\therefore 4A-B=4(x+5)-(-x-2)$
$\qquad\qquad=4x+20+x+2$
$\qquad\qquad=5x+22$

보충 설명

문자식에 일차식을 대입할 때, 주어진 식이 복잡하면 그 식을 먼저 간단히 한 후 일차식을 대입한다.

10

정답 ②

$\boxed{}+3(x-3)=2(4x-7)$에서
$\boxed{}=2(4x-7)-3(x-3)$
$\qquad=8x-14-3x+9$
$\qquad=5x-5$

11

정답 $4x-10$

(가)에 알맞은 식을 $\boxed{}$라 하면
$\boxed{}+(-x-3)=3x-13$
$\therefore \boxed{}=3x-13-(-x-3)$
$\qquad\quad=3x-13+x+3$
$\qquad\quad=4x-10$

12

정답 ⑤

어떤 다항식을 A라 하면 $A-(4x-1)=7x+3$
$\therefore A=7x+3+(4x-1)=11x+2$
따라서 바르게 계산한 식은
$(11x+2)+(4x-1)=15x+1$

서술형 훈련하기
● 본책 136~137쪽

01 -10 **02** $\frac{1}{3}x-\frac{2}{3}$ **03** $\frac{27}{25}a$원

04 (1) $12a+14$ (2) 38 **05** $17x-9$ **06** $41x-32$

01
정답 -10

[1단계] $6\left(\frac{1}{3}x-\frac{1}{4}\right)-8\left(\frac{3}{4}x-\frac{1}{2}\right)$을 계산하기

$6\left(\frac{1}{3}x-\frac{1}{4}\right)-8\left(\frac{3}{4}x-\frac{1}{2}\right)$

$=6\times\frac{1}{3}x+6\times\left(-\frac{1}{4}\right)+(-8)\times\frac{3}{4}x+(-8)\times\left(-\frac{1}{2}\right)$

$=2x-\frac{3}{2}-6x+4$

$=-4x+\frac{5}{2}$ ······ 60 %

[2단계] a, b의 값 구하기

$a=-4$, $b=\frac{5}{2}$이므로 ······ 20 %

[3단계] ab의 값 구하기

$ab=-4\times\frac{5}{2}=-10$ ······ 20 %

02
정답 $\frac{1}{3}x-\frac{2}{3}$

[1단계] 어떤 다항식 구하기

어떤 다항식을 A라 하면

$\frac{x-1}{2}+A=\frac{2x-1}{3}$

$\therefore A=\frac{2x-1}{3}-\frac{x-1}{2}=\frac{2(2x-1)-3(x-1)}{6}$

$=\frac{4x-2-3x+3}{6}=\frac{x+1}{6}$ ······ 60 %

[2단계] 바르게 계산한 식 구하기

바르게 계산한 식은

$\frac{x-1}{2}-\frac{x+1}{6}=\frac{3(x-1)-(x+1)}{6}$

$=\frac{3x-3-x-1}{6}$

$=\frac{2x-4}{6}=\frac{1}{3}x-\frac{2}{3}$ ······ 40 %

03
정답 $\frac{27}{25}a$원

[1단계] 물건의 정가를 식으로 나타내기

원가가 a원인 물건의 20 %의 이익은 $a\times\frac{20}{100}=\frac{1}{5}a$(원)이므로

물건의 정가는 $a+\frac{1}{5}a=\frac{6}{5}a$(원) ······ 50 %

[2단계] 할인하여 판매한 가격을 식으로 나타내기

정가의 10 %는 $\frac{6}{5}a\times\frac{10}{100}=\frac{3}{25}a$(원)이므로

할인하여 판매한 가격은

$\frac{6}{5}a-\frac{3}{25}a=\frac{27}{25}a$(원) ······ 50 %

04
정답 (1) $12a+14$ (2) 38

(1) [1단계] 색칠한 부분의 넓이를 식으로 나타내기

(색칠한 부분의 넓이)=(사다리꼴의 넓이)−(정사각형의 넓이)

$=\frac{1}{2}\times\{(a+2)+(3a+4)\}\times6-2\times2$

$=3(4a+6)-4$

$=12a+18-4$

$=12a+14$ ······ 50 %

(2) [2단계] $a=2$일 때, 색칠한 부분의 넓이 구하기

$12a+14$에 $a=2$를 대입하면

$12\times2+14=38$ ······ 50 %

05
정답 $17x-9$

[1단계] $A-2B-3(A-B)$를 간단히 정리하기

$A-2B-3(A-B)=A-2B-3A+3B$

$=-2A+B$ ······ 40 %

[2단계] 문자에 일차식을 대입하기

$-2A+B=-2(-7x+5)+(3x+1)$

$=14x-10+3x+1$

$=17x-9$ ······ 60 %

06
정답 $41x-32$

[1단계] 다항식 A 구하기

$(-3x+2)+A=6x-4$이므로

$A=6x-4-(-3x+2)$

$=6x-4+3x-2=9x-6$ ······ 30 %

[2단계] 다항식 B 구하기

$A+(4x-5)=B$이므로

$B=(9x-6)+(4x-5)=13x-11$ ······ 30 %

[3단계] 다항식 C 구하기

$(6x-4)+B=C$이므로

$C=(6x-4)+(13x-11)=19x-15$ ······ 30 %

[4단계] 세 다항식의 합 구하기

$\therefore A+B+C=(9x-6)+(13x-11)+(19x-15)$

$=41x-32$ ······ 10 %

01 ①, ③	**02** ④	**03** $\left(\dfrac{3}{4}a+\dfrac{2000}{b}\right)$원
04 ⑤	**05** ④	**06** ③ **07** ㄴ, ㄷ, ㅅ
08 ④	**09** ⑤	**10** ②, ③ **11** ④
12 $-16x+13$	**13** -6	**14** (1) $4n$ (2) 60
15 $5x+60$	**16** 6	**17** $-15x+11y$
18 $16x-1$		

01 　　　　　　　　　　　정답 ①, ③

② $x\times2-y\times(-1)=2x+y$

④ $x\div y+z\times(-1)=\dfrac{x}{y}-z$

⑤ $(a+b)\div2+(a+b)\div c=\dfrac{a+b}{2}+\dfrac{a+b}{c}$

02 　　　　　　　　　　　정답 ④

① 지우개 한 개의 가격은 $\dfrac{x}{10}$원이므로

(지우개 3개의 가격) $=3\times\dfrac{x}{10}=\dfrac{3}{10}x$(원)

③ (총점) $=$ (평균 점수) $\times$ (과목의 수) $=x\times4=4x$(점)

④ (남은 쪽수) $=$ (전체 쪽수) $-$ (b일 동안 읽은 쪽수)
　　　　　　$=a-20\times b=a-20b$(쪽)

⑤ (거리) $=$ (속력) $\times$ (시간) $=80\times x=80x$ (km)

따라서 옳지 않은 것은 ④이다.

03 　　　　　　　　　정답 $\left(\dfrac{3}{4}a+\dfrac{2000}{b}\right)$원

4개에 a원인 초콜릿 한 개의 가격은 $\dfrac{a}{4}$원이므로

초콜릿 3개의 가격은 $\dfrac{a}{4}\times3=\dfrac{3}{4}a$(원)

b개에 1000원인 사탕 한 개의 가격은 $\dfrac{1000}{b}$원이므로

사탕 2개의 가격은 $\dfrac{1000}{b}\times2=\dfrac{2000}{b}$(원)

따라서 구하는 가격의 합은 $\left(\dfrac{3}{4}a+\dfrac{2000}{b}\right)$원이다.

04 　　　　　　　　　　　정답 ⑤

① $a+2b=-3+2\times\dfrac{1}{2}=-3+1=-2$

② $(-b)^3=\left(-\dfrac{1}{2}\right)^3=-\dfrac{1}{8}$

③ $2ab=2\times(-3)\times\dfrac{1}{2}=-3$

④ $\dfrac{3}{a}+3=\dfrac{3}{-3}+3=-1+3=2$

⑤ $a-b^2=-3-\left(\dfrac{1}{2}\right)^2=-3-\dfrac{1}{4}=-\dfrac{13}{4}$

따라서 식의 값이 가장 작은 것은 ⑤이다.

05 　　　　　　　　　　　정답 ④

지면에서 높이가 h km인 곳의 기온은 $(19-6h)$ ℃이므로

$19-6h$에 $h=1.2$를 대입하면

$19-6\times1.2=19-7.2=11.8$

따라서 지면에서 높이가 1.2 km인 곳의 기온은 11.8 ℃이다.

06 　　　　　　　　　　　정답 ③

① 항은 $-\dfrac{1}{5}x^2$, x, -3의 3개이다.

③ x^2의 계수는 $-\dfrac{1}{5}$이다.

따라서 옳지 않은 것은 ③이다.

07 　　　　　　　　　　　정답 ㄴ, ㄷ, ㅅ

ㄱ. 다항식의 차수가 2이므로 일차식이 아니다.

ㄹ. 분모에 문자가 있으므로 다항식이 아니다.

ㅁ. 상수항의 차수는 0이므로 일차식이 아니다.

ㅂ. $x(x-2)=x^2-2x$, 즉 다항식의 차수가 2이므로
　　일차식이 아니다.

ㅇ. $x+1-(x-1)=x+1-x+1=2$, 즉 상수항의 차수는 0이므
　　로 일차식이 아니다.

따라서 일차식인 것은 ㄴ, ㄷ, ㅅ이다.

08 　　　　　　　　　　　정답 ④

① $4x\times(-5)=-20x$

② $(-18x)\div6=(-18x)\times\dfrac{1}{6}=-3x$

③ $(2x-8)\div2=(2x-8)\times\dfrac{1}{2}=2x\times\dfrac{1}{2}-8\times\dfrac{1}{2}=x-4$

④ $\dfrac{5}{3}(3x+6)=\dfrac{5}{3}\times3x+\dfrac{5}{3}\times6=5x+10$

⑤ $-5(x-7)=(-5)\times x+(-5)\times(-7)=-5x+35$

따라서 옳은 것은 ④이다.

09 　　　　　　　　　　　정답 ⑤

⑤ $2x^2-7x+3$에서 x의 계수는 -7, 상수항은 3이므로
　　그 합은 $-7+3=-4$

10 　　　　　　　　　　　정답 ②, ③

① $x\times4x\div4=x\times4x\times\dfrac{1}{4}=x^2$

② $x+x+x+x=4x$

③ $\frac{1}{3} \times x \div 3 = \frac{1}{3} \times x \times \frac{1}{3} = \frac{1}{9}x$

④ $5x - 2x - 3x = 0$

⑤ $x \times x \times x = x^3$

따라서 계산 결과가 $3x$와 동류항인 것은 ②, ③이다.

11 $\qquad$ (정답) ④

$(7x-5) - \frac{1}{3}(3x-9) = 7x - 5 - x + 3 = 6x - 2$

따라서 $a=6$, $b=-2$이므로

$a+b = 6 + (-2) = 4$

12 $\qquad$ (정답) $-16x+13$

$\begin{aligned} 5A - 2B &= 5(-2x+1) - 2(3x-4) \\ &= -10x + 5 - 6x + 8 \\ &= -16x + 13 \end{aligned}$

13 $\qquad$ (정답) -6

$\begin{aligned} \frac{3}{a} + \frac{2}{b} - \frac{1}{c} &= 3 \div a + 2 \div b - 1 \div c \\ &= 3 \div \frac{1}{2} + 2 \div \left(-\frac{1}{3}\right) - 1 \div \frac{1}{6} \\ &= 3 \times 2 + 2 \times (-3) - 1 \times 6 \\ &= 6 - 6 - 6 = -6 \end{aligned}$

14 $\qquad$ (정답) (1) $4n$ (2) 60

(1) 첫 번째, 두 번째, 세 번째 …에 놓인 바둑돌의 개수를 각각 구해
보면 4, 4×2, 4×3, …이다.
따라서 n번째에 놓인 바둑돌의 개수는 $4 \times n = 4n$이다.

(2) $4n$에 $n=15$를 대입하면 $4 \times 15 = 60$
따라서 15번째 놓인 바둑돌의 개수는 60이다.

15 $\qquad$ (정답) $5x+60$

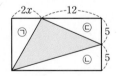

(직사각형의 넓이) $= (2x+12) \times 10 = 20x + 120$

(직각삼각형 ㉠의 넓이) + (직각삼각형 ㉡의 넓이)

$\qquad\qquad\qquad\qquad$ + (직각삼각형 ㉢의 넓이)

$= \frac{1}{2} \times 2x \times 10 + \frac{1}{2} \times (2x+12) \times 5 + \frac{1}{2} \times 12 \times 5$

$= 10x + 5x + 30 + 30 = 15x + 60$

$\therefore$ (색칠한 부분의 넓이) $= (20x+120) - (15x+60)$

$\qquad\qquad\qquad\qquad\quad = 20x + 120 - 15x - 60 = 5x + 60$

16 $\qquad$ (정답) 6

$\{(x-y) \odot (3x-2y)\} - \{(2x+3y) \blacklozenge (-x+4y)\}$

$= \{-2(x-y) + (3x-2y)\} - \{3(2x+3y) - 2(-x+4y)\}$

$= (-2x+2y+3x-2y) - (6x+9y+2x-8y)$

$= x - (8x+y)$

$= x - 8x - y$

$= -7x - y$

따라서 $a=-7$, $b=-1$이므로

$b-a = -1 - (-7) = 6$

17 $\qquad$ (정답) $-15x+11y$

어떤 다항식을 A라 하면

$A + \frac{1}{3}(6x-3y) = 5x + y$

$\therefore A = 5x + y - \frac{1}{3}(6x-3y)$

$\qquad = 5x + y - 2x + y = 3x + 2y$

따라서 바르게 계산한 식은

$3x + 2y - 3(6x-3y) = 3x + 2y - 18x + 9y$

$\qquad\qquad\qquad\qquad\qquad = -15x + 11y$

18 $\qquad$ (정답) $16x-1$

A	B	
$4x-3$	$-x+7$	$2x+5$
$-7x+10$	㉠	$-2x$

가로, 세로에 놓인 세 식의 합이 같으므로

$(4x-3) + (-x+7) + (2x+5) = 5x + 9$

$A + (4x-3) + (-7x+10) = 5x+9$에서

$A + (-3x+7) = 5x + 9$

$\therefore A = 5x + 9 - (-3x+7)$

$\qquad = 5x + 9 + 3x - 7$

$\qquad = 8x + 2$

$(-7x+10) + ㉠ + (-2x) = 5x+9$에서

$㉠ + (-9x+10) = 5x + 9$

$\therefore ㉠ = 5x + 9 - (-9x+10)$

$\qquad = 5x + 9 + 9x - 10$

$\qquad = 14x - 1$

$B + (-x+7) + (14x-1) = 5x+9$에서

$B + (13x+6) = 5x + 9$

$\therefore B = 5x + 9 - (13x+6)$

$\qquad = 5x + 9 - 13x - 6$

$\qquad = -8x + 3$

$\therefore A - B = (8x+2) - (-8x+3)$

$\qquad\qquad = 8x + 2 + 8x - 3$

$\qquad\qquad = 16x - 1$

Ⅲ 07 일차방정식의 풀이

01 방정식과 항등식

개념 CHECK • 본책 142쪽

01 (1) × (2) ○ (3) ○ (4) ×
02 (1) 방 (2) 항 (3) 항 (4) 방
(5) 항 (6) 방

대표 유형 • 본책 143~144쪽

01·Ⓐ $50-16x=2$ **Ⓑ** ④
02·Ⓐ ⑤ **Ⓑ** ③ **03·Ⓐ** ⑤ **Ⓑ** 2개
04·Ⓐ $a=-5$, $b=2$ **Ⓑ** ①

01·Ⓐ ────────── 정답 $50-16x=2$

귤을 x개씩 16명에게 나누어 주면 나누어 준 귤은 $16x$개이고, 50개의 귤에서 2개가 남았으므로 등식으로 나타내면 $50-16x=2$

01·Ⓑ ────────── 정답 ④

(직사각형의 둘레의 길이)$=2\times\{$(가로의 길이)$+$(세로의 길이)$\}$
이므로
$2(5+x)=34$

02·Ⓐ ────────── 정답 ⑤

각각의 방정식에 $x=-1$을 대입하면
① $-1-1\neq0$ ② $2\times(-1)-3\neq1$
③ $5\times(-1+2)\neq4$ ④ $6\times(-1)-7\neq3\times(-1)+1$
⑤ $5-(-1)=2\times(-1+4)$
따라서 해가 $x=-1$인 것은 ⑤이다.

02·Ⓑ ────────── 정답 ③

각각의 방정식의 x에 [ ] 안의 수를 대입하면
① $5+3=8$ ② $2\times1-5=-3$
③ $7-4\times(-2)\neq-1$ ④ $4+3=11-4$
⑤ $3\times(-3)=2\times(-3-2)+1$
따라서 [ ] 안의 수가 주어진 방정식의 해가 아닌 것은 ③이다.

03·Ⓐ ────────── 정답 ⑤

① 다항식
② 등식
③ 등식이 아니다.
④ (좌변)$=2(x-5)+1=2x-10+1=2x-9$
즉, (좌변)$=$(우변)이므로 항등식이다.
⑤ 방정식

03·Ⓑ ────────── 정답 2개

ㄱ. (좌변)$=x-3x=-2x$
즉, (좌변)$=$(우변)이므로 항등식이다.
ㄴ. 다항식
ㄷ. 등식이 아니다.
ㄹ. 방정식
ㅁ. (좌변)$=2(x-4)=2x-8$
즉, (좌변)$=$(우변)이므로 항등식이다.
ㅂ. 거짓인 등식
따라서 x의 값에 관계없이 항상 참인 등식, 즉 항등식은 ㄱ, ㅁ의 2개이다.

04·Ⓐ ────────── 정답 $a=-5$, $b=2$

주어진 등식이 x에 대한 항등식이므로 좌변과 우변의 x의 계수와 상수항이 각각 같아야 한다.
∴ $a=-5$, $b=2$

04·Ⓑ ────────── 정답 ①

모든 x의 값에 대하여 항상 참인 등식은 항등식이다.
$2(3-x)=6+ax$에서 $6-2x=6+ax$ ∴ $a=-2$

02 등식의 성질

개념 CHECK • 본책 145쪽

01 (1) 2 (2) 3 (3) 5 (4) 4
02 3, 3, 3, 5, 5, 5, 5, 5, 1
03 (1) $x=8$ (2) $x=-7$ (3) $x=15$ (4) $x=-3$

03 (1) $x-2=6$의 양변에 2를 더하면
$x-2+2=6+2$ ∴ $x=8$
(2) $x+5=-2$의 양변에서 5를 빼면
$x+5-5=-2-5$ ∴ $x=-7$
(3) $\frac{1}{5}x=3$의 양변에 5를 곱하면
$\frac{1}{5}x\times5=3\times5$ ∴ $x=15$
(4) $4x=-12$의 양변을 4로 나누면
$\frac{4x}{4}=\frac{-12}{4}$ ∴ $x=-3$

대표 유형 • 본책 146쪽

05·Ⓐ ④ **Ⓑ** ④ **06·Ⓐ** ㉠ **Ⓑ** 6

본책

05·Ⓐ

① $a=b$의 양변에서 b를 빼면
　$a-b=b-b$　∴ $a-b=0$

② $a-2=b-2$의 양변에 2를 더하면
　$a-2+2=b-2+2$　∴ $a=b$

③ $\dfrac{a}{2}=b$의 양변에 2를 곱하면
　$\dfrac{a}{2}\times2=b\times2$　∴ $a=2b$

④ $3a=5b$의 양변을 15로 나누면
　$\dfrac{3a}{15}=\dfrac{5b}{15}$　∴ $\dfrac{a}{5}=\dfrac{b}{3}$

⑤ $a=-b$의 양변에 4를 곱하면 $4a=-4b$

따라서 옳지 않은 것은 ④이다.

05·Ⓑ

① $3a=b$의 양변에서 7을 빼면
　$3a-7=b-7$

② $3a=b$의 양변에 3을 곱하면
　$3a\times3=b\times3$　∴ $9a=3b$

③ $3a=b$의 양변을 3으로 나누면
　$\dfrac{3a}{3}=\dfrac{b}{3}$　∴ $a=\dfrac{b}{3}$

④ $3a=b$의 양변에 3을 더하면
　$3a+3=b+3$　∴ $3(a+1)=b+3$

⑤ $3a=b$의 양변에 -1을 곱하면 $-3a=-b$
　양변에 5를 더하면 $-3a+5=-b+5$

따라서 옳지 않은 것은 ④이다.

06·Ⓐ

㉠ 등식의 양변에 2를 곱한다.
㉡ 등식의 양변에 4를 더한다.
㉢ 등식의 양변을 5로 나눈다.

06·Ⓑ

㉠=2, ㉡=4이므로 ㉠+㉡=2+4=6

배운대로 학습하기 ● 본책 147쪽

01 ④	**02** ④	**03** $x=-1$	**04** ⑤
05 5	**06** ②, ③	**07** ③, ⑤	

01

④ $4000-600x=400$

02

각 방정식의 x에 [ ] 안의 수를 대입하면
① $-1+6\neq7$
② $4\times(-2)\neq-2-5$
③ $-2\times(-3)+1\neq-5$
④ $2\times(2-4)=2-6$
⑤ $3+3\neq3\times(2\times3-1)$
따라서 [ ] 안의 수가 주어진 방정식의 해인 것은 ④이다.

03

$x=-3$일 때, $2\times(-3)+5\neq1-2\times(-3)$
$x=-2$일 때, $2\times(-2)+5\neq1-2\times(-2)$
$x=-1$일 때, $2\times(-1)+5=1-2\times(-1)$
$x=0$일 때, $2\times0+5\neq1-2\times0$
$x=1$일 때, $2\times1+5\neq1-2\times1$
따라서 주어진 방정식의 해는 $x=-1$이다.

04

①, ②, ③ 방정식
④ (좌변)$=4(x+1)-7=4x+4-7=4x-3$
　즉, $4x-3=4x-5$이므로 거짓인 등식이다.
⑤ (우변)$=2(x-2)+x=2x-4+x=3x-4$
　즉, (좌변)$=$(우변)이므로 항등식이다.

05

(좌변)$=3(2x-1)+8=6x-3+8=6x+5$
∴ $\boxed{}=5$

06

① $\dfrac{a}{9}=\dfrac{b}{3}$의 양변에 27을 곱하면 $3a=9b$

② $a+6=b+6$의 양변에서 6을 빼면 $a=b$
　양변에 -1을 곱하면 $-a=-b$
　양변에 1을 더하면 $-a+1=-b+1$　∴ $1-a=1-b$

③ $a=2b$의 양변에 -2를 곱하면 $-2a=-4b$
　양변에 3을 더하면 $-2a+3=-4b+3$

④ $3a=-12b$의 양변을 3으로 나누면 $a=-4b$
　양변에 5를 더하면 $a+5=-4b+5$

⑤ $\dfrac{a}{5}=\dfrac{b}{7}$의 양변에 35를 곱하면 $7a=5b$
　양변에서 14를 빼면 $7a-14=5b-14$
　∴ $7(a-2)=5b-14$

따라서 옳은 것은 ②, ③이다.

07

① $x+4=2$의 양변에서 4를 빼면 $x=-2$
② $-\dfrac{1}{3}x=-3$의 양변에 -3을 곱하면 $x=9$

③ $2x-1=-7$의 양변에 1을 더하면 $2x=-6$
　양변을 2로 나누면 $x=-3$

④ $\dfrac{x+1}{5}=1$의 양변에 5를 곱하면 $x+1=5$
　양변에서 1을 빼면 $x=4$

⑤ $-3(x+2)=6$의 양변을 -3으로 나누면 $x+2=-2$
　양변에서 2를 빼면 $x=-4$

따라서 등식의 성질 '$a=b$이면 $\dfrac{a}{c}=\dfrac{b}{c}$이다. (단, c는 0이 아닌 정수)'

를 이용한 것은 ③, ⑤이다.

03 일차방정식

● 본책 148쪽

개념 CHECK

01 (1) $x=7+4$　　(2) $3x=2-5$
　　(3) $4x-x=9$　　(4) $2x+x=-7$
　　(5) $x-2x=8+1$　　(6) $5x+3x=3-4$

02 (1) ○　　(2) ○　　(3) ×　　(4) ○
　　(5) ×　　(6) ×

02 (1) $x+6=-1$에서 $x+7=0$이므로 일차방정식이다.
　(2) $2x=0$은 일차방정식이다.
　(3) $3x-2=4+3x$에서 $0\times x-6=0$이므로 일차방정식이 아니다.
　(4) $x^2-x=x^2+5$에서 $-x-5=0$이므로 일차방정식이다.
　(5) $4(x-1)=4x+1$에서 $0\times x-5=0$이므로 일차방정식이 아니다.
　(6) $x(x+3)=6-x^2$에서 $2x^2+3x-6=0$이므로 일차방정식이 아니다.

대표 유형

● 본책 149쪽

01·Ⓐ ④　**Ⓑ** ⑤　　**02·Ⓐ** ②, ⑤　**Ⓑ** ②

01·Ⓐ 　　　　　　　　　　정답 ④

① $7x\underline{-7}=0 \Rightarrow 7x=7$
② $-x\underline{+2}=1 \Rightarrow -x=1-2$
③ $\underline{4}+2x=3 \Rightarrow 2x=3-4$
⑤ $2x\underline{-3}=\underline{3x}+1 \Rightarrow 2x-3x=1+3$

01·Ⓑ 　　　　　　　　　　정답 ⑤

$3x-7=x+3$에서 $3x-x=3+7$ ∴ $2x=10$
따라서 $a=2$, $b=10$이므로 $a+b=2+10=12$

02·Ⓐ 　　　　　　　　　　정답 ②, ⑤

① $x+7=12$에서 $x-5=0$이므로 일차방정식이다.
③ $2x-9=3x+2$에서 $-x-11=0$이므로 일차방정식이다.
④ $6x^2=3(x+2x^2)$에서 $-3x=0$이므로 일차방정식이다

02·Ⓑ 　　　　　　　　　　정답 ②

$ax-2=-x+4$에서 $ax-2+x-4=0$
∴ $(a+1)x-6=0$
따라서 x에 대한 일차방정식이 되려면 $a+1\neq0$이어야 하므로 $a\neq-1$

04 일차방정식의 풀이

● 본책 150쪽

개념 CHECK

01 $x, 1, 2, -6, 2, -3$
02 $8, 2x, -8, -3, -15, -3, 5$
03 (1) $x=3$　(2) $x=1$　(3) $x=4$　(4) $x=-2$
　　(5) $x=7$　(6) $x=-2$

03 (1) $2x+3=9$에서 $2x=9-3$, $2x=6$ ∴ $x=3$
　(2) $-4x+7=3x$에서 $-4x-3x=-7$, $-7x=-7$
　　∴ $x=1$
　(3) $2x-5=x-1$에서 $2x-x=-1+5$ ∴ $x=4$
　(4) $8x+9=-3x-13$에서 $8x+3x=-13-9$, $11x=-22$
　　∴ $x=-2$
　(5) $2x-(x+2)=5$에서 $2x-x-2=5$, $x=5+2$
　　∴ $x=7$
　(6) $4(x-3)=5(x-2)$에서 $4x-12=5x-10$
　　$4x-5x=-10+12$, $-x=2$ ∴ $x=-2$

대표 유형

● 본책 151쪽

03·Ⓐ ④　**Ⓑ** ③　　**04·Ⓐ** ④　**Ⓑ** ②

03·Ⓐ 　　　　　　　　　　정답 ④

$5x+2=16-2x$에서 $5x+2x=16-2$
$7x=14$ ∴ $x=2$

03·Ⓑ 　　　　　　　　　　정답 ③

$x-5=4x+7$에서 $x-4x=7+5$, $-3x=12$ ∴ $x=-4$
$4-3x=2x-6$에서 $-3x-2x=-6-4$
$-5x=-10$ ∴ $x=2$
따라서 $a=-4$, $b=2$이므로 $a+b=-4+2=-2$

04·Ⓐ ──────────── 정답 ④

$2(x-2)+1=-(x-6)$에서 $2x-4+1=-x+6$

$2x+x=6+3$, $3x=9$ ∴ $x=3$

04·Ⓑ ──────────── 정답 ②

$2(4x+1)=5x+11$에서 $8x+2=5x+11$

$8x-5x=11-2$, $3x=9$ ∴ $x=3$

따라서 $a=3$이므로 3보다 작은 자연수는 1, 2의 2개이다.

05 복잡한 일차방정식의 풀이

개념 CHECK ──────── ● 본책 152쪽

01 10, 4, 8, 4, 8, 3, -3, -1

02 6, 4, 2, 2, 4, 10

03 (1) $x=9$ (2) $x=-6$

03 (1) $1.5x-3=1.2x-0.3$의 양변에 10을 곱하면

$15x-30=12x-3$, $15x-12x=-3+30$

$3x=27$ ∴ $x=9$

(2) $\dfrac{1}{4}x-\dfrac{3}{2}=x+3$의 양변에 분모의 최소공배수 4를 곱하면

$x-6=4x+12$, $x-4x=12+6$

$-3x=18$ ∴ $x=-6$

대표 유형 ──────── ● 본책 153~155쪽

05·Ⓐ ④ Ⓑ 1

06·Ⓐ $x=-\dfrac{1}{2}$ Ⓑ ④

07·Ⓐ -1 Ⓑ -6 **08·Ⓐ** $-\dfrac{1}{9}$ Ⓑ 5

09·Ⓐ ① Ⓑ $\dfrac{1}{2}$ **10·Ⓐ** 3 Ⓑ ⑤

05·Ⓐ ──────────── 정답 ④

$0.05x-0.12=0.01(2x+3)$의 양변에 100을 곱하면

$5x-12=2x+3$, $5x-2x=3+12$

$3x=15$ ∴ $x=5$

05·Ⓑ ──────────── 정답 1

$0.3x-0.8=0.5x-1.3$의 양변에 10을 곱하면

$3x-8=5x-13$, $3x-5x=-13+8$

$-2x=-5$ ∴ $x=\dfrac{5}{2}$

따라서 $a=\dfrac{5}{2}$이므로 $2a-4=2\times\dfrac{5}{2}-4=1$

06·Ⓐ ──────────── 정답 $x=-\dfrac{1}{2}$

$\dfrac{x+3}{5}=\dfrac{4x-1}{2}+2$의 양변에 분모의 최소공배수 10을 곱하면

$2(x+3)=5(4x-1)+20$, $2x+6=20x-5+20$

$2x+6=20x+15$, $2x-20x=15-6$

$-18x=9$ ∴ $x=-\dfrac{1}{2}$

06·Ⓑ ──────────── 정답 ④

$\dfrac{3}{4}x+\dfrac{1}{6}=\dfrac{1}{3}x-\dfrac{1}{4}$의 양변에 분모의 최소공배수 12를 곱하면

$9x+2=4x-3$, $9x-4x=-3-2$

$5x=-5$ ∴ $x=-1$

따라서 $a=-1$이므로

$a^2-a=(-1)^2-(-1)=1+1=2$

07·Ⓐ ──────────── 정답 -1

$\dfrac{x-5}{4}:3=(3x-1):8$에서 $2(x-5)=3(3x-1)$

$2x-10=9x-3$, $-7x=7$

∴ $x=-1$

07·Ⓑ ──────────── 정답 -6

$(0.8x+1):5=(x-1.2):10$에서 $10(0.8x+1)=5(x-1.2)$

$8x+10=5x-6$, $3x=-16$

∴ $x=-\dfrac{16}{3}$

따라서 $a=-\dfrac{16}{3}$이므로

$3a+10=3\times\left(-\dfrac{16}{3}\right)+10=-6$

08·Ⓐ ──────────── 정답 $-\dfrac{1}{9}$

$4a(x+2)+5a-3x=2$에 $x=-1$을 대입하면

$4a\times(-1+2)+5a-3\times(-1)=2$

$4a+5a+3=2$, $9a=-1$

∴ $a=-\dfrac{1}{9}$

08·Ⓑ ──────────── 정답 5

$3(2x-a)=6$에 $x=2$를 대입하면

$3(2\times2-a)=6$, $12-3a=6$, $-3a=-6$ ∴ $a=2$

따라서 $2(x-3)+3x=9$에서

$2x-6+3x=9$, $5x=15$ ∴ $x=3$

∴ $b=3$

∴ $a+b=2+3=5$

09·Ⓐ ──────────── 정답 ①

$2(x+3)-(x+7)=14$에서 $2x+6-x-7=14$ ∴ $x=15$

$ax-5=10$에 $x=15$를 대입하면

$15a-5=10$, $15a=15$ ∴ $a=1$

09·B
정답 $\dfrac{1}{2}$

$3(3x-5)=2(5x-4)$에서

$9x-15=10x-8$ ∴ $x=-7$

비례식에서 $6(ax-3)=3(2x+1)$이므로 이 방정식에 $x=-7$을 대입하면

$6(-7a-3)=3\times(-14+1)$, $-42a-18=-39$

$-42a=-21$ ∴ $a=\dfrac{1}{2}$

10·A
정답 3

$3(7-2x)=a$에서 $21-6x=a$, $-6x=a-21$

∴ $x=\dfrac{21-a}{6}$

이때 $\dfrac{21-a}{6}$가 자연수이려면 $21-a$는 6의 배수이어야 한다.

(i) $21-a=6$일 때, $a=15$

(ii) $21-a=12$일 때, $a=9$

(iii) $21-a=18$일 때, $a=3$

(iv) $21-a$가 24 이상인 6의 배수일 때는 a가 자연수가 아니다.

(i) ~ (iv)에서 구하는 자연수 a는 3, 9, 15의 3개이다.

10·B
정답 ⑤

$\dfrac{1}{2}(x+4a)=x+14$의 양변에 2를 곱하면

$x+4a=2x+28$ ∴ $x=4a-28$

이때 $4a-28=4(a-7)$이 음의 정수이어야 하므로

$a=1, 2, \cdots, 6$

배운대로 학습하기
● 본책 156~157쪽

01 ②	02 ㄱ, ㄷ	03 ③, ⑤	04 ④
05 ④	06 $x=2$	07 ④	08 ⑤
09 1	10 ④	11 ①	12 ④

01
정답 ②

$2x+1=5$에서 1을 이항하면

$2x=5-1$로 양변에서 1을 뺀 것과 같다.

02
정답 ㄱ, ㄷ

ㄴ. $6-2x=-x$ ⇨ $-2x+x=-6$

ㄹ. $8x-1=5x+8$ ⇨ $8x-5x=8+1$

따라서 이항을 바르게 한 것은 ㄱ, ㄷ이다.

03
정답 ③, ⑤

① 등식이 아니므로 일차방정식이 아니다.

② 일차식

③ $5x=2-x$에서 $6x-2=0$이므로 일차방정식이다.

④ $-x+3=-(x-7)$에서 $0\times x-4=0$이므로 일차방정식이 아니다.

⑤ $-2x+x^2=x^2+2x+1$에서 $-4x-1=0$이므로 일차방정식이다.

따라서 일차방정식인 것은 ③, ⑤이다.

04
정답 ④

$ax-1=3x-(x+5)$에서 $ax-1=3x-x-5$, $ax-1=2x-5$

$ax-1-2x+5=0$ ∴ $(a-2)x+4=0$

이 등식이 x에 대한 일차방정식이 되려면 $a-2\neq0$이어야 하므로

$a\neq2$

05
정답 ④

① $-x=3x+8$에서 $-4x=8$ ∴ $x=-2$

② $x+2=4x-7$에서 $-3x=-9$ ∴ $x=3$

③ $5(x+3)=3x+7$에서 $5x+15=3x+7$, $2x=-8$
   ∴ $x=-4$

④ $13+x=4(x-2)$에서 $13+x=4x-8$, $-3x=-21$
   ∴ $x=7$

⑤ $2(2x-1)=3(11-x)$에서 $4x-2=33-3x$, $7x=35$
   ∴ $x=5$

따라서 해가 가장 큰 것은 ④이다.

06
정답 $x=2$

$3\{2x-(5-4x)\}-x+7=26$에서

$3(2x-5+4x)-x+7=26$

$3(6x-5)-x+7=26$

$18x-15-x+7=26$

$17x=34$ ∴ $x=2$

07
정답 ④

$0.05x-0.4=-0.1x+0.65$의 양변에 100을 곱하면

$5x-40=-10x+65$, $15x=105$

∴ $x=7$

따라서 7보다 작은 자연수는 1, 2, 3, $\cdots$, 6의 6개이다.

08
정답 ⑤

$3(x+1)=-2(x+4)-4$에서

$3x+3=-2x-8-4$, $3x+3=-2x-12$

$5x=-15$ ∴ $x=-3$

① $7x=4x-15$에서 $3x=-15$ ∴ $x=-5$

② $x+2=3x-4$에서 $-2x=-6$ ∴ $x=3$

③ $5(x+2)=3x$에서 $5x+10=3x$, $2x=-10$ ∴ $x=-5$

④ $\dfrac{1}{2}x+4=2x-\dfrac{1}{2}$의 양변에 2를 곱하면

   $x+8=4x-1$, $-3x=-9$ ∴ $x=3$

⑤ $0.5(x-1)=-0.2(x+13)$의 양변에 10을 곱하면
$5(x-1)=-2(x+13)$, $5x-5=-2x-26$
$7x=-21$ ∴ $x=-3$
따라서 주어진 일차방정식과 해가 같은 것은 ⑤이다.

09 ────── 정답 1

$(2x+1):3=(5-x):4$에서 $4(2x+1)=3(5-x)$
$8x+4=15-3x$, $11x=11$ ∴ $x=1$

10 ────── 정답 ④

$\dfrac{a(x+6)}{4}-\dfrac{2-ax}{6}=\dfrac{1}{3}$에 $x=-2$를 대입하면

$\dfrac{a\times(-2+6)}{4}-\dfrac{2+2a}{6}=\dfrac{1}{3}$, $a-\dfrac{1+a}{3}=\dfrac{1}{3}$

양변에 3을 곱하면
$3a-(1+a)=1$, $3a-1-a=1$
$2a=2$ ∴ $a=1$

11 ────── 정답 ①

$0.5x-2.3=0.2(x-4)$의 양변에 10을 곱하면
$5x-23=2(x-4)$
$5x-23=2x-8$, $3x=15$ ∴ $x=5$
$3x+a=5$에 $x=5$를 대입하면
$15+a=5$ ∴ $a=-10$

12 ────── 정답 ④

$2x-\dfrac{1}{2}(x+3a)=-9$의 양변에 2를 곱하면

$4x-(x+3a)=-18$
$4x-x-3a=-18$, $3x=-18+3a$ ∴ $x=a-6$
이때 $a-6$이 음의 정수이어야 하므로 $a=1, 2, 3, 4, 5$
따라서 모든 자연수 a의 값의 합은
$1+2+3+4+5=15$

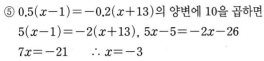

서술형 훈련하기 ● 본책 158~159쪽

01 -30 **02** 3 **03** 10 **04** $x=1$
05 10 **06** -1

01 ────── 정답 -30

1단계 괄호를 풀어 주어진 식 간단히 하기
$-2(ax-1)-6x+5=b+4x+1$에서
$-2ax+2-6x+5=b+4x+1$
$-2(a+3)x+7=4x+(b+1)$ ‥‥‥ 30 %

2단계 항등식의 성질을 이용하여 a, b의 값 구하는 식 세우기
이 등식이 x의 값에 관계없이 항상 성립하므로
$-2(a+3)=4$, $7=b+1$ ‥‥‥ 40 %

3단계 ab의 값 구하기
따라서 $a=-5$, $b=6$이므로
$ab=-5\times 6=-30$ ‥‥‥ 30 %

02 ────── 정답 3

1단계 $0.3(x-2)=0.6(x+2)-3$의 해 구하기
$0.3(x-2)=0.6(x+2)-3$의 양변에 10을 곱하면
$3(x-2)=6(x+2)-30$
$3x-6=6x+12-30$, $-3x=-12$
∴ $x=4$ ‥‥‥ 60 %

2단계 a의 값 구하기
$ax-3=2x+1$에 $x=4$를 대입하면
$4a-3=2\times 4+1$, $4a=12$
∴ $a=3$ ‥‥‥ 40 %

03 ────── 정답 10

1단계 주어진 일차방정식의 양변에 곱해야 할 분모의 최소공배수 구하기
$\dfrac{x+2}{5}-1=\dfrac{3x+2}{4}$의 양변에 분모의 최소공배수 20을 곱하면
 ‥‥‥ 20 %

2단계 주어진 일차방정식의 해 구하기
$4(x+2)-20=5(3x+2)$, $4x+8-20=15x+10$
$-11x=22$ ∴ $x=-2$ ‥‥‥ 40 %

3단계 a^2-3a의 값 구하기
따라서 $a=-2$이므로
$a^2-3a=(-2)^2-3\times(-2)=4+6=10$ ‥‥‥ 40 %

04 ────── 정답 $x=1$

1단계 주어진 일차방정식의 계수를 모두 분수로 고치기
$\dfrac{1}{2}(x-1)=0.5x-\dfrac{3-x}{4}$에서 소수를 분수로 고치면

$\dfrac{1}{2}(x-1)=\dfrac{1}{2}x-\dfrac{3-x}{4}$ ‥‥‥ 30 %

2단계 양변에 곱해야 할 분모의 최소공배수 구하기
양변에 분모의 최소공배수 4를 곱하면 ‥‥‥ 20 %

3단계 일차방정식의 해 구하기
$2(x-1)=2x-(3-x)$
$2x-2=2x-3+x$, $2x-2=3x-3$
$-x=-1$ ∴ $x=1$ ‥‥‥ 50 %

05

〔정답〕 10

〔1단계〕 a의 값 구하기

$4x+a=-3x+2$에 $x=-1$을 대입하면

$4\times(-1)+a=-3\times(-1)+2$, $-4+a=5$

$\therefore a=9$ ...... 40 %

〔2단계〕 b의 값 구하기

$0.1(x+3)=bx+1.2$에 $x=-1$을 대입하면

$0.1\times(-1+3)=b\times(-1)+1.2$, $0.2=-b+1.2$

$\therefore b=1$ ...... 40 %

〔3단계〕 $a+b$의 값 구하기

$\therefore a+b=9+1=10$ ...... 20 %

06

〔정답〕 -1

〔1단계〕 $(x-2):6=\dfrac{x-1}{3}:4$를 만족시키는 x의 값 구하기

$(x-2):6=\dfrac{x-1}{3}:4$에서 $4(x-2)=2(x-1)$

$4x-8=2x-2$, $2x=6$

$\therefore x=3$ ...... 60 %

〔2단계〕 a의 값 구하기

$5a(x-1)=-10$에 $x=3$을 대입하면

$5a\times(3-1)=-10$, $10a=-10$

$\therefore a=-1$ ...... 40 %

중단원 마무리하기
● 본책 160~162쪽

01 ⑤	02 ④	03 ②, ④	04 ④
05 ③	06 ③, ⑤	07 ④	08 3
09 5	10 2	11 -4	12 ②
13 ④	14 63	15 24	16 15
17 5	18 6		

01

〔정답〕 ⑤

⑤ $x+6=4x+3$

02

〔정답〕 ④

각각의 방정식에 $x=-2$를 대입하면

① $-5\times(-2)=10$

② $\dfrac{1}{2}\times(-2)+3=2$

③ $4\times(-2+1)=-4$

④ $8\times(-2)-6\neq-4\times(-2)-18$

⑤ $3\times(-2-2)=2\times(-2-4)$

따라서 방정식의 해가 $x=-2$가 아닌 것은 ④이다.

03

〔정답〕 ②, ④

① 다항식 ②, ④ 방정식 ③, ⑤ 항등식

04

〔정답〕 ④

① $a-b=0$의 양변에 b를 더하면 $a=b$

② $a+b=0$의 양변에서 b를 빼면 $a=-b$

　양변에 2를 곱하면 $2a=-2b$

③ $a=4b$의 양변에서 4를 빼면

　$a-4=4b-4$ $\therefore a-4=4(b-1)$

④ $\dfrac{a}{2}=\dfrac{b}{3}$의 양변에서 1을 빼면

　$\dfrac{a}{2}-1=\dfrac{b}{3}-1$ $\therefore \dfrac{a-2}{2}=\dfrac{b-3}{3}$

⑤ $a-b=x-y$의 양변에 b를 더하면 $a=x-y+b$

　양변에 y를 더하면 $a+y=b+x$

따라서 옳지 않은 것은 ④이다.

05

〔정답〕 ③

$-2x+7=-1$의 양변에서 7을 빼면

$-2x+7-7=-1-7$, 즉 $-2x=-1-7$

따라서 이용된 등식의 성질은 ③이다.

06

〔정답〕 ③, ⑤

① 일차식

② 등식이 아니므로 일차방정식이 아니다.

③ $4x+1=7$에서 $4x-6=0$이므로 일차방정식이다.

④ $2x-3=2(x+1)$에서 $2x-3=2x+2$, 즉 $0\times x-5=0$이므로
　일차방정식이 아니다.

⑤ $x^2+3x+1=x^2+x$에서 $2x+1=0$이므로 일차방정식이다.

따라서 일차방정식은 ③, ⑤이다.

07

〔정답〕 ④

$2(x-5)+3=7$에서 $2x-10+3=7$, $2x=14$ $\therefore x=7$

① $8x+2=5x-7$에서 $3x=-9$ $\therefore x=-3$

② $5(x-2)=3(x+4)$에서 $5x-10=3x+12$

　$2x=22$ $\therefore x=11$

③ $\dfrac{1}{3}(x+1)=x-\dfrac{5}{3}$의 양변에 3을 곱하면

　$x+1=3x-5$, $-2x=-6$ $\therefore x=3$

④ $0.2(x-1)=0.3x-0.9$의 양변에 10을 곱하면

　$2(x-1)=3x-9$, $2x-2=3x-9$, $-x=-7$ $\therefore x=7$

⑤ $\dfrac{x}{4}-\dfrac{3+x}{6}=0.5(x+4)$의 양변에 12를 곱하면

$3x-2(3+x)=6(x+4)$, $3x-6-2x=6x+24$

$-5x=30$ ∴ $x=-6$

따라서 주어진 일차방정식과 해가 같은 것은 ④이다.

08   정답 3

$(4x-2):(x+3)=5:3$에서 $3(4x-2)=5(x+3)$

$12x-6=5x+15$, $7x=21$

∴ $x=3$

09   정답 5

$0.02(4-3x)=-0.01x+0.13$의 양변에 100을 곱하면

$2(4-3x)=-x+13$, $8-6x=-x+13$

$-5x=5$ ∴ $x=-1$

$\dfrac{x}{2}+\dfrac{a-x}{6}=0.5(x+2)$에 $x=-1$을 대입하면

$-\dfrac{1}{2}+\dfrac{a+1}{6}=0.5$

양변에 6을 곱하면 $-3+(a+1)=3$ ∴ $a=5$

10   정답 2

$-5x+9=3x+1$에서 $-8x=-8$ ∴ $x=1$

이때 $2x+a=5x-7$의 해는 $x=2\times1=2$이므로

$2x+a=5x-7$에 $x=2$를 대입하면

$4+a=10-7$ ∴ $a=-1$

∴ $a^2-2a-1=(-1)^2-2\times(-1)-1=2$

11   정답 -4

$(-4x+3)+15=-4x+18$, $15+(x-5)=x+10$

이므로 $(-4x+18)+(x+10)=40$에서

$-3x+28=40$, $-3x=12$ ∴ $x=-4$

12   정답 ②

$2*x=2+x-2x=2-x$이므로

$(2*x)*5=(2-x)*5$

$\qquad\qquad=(2-x)+5-5(2-x)$

$\qquad\qquad=2-x+5-10+5x$

$\qquad\qquad=4x-3$

이때 $4x-3=-11$이므로 $4x=-8$ ∴ $x=-2$

13   정답 ④

$3(2x-3)=2(ax+1)+5$에서 $6x-9=2ax+7$

∴ $(6-2a)x-16=0$

따라서 $6-2a\neq0$이어야 하므로 $a\neq3$

14   정답 63

$\dfrac{x-1}{2}-3=ax+b$에서 $\dfrac{1}{2}x-\dfrac{7}{2}=ax+b$이므로

$a=\dfrac{1}{2}$, $b=-\dfrac{7}{2}$

$3x-8=cx-2$에 $x=\dfrac{1}{2}$을 대입하면 $\dfrac{3}{2}-8=\dfrac{1}{2}c-2$

$-\dfrac{1}{2}c=\dfrac{9}{2}$ ∴ $c=-9$

∴ $\dfrac{bc}{a}=\left(-\dfrac{7}{2}\right)\times(-9)\div\dfrac{1}{2}=\left(-\dfrac{7}{2}\right)\times(-9)\times2=63$

15   정답 24

$5(x-2)=3(x+1)-1$에서 $5x-10=3x+3-1$

$2x=12$ ∴ $x=6$

$2k+x=7(k+3x)$의 해는 $x=-6$이므로

이 방정식에 $x=-6$을 대입하면

$2k-6=7\{k+3\times(-6)\}$, $2k-6=7k-126$

$-5k=-120$ ∴ $k=24$

16   정답 15

$5x+a=2x+11$에서 $3x=11-a$ ∴ $x=\dfrac{11-a}{3}$

이때 $\dfrac{11-a}{3}$가 자연수이려면 $11-a$는 3의 배수이어야 한다.

(ⅰ) $11-a=3$일 때, $a=8$

(ⅱ) $11-a=6$일 때, $a=5$

(ⅲ) $11-a=9$일 때, $a=2$

(ⅳ) $11-a$가 12 이상인 3의 배수일 때는 a가 자연수가 아니다.

(ⅰ)~(ⅳ)에서 구하는 자연수 a의 값은 2, 5, 8이므로 그 합은

$2+5+8=15$

17   정답 5

좌변의 3을 a로 잘못 보았다고 하면 $8x+a=2(x-4)+1$

$8x+a=2(x-4)+1$에 $x=-2$를 대입하면

$8\times(-2)+a=2\times(-2-4)+1$

$-16+a=-12+1$ ∴ $a=5$

따라서 3을 5로 잘못 보았다.

18   정답 6

$2(x+a)-3=bx+5$에서 $2x+(2a-3)=bx+5$

이 방정식의 해가 무수히 많으므로 $2=b$, $2a-3=5$

따라서 $a=4$, $b=2$이므로 $a+b=4+2=6$

> **BIBLE SAYS**   **특수한 해를 갖는 방정식**
>
> (1) x에 대한 방정식 $ax=b$에서
> ① 해가 없을 조건 ➡ $a=0$, $b\neq0$
> ② 해가 무수히 많을 조건 ➡ $a=0$, $b=0$
> (2) x에 대한 방정식 $ax+b=cx+d$, 즉 $(a-c)x=d-b$에서
> ① 해가 없을 조건 ➡ $a=c$, $b\neq d$
> ② 해가 무수히 많을 조건 ➡ $a=c$, $b=d$

08 일차방정식의 활용

01 일차방정식의 활용 (1)

개념 CHECK ● 본책 164쪽

01 $x-1$, $x-1$, 2, 20, 10, 10, 9

02 (1) $x+(x-2)=34$ (2) 18명

02 (1) 여학생은 남학생보다 2명이 더 적으므로 여학생은 $(x-2)$명이다.
이때 수정이네 반 학생은 34명이므로 $x+(x-2)=34$
(2) $x+(x-2)=34$에서
$2x-2=34$, $2x=36$ ∴ $x=18$
따라서 남학생은 18명이다.

대표 유형 ● 본책 165~168쪽

01 · A 19, 21 **B** 69 **02 · A** 75 **B** 37
03 · A 3년 후 **B** ④ **04 · A** 5마리 **B** ③
05 · A 3 **B** 4 cm **06 · A** 7명 **B** 50개
07 · A 4일 **B** 10시간
08 · A 16000원 **B** 27000원

01 · A ────── 정답 19, 21

연속하는 두 홀수를 x, $x+2$라 하면 두 홀수의 합이 40이므로
$x+(x+2)=40$
$2x=38$ ∴ $x=19$
따라서 두 홀수는 19, 21이다.

01 · B ────── 정답 69

연속하는 세 홀수를 $x-2$, x, $x+2$라 하면
$3x=(x-2)+(x+2)+23$
$3x=2x+23$ ∴ $x=23$
따라서 세 홀수는 21, 23, 25이므로 그 합은
$21+23+25=69$

02 · A ────── 정답 75

처음 수의 십의 자리의 숫자를 x라 하면
처음 수는 $10x+5$이고, 바꾼 수는 $50+x$이다.
이때 (바꾼 수)=(처음 수)-18이므로
$50+x=(10x+5)-18$, $50+x=10x-13$
$-9x=-63$ ∴ $x=7$
따라서 처음 수는 75이다.

02 · B ────── 정답 37

처음 수의 일의 자리의 숫자를 x라 하면
처음 수는 $30+x$이고, 바꾼 수는 $10x+3$이다.
이때 (바꾼 수)=$2\times$(처음 수)-1이므로
$10x+3=2(30+x)-1$, $10x+3=59+2x$
$8x=56$ ∴ $x=7$
따라서 처음 수는 37이다.

03 · A ────── 정답 3년 후

x년 후에 아버지의 나이가 윤석이의 나이의 3배가 된다고 하면
x년 후의 아버지의 나이와 윤석이의 나이는 각각 $(42+x)$세, $(12+x)$세이므로
$42+x=3(12+x)$, $42+x=36+3x$
$-2x=-6$ ∴ $x=3$
따라서 아버지의 나이가 윤석이의 나이의 3배가 되는 것은 3년 후이다.

03 · B ────── 정답 ④

x년 후에 아버지의 나이가 아들의 나이의 2배보다 5세가 많아진다고 하면 x년 후의 아버지의 나이와 아들의 나이는 각각 $(46+x)$세, $(13+x)$세이므로
$46+x=2(13+x)+5$, $46+x=26+2x+5$
$-x=-15$ ∴ $x=15$
따라서 아버지의 나이가 아들의 나이의 2배보다 5세가 많아지는 것은 15년 후이다.

04 · A ────── 정답 5마리

토끼를 x마리라 하면 오리는 $(18-x)$마리이므로
$2(18-x)+4x=46$, $36-2x+4x=46$
$2x=10$ ∴ $x=5$
따라서 토끼는 5마리이다.

04 · B ────── 정답 ③

청소년을 x명이라 하면 어른은 $(20-x)$명이므로
$5000(20-x)+2000x=58000$
$100000-5000x+2000x=58000$
$-3000x=-42000$ ∴ $x=14$
따라서 청소년은 14명이다.

05 · A ────── 정답 3

처음 직사각형의 넓이는 $6\times3=18$ (cm²)
직사각형의 가로의 길이를 x cm, 세로의 길이를 1 cm만큼 늘이면
가로의 길이는 $(6+x)$ cm, 세로의 길이는 4 cm가 되므로
$4(6+x)=2\times18$, $24+4x=36$
$4x=12$ ∴ $x=3$

05·B
정답) 4 cm

사다리꼴의 윗변의 길이를 x cm라 하면
아랫변의 길이는 $(x+2)$ cm이므로
$\frac{1}{2} \times \{x+(x+2)\} \times 10 = 50$, $5(2x+2) = 50$
$10x+10 = 50$, $10x = 40$ ∴ $x = 4$
따라서 윗변의 길이는 4 cm이다.

06·A
정답) 7명

학생을 x명이라 하면
(ⅰ) 한 학생에게 5개씩 나누어 주면 4개가 남으므로 사탕은
$(5x+4)$개
(ⅱ) 한 학생에게 6개씩 나누어 주면 3개가 부족하므로 사탕은
$(6x-3)$개
(ⅰ), (ⅱ)에서 $5x+4 = 6x-3$, $-x = -7$ ∴ $x = 7$
따라서 학생은 7명이다.

06·B
정답) 50개

학생을 x명이라 하면
(ⅰ) 한 학생에게 4개씩 나누어 주면 2개가 부족하므로 귤은
$(4x-2)$개
(ⅱ) 한 학생에게 3개씩 나누어 주면 11개가 남으므로 귤은
$(3x+11)$개
(ⅰ), (ⅱ)에서 $4x-2 = 3x+11$ ∴ $x = 13$
따라서 학생은 13명이므로 귤은 $4 \times 13 - 2 = 50$(개)

07·A
정답) 4일

전체 일의 양을 1이라 하면 형과 동생이 하루 동안 할 수 있는 일의
양은 각각 $\frac{1}{6}$, $\frac{1}{12}$이다.
이 일을 형과 동생이 같이 완성하는 데 x일이 걸린다고 하면
$\left(\frac{1}{6}+\frac{1}{12}\right)x = 1$, $\frac{1}{4}x = 1$ ∴ $x = 4$
따라서 이 일을 형과 동생이 같이 완성하는 데 4일이 걸린다.

07·B
정답) 10시간

물통에 가득 채워진 물의 양을 1이라 하면 A 호스, B 호스로 1시간
동안 채우는 물의 양은 각각 $\frac{1}{9}$, $\frac{1}{15}$이다.
B 호스로 물을 x시간 동안 더 받는다고 하면
$\frac{1}{9} \times 3 + \frac{1}{15}x = 1$, $\frac{1}{3}+\frac{1}{15}x = 1$, $5+x = 15$ ∴ $x = 10$
따라서 B 호스로 물을 10시간 동안 더 받아야 한다.

08·A
정답) 16000원

수학 문제집 1권의 가격을 x원이라 하면
$5\left(x-\frac{10}{100}x\right) = 72000$, $5 \times \frac{90}{100}x = 72000$ ∴ $x = 16000$
따라서 수학 문제집 1권의 가격은 16000원이다.

08·B
정답) 27000원

신발의 원가를 x원이라 하면
(정가)$= x+\frac{20}{100}x = \frac{6}{5}x$(원), (판매 가격)$= \frac{6}{5}x - 2400$(원)
이때 이익이 3000원이므로 $\left(\frac{6}{5}x-2400\right)-x = 3000$
$\frac{1}{5}x = 5400$ ∴ $x = 27000$
따라서 신발의 원가는 27000원이다.

배운대로 학습하기
● 본책 169쪽

01 ②	02 26	03 ③	04 7문제
05 ③	06 ③	07 2일	08 2500원

01
정답) ②

연속하는 세 자연수를 $x-1$, x, $x+1$이라 하면
$(x-1)+x+(x+1) = 75$, $3x = 75$ ∴ $x = 25$
따라서 연속하는 세 자연수는 24, 25, 26이므로 가장 작은 수는 24
이다.

02
정답) 26

처음 수의 일의 자리의 숫자를 x라 하면
처음 수는 $20+x$이고, 바꾼 수는 $10x+2$이다.
이때 (바꾼 수)$= 2 \times$(처음 수)$+10$이므로
$10x+2 = 2(20+x)+10$, $10x+2 = 40+2x+10$
$8x = 48$ ∴ $x = 6$
따라서 처음 수는 26이다.

03
정답) ③

현재 아들의 나이를 x세라 하면 현재 어머니의 나이는 $(53-x)$세
이고, 14년 후의 어머니의 나이와 아들의 나이는 각각
$\{(53-x)+14\}$세, $(x+14)$세이므로
$(53-x)+14 = 2(x+14)$, $67-x = 2x+28$
$-3x = -39$ ∴ $x = 13$
따라서 현재 아들의 나이는 13세이다.

04
정답) 7문제

4점짜리 문제를 x문제 맞혔다고 하면 5점짜리 문제는 $(10-x)$문
제 맞혔으므로
$4x+5(10-x) = 43$, $4x+50-5x = 43$
$-x = -7$ ∴ $x = 7$
따라서 4점짜리 문제를 7문제 맞혔다.

05

정답 ③

직사각형의 가로의 길이는 $2 \times 7 = 14$ (cm),

세로의 길이는 $(7-x)$ cm이므로

$14(7-x) = 56$, $98 - 14x = 56$

$-14x = -42$ ∴ $x = 3$

06

정답 ③

의자를 x개라 하면

(i) 한 의자에 6명씩 앉으면 9명이 앉지 못하므로 학생은

  $(6x+9)$명

(ii) 한 의자에 7명씩 앉으면 맨 마지막 의자에 2명만 앉으므로 학생

  은 $\{7(x-1)+2\}$명

(i), (ii)에서

$6x+9 = 7(x-1)+2$, $6x+9 = 7x-7+2$

$-x = -14$ ∴ $x = 14$

따라서 의자는 14개이다.

07

정답 2일

전체 일의 양을 1이라 하면 윤주와 주영이가 하루 동안 할 수 있는 일의

양은 각각 $\dfrac{1}{4}$, $\dfrac{1}{8}$이다.

둘이 함께 일한 기간을 x일이라 하면

$\dfrac{1}{4} \times 1 + \left(\dfrac{1}{4} + \dfrac{1}{8}\right)x = 1$, $\dfrac{1}{4} + \dfrac{3}{8}x = 1$

$2 + 3x = 8$, $3x = 6$ ∴ $x = 2$

따라서 둘이 함께 일한 기간은 2일이다.

08

정답 2500원

상품의 원가를 x원이라 하면

(정가)$= x + \dfrac{30}{100}x = \dfrac{13}{10}x$(원)

(판매 가격)$= \dfrac{13}{10}x - \dfrac{13}{10}x \times \dfrac{20}{100} = \dfrac{13}{10}x - \dfrac{13}{50}x = \dfrac{26}{25}x$(원)

이때 이익이 100원이므로 $\dfrac{26}{25}x - x = 100$

$\dfrac{1}{25}x = 100$ ∴ $x = 2500$

따라서 상품의 원가는 2500원이다.

02 일차방정식의 활용 (2)

개념 CHECK
● 본책 170쪽

01 (1) $6, \dfrac{x}{3}, \dfrac{x}{6}$ (2) $\dfrac{x}{3} + \dfrac{x}{6} = 3$, 6 km

02 (1) $x+10, 30(x+10), 50x$

  (2) $30(x+10) = 50x$, 15분 후

01

(2) $\dfrac{x}{3} + \dfrac{x}{6} = 3$에서 $2x+x = 18$, $3x = 18$ ∴ $x = 6$

  따라서 두 지점 A, B 사이의 거리는 6 km이다.

02

(2) $30(x+10) = 50x$에서

  $30x + 300 = 50x$, $-20x = -300$ ∴ $x = 15$

  따라서 형이 출발한 지 15분 후에 동생을 만난다.

대표 유형
● 본책 171~172쪽

01·Ⓐ ③ **Ⓑ** 600 m **02·Ⓐ** 4 km

03·Ⓐ 12분 후 **Ⓑ** 1 km

04·Ⓐ 20분 후 **Ⓑ** 20분 후

01·Ⓐ

정답 ③

올라갈 때 걸은 거리를 x km라 하면 내려올 때 걸은 거리는

$(x+2)$ km이다.

이때 (올라갈 때 걸린 시간)+(내려올 때 걸린 시간)$=4$(시간)이므로

$\dfrac{x}{4} + \dfrac{x+2}{5} = 4$, $5x + 4(x+2) = 80$

$5x + 4x + 8 = 80$, $9x = 72$ ∴ $x = 8$

따라서 올라갈 때 걸은 거리는 8 km이다.

01·Ⓑ

정답 600 m

분속 300 m로 달린 거리를 x m라 하면 분속 200 m로 달린 거리는

$(2000-x)$ m이다.

이때 (분속 200 m로 갈 때 걸린 시간)+(분속 300 m로 갈 때 걸린

시간)$=9$(분)이므로

$\dfrac{2000-x}{200} + \dfrac{x}{300} = 9$, $3(2000-x) + 2x = 5400$

$6000 - 3x + 2x = 5400$, $-x = -600$ ∴ $x = 600$

따라서 분속 300 m로 달린 거리는 600 m이다.

02·Ⓐ

정답 4 km

집에서 학교까지의 거리를 x km라 하면

(걸어서 가는 데 걸린 시간)-(자전거를 타고 가는 데 걸린 시간)

$= \dfrac{40}{60}$(시간)이므로

$\dfrac{x}{4} - \dfrac{x}{12} = \dfrac{40}{60}$, $\dfrac{x}{4} - \dfrac{x}{12} = \dfrac{2}{3}$

$3x - x = 8$, $2x = 8$ ∴ $x = 4$

따라서 집에서 학교까지의 거리는 4 km이다.

03·Ⓐ

정답 12분 후

언니가 학교를 출발한 지 x분 후에 동생을 만난다고 하면

(동생이 걸은 거리)=(언니가 자전거를 타고 간 거리)이므로

$90(x+8)=150x$, $90x+720=150x$

$-60x=-720$ $\therefore x=12$

따라서 언니가 학교를 출발한 지 12분 후에 동생을 만난다.

03·B
(정답) 1 km

지호가 도서관을 출발한 지 x시간 후에 윤서를 만난다고 하면

(윤서가 걸은 거리)=(지호가 자전거를 타고 간 거리)이므로

$2\left(x+\dfrac{20}{60}\right)=6x$, $2x+\dfrac{2}{3}=6x$, $-4x=-\dfrac{2}{3}$ $\therefore x=\dfrac{1}{6}$

따라서 지호는 도서관에서 $6\times\dfrac{1}{6}=1\,(\mathrm{km})$ 떨어진 지점에서 윤서를

만난다.

04·A
(정답) 20분 후

유빈이와 소진이가 출발한 지 x분 후에 만난다고 하면

(두 사람이 이동한 거리의 합)=(유빈이네 집과 소진이네 집 사이의

거리)이므로

$80x+60x=2800$, $140x=2800$ $\therefore x=20$

따라서 두 사람은 출발한 지 20분 후에 만난다.

04·B
(정답) 20분 후

A와 B가 출발한 지 x분 후에 처음으로 다시 만난다고 하면

(두 사람이 이동한 거리의 합)=(호수의 둘레의 길이)이므로

$70x+90x=3200$, $160x=3200$ $\therefore x=20$

따라서 두 사람은 출발한 지 20분 후에 처음으로 다시 만난다.

03 일차방정식의 활용 (3)

개념 CHECK
● 본책 173쪽

01 (1) 500, $500+x$, $500+x$

(2) $\dfrac{20}{100}\times500=\dfrac{16}{100}\times(500+x)$

(3) 125 g

02 (1) 400, $\dfrac{16}{100}\times x$, $\dfrac{14}{100}\times(400+x)$

(2) $\dfrac{10}{100}\times400+\dfrac{16}{100}\times x=\dfrac{14}{100}\times(400+x)$

(3) 800 g

01 (3) $\dfrac{20}{100}\times500=\dfrac{16}{100}\times(500+x)$에서

$10000=16(500+x)$

$10000=8000+16x$, $-16x=-2000$ $\therefore x=125$

따라서 더 넣은 물의 양은 125 g이다.

02 (3) $\dfrac{10}{100}\times400+\dfrac{16}{100}\times x=\dfrac{14}{100}\times(400+x)$에서

$4000+16x=5600+14x$

$2x=1600$ $\therefore x=800$

따라서 16 %의 소금물의 양은 800 g이다.

대표 유형
● 본책 174쪽

05·A ② **B** 50 g **06·A** ⑤

06·B 10 %의 소금물 : 150 g, 18 %의 소금물 : 250 g

05·A
(정답) ②

증발시켜야 하는 물의 양을 x g이라 하면 15 %의 소금물의 양은

$(200-x)$ g이다.

이때

(물을 증발시키기 전 소금의 양)=(물을 증발시킨 후 소금의 양)

이므로

$\dfrac{12}{100}\times200=\dfrac{15}{100}\times(200-x)$

$2400=15(200-x)$, $2400=3000-15x$

$15x=600$ $\therefore x=40$

따라서 증발시켜야 하는 물의 양은 40 g이다.

05·B
(정답) 50 g

더 넣어야 하는 소금의 양을 x g이라 하면 20 %의 소금물의 양은

$(400+x)$ g이다.

이때

(10 %의 소금물의 소금의 양)+(더 넣은 소금의 양)

=(20 %의 소금물의 소금의 양)

이므로

$\dfrac{10}{100}\times400+x=\dfrac{20}{100}\times(400+x)$

$4000+100x=20(400+x)$, $4000+100x=8000+20x$

$80x=4000$ $\therefore x=50$

따라서 더 넣어야 하는 소금의 양은 50 g이다.

06·A
(정답) ⑤

12 %의 설탕물의 양을 x g이라 하면 10 %의 설탕물의 양은

$(200+x)$ g이다.

이때 (섞기 전 설탕의 양의 합)=(섞은 후 설탕의 양)이므로

$\dfrac{7}{100}\times200+\dfrac{12}{100}\times x=\dfrac{10}{100}\times(200+x)$

$1400+12x=10(200+x)$, $1400+12x=2000+10x$

$2x=600$ $\therefore x=300$

따라서 12 %의 설탕물의 양은 300 g이다.

06·🅑 ⎯⎯⎯ 〔정답〕 10 %의 소금물 : 150 g, 18 %의 소금물 : 250 g

10 %의 소금물의 양을 x g이라 하면 18 %의 소금물의 양은
$(400-x)$ g이다.

이때 (섞기 전 소금의 양의 합)=(섞은 후 소금의 양)이므로

$\dfrac{10}{100} \times x + \dfrac{18}{100} \times (400-x) = \dfrac{15}{100} \times 400$

$10x + 18(400-x) = 6000$

$10x + 7200 - 18x = 6000$, $-8x = -1200$ ∴ $x=150$

따라서 10 %의 소금물의 양은 150 g, 18 %의 소금물의 양은
$400 - 150 = 250$ (g)이다.

배운대로 학습하기
● 본책 175쪽

01 ②	**02** 2 km	**03** 8 km
04 오전 8시 32분	**05** 7분 후	**06** ②
07 100 g		

---

01 ⎯⎯⎯⎯⎯⎯⎯⎯⎯⎯⎯⎯ 〔정답〕 ②

등산로의 길이를 x km라 하면

(올라갈 때 걸린 시간)+(내려올 때 걸린 시간)=5(시간)이므로

$\dfrac{x}{4} + \dfrac{x}{6} = 5$, $3x + 2x = 60$, $5x = 60$ ∴ $x=12$

따라서 등산로의 길이는 12 km이다.

---

02 ⎯⎯⎯⎯⎯⎯⎯⎯⎯⎯⎯⎯ 〔정답〕 2 km

상진이가 시속 2 km로 걸어간 거리를 x km라 하면

시속 6 km로 자전거를 타고 간 거리는 $(5-x)$ km이다.

이때

(자전거를 타고 갈 때 걸린 시간)+(걸어갈 때 걸린 시간)=$\dfrac{90}{60}$(시간)

이므로

$\dfrac{5-x}{6} + \dfrac{x}{2} = \dfrac{90}{60}$, $5 - x + 3x = 9$

$2x = 4$ ∴ $x=2$

따라서 상진이가 시속 2 km로 걸어간 거리는 2 km이다.

---

03 ⎯⎯⎯⎯⎯⎯⎯⎯⎯⎯⎯⎯ 〔정답〕 8 km

집에서 극장까지의 거리를 x km라 하면

(시속 6 km로 갈 때 걸린 시간)−(시속 8 km로 갈 때 걸린 시간)
$= \dfrac{20}{60}$(시간)이므로

$\dfrac{x}{6} - \dfrac{x}{8} = \dfrac{20}{60}$, $4x - 3x = 8$ ∴ $x=8$

따라서 집에서 극장까지의 거리는 8 km이다.

---

04 ⎯⎯⎯⎯⎯⎯⎯⎯⎯⎯⎯⎯ 〔정답〕 오전 8시 32분

누나가 집을 출발한 지 x분 후에 석진이를 만난다고 하면

(석진이가 걸은 거리)=(누나가 걸은 거리)이므로

$30(x+20) = 80x$, $30x + 600 = 80x$

$-50x = -600$ ∴ $x=12$

따라서 석진이와 누나가 만나는 시각은 누나가 출발한 지 12분 후인
오전 8시 32분이다.

---

05 ⎯⎯⎯⎯⎯⎯⎯⎯⎯⎯⎯⎯ 〔정답〕 7분 후

두 사람이 x분 후에 만난다고 하면

(두 사람이 이동한 거리의 합)=(강빈이와 서연이네 집 사이의 거리)
이므로

$110x + 90x = 1400$, $200x = 1400$ ∴ $x=7$

따라서 두 사람은 출발한 지 7분 후에 만난다.

---

06 ⎯⎯⎯⎯⎯⎯⎯⎯⎯⎯⎯⎯ 〔정답〕 ②

처음 소금물의 농도를 x %라 하면

15 %의 소금물의 양은 $250 + 100 = 350$ (g)

이때 (물을 넣기 전 소금의 양)=(물을 넣은 후 소금의 양)이므로

$\dfrac{x}{100} \times 250 = \dfrac{15}{100} \times 350$

$250x = 5250$ ∴ $x=21$

따라서 처음 소금물의 농도는 21 %이다.

---

07 ⎯⎯⎯⎯⎯⎯⎯⎯⎯⎯⎯⎯ 〔정답〕 100 g

4 %의 소금물의 양을 x g이라 하면 8 %의 소금물의 양은
$(x+200)$ g이다.

이때 (섞기 전 소금의 양의 합)=(섞은 후 소금의 양)이므로

$\dfrac{4}{100} \times x + \dfrac{10}{100} \times 200 = \dfrac{8}{100} \times (x+200)$

$4x + 2000 = 8(x+200)$, $4x + 2000 = 8x + 1600$

$-4x = -400$ ∴ $x=100$

따라서 4 %의 소금물의 양은 100 g이다.

서술형 훈련하기
● 본책 176~177쪽

01 학생 : 7명, 지우개 : 45개	**02** 45 km	
03 7년 후	**04** (1) 20 cm (2) 30초	**05** 2일
06 75 g		

---

01 ⎯⎯⎯⎯⎯⎯⎯⎯⎯⎯⎯⎯ 〔정답〕 학생 : 7명, 지우개 : 45개

〔1단계〕 방정식 세우기

학생을 x명이라 할 때, 한 학생에게 지우개를 6개씩 나누어 주면 3
개가 남으므로 지우개는 $(6x+3)$개이고, 7개씩 나누어 주면 4개가

부족하므로 지우개는 $(7x-4)$개이다.

이때 지우개의 수는 일정하므로 $6x+3=7x-4$ ······ 40 %

(2단계) 학생이 몇 명인지 구하기

$6x+3=7x-4$에서 $-x=-7$ ∴ $x=7$

즉, 학생은 7명이다. ······ 30 %

(3단계) 지우개가 몇 개인지 구하기

따라서 지우개는 $6\times7+3=45$(개) ······ 30 %

02
(정답) 45 km

(1단계) 방정식 세우기

두 지점 A, B 사이의 거리를 x km라 하면

걸린 시간의 차가 1시간 30분, 즉 $1\frac{30}{60}=\frac{3}{2}$(시간)이므로

$\frac{x}{20}-\frac{x}{60}=\frac{3}{2}$ ······ 50 %

(2단계) 방정식 풀기

$3x-x=90$에서 $2x=90$ ∴ $x=45$ ······ 40 %

(3단계) 두 지점 A, B 사이의 거리 구하기

따라서 두 지점 A, B 사이의 거리는 45 km이다. ······ 10 %

03
(정답) 7년 후

(1단계) 방정식 세우기

x년 후에 아버지의 나이가 지원이의 나이의 3배가 된다고 하면 x년 후의 아버지의 나이와 지원이의 나이는 각각 $(50+x)$세, $(12+x)$세 이므로

$50+x=3(12+x)$ ······ 50 %

(2단계) 방정식 풀기

$50+x=36+3x,\ -2x=-14$

∴ $x=7$ ······ 40 %

(3단계) 아버지의 나이가 지원이의 나이의 3배가 되는 것은 몇 년 후인지 구하기

따라서 아버지의 나이가 지원이의 나이의 3배가 되는 것은 7년 후이다. ······ 10 %

04
(정답) (1) 20 cm (2) 30초

(1) (1단계) 방정식 세우기

선분 AP의 길이를 x cm라 하면 $\frac{1}{2}\times(x+40)\times60=1800$ ······ 30 %

(2단계) 선분 AP의 길이 구하기

$30(x+40)=1800,\ 30x+1200=1800,\ 30x=600$ ∴ $x=20$

즉, 선분 AP의 길이는 20 cm이다. ······ 30 %

(2) (3단계) 점 P가 움직인 거리 구하기

점 P가 움직인 거리는 $40+60+20=120$ (cm) ······ 20 %

(4단계) 점 P가 움직인 시간 구하기

따라서 점 P가 움직인 시간은 $\frac{120}{4}=30$(초) ······ 20 %

05
(정답) 2일

(1단계) 전체 일의 양을 1이라 할 때, 수연이와 동혁이가 하루 동안 할 수 있는 일의 양 구하기

전체 일의 양을 1이라 하면 수연이와 동혁이가 하루 동안 할 수 있는 일의 양은 각각 $\frac{1}{6}$, $\frac{1}{4}$이다. ······ 20 %

(2단계) 방정식 세우기

동혁이가 x일 동안 일을 하였다고 하면

$\frac{1}{6}\times3+\frac{1}{4}x=1$ ······ 40 %

(3단계) 방정식 풀기

$\frac{1}{2}+\frac{1}{4}x=1,\ \frac{1}{4}x=\frac{1}{2}$ ∴ $x=2$ ······ 30 %

(4단계) 동혁이는 며칠 동안 일을 하였는지 구하기

따라서 동혁이는 2일 동안 일을 하였다. ······ 10 %

06
(정답) 75 g

(1단계) 10 %의 소금물 400 g에 들어 있는 소금의 양 구하기

10 %의 소금물 400 g에 들어 있는 소금의 양은

$\frac{10}{100}\times400=40$ (g) ······ 20 %

(2단계) 방정식 세우기

물 100 g을 넣은 후 더 넣어야 하는 소금의 양을 x g이라 하면

20 %의 소금물의 양은 $400+100+x=500+x$ (g)이므로

$40+x=\frac{20}{100}\times(500+x)$ ······ 40 %

(3단계) 방정식 풀기

$100(x+40)=20(x+500),\ 100x+4000=20x+10000$

$80x=6000$ ∴ $x=75$ ······ 30 %

(4단계) 더 넣어야 하는 소금의 양 구하기

따라서 더 넣어야 하는 소금의 양은 75 g이다. ······ 10 %

중단원 마무리하기
※ 본책 178~181쪽

01 24	**02** 9세	**03** ⑤	**04** 18 cm
05 150 cm²	**06** 6개월 후	**07** 200 mL	**08** ④
09 7명, 53전	**10** 200개	**11** ②	**12** ②
13 20분 후	**14** ③	**15** 24일	**16** 39명
17 ②	**18** 280명	**19** ③	**20** 8시간
21 100 m	**22** 4시 $21\frac{9}{11}$분(또는 4시 $\frac{240}{11}$분)		

01
정답 24

십의 자리의 숫자를 x라 하면

$10x+4=4(x+4)$, $10x+4=4x+16$

$6x=12$ $\therefore x=2$

따라서 구하는 자연수는 24이다.

02
정답 9세

올해 주영이의 나이를 x세라 하면 어머니의 나이는 $(x+28)$세이고 10년 후의 어머니의 나이와 주영이의 나이는 각각

$\{(x+28)+10\}$세, $(x+10)$세이므로

$(x+28)+10=2(x+10)+9$, $x+38=2x+29$

$-x=-9$ $\therefore x=9$

따라서 올해 주영이의 나이는 9세이다.

03
정답 ⑤

봉사 활동에 참여한 전체 학생을 x명이라 하면

$\dfrac{1}{4}x+\dfrac{1}{2}x+\dfrac{1}{5}x+15=x$

$5x+10x+4x+300=20x$, $-x=-300$ $\therefore x=300$

따라서 전체 학생은 300명이다.

04
정답 18 cm

직사각형의 세로의 길이를 x cm라 하면 가로의 길이는 $2x$ cm이므로

$2(2x+x)=54$, $6x=54$ $\therefore x=9$

따라서 직사각형의 가로의 길이는 $2\times 9=18$ (cm)

05
정답 150 cm²

직사각형의 가로의 길이를 x cm라 하면 세로의 길이는 $(x-5)$ cm 이므로

$2\{x+(x-5)\}=50$

$2(2x-5)=50$, $4x-10=50$, $4x=60$ $\therefore x=15$

따라서 직사각형의 가로의 길이는 15 cm, 세로의 길이는 10 cm이 므로 직사각형의 넓이는 $15\times 10=150$ (cm²)

06
정답 6개월 후

x개월 후에 지선이와 미영이의 예금액이 같아진다고 하면

$12000+1500x=15000+1000x$

$500x=3000$ $\therefore x=6$

따라서 지선이와 미영이의 예금액이 같아지는 것은 6개월 후이다.

07
정답 200 mL

B 컵에서 A 컵으로 옮겨야 하는 물의 양을 x mL라 하면 물을 옮기고 난 후 두 개의 컵 A, B에 각각 $(600+x)$ mL, $(400-x)$ mL의 물이 들어 있으므로

$600+x=4(400-x)$

$600+x=1600-4x$, $5x=1000$ $\therefore x=200$

따라서 B 컵에서 A 컵으로 옮겨야 하는 물의 양은 200 mL이다.

08
정답 ④

작년의 복숭아 생산량을 x kg이라 하면

$x+\dfrac{5}{100}x=4200$

$20x+x=84000$, $21x=84000$ $\therefore x=4000$

따라서 작년의 복숭아 생산량은 4000 kg이다.

09
정답 7명, 53전

사람을 x명이라 하면

$8x-3=7x+4$ $\therefore x=7$

따라서 사람은 7명이고, 물건의 가격은 $8\times 7-3=53$(전)

10
정답 200개

처음 정육각형을 만드는 데 성냥개비 6개가 필요하고, 정육각형을 1 개씩 추가할 때마다 5개의 성냥개비가 필요하므로 x개의 정육각형을 만드는 데 필요한 성냥개비는

$6+5\times(x-1)=5x+1$(개)

이때 $5x+1=1001$에서

$5x=1000$ $\therefore x=200$

따라서 성냥개비 1001개를 모두 사용하여 만들 수 있는 정육각형은 200개이다.

11
정답 ②

전체 일의 양을 1이라 하면 현수와 예나가 하루 동안 할 수 있는 일 의 양은 각각 $\dfrac{1}{8}$, $\dfrac{1}{6}$이다.

현수와 예나가 함께 일한 기간을 x일이라 하면

$\dfrac{1}{8}\times 1+\left(\dfrac{1}{8}+\dfrac{1}{6}\right)x=1$

$\dfrac{1}{8}+\dfrac{7}{24}x=1$, $3+7x=24$, $7x=21$ $\therefore x=3$

따라서 현수와 예나는 3일 동안 함께 일했다.

12
정답 ②

두 사람이 출발한 지 x분 후에 처음으로 다시 만난다고 하면

(두 사람이 이동한 거리의 합)=(호수의 둘레의 길이)이므로

$80x+70x=1200$, $150x=1200$ $\therefore x=8$

따라서 두 사람은 출발한 지 8분 후에 처음으로 다시 만난다.

13
정답 20분 후

어머니가 출발한 지 x분 후에 아버지를 만난다고 하면

(아버지가 이동한 거리)=(어머니가 이동한 거리)이므로

$60(x+10)=90x$, $60x+600=90x$

$-30x=-600$ $\therefore x=20$

따라서 어머니가 출발한 지 20분 후에 아버지를 만난다.

14
정답 ③

x g의 물을 증발시킨다고 하면
10 %의 소금물의 양은 $(500-x)$ g이다.
이때
(물을 증발시키기 전 소금의 양)=(물을 증발시킨 후 소금의 양)
이므로
$$\frac{6}{100}\times500=\frac{10}{100}\times(500-x)$$
$3000=5000-10x,\ 10x=2000$ $\quad\therefore x=200$
따라서 200 g의 물을 증발시키면 된다.

15
정답 24일

도형 안의 4개의 수 중 가장 작은 수를 x라 하면 도형 안의 날짜는
각각 x일, $(x+6)$일, $(x+7)$일, $(x+8)$일이므로
$x+(x+6)+(x+7)+(x+8)=85$
$4x+21=85,\ 4x=64$ $\quad\therefore x=16$
따라서 도형 안의 날짜 중 가장 마지막 날의 날짜는 $16+8=24$(일)

16
정답 39명

의자를 x개라 하면
(i) 한 의자에 4명씩 앉으면 11명이 남으므로 학생은 $(4x+11)$명
(ii) 한 의자에 6명씩 앉으면 맨 마지막 의자에 3명만 앉으므로 학생
    은 $\{6(x-1)+3\}$명
(i), (ii)에서 $4x+11=6(x-1)+3$
$4x+11=6x-3,\ -2x=-14$ $\quad\therefore x=7$
따라서 강당에 있는 학생은 $4\times7+11=39$(명)

17
정답 ②

작년 여학생을 x명이라 하면 작년 남학생은 $(800-x)$명이므로
$$\frac{6}{100}(800-x)-\frac{8}{100}x=-8$$
$6(800-x)-8x=-800,\ 4800-6x-8x=-800$
$-14x=-5600$ $\quad\therefore x=400$
따라서 올해 여학생은 $400-400\times\dfrac{8}{100}=368$(명)

18
정답 280명

남자 합격자는 $120\times\dfrac{2}{2+1}=80$(명)
여자 합격자는 $120\times\dfrac{1}{2+1}=40$(명)
남자 지원자를 $4x$명, 여자 지원자를 $3x$명이라 하면 남자, 여자 불
합격자는 각각 $(4x-80)$명, $(3x-40)$명이므로
$4x-80=3x-40$ $\quad\therefore x=40$
따라서 지원자는 $4x+3x=7x=7\times40=280$(명)

19
정답 ③

상품의 원가를 x원이라 하면
$(정가)=x+\dfrac{25}{100}x=\dfrac{5}{4}x(원),\ (판매\ 가격)=\dfrac{5}{4}x-600(원)$
이때 원가의 10 %의 이익이 생겼으므로
$\left(\dfrac{5}{4}x-600\right)-x=\dfrac{10}{100}x,\ \dfrac{1}{4}x-600=\dfrac{1}{10}x$
$5x-12000=2x,\ 3x=12000$ $\quad\therefore x=4000$
따라서 이 상품의 원가는 4000원이다.

20
정답 8시간

수영장에 가득 채워진 물의 양을 1이라 하면 A 호스, B 호스로 1시
간 동안 채우는 물의 양은 각각 $\dfrac{1}{9},\ \dfrac{1}{12}$이다.
B 호스로 물을 x시간 동안 더 받는다고 하면
$\dfrac{1}{9}\times3+\dfrac{1}{12}x=1$
$\dfrac{1}{3}+\dfrac{1}{12}x=1,\ 4+x=12$ $\quad\therefore x=8$
따라서 B 호스로 물을 8시간 동안 더 받아야 한다.

21
정답 100 m

열차의 길이를 x m라 하면 길이가 800 m인 터널과 길이가 500 m
인 철교를 완전히 통과하는 데 열차가 움직인 거리는 각각
$(800+x)$ m, $(500+x)$ m이다.
이때 열차의 속력은 일정하므로
$$\frac{800+x}{45}=\frac{500+x}{30}$$
$2(800+x)=3(500+x),\ 1600+2x=1500+3x$
$-x=-100$ $\quad\therefore x=100$
따라서 열차의 길이는 100 m이다.

22
정답 4시 $21\dfrac{9}{11}$분 (또는 4시 $\dfrac{240}{11}$분)

시침은 1분에 $30°\div60=0.5°$씩 움직이고 분침은 1분에
$360°\div60=6°$씩 움직이므로 4시와 5시 사이에 시계의 시침과 분침
이 일치하는 시각을 4시 x분이라 하면 x분 동안 시침과 분침이 움
직인 각도는 각각 $0.5x°,\ 6x°$이므로
$30\times4+0.5x=6x$
$1200+5x=60x,\ -55x=-1200$
$\therefore x=\dfrac{240}{11}=21\dfrac{9}{11}$
따라서 4시와 5시 사이에 시계의 시침과 분침이 일치하는 시각은
4시 $21\dfrac{9}{11}$분이다.

Ⅳ-09 순서쌍과 좌표

01 순서쌍과 좌표

개념 CHECK | ● 본책 184쪽

01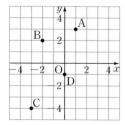

02 A$(1, 0)$, B$(3, 3)$, C$(-4, 1)$, D$(0, -3)$

대표 유형 | ● 본책 185~186쪽

01 · Ⓐ 7 **Ⓑ** $(-1, -3)$, $(-1, 3)$, $(1, -3)$, $(1, 3)$
02 · Ⓐ 풀이 참조 **Ⓑ** 4
03 · Ⓐ (1) $\left(\dfrac{5}{8}, 0\right)$ (2) $(0, -3.6)$ **Ⓑ** ③
04 · Ⓐ 10 **Ⓑ** 20

01 · Ⓐ ──────────── 정답 7

두 순서쌍 $(-3, 2a)$, $(1-b, 6)$이 서로 같으므로
$-3=1-b$, $2a=6$
따라서 $a=3$, $b=4$이므로
$a+b=3+4=7$

01 · Ⓑ ──────── 정답 $(-1, -3)$, $(-1, 3)$, $(1, -3)$, $(1, 3)$

$|x|=1$이므로 $x=-1$ 또는 $x=1$
$|y|=3$이므로 $y=-3$ 또는 $y=3$
따라서 구하는 순서쌍은 $(-1, -3)$, $(-1, 3)$, $(1, -3)$, $(1, 3)$
이다.

02 · Ⓐ ──────────── 정답 풀이 참조

(그래프)

02 · Ⓑ ──────────── 정답 4

A$(-4, 1)$, B$(2, 0)$, C$(3, -4)$이므로
$a=-4+2+3=1$
$b=1+0+(-4)=-3$
∴ $a-b=1-(-3)=4$

03 · Ⓐ ──────── 정답 (1) $\left(\dfrac{5}{8}, 0\right)$ (2) $(0, -3.6)$

(1) x축 위에 있는 점의 좌표는 (x좌표, 0)이므로 구하는 점의 좌표
는 $\left(\dfrac{5}{8}, 0\right)$이다.

(2) y축 위에 있는 점의 좌표는 (0, y좌표)이므로 구하는 점의 좌표
는 $(0, -3.6)$이다.

03 · Ⓑ ──────────── 정답 ③

점 A가 x축 위의 점이므로 점 A의 y좌표는 0이다.
즉, $4-a=0$이므로 $a=4$
점 B가 y축 위의 점이므로 점 B의 x좌표는 0이다.
즉, $b+7=0$이므로 $b=-7$
∴ $a+b=4+(-7)=-3$

04 · Ⓐ ──────────── 정답 10

좌표평면 위에 세 점 A, B, C를 꼭짓점으로 하
는 삼각형 ABC를 나타내면 그림과 같다.
∴ (삼각형 ABC의 넓이)
$= \dfrac{1}{2} \times \{3-(-2)\} \times \{2-(-2)\}$
$= \dfrac{1}{2} \times 5 \times 4 = 10$

04 · Ⓑ ──────────── 정답 20

좌표평면 위에 네 점 A, B, C, D를 꼭짓점으로
하는 사각형 ABCD를 나타내면 그림과 같다.
∴ (사각형 ABCD의 넓이)
$= \{1-(-4)\} \times \{3-(-1)\}$
$= 5 \times 4 = 20$

02 사분면

개념 CHECK | ● 본책 187쪽

01 풀이 참조
　(1) 제1사분면 (2) 제4사분면 (3) 제2사분면 (4) 제3사분면
02 풀이 참조
　(1) Q$(3, -2)$　(2) R$(-3, 2)$　(3) S$(-3, -2)$

01

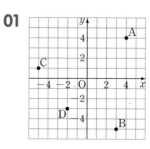

02

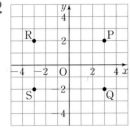

● 본책 188~189쪽

대표 유형

05·Ⓐ ④   **Ⓑ** ①, ③

06·Ⓐ 제2사분면   **Ⓑ** ②

07·Ⓐ 제3사분면   **Ⓑ** ④

08·Ⓐ ③   **Ⓑ** -2

05·Ⓐ   정답 ④

① 제4사분면   ② 제2사분면   ③ 제1사분면   ④ 제3사분면

⑤ x축 위의 점이므로 어느 사분면에도 속하지 않는다.

따라서 제3사분면 위의 점은 ④ $(-1, -6)$이다.

05·Ⓑ   정답 ①, ③

② x축 위의 점이므로 어느 사분면에도 속하지 않는다.

④ 제2사분면

⑤ 제3사분면

06·Ⓐ   정답 제2사분면

점 $A(a, b)$가 제4사분면 위의 점이므로 $a>0$, $b<0$

점 $B(b, a)$에서 (x좌표)$=b<0$, (y좌표)$=a>0$이므로

점 B는 제2사분면 위의 점이다.

06·Ⓑ   정답 ②

점 (a, b)가 제2사분면 위의 점이므로 $a<0$, $b>0$

① $a<0$, $-b<0$이므로 점 $(a, -b)$는 제3사분면 위의 점이다.

② $-a>0$, $b>0$이므로 점 $(-a, b)$는 제1사분면 위의 점이다.

③ $b>0$, $a<0$이므로 점 (b, a)는 제4사분면 위의 점이다.

④ $ab<0$, $-a>0$이므로 점 $(ab, -a)$는 제2사분면 위의 점이다.

⑤ $b>0$, $ab<0$이므로 점 (b, ab)는 제4사분면 위의 점이다.

따라서 제1사분면 위의 점은 ② $(-a, b)$이다.

07·Ⓐ   정답 제3사분면

$ab>0$이므로 a와 b의 부호가 서로 같다.

이때 $a+b<0$이므로 $a<0$, $b<0$

따라서 점 (a, b)는 제3사분면 위의 점이다.

07·Ⓑ   정답 ④

$ab<0$이므로 a와 b의 부호가 서로 다르다.

이때 $a<b$이므로 $a<0$, $b>0$

① $a<0$, $b>0$이므로 점 (a, b)는 제2사분면 위의 점이다.

② $b>0$, $a<0$이므로 점 (b, a)는 제4사분면 위의 점이다.

③ $-a>0$, $b>0$이므로 점 $(-a, b)$는 제1사분면 위의 점이다.

④ $a<0$, $-b<0$이므로 점 $(a, -b)$는 제3사분면 위의 점이다.

⑤ $-a>0$, $-b<0$이므로 점 $(-a, -b)$는 제4사분면 위의 점이다.

따라서 제3사분면 위의 점은 ④ $(a, -b)$이다.

08·Ⓐ   정답 ③

y축에 대하여 대칭인 점은 x좌표의 부호만 반대이다.

따라서 점 $(-3, -4)$와 y축에 대하여 대칭인 점의 좌표는

③ $(3, -4)$이다.

08·Ⓑ   정답 -2

두 점 A, B가 원점에 대하여 대칭이므로 x좌표와 y좌표의 부호가

모두 반대이다.

따라서 $a=-4$, $b=2$이므로

$a+b=-4+2=-2$

배운대로 학습하기

● 본책 190~191쪽

01 ③   **02** ②, ④   **03** $A(-3, 5)$, $C(4, -2)$

04 ②   **05** 7   **06** 12   **07** 2개

08 ③   **09** 제2사분면   **10** ②, ⑤   **11** ⑤

12 ④   **13** ②   **14** 1

---

01   정답 ③

두 순서쌍 $\left(\dfrac{1}{2}a, -1\right)$, $(-4, 3b+2)$가 서로 같으므로

$\dfrac{1}{2}a=-4$, $-1=3b+2$

$\dfrac{1}{2}a=-4$에서 $a=-8$

$-1=3b+2$에서 $-3b=3$ ∴ $b=-1$

∴ $b-a=-1-(-8)=7$

---

02   정답 ②, ④

② $B(0, 1)$ ④ $D(-1, -1)$

03
정답 A$(-3, 5)$, C$(4, -2)$

(점 A의 x좌표)=(점 B의 x좌표)=-3

(점 A의 y좌표)=(점 D의 y좌표)=5

∴ A$(-3, 5)$

(점 C의 x좌표)=(점 D의 x좌표)=4

(점 C의 y좌표)=(점 B의 y좌표)=-2

∴ C$(4, -2)$

04
정답 ②

x축 위에 있는 점의 좌표는 (x좌표, 0)이므로 구하는 점의 좌표는

② $\left(-\dfrac{11}{6}, 0\right)$이다.

05
정답 7

점 A가 x축 위의 점이므로 점 A의 y좌표는 0이다.

즉, $2a-4=0$이므로 $2a=4$ ∴ $a=2$

점 B가 y축 위의 점이므로 점 B의 x좌표는 0이다.

즉, $5-b=0$이므로 $-b=-5$ ∴ $b=5$

∴ $a+b=2+5=7$

06
정답 12

좌표평면 위에 세 점 A, B, C를 꼭짓점으로 하는 삼각형 ABC를 나타내면 그림과 같다.

∴ (삼각형 ABC의 넓이)

$=\dfrac{1}{2}\times\{1-(-3)\}\times\{4-(-2)\}$

$=\dfrac{1}{2}\times 4\times 6=12$

07
정답 2개

보기의 주어진 점이 속하는 사분면은 각각 다음과 같다.

ㄱ. 제2사분면　　ㄴ. 제4사분면　　ㄷ. 제1사분면

ㄹ. y축 위의 점이므로 어느 사분면에도 속하지 않는다.

ㅁ. 제3사분면　　ㅂ. 제4사분면

따라서 제4사분면 위의 점은 ㄴ, ㅂ의 2개이다.

08
정답 ③

① 점 $(0, 2)$는 y축 위의 점이므로 어느 사분면에도 속하지 않는다.

② 점 $(1, 0)$은 x축 위의 점이므로 어느 사분면에도 속하지 않는다.

④ 점 $(3, -1)$은 제4사분면 위의 점이다.

⑤ 점 $(-1, -4)$는 제3사분면 위의 점이다.

09
정답 제2사분면

점 (b, a)가 제2사분면 위의 점이므로 $b<0$, $a>0$

점 $(b-a, a)$에서 (x좌표)=$b-a<0$, (y좌표)=$a>0$이므로

점 $(b-a, a)$는 제2사분면 위의 점이다.

참고 • (양수)$-$(음수)=(양수)$+$(양수)=(양수)>0

　　 • (음수)$-$(양수)=(음수)$+$(음수)=(음수)<0

10
정답 ②, ⑤

점 (a, b)가 제4사분면 위의 점이므로 $a>0$, $b<0$

① $ab<0$

③ $a+b$의 부호는 알 수 없다.

④ $a-b>0$

11
정답 ⑤

$a>0$, $-b<0$이므로 $a>0$, $b>0$

① $-a<0$, $b>0$이므로 점 $(-a, b)$는 제2사분면 위의 점이다.

② $b>0$, $a>0$이므로 점 (b, a)는 제1사분면 위의 점이다.

③ $ab>0$, $a>0$이므로 점 (ab, a)는 제1사분면 위의 점이다.

④ $\dfrac{a}{b}>0$, $-b<0$이므로 점 $\left(\dfrac{a}{b}, -b\right)$는 제4사분면 위의 점이다.

⑤ $-a-b<0$, $-a<0$이므로 점 $(-a-b, -a)$는 제3사분면 위의 점이다.

따라서 제3사분면 위의 점은 ⑤ $(-a-b, -a)$이다.

12
정답 ④

$ab<0$이므로 a와 b의 부호가 서로 다르다.

이때 $b-a<0$이므로 $a>0$, $b<0$

즉, 점 $(a, -b)$에서 (x좌표)=$a>0$, (y좌표)=$-b>0$이므로

점 $(a, -b)$는 제1사분면 위의 점이다.

따라서 점 $(a, -b)$와 같은 사분면 위의 점은 ④ $(2, 4)$이다.

13
정답 ②

원점에 대하여 대칭인 점은 x좌표와 y좌표의 부호가 모두 반대이다.

따라서 점 $(-6, 1)$과 원점에 대하여 대칭인 점의 좌표는

② $(6, -1)$이다.

14
정답 1

두 점 A, B가 y축에 대하여 대칭이므로 x좌표는 부호가 반대이고, y좌표는 같다.

즉, $-3=-(1-b)$에서 $-3=-1+b$

∴ $b=-2$

$a+2=5$에서 $a=3$

∴ $a+b=3+(-2)=1$

03 그래프

● 본책 192쪽

개념 CHECK

01 풀이 참조

02 (1) 20　　　(2) 15　　　(3) 50

01

x	1	2	3	4	5
y	4	5	6	7	8
(x, y)	$(1, 4)$	$(2, 5)$	$(3, 6)$	$(4, 7)$	$(5, 8)$

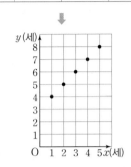

02

⑴ 집에서 서점까지의 거리가 5 km이므로 집에서 출발한 지 20분 후에 서점에 도착하였다.

⑵ 서점에서 책을 사는 동안에는 집으로부터 떨어진 거리에 변화가 없으므로 집에서 출발한 지 20분 후부터 35분까지이다.

따라서 서점에서 책을 사는 데 걸린 시간은 35-20=15(분)이다.

⑶ 집에서 출발한 지 50분 후에 집으로부터 떨어진 거리가 0 km이므로 다시 집으로 돌아올 때까지 걸린 시간은 50분이다.

대표 유형 ● 본책 193~195

01·Ⓐ ㅁ **Ⓑ** ⑴ ㄱ ⑵ ㄷ ⑶ ㄴ
02·Ⓐ ④ **Ⓑ** ㅁ **Ⓒ** ④
03·Ⓐ ⑴ 초속 15 m ⑵ 4초 **Ⓑ** 5 mm
04·Ⓐ ④

01·Ⓐ 〔정답〕 ㅁ

속력이 일정할 때 그래프의 모양은 수평이다.

물을 마시기 위해 점점 속력을 줄이므로 속력은 감소하고, 잠시 멈추었으므로 속력은 0이 되고, 잠시 멈추었다가 점점 속력을 높이므로 속력은 증가하고, 다시 일정하게 유지되므로 이를 나타낸 그래프로 가장 알맞은 것은 ㅁ이다.

01·Ⓑ 〔정답〕 ⑴ ㄱ ⑵ ㄷ ⑶ ㄴ

⑴ 집으로부터 떨어진 거리는 일정하게 감소한다.

따라서 그래프로 가장 알맞은 것은 ㄱ이다.

⑵ (i) 집에서 출발하여 공원으로 갈 때 : 집으로부터 떨어진 거리 y는 일정하게 증가한다.

(ii) 공원에서 쉴 때 : 거리에 변화가 없으므로 y는 변화가 없다.

(iii) 공원에서 집으로 돌아올 때 : 집으로부터 떨어진 거리 y는 일정하게 감소한다.

(i) ~ (iii)에 의하여 그래프로 가장 알맞은 것은 ㄷ이다.

⑶ (i) 학교에서 출발하여 마트로 갈 때 : 집으로부터 떨어진 거리 y는 일정하게 감소한다.

(ii) 마트에서 음료수를 살 때 : 거리에 변화가 없으므로 y는 변화가 없다.

(iii) 마트에서 집으로 올 때 : 집으로부터 떨어진 거리 y는 일정하게 감소한다.

(i) ~ (iii)에 의하여 그래프로 가장 알맞은 것은 ㄴ이다.

02·Ⓐ 〔정답〕 ④

물병의 폭이 위로 갈수록 점점 좁아지므로 물의 높이는 점점 빠르게 증가한다.

따라서 그래프로 가장 알맞은 것은 ④이다.

02·Ⓑ 〔정답〕 ㅁ

그릇에 시간당 일정한 양의 물을 채울 때, 그래프의 (가), (나)에서 일정하게 높이가 증가하므로 각각 그릇의 폭이 일정해야 한다. 또한 (나)에서 (가)보다 물의 높이가 느리게 증가하므로 (나) 구간의 그릇의 폭은 (가) 구간의 그릇의 폭보다 넓어야 한다.

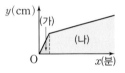

따라서 그릇의 모양으로 가장 알맞은 것은 ㅁ이다.

02·Ⓒ 〔정답〕 ④

물병의 중간 지점 이전에는 물병의 폭이 위로 갈수록 점점 넓어지므로 시간이 지날수록 물의 높이는 점점 느리게 증가하고, 물병의 중간 지점 이후에는 물병의 폭이 위로 갈수록 점점 좁아지므로 시간이 지날수록 물의 높이는 점점 빠르게 증가한다.

따라서 그래프로 가장 알맞은 것은 ④이다.

03·Ⓐ 〔정답〕 ⑴ 초속 15 m ⑵ 4초

⑴ 브레이크를 잡았을 때는 4초일 때이므로 브레이크를 잡기 전의 자전거의 속력은 초속 15 m이다.

⑵ 그래프가 오른쪽 아래로 향하기 시작할 때가 속력이 감소하기 시작할 때이고 $y=0$일 때가 자전거가 완전히 멈출 때이므로 속력이 감소하기 시작하여 자전거가 완전히 멈출 때까지의 시간은 4초에서 8초까지이다.

따라서 걸린 시간은 8-4=4(초)이다.

03·Ⓑ 〔정답〕 5 mm

$x=30$일 때, $y=5$이므로 비가 오기 시작한 지 30분 후의 빗물의 높이는 5 mm이다.

04·ⓐ

〔정답〕 ④

해수면의 높이가 5 m가 되는 순간은 3시, 9시, 15시, 21시로 총 4번이다.

배운대로 학습하기
● 본책 196~197쪽

01 ㄴ **02** ② **03** ④ **04** ④
05 50 ℃ **06** 6 **07** ㄱ, ㄷ **08** ③
09 (1) 25분 후 (2) 0.5 km **10** ② **11** ⑤

01

〔정답〕 ㄴ

습도는 처음에는 일정하다가 감소한다. 그 후 다시 일정하게 유지되다가 증가하므로 그래프로 가장 알맞은 것은 ㄴ이다.

02

〔정답〕 ②

다시 집으로 돌아갔기 때문에 집으로부터 떨어진 거리가 줄어들어 0 m가 되는 구간인 ㈏이다.

03

〔정답〕 ④

구간 ㈎에서는 x의 값이 증가할 때 y의 값은 감소하다가 일정하게 유지되므로 구간 ㈎에 대한 설명으로 가장 적절한 것은 ④이다.

04

〔정답〕 ④

용기의 모양이 폭이 넓고 일정한 부분과 폭이 좁고 일정한 부분으로 나누어진다.

따라서 폭이 넓고 일정한 부분에서는 물의 높이가 느리고 일정하게 증가하고, 폭이 좁고 일정한 부분에서는 물의 높이가 빠르고 일정하게 증가하므로 그래프로 가장 알맞은 것은 ④이다.

05

〔정답〕 50 ℃

$x=4$일 때 $y=80$이므로 4분 후의 물의 온도는 80 ℃이고,
$x=10$일 때 $y=30$이므로 10분 후의 물의 온도는 30 ℃이다.
따라서 구하는 물의 온도의 차는 $80-30=50$(℃)이다.

06

〔정답〕 6

주어진 그래프는 $x=3$일 때까지 y의 값은 2로 일정하다.
즉, 3 GB까지는 기본 요금이 2만 원이고, 그 이후 1 GB 당 요금이 1만 원씩 증가한다.
따라서 $a=2$, $b=3$, $c=1$이므로
$a+b+c=2+3+1=6$

07

〔정답〕 ㄱ, ㄷ

ㄴ. $y=600$일 때 $x=40$이므로 600 kcal를 소모하려면 자전거를 40분 동안 타야 한다.
ㄷ. $x=30$일 때 $y=400$이고, $x=20$일 때 $y=200$이므로 자전거를 30분 동안 탔을 때 소모되는 열량은 자전거를 20분 동안 탔을 때 소모되는 열량의 2배이다.
따라서 옳은 것은 ㄱ, ㄷ이다.

08

〔정답〕 ③

③ 편의점에서 학교까지의 거리는 $2400-800=1600$(m)이다.
④ 재석이가 집을 출발한 지 8분 후부터 15분 후까지는 멈추어 있었으므로 편의점에서 음료수를 구입하는 데 걸린 시간은 $15-8=7$(분)이다.
⑤ 재석이가 편의점까지 8분 동안 걸은 거리가 800 m이므로 속력은 분속 $\dfrac{800}{8}=100$(m)이다.

09

〔정답〕 (1) 25분 후 (2) 0.5 km

(1) $x=25$일 때, A, B 두 사람의 그래프가 만나므로 두 사람이 만나는 것은 출발한 지 25분 후이다.
(2) 출발한 지 35분 후 A는 5 km, B는 4.5 km를 달렸으므로 두 사람 사이의 거리는 $5-4.5=0.5$(km)이다.

10

〔정답〕 ②

회전목마는 움직이기 시작한 지 6초 후에 가장 높은 위치에 올라가고, 두 번째로 가장 높은 위치에 올라가는 것은 $6+8=14$(초) 후이다.
따라서 $14+8=22$(초), $22+8=30$(초)에도 가장 높은 위치에 올라가므로 31초 동안 지면에서 가장 높은 위치까지 총 4번 올라간다.

11

〔정답〕 ⑤

③ 가장 낮은 위치일 때의 높이가 5 m, 가장 높은 위치일 때의 높이가 45 m이므로 대관람차의 지름은 $45-5=40$(m)이다.
⑤ 한 바퀴를 돌아 처음 자리로 되돌아오는 데 걸리는 시간은 12분이다.
따라서 옳지 않은 것은 ⑤이다.

〔참고〕 대관람차의 어느 칸의 높이를 시간에 따라 나타낸 그래프는 증가와 감소가 같은 형태로 반복된다. 이런 변화 형태를 주기적 변화라 한다.

서술형 훈련하기
● 본책 198~199쪽

01 -6 **02** 제2사분면 **03** 15 **04** 1
05 (1) 10분 (2) 6 km **06** 6

정답과 풀이

01
(정답) -6

1단계 a의 값 구하기

점 $A(a+5, 2a-6)$이 x축 위의 점이므로 y좌표는 0이다.

즉, $2a-6=0$이므로 $2a=6$ ∴ $a=3$ …… 40%

2단계 b의 값 구하기

점 $B(2b+4, b-11)$이 y축 위의 점이므로 x좌표는 0이다.

즉, $2b+4=0$이므로 $2b=-4$ ∴ $b=-2$ …… 40%

3단계 ab의 값 구하기

∴ $ab=3\times(-2)=-6$ …… 20%

02
(정답) 제2사분면

1단계 a, b의 부호 구하기

점 $(-a, b)$가 제3사분면 위의 점이므로

$-a<0$, $b<0$ ∴ $a>0$, $b<0$ …… 30%

2단계 ab, $a-b$의 부호 구하기

$a>0$, $b<0$이므로 $ab<0$, $a-b>0$ …… 40%

3단계 점 $(ab, a-b)$가 속하는 사분면 구하기

따라서 점 $(ab, a-b)$는 제2사분면 위의 점이다. …… 30%

03
(정답) 15

1단계 삼각형 ABC를 좌표평면 위에 나타내기

세 점 A, B, C를 꼭짓점으로 하는 삼각형 ABC를 좌표평면 위에 나타내면 그림과 같다. …… 40%

2단계 삼각형 ABC의 넓이 구하기

∴ (삼각형 ABC의 넓이)$=\dfrac{1}{2}\times\{2-(-3)\}\times\{4-(-2)\}$

$=\dfrac{1}{2}\times5\times6=15$ …… 60%

04
(정답) 1

1단계 y축에 대하여 대칭임을 이용하여 식 세우기

두 점이 y축에 대하여 대칭이므로 x좌표는 부호가 반대이고, y좌표는 같다.

즉, $4a+3=-(-a)$, $7b+5=2b-5$ …… 50%

2단계 a, b의 값 구하기

$4a+3=-(-a)$에서 $4a+3=a$

$3a=-3$ ∴ $a=-1$

$7b+5=2b-5$에서 $5b=-10$

∴ $b=-2$ …… 30%

3단계 $a-b$의 값 구하기

∴ $a-b=-1-(-2)=1$ …… 20%

05
(정답) (1) 10분 (2) 6 km

(1) **1단계** 미정이가 편의점에서 간식을 사는 데 걸린 시간 구하기

편의점에서 간식을 사는 동안에는 이동한 거리의 변함이 없다. 집에서 떨어진 거리가 처음으로 변화가 없는 때가 편의점에 들렀을 때이므로 미정이가 편의점에서 간식을 사는 데 걸린 시간은 $30-20=10$(분) …… 50%

(2) **2단계** 미정이네 집에서 서점까지의 거리 구하기

집에서 떨어진 거리가 두 번째로 변화가 없는 때가 서점에 들렀을 때이다. 이때는 집에서 출발한 지 40분 후이고 집에서 떨어진 거리는 6 km이다.

따라서 미정이네 집에서 서점까지의 거리는 6 km이다. …… 50%

06
(정답) 6

1단계 x의 값 구하기

놀이기구가 움직이기 시작한 후 12초 동안 놀이기구가 가장 높이 올라갔을 때의 높이는 2 m이다. ∴ $x=2$ …… 40%

2단계 y의 값 구하기

높이가 1.5 m인 지점에 도달한 것은 놀이기구가 움직이기 시작한 지 2초 후, 5초 후, 7초 후, 10초 후이므로 총 4번이다.

∴ $y=4$ …… 40%

3단계 $x+y$의 값 구하기

∴ $x+y=2+4=6$ …… 20%

중단원 마무리하기
※ 본책 200~202쪽

01 ② 02 ④ 03 ⑤ 04 26
05 제3사분면 06 ④ 07 ④ 08 ⑤
09 ⑤ 10 ④ 11 90분 12 12분 후
13 ④ 14 ④ 15 30 16 ④
17 8

01
(정답) ②

두 순서쌍 $(3-a, -5)$, $(2, 2b-1)$이 서로 같으므로

$3-a=2$, $-5=2b-1$

$3-a=2$에서 $a=1$

$-5=2b-1$에서 $-2b=4$ ∴ $b=-2$

∴ $a+b=1+(-2)=-1$

02
(정답) ④

① $A(2, 3)$ ② $B(4, 0)$
③ $C(3, -3)$ ⑤ $E(-4, 1)$

03
정답 ⑤

⑤ 점 $(2, -1)$과 점 $(-1, 2)$는 다른 점이다.

04
정답 26

좌표평면 위에 네 점 A, B, C, D를 꼭짓점으로 하는 사각형 ABCD를 나타내면 그림과 같다.

따라서 사각형 ABCD는 사다리꼴이므로 구하는 넓이는

$$\frac{1}{2} \times (5+8) \times 4 = 26$$

05
정답 제3사분면

점 $A(2, a)$가 제1사분면 위의 점이므로 $a>0$

점 $B(3, b)$가 제4사분면 위의 점이므로 $b<0$

따라서 점 $C(-a, b)$에서 $(x$좌표$)=-a<0$, $(y$좌표$)=b<0$이므로 점 C는 제3사분면 위의 점이다.

06
정답 ④

① $a<0$, $b>0$이므로 점 (a, b)는 제2사분면 위의 점이다.

② $-b<0$, $a<0$이므로 점 $(-b, a)$는 제3사분면 위의 점이다.

③ $ab<0$, $-a>0$이므로 점 $(ab, -a)$는 제2사분면 위의 점이다.

④ $b>0$, $a-b<0$이므로 점 $(b, a-b)$는 제4사분면 위의 점이다.

⑤ $b-a>0$, $-a>0$이므로 점 $(b-a, -a)$는 제1사분면 위의 점이다.

따라서 바르게 짝 지은 것은 ④이다.

07
정답 ④

$ab>0$이므로 a와 b의 부호는 서로 같다.

이때 $a+b>0$이므로 $a>0$, $b>0$

따라서 $a>0$, $-b<0$이므로 점 $(a, -b)$는 제4사분면 위의 점이다.

08
정답 ⑤

점 $(ab, a+b)$가 제4사분면 위의 점이므로 $ab>0$, $a+b<0$

$ab>0$이므로 a와 b의 부호가 서로 같다.

이때 $a+b<0$이므로 $a<0$, $b<0$

즉, $-a>0$, $\frac{b}{a}>0$이므로 점 $\left(-a, \frac{b}{a}\right)$는 제1사분면 위의 점이다.

따라서 점 $\left(-a, \frac{b}{a}\right)$와 같은 사분면 위의 점은 ⑤ $(5, 2)$이다.

09
정답 ⑤

집으로부터의 거리가 다시 0이 되었으므로 형준이는 집에서 문구점까지 갔다가 다시 집에 왔다.

또한 거리의 변화가 없는 때가 멈춰 있을 때이므로 형준이는 중간에 2번 멈춰 있었다.

따라서 가장 적절한 것은 ⑤이다.

10
정답 ④

그릇은 폭이 위로 갈수록 점점 좁아지는 부분과 다시 처음 폭과 같아질 때까지 점점 넓어지는 부분으로 나누어진다.

따라서 폭이 위로 갈수록 점점 좁아지는 부분에서는 물의 높이가 점점 빠르게 증가하고, 폭이 점점 넓어지는 부분에서는 물의 높이가 점점 느리게 증가한다.

따라서 그래프로 알맞은 것은 ④이다.

11
정답 90분

자전거가 정지하였을 때의 속력은 시속 0 km이므로 정지한 시간은 출발한 지 4시간 후부터 5시간 후까지, 7시간 후부터 7시간 30분 후까지이다.

따라서 자전거가 정지한 시간은 모두 $60+30=90$(분)이다.

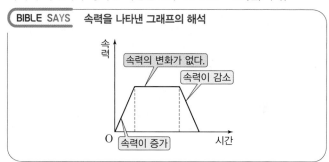

BIBLE SAYS **속력을 나타낸 그래프의 해석**

12
정답 12분 후

$x=12$일 때, 인호와 예지의 그래프가 처음으로 만나므로 인호와 예지가 처음으로 만나는 것은 학교를 출발한 지 12분 후이다.

13
정답 ④

$ab>0$이므로 a와 b의 부호가 서로 같다.

이때 $a+b<0$이므로 $a<0$, $b<0$

또한 $|a|<|b|$이므로 $b<a<0$

① $-a>0$, $b<0$이므로 점 $(-a, b)$는 제4사분면 위의 점이다.

② $-b>0$, $a<0$이므로 점 $(-b, a)$는 제4사분면 위의 점이다.

③ $a-b>0$, $b-a<0$이므로 점 $(a-b, b-a)$는 제4사분면 위의 점이다.

④ $-a>0$, $-a-b>0$이므로 점 $(-a, -a-b)$는 제1사분면 위의 점이다.

⑤ $\frac{b}{a}>0$, $b-a<0$이므로 점 $\left(\frac{b}{a}, b-a\right)$는 제4사분면 위의 점이다.

따라서 속하는 사분면이 나머지 넷과 다른 하나는 ④ $(-a, -a-b)$이다.

14
정답 ④

$\frac{a}{b}<0$이므로 a와 b의 부호가 서로 다르다.

이때 $a-b<0$이므로 $a<0$, $b>0$

따라서 $b-a>0$, $a<0$이므로 점 $(b-a, a)$는 제4사분면 위의 점이다.

15

정답 30

점 $A(3, 5)$와 x축에 대하여 대칭인 점은 $B(3, -5)$이고, y축에 대하여 대칭인 점은 $C(-3, 5)$이다.

좌표평면 위에 세 점 A, B, C를 꼭짓점으로 하는 삼각형 ABC를 나타내면 그림과 같다.

∴ (삼각형 ABC의 넓이)

$$= \frac{1}{2} \times \{3-(-3)\} \times \{5-(-5)\}$$
$$= \frac{1}{2} \times 6 \times 10 = 30$$

16

정답 ④

① 집을 출발한 시각이 13시, 집에 돌아온 시각이 18시 30분이므로 $18.5-13=5.5$(시간), 즉 5시간 30분이 걸렸다.

② 집으로부터의 거리가 처음으로 변화가 없을 때가 선물 가게에 들렀을 때이다. 즉, 정식이네 집에서 선물 가게까지의 거리는 5 km 이다.

③ 14시부터 14시 30분까지 선물을 샀으므로 $14.5-14=0.5$(시간), 즉 30분 동안 선물을 샀다. 또한 15시 30분부터 16시 30분까지 친구네 집을 방문하여 놀았으므로 $16.5-15.5=1$(시간) 동안 친구네 집을 방문하여 놀았다.

④ 선물 가게에서 친구네 집으로 가는 데 14시 30분부터 15시 30분까지 $9-5=4$(km)를 이동하였으므로 이때 정식이가 움직인 속력은 시속 $\frac{4}{15.5-14.5}=4$ (km)이다.

⑤ 친구네 집을 출발한 시각이 16시 30분, 집에 돌아온 시각이 18시 30분이므로 $18.5-16.5=2$(시간), 즉 2시간이 걸렸다.

따라서 옳지 않은 것은 ④이다.

17

정답 8

형은 동생이 출발한 지 4분 후에 출발하였으므로 $a=4$

형과 동생의 그래프가 만날 때 두 사람이 만나므로 동생이 출발한 지 8분 후, 형이 출발한 지 4분 후에 형과 동생이 만난다.

∴ $b=4$

∴ $a+b=4+4=8$

IV 10 정비례와 반비례

01 정비례

개념 CHECK

● 본책 204쪽

01 (1) 4, 8, 12, 16, 20　　　(2) 정비례한다.
　　(3) $y=4x$

02 (1) ○　　(2) ×　　(3) ×　　(4) ○
　　(5) ○　　(6) ×

01

(2) x의 값이 2배, 3배, 4배, …가 될 때, y의 값도 2배, 3배, 4배, … 가 되므로 y는 x에 정비례한다.

(3) y의 값이 x의 값의 4배이므로 x와 y 사이의 관계식은 $y=4x$

02

y가 x에 정비례하면 x와 y 사이의 관계식은 $y=ax$ $(a \neq 0)$ 꼴로 나타내어진다.

(5) $\frac{y}{x}=-1$에서 $y=-x$이므로 y는 x에 정비례한다.

(6) $xy=3$에서 $y=\frac{3}{x}$이므로 y는 x에 정비례하지 않는다.

대표 유형

● 본책 205쪽

01·Ⓐ ⑤　　　　　　　　　**Ⓑ** ②, ⑤
02·Ⓐ $y=\frac{1}{4}x$　　　　**Ⓑ** ④

01·Ⓐ

정답 ⑤

y가 x에 정비례하면 x와 y 사이의 관계식은 $y=ax$ $(a \neq 0)$ 꼴로 나타내어진다.

④ $\frac{y}{x}=4$에서 $y=4x$

⑤ $xy=2$에서 $y=\frac{2}{x}$

따라서 y가 x에 정비례하지 않는 것은 ⑤이다.

01·Ⓑ

정답 ②, ⑤

① $y=4x$

② $y=14+x$

③ $y=3x$

④ (시간)$=\dfrac{(거리)}{(속력)}$이므로 $y=\dfrac{x}{10}$

⑤ $x+y=24$　　∴ $y=-x+24$

따라서 y가 x에 정비례하지 않는 것은 ②, ⑤이다.

02·ⓐ
정답 $y=\frac{1}{4}x$

y가 x에 정비례하므로 $y=ax$로 놓고 $x=-8$, $y=-2$를 대입하면

$-2=-8a$ $\therefore a=\frac{1}{4}$

따라서 x와 y 사이의 관계식은 $y=\frac{1}{4}x$

02·ⓑ
정답 ④

y가 x에 정비례하므로 $y=ax$로 놓고 $x=-10$, $y=4$를 대입하면

$4=-10a$ $\therefore a=-\frac{2}{5}$

따라서 $y=-\frac{2}{5}x$에 $y=-6$을 대입하면 $-6=-\frac{2}{5}x$

$\therefore x=15$

02 정비례 관계 $y=ax$ $(a\neq0)$의 그래프

개념 CHECK
● 본책 206쪽

01 (1) 풀이 참조 (2) 풀이 참조

02 (1) 5   (2) -2

01 (1)

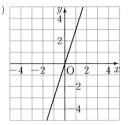 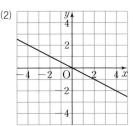

02

(1) 그래프가 점 $(-1, -5)$를 지나므로 $y=ax$에 $x=-1$, $y=-5$를 대입하면

$-5=-a$ $\therefore a=5$

(2) 그래프가 점 $(2, -4)$를 지나므로 $y=ax$에 $x=2$, $y=-4$를 대입하면

$-4=2a$ $\therefore a=-2$

대표 유형
● 본책 207~209쪽

03·ⓐ ④   **04·ⓐ** ⑤   **ⓑ** 8

05·ⓐ ②, ③ **ⓑ** ①   **06·ⓐ** $y=\frac{5}{2}x$ **ⓑ** 3

07·ⓐ 25   **ⓑ** 54

08·ⓐ (1) $y=4x$ (2) 16 cm (3) 7분

　　　ⓑ (1) $y=14x$ (2) 11 L

03·ⓐ
정답 ④

$y=\frac{4}{3}x$의 그래프는 원점과 점 $(3, 4)$를 지나는 직선이므로 ④이다.

04·ⓐ
정답 ⑤

$y=-3x$에 주어진 점의 좌표를 각각 대입하면

① $6=-3\times(-2)$ ② $3=-3\times(-1)$ ③ $0=-3\times0$

④ $-3=-3\times1$ ⑤ $9\neq-3\times3$

따라서 $y=-3x$의 그래프 위의 점이 아닌 것은 ⑤이다.

04·ⓑ
정답 8

$y=-\frac{1}{4}x$에 $x=a$, $y=-2$를 대입하면

$-2=-\frac{1}{4}a$ $\therefore a=8$

05·ⓐ
정답 ②, ③

정비례 관계 $y=-4x$의 그래프는 그림과 같다.

① 원점을 지나는 직선이다.

④ x의 값이 증가하면 y의 값은 감소한다.

⑤ $|-4|<|-5|$이므로 정비례 관계 $y=-5x$의 그래프가 y축에 더 가깝다.

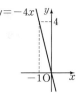

05·ⓑ
정답 ①

정비례 관계 $y=ax$ $(a\neq0)$의 그래프는 a의 절댓값이 클수록 y축에 가깝다.

$\left|-\frac{1}{5}\right|<|1|<|2|<\left|-\frac{5}{2}\right|<|-3|$이므로 그래프가 y축에 가장 가까운 것은 ①이다.

06·ⓐ
정답 $y=\frac{5}{2}x$

그래프가 원점을 지나는 직선이므로 $y=ax$ $(a\neq0)$라 하자.

점 $(-2, -5)$를 지나므로 $y=ax$에 $x=-2$, $y=-5$를 대입하면

$-5=-2a$ $\therefore a=\frac{5}{2}$

따라서 x와 y 사이의 관계식은 $y=\frac{5}{2}x$

06·ⓑ
정답 3

그래프가 원점을 지나는 직선이므로 $y=ax$ $(a\neq0)$라 하자.

점 $(-6, 2)$를 지나므로 $y=ax$에 $x=-6$, $y=2$를 대입하면

$2=-6a$ $\therefore a=-\frac{1}{3}$

그래프가 점 $(k, -1)$을 지나므로

$y=-\frac{1}{3}x$에 $x=k$, $y=-1$을 대입하면

$-1=-\frac{1}{3}k$ $\therefore k=3$

07·Ⓐ
정답 25

점 A의 y좌표가 10이므로 $y=-2x$에 $y=10$을 대입하면

$10=-2x$ ∴ $x=-5$ ∴ $B(-5, 0)$

∴ (삼각형 ABO의 넓이)$=\dfrac{1}{2}\times5\times10=25$

07·Ⓑ
정답 54

점 A의 x좌표가 12이므로 $y=\dfrac{3}{4}x$에 $x=12$를 대입하면

$y=\dfrac{3}{4}\times12=9$

∴ (삼각형 AOB의 넓이)$=\dfrac{1}{2}\times12\times9=54$

08·Ⓐ
정답 (1) $y=4x$ (2) 16 cm (3) 7분

(1) 물의 높이는 매분 4 cm씩 증가하므로 x분 후의 물의 높이는 $4x$ cm이다.
따라서 x와 y 사이의 관계식은 $y=4x$

(2) $y=4x$에 $x=4$를 대입하면 $y=4\times4=16$
따라서 물을 넣기 시작한 지 4분 후의 물의 높이는 16 cm이다.

(3) $y=4x$에 $y=28$을 대입하면 $28=4x$ ∴ $x=7$
따라서 물통에 물을 가득 채우는 데 걸리는 시간은 7분이다.

08·Ⓑ
정답 (1) $y=14x$ (2) 11 L

(1) 5 L의 휘발유로 70 km를 갈 수 있으므로 1 L의 휘발유로는 14 km를 갈 수 있다.
따라서 x와 y 사이의 관계식은 $y=14x$

(2) $y=14x$에 $y=154$를 대입하면 $154=14x$ ∴ $x=11$
따라서 필요한 휘발유의 양은 11 L이다.

배운대로 학습하기
● 본책 210쪽

| 01 ①, ③ | 02 -3 | 03 2 | 04 2 |
| 05 ㄴ, ㄹ | 06 ③ | 07 (1) $y=\dfrac{1}{6}x$ (2) 30 g | |

01
정답 ①, ③

y가 x에 정비례하므로 x와 y 사이의 관계식은 $y=ax$ $(a\neq0)$ 꼴로 나타내어진다.

② $xy=-3$에서 $y=-\dfrac{3}{x}$

③ $\dfrac{y}{x}=2$에서 $y=2x$

따라서 y가 x에 정비례하는 것은 ①, ③이다.

02
정답 -3

y가 x에 정비례하므로 $y=ax$로 놓고 $x=-2$, $y=-3$을 대입하면

$-3=-2a$ ∴ $a=\dfrac{3}{2}$

즉, x와 y 사이의 관계식은 $y=\dfrac{3}{2}x$

$y=\dfrac{3}{2}x$에 $x=-4$, $y=A$를 대입하면

$A=\dfrac{3}{2}\times(-4)=-6$

$y=\dfrac{3}{2}x$에 $x=B$, $y=\dfrac{9}{2}$를 대입하면

$\dfrac{9}{2}=\dfrac{3}{2}B$ ∴ $B=3$

∴ $A+B=-6+3=-3$

03
정답 2

$y=-5x$에 $x=a$, $y=a-12$를 대입하면

$a-12=-5a$, $6a=12$ ∴ $a=2$

04
정답 2

$y=ax$에 $x=-4$, $y=-2$를 대입하면

$-2=-4a$ ∴ $a=\dfrac{1}{2}$

$y=\dfrac{1}{2}x$에 $y=1$을 대입하면 $1=\dfrac{1}{2}x$ ∴ $x=2$

따라서 점 A의 x좌표는 2이다.

05
정답 ㄴ, ㄹ

정비례 관계 $y=-\dfrac{2}{5}x$의 그래프는 그림과 같다.

ㄱ. 원점을 지난다.

ㄷ. 제2사분면과 제4사분면을 지난다.

06
정답 ③

점 A의 y좌표가 6이므로 $y=\dfrac{3}{4}x$에 $y=6$을 대입하면

$6=\dfrac{3}{4}x$ ∴ $x=8$ ∴ $A(8, 6)$

∴ (삼각형 AOB의 넓이)$=\dfrac{1}{2}\times8\times6=24$

07
정답 (1) $y=\dfrac{1}{6}x$ (2) 30 g

(1) y는 x에 정비례하므로 $y=ax$로 놓고 $x=18$, $y=3$을 대입하면

$3=18a$ ∴ $a=\dfrac{1}{6}$

따라서 x와 y 사이의 관계식은 $y=\dfrac{1}{6}x$

(2) $y=\dfrac{1}{6}x$에 $y=5$를 대입하면 $5=\dfrac{1}{6}x$ ∴ $x=30$

따라서 매단 물체의 무게는 30 g이다.

03 반비례

● 본책 211쪽

개념 CHECK

01 (1) 60, 30, 20, 15　　　　(2) 반비례한다.

　　(3) $y=\dfrac{60}{x}$

02 (1) ×　　(2) ○　　(3) ×　　(4) ×

　　(5) ○　　(6) ×

01

(2) x의 값이 2배, 3배, 4배, …가 될 때, y의 값은 $\dfrac{1}{2}$배, $\dfrac{1}{3}$배, $\dfrac{1}{4}$배, …가 되므로 y는 x에 반비례한다.

(3) xy의 값이 60으로 일정하므로 $xy=60$

　따라서 x와 y 사이의 관계식은 $y=\dfrac{60}{x}$

02

y가 x에 반비례하면 x와 y 사이의 관계식은 $y=\dfrac{a}{x}\,(a\neq0)$ 꼴로 나타내어진다.

(5) $xy=-2$에서 $y=-\dfrac{2}{x}$이므로 y는 x에 반비례한다.

(6) $\dfrac{y}{x}=5$에서 $y=5x$이므로 y는 x에 반비례하지 않는다.

대표 유형

● 본책 212쪽

01 · Ⓐ ㄴ, ㅂ　　　　　**Ⓑ** ④

02 · Ⓐ $y=-\dfrac{21}{x}$　　**Ⓑ** ①

01 · Ⓐ
　　　　　　　　　　　　　　　　　（정답） ㄴ, ㅂ

y가 x에 반비례하면 x와 y 사이의 관계식은 $y=\dfrac{a}{x}\,(a\neq0)$ 꼴로 나타내어진다.

ㅂ. $xy=4$에서 $y=\dfrac{4}{x}$

따라서 y가 x에 반비례하는 것은 ㄴ, ㅂ이다.

01 · Ⓑ
　　　　　　　　　　　　　　　　　（정답） ④

① $y=800x$

② (거리)$=$(속력)$\times$(시간)이므로 $y=100x$

③ $y=140-x$

④ $\dfrac{1}{2}\times x\times y=20$이므로 $y=\dfrac{40}{x}$

⑤ (소금의 양)$=\dfrac{(소금물의\ 농도)}{100}\times$(소금물의 양)이므로

　$y=\dfrac{7}{100}x$

따라서 y가 x에 반비례하는 것은 ④이다.

02 · Ⓐ
　　　　　　　　　　　　　　（정답） $y=-\dfrac{21}{x}$

y가 x에 반비례하므로 $y=\dfrac{a}{x}$로 놓고 $x=-3$, $y=7$을 대입하면

$7=\dfrac{a}{-3}$　　∴ $a=-21$

따라서 x와 y 사이의 관계식은 $y=-\dfrac{21}{x}$

02 · Ⓑ
　　　　　　　　　　　　　　　　　（정답） ①

y가 x에 반비례하므로 $y=\dfrac{a}{x}$로 놓고 $x=6$, $y=-8$을 대입하면

$-8=\dfrac{a}{6}$　　∴ $a=-48$

따라서 $y=-\dfrac{48}{x}$에 $y=12$를 대입하면

$12=-\dfrac{48}{x}$　　∴ $x=-4$

04 반비례 관계 $y=\dfrac{a}{x}\,(a\neq0)$의 그래프

개념 CHECK

● 본책 213쪽

01 (1) 풀이 참조　(2) 풀이 참조

02 (1) 6　　　　(2) -4

01

(1) 　(2)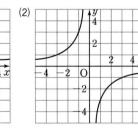

02

(1) 그래프가 점 $(3, 2)$를 지나므로

　$y=\dfrac{a}{x}$에 $x=3$, $y=2$를 대입하면

　$2=\dfrac{a}{3}$　　∴ $a=6$

(2) 그래프가 점 $(-1, 4)$를 지나므로

　$y=\dfrac{a}{x}$에 $x=-1$, $y=4$를 대입하면

　$4=\dfrac{a}{-1}$　　∴ $a=-4$

● 본책 214~217쪽

대표 유형

03·Ⓐ ②　　　　**04·Ⓐ** ⑤　　　**Ⓑ** -2

05·Ⓐ ③, ⑤　　　**Ⓑ** ⑤

06·Ⓐ $y=-\dfrac{9}{x}$　　　　**Ⓑ** -4

07·Ⓐ 16　　**Ⓑ** 60　　**08·Ⓐ** 0　　**Ⓑ** 2

09·Ⓐ 6　　**Ⓑ** 3

10·Ⓐ (1) $y=\dfrac{120}{x}$　(2) 1시간 30분　(3) 시속 60 km

　　　　Ⓑ (1) $y=\dfrac{60}{x}$　(2) 5기압

03·Ⓐ ────────────── 정답 ②

$y=\dfrac{5}{x}$의 그래프는 제1사분면과 제3사분면을 지나는 한 쌍의 매끄러운 곡선이고, 점 $(1, 5)$를 지나므로 ②이다.

04·Ⓐ ────────────── 정답 ⑤

$y=-\dfrac{6}{x}$에 주어진 점의 좌표를 각각 대입하면

① $-1\neq-\dfrac{6}{-6}$　② $-2\neq-\dfrac{6}{-3}$　③ $12\neq-\dfrac{6}{-2}$

④ $-6\neq-\dfrac{6}{-1}$　⑤ $-2=-\dfrac{6}{3}$

따라서 $y=-\dfrac{6}{x}$의 그래프 위의 점은 ⑤이다.

04·Ⓑ ────────────── 정답 -2

$y=\dfrac{8}{x}$에 $x=a$, $y=-4$를 대입하면

$-4=\dfrac{8}{a}$　　$\therefore a=-2$

05·Ⓐ ────────────── 정답 ③, ⑤

반비례 관계 $y=-\dfrac{4}{x}$의 그래프는 그림과 같다.

③ $x<0$일 때, 제2사분면을 지난다.

⑤ $|-4|<|8|$이므로 반비례 관계 $y=\dfrac{8}{x}$의

그래프가 원점에서 더 멀리 떨어져 있다.

05·Ⓑ ────────────── 정답 ⑤

반비례 관계 $y=\dfrac{a}{x}$ $(a\neq0)$의 그래프는 a의 절댓값이 클수록 원점에서 멀리 떨어져 있다.

$\left|-\dfrac{1}{3}\right|<\left|\dfrac{1}{2}\right|<|1|<|3|<|-5|$이므로 그래프가 원점에서 가장 멀리 떨어진 것은 ⑤이다.

06·Ⓐ ────────────── 정답 $y=-\dfrac{9}{x}$

그래프가 좌표축에 가까워지면서 한없이 뻗어 나가는 한 쌍의 매끄러운 곡선이므로 $y=\dfrac{a}{x}$ $(a\neq0)$라 하자.

점 $(3, -3)$을 지나므로 $y=\dfrac{a}{x}$에 $x=3$, $y=-3$을 대입하면

$-3=\dfrac{a}{3}$　　$\therefore a=-9$

따라서 x와 y 사이의 관계식은 $y=-\dfrac{9}{x}$

06·Ⓑ ────────────── 정답 -4

그래프가 좌표축에 가까워지면서 한없이 뻗어 나가는 한 쌍의 매끄러운 곡선이므로 $y=\dfrac{a}{x}$ $(a\neq0)$라 하자.

점 $(2, 2)$를 지나므로 $y=\dfrac{a}{x}$에 $x=2$, $y=2$를 대입하면

$2=\dfrac{a}{2}$　　$\therefore a=4$　　$\therefore y=\dfrac{4}{x}$

또한 이 그래프가 점 $(-1, k)$를 지나므로 $y=\dfrac{4}{x}$에 $x=-1$, $y=k$를 대입하면

$k=\dfrac{4}{-1}=-4$

07·Ⓐ ────────────── 정답 16

점 A의 y좌표가 -4이므로 점 P의 y좌표도 -4이다.

$y=-\dfrac{16}{x}$에 $y=-4$를 대입하면 $-4=-\dfrac{16}{x}$　　$\therefore x=4$

$\therefore$ P$(4, -4)$, B$(4, 0)$

$\therefore$ (직사각형 OAPB의 넓이)$=4\times4=16$

07·Ⓑ ────────────── 정답 60

점 A의 x좌표가 3이므로 $y=\dfrac{15}{x}$에 $x=3$을 대입하면

$y=\dfrac{15}{3}=5$　　$\therefore$ A$(3, 5)$

점 C의 x좌표가 -3이므로 $y=\dfrac{15}{x}$에 $x=-3$을 대입하면

$y=\dfrac{15}{-3}=-5$　　$\therefore$ C$(-3, -5)$

이때 직사각형 ABCD의 네 변이 x축 또는 y축에 각각 평행하므로 점 D의 좌표는 $(3, -5)$이다.

$\therefore$ (직사각형 ABCD의 넓이)$=\{3-(-3)\}\times\{5-(-5)\}$
　　　　　　　　　　　　　$=60$

08·Ⓐ ────────────── 정답 0

$y=-\dfrac{6}{x}$에 $x=-2$, $y=b$를 대입하면 $b=-\dfrac{6}{-2}=3$

$\therefore$ A$(-2, 3)$

$y=ax$에 $x=-2$, $y=3$을 대입하면 $3=-2a$　　$\therefore a=-\dfrac{3}{2}$

$\therefore 2a+b=2\times\left(-\dfrac{3}{2}\right)+3=0$

08·B

$y=\dfrac{1}{2}x$에 $x=2$를 대입하면 $y=\dfrac{1}{2}\times 2=1$ $\quad\therefore$ A$(2,\,1)$

$y=\dfrac{a}{x}$에 $x=2$, $y=1$을 대입하면 $1=\dfrac{a}{2}$ $\quad\therefore a=2$

09·A

$y=-\dfrac{9}{x}$에서 y가 정수이려면 $|x|$는 9의 약수이어야 하므로

x의 값은 1, 3, 9, -1, -3, -9이다.

따라서 구하는 점의 좌표는 $(1,\,-9)$, $(3,\,-3)$, $(9,\,-1)$,

$(-1,\,9)$, $(-3,\,3)$, $(-9,\,1)$의 6개이다.

09·B

$y=\dfrac{4}{x}$에서 y가 자연수이려면 x는 4의 약수이어야 하므로

x의 값은 1, 2, 4이다.

따라서 구하는 점의 좌표는 $(1,\,4)$, $(2,\,2)$, $(4,\,1)$의 3개이다.

10·A

(1) (거리)$=$(속력)$\times$(시간)이므로 $120=xy$ $\quad\therefore y=\dfrac{120}{x}$

(2) $y=\dfrac{120}{x}$에 $x=80$을 대입하면 $y=\dfrac{120}{80}=\dfrac{3}{2}$

따라서 시속 80 km로 가면 $\dfrac{3}{2}$시간, 즉 1시간 30분이 걸린다.

(3) $y=\dfrac{120}{x}$에 $y=2$를 대입하면 $2=\dfrac{120}{x}$ $\quad\therefore x=60$

따라서 놀이 공원에 2시간 만에 도착했을 때, 자동차의 속력은
시속 60 km이다.

10·B

(1) y가 x에 반비례하므로 $y=\dfrac{a}{x}$로 놓고 $x=3$, $y=20$을 대입하면

$20=\dfrac{a}{3}$ $\quad\therefore a=60$

따라서 x와 y 사이의 관계식은 $y=\dfrac{60}{x}$

(2) $y=\dfrac{60}{x}$에 $y=12$를 대입하면 $12=\dfrac{60}{x}$ $\quad\therefore x=5$

따라서 기체의 부피가 12 cm³일 때, 압력은 5기압이다.

🔵 배운대로 학습하기
● 본책 218~219쪽

01 ㄴ, ㄹ	**02** 3	**03** ②	**04** 3
05 ①, ③	**06** ②, ③	**07** $a<-3$	**08** -4
09 24	**10** 15	**11** 6	
12 (1) $y=\dfrac{40}{x}$ (2) 10대			

01

ㄱ. $y=10x$ ㄴ. $xy=20$에서 $y=\dfrac{20}{x}$

ㄷ. $y=4x$ ㄹ. $y=\dfrac{2}{x}$

따라서 y가 x에 반비례하는 것은 ㄴ, ㄹ이다.

02

y가 x에 반비례하므로 $y=\dfrac{a}{x}$로 놓고 $x=-6$, $y=2$를 대입하면

$2=\dfrac{a}{-6}$ $\quad\therefore a=-12$

즉, x와 y 사이의 관계식은 $y=-\dfrac{12}{x}$

$y=-\dfrac{12}{x}$에 $x=A$, $y=4$를 대입하면 $4=-\dfrac{12}{A}$ $\quad\therefore A=-3$

$y=-\dfrac{12}{x}$에 $x=-2$, $y=B$를 대입하면 $B=-\dfrac{12}{-2}=6$

$\therefore A+B=-3+6=3$

03

$y=-\dfrac{3}{x}$의 그래프는 제2사분면과 제4사분면을 지나는 한 쌍의 매
끄러운 곡선이고, 점 $(-3,\,1)$을 지나므로 ②이다.

04

$y=-\dfrac{20}{x}$에 $x=-4$, $y=a$를 대입하면 $a=-\dfrac{20}{-4}=5$

$y=-\dfrac{20}{x}$에 $x=b$, $y=10$을 대입하면

$10=-\dfrac{20}{b}$ $\quad\therefore b=-2$

$\therefore a+b=5+(-2)=3$

05

$y=ax$ 또는 $y=\dfrac{a}{x}$의 그래프는 $a>0$일 때, 제1사분면과 제3사분
면을 지난다.

따라서 이 두 사분면을 지나지 않는 것은 $a<0$일 때이므로 ①, ③이다.

06

① 원점에 대하여 대칭인 한 쌍의 매끄러운 곡선이다.
④ $a<0$이면 제2사분면과 제4사분면을 지난다.
⑤ a의 절댓값이 클수록 원점에서 멀다.

07

$y=\dfrac{a}{x}$의 그래프가 제2사분면과 제4사분면을 지나므로 $a<0$

이때 $y=\dfrac{a}{x}$의 그래프가 $y=-\dfrac{3}{x}$의 그래프보다 원점에서 더 멀리 떨어져 있으므로 $|a|>3$

$\therefore a<-3$

08
정답 -4

$y=\dfrac{a}{x}$에 $x=-1$, $y=8$을 대입하면

$8=\dfrac{a}{-1}$ $\therefore a=-8$

$y=-\dfrac{8}{x}$에 $x=2$를 대입하면 $y=-\dfrac{8}{2}=-4$

09
정답 24

점 P의 좌표를 (a, b) $(a>0)$라 하면 $b=\dfrac{24}{a}$

$\therefore$ (직사각형 BOAP의 넓이)$=ab=a\times\dfrac{24}{a}=24$

10
정답 15

$y=\dfrac{5}{2}x$에 $x=2$, $y=b$를 대입하면

$b=\dfrac{5}{2}\times2=5$ $\therefore$ P$(2, 5)$

$y=\dfrac{a}{x}$에 $x=2$, $y=5$를 대입하면

$5=\dfrac{a}{2}$ $\therefore a=10$

$\therefore a+b=10+5=15$

11
정답 6

제2사분면 위의 점이므로 (x좌표)<0이어야 하고,

$y=-\dfrac{20}{x}$에서 y가 정수이려면 $|x|$는 20의 약수이어야 하므로

x의 값은 $-1, -2, -4, -5, -10, -20$이다.

따라서 구하는 점의 좌표는 $(-1, 20), (-2, 10), (-4, 5),$ $(-5, 4), (-10, 2), (-20, 1)$의 6개이다.

12
정답 $(1)\ y=\dfrac{40}{x}$ (2) 10대

(1) 8대의 기계로 5시간을 작업하는 일의 양과 x대의 기계로 y시간을 작업하는 일의 양이 같으므로

$8\times5=x\times y$ $\therefore y=\dfrac{40}{x}$

(2) $y=\dfrac{40}{x}$에 $y=4$를 대입하면

$4=\dfrac{40}{x}$ $\therefore x=10$

따라서 4시간 만에 일을 끝내려면 10대의 기계가 필요하다.

서술형 훈련하기
● 본책 220~221쪽

01 15   **02** 10개   **03** $\dfrac{9}{2}$

04 (1) $y=\dfrac{1}{5}x$ (2) 45 g   **05** 15   **06** $y=\dfrac{18}{x}$

01
정답 15

1단계 a의 값 구하기

$y=-4x$에 $x=a$, $y=-7$을 대입하면

$-7=-4a$ $\therefore a=\dfrac{7}{4}$ …… 30%

2단계 b의 값 구하기

$y=-4x$에 $x=-3$, $y=b$를 대입하면

$b=-4\times(-3)=12$ …… 30%

3단계 c의 값 구하기

$y=-4x$에 $x=c$, $y=5$를 대입하면

$5=-4c$ $\therefore c=-\dfrac{5}{4}$ …… 30%

4단계 $a+b-c$의 값 구하기

$\therefore a+b-c=\dfrac{7}{4}+12-\left(-\dfrac{5}{4}\right)=\dfrac{7}{4}+12+\dfrac{5}{4}=15$ …… 10%

02
정답 10개

1단계 x와 y 사이의 관계식 구하기

두 톱니바퀴 A, B가 서로 맞물려서 돌아갈 때,

(A의 톱니의 개수)$\times$(A의 회전 수)

$=$(B의 톱니의 개수)$\times$(B의 회전 수)

이므로 $14\times5=x\times y$

$\therefore y=\dfrac{70}{x}$ …… 50%

2단계 톱니바퀴 B의 톱니가 몇 개인지 구하기

$y=\dfrac{70}{x}$에 $y=7$을 대입하면

$7=\dfrac{70}{x}$ $\therefore x=10$

따라서 톱니바퀴 B의 톱니는 10개이다.   …… 50%

03
정답 $\dfrac{9}{2}$

1단계 x와 y 사이의 관계식 세우기

그래프가 원점을 지나는 직선이므로 $y=ax$ $(a\neq0)$로 놓는다.   …… 20%

2단계 a의 값 구하기

점 $(-3, -2)$가 $y=ax$의 그래프 위의 점이므로

$y=ax$에 $x=-3$, $y=-2$를 대입하면

$-2=-3a$ $\therefore a=\dfrac{2}{3}$ …… 40%

3단계 k의 값 구하기

점 $(k, 3)$이 $y=\dfrac{2}{3}x$의 그래프 위의 점이므로

$y=\dfrac{2}{3}x$에 $x=k$, $y=3$을 대입하면

$3=\dfrac{2}{3}k$ $\therefore k=\dfrac{9}{2}$ 40%

04

정답 (1) $y=\dfrac{1}{5}x$ (2) 45 g

(1) **1단계** x와 y 사이의 관계식 구하기

용수철의 늘어난 길이는 추의 무게에 정비례하므로

$y=ax$ $(a\neq0)$로 놓고 $x=10$, $y=2$를 대입하면

$2=10a$ $\therefore a=\dfrac{1}{5}$

$\therefore y=\dfrac{1}{5}x$ 40%

(2) **2단계** 매달아야 하는 추의 무게 구하기

$y=\dfrac{1}{5}x$에 $y=9$를 대입하면

$9=\dfrac{1}{5}x$ $\therefore x=45$

따라서 45 g짜리 추를 매달아야 한다. 60%

05

정답 15

1단계 x와 y 사이의 관계식 구하기

y가 x에 반비례하므로 $y=\dfrac{a}{x}$ $(a\neq0)$로 놓고, $x=-9$, $y=-4$를 대입하면

$-4=\dfrac{a}{-9}$ $\therefore a=36$

$\therefore y=\dfrac{36}{x}$ 30%

2단계 A의 값 구하기

$y=\dfrac{36}{x}$에 $x=-6$, $y=2A$를 대입하면 $2A=\dfrac{36}{-6}=-6$

$\therefore A=-3$ 30%

3단계 B의 값 구하기

$y=\dfrac{36}{x}$에 $x=B$, $y=2$를 대입하면 $2=\dfrac{36}{B}$

$\therefore B=18$ 30%

4단계 $A+B$의 값 구하기

$\therefore A+B=-3+18=15$ 10%

06

정답 $y=\dfrac{18}{x}$

1단계 그래프가 나타내는 x와 y 사이의 관계식 세우기

(가), (나)에 의하여 그래프가 나타내는 x와 y 사이의 관계식은

$y=\dfrac{a}{x}$ $(a>0)$로 놓을 수 있다. 40%

2단계 a의 값 구하기

(다)에 의하여 $y=\dfrac{a}{x}$에 $x=6$, $y=3$을 대입하면

$3=\dfrac{a}{6}$ $\therefore a=18$ 40%

3단계 x와 y 사이의 관계식 구하기

따라서 x와 y 사이의 관계식은 $y=\dfrac{18}{x}$ 20%

중단원 마무리하기
● 본책 222~224쪽

01 ④, ⑤	**02** ②	**03** ③	**04** ③, ⑤
05 ⑤	**06** 7 cm	**07** ④	**08** ㄱ, ㄷ, ㅂ
09 ②, ④	**10** ④	**11** -20	
12 (1) $y=\dfrac{72}{x}$ (2) 12 cm	**13** $\dfrac{4}{3}$	**14** 180 kcal	
15 ㄷ, ㄹ	**16** 48	**17** 10	**18** 5 m

01

정답 ④, ⑤

① $y=100+x$ ② $\dfrac{1}{2}xy=16$이므로 $y=\dfrac{32}{x}$

③ $y=\dfrac{100}{x}$ ④ $y=4x$

⑤ (거리)$=$(속력)$\times$(시간)이므로 $y=60x$

따라서 y가 x에 정비례하는 것은 ④, ⑤이다.

02

정답 ②

y가 x에 정비례하므로 $y=ax$로 놓고 $x=-7$, $y=2$를 대입하면

$2=-7a$ $\therefore a=-\dfrac{2}{7}$

따라서 $y=-\dfrac{2}{7}x$에 $x=14$를 대입하면 $y=-\dfrac{2}{7}\times14=-4$

03

정답 ③

$y=ax$의 그래프가 제1사분면과 제3사분면을 지나므로 $a>0$

이때 $y=x$의 그래프보다 x축에 가까우므로 $a<1$

따라서 상수 a의 값이 될 수 있는 것은 ③이다.

04

③ $a>0$이면 오른쪽 위로 향하는 직선이다.

⑤ $a>0$일 때 x의 값이 증가하면 y의 값도 증가하고,

$a<0$일 때 x의 값이 증가하면 y의 값은 감소한다.

05

그래프가 원점을 지나는 직선이므로 $y=ax\,(a\neq0)$라 하자.

점 $(-4,\,-1)$을 지나므로 $y=ax$에 $x=-4$, $y=-1$을 대입하면

$-1=-4a$ $\quad\therefore a=\dfrac{1}{4}$

$y=\dfrac{1}{4}x$에 주어진 점의 좌표를 각각 대입하면

① $-5=\dfrac{1}{4}\times(-20)$ ② $-2=\dfrac{1}{4}\times(-8)$

③ $3=\dfrac{1}{4}\times12$ ④ $\dfrac{3}{10}=\dfrac{1}{4}\times\dfrac{6}{5}$

⑤ $\dfrac{4}{3}\neq\dfrac{1}{4}\times\dfrac{8}{3}$

따라서 그래프 위의 점이 아닌 것은 ⑤이다.

06

점 P가 x cm 움직였을 때의 삼각형 APD의 넓이를 y cm^{2}라 하면

$y=\dfrac{1}{2}\times x\times6$ $\quad\therefore y=3x$

$y=3x$에 $y=21$을 대입하면 $21=3x$ $\quad\therefore x=7$

따라서 삼각형 APD의 넓이가 21 cm^{2}일 때, 점 P는 7 cm 움직였다.

07

$y=-\dfrac{8}{x}$의 그래프는 제2사분면과 제4사분면을 지나는 한 쌍의 매끄러운 곡선이고, 점 $(-2,\,4)$를 지나므로 그래프는 ④이다.

08

$y=ax$ 또는 $y=\dfrac{a}{x}$의 그래프는 $a>0$일 때, 제1사분면과 제3사분면을 지난다.

따라서 제1사분면과 제3사분면을 지나는 것은 ㄱ, ㄷ, ㅂ이다.

09

$x>0$일 때, x의 값이 증가하면 y의 값도 증가하는 그래프는 정비례 관계 $y=ax$의 그래프에서 $a>0$이거나

반비례 관계 $y=\dfrac{b}{x}$의 그래프에서 $b<0$인 경우이다.

따라서 $x>0$일 때, x의 값이 증가하면 y의 값도 증가하는 그래프는 ②, ④이다.

10

① 반비례 관계의 그래프이므로 그래프 위의 임의의 점 $(p,\,q)$에 대하여 pq의 값이 일정하다.

② $y=\dfrac{a}{x}$에 $x=\dfrac{1}{2}$, $y=-3$을 대입하면 $-3=2a$ $\quad\therefore a=-\dfrac{3}{2}$

따라서 x와 y 사이의 관계식은 $y=-\dfrac{3}{2x}$

③ $y=-\dfrac{3}{2x}$에 $x=-2$, $y=-6$을 대입하면

$-6\neq-\dfrac{3}{2\times(-2)}$

④ $|1|<\left|-\dfrac{3}{2}\right|$이므로 $y=\dfrac{1}{x}$의 그래프보다 원점에서 더 멀리 떨어져 있다.

⑤ $x>0$일 때, x의 값이 증가하면 y의 값도 증가한다.

따라서 옳은 것은 ④이다.

11

점 P의 x좌표가 -4이므로 $y=\dfrac{a}{x}$에 $x=-4$를 대입하면

$y=-\dfrac{a}{4}$ $\quad\therefore \mathrm{P}\left(-4,\,-\dfrac{a}{4}\right)$

이때 직사각형 OAPB의 넓이가 20이므로

$4\times\left(-\dfrac{a}{4}\right)=20$ $\quad\therefore a=-20$

12

(1) $5\times x\times y=360$이므로 $y=\dfrac{72}{x}$

(2) $y=\dfrac{72}{x}$에 $y=6$을 대입하면 $6=\dfrac{72}{x}$ $\quad\therefore x=12$

따라서 세로의 길이는 12 cm이다.

13

삼각형 AOB의 넓이는 $\dfrac{1}{2}\times6\times8=24$

선분 AB와 $y=ax$의 그래프가 만나는 점을 $\mathrm{P}(m,\,n)$이라 하면

삼각형 AOP의 넓이가 12이므로

$\dfrac{1}{2}\times8\times m=12$ $\quad\therefore m=3$

또한 삼각형 OBP의 넓이가 12이므로 $\dfrac{1}{2}\times6\times n=12$ $\quad\therefore n=4$

따라서 $\mathrm{P}(3,\,4)$이므로 $y=ax$에 $x=3$, $y=4$를 대입하면

$4=3a$ $\quad\therefore a=\dfrac{4}{3}$

14

(ⅰ) 필라테스: $y=ax$로 놓고 $x=2$, $y=7$을 대입하면

$7=2a$, $a=\dfrac{7}{2}$ $\quad\therefore y=\dfrac{7}{2}x$

$y=\dfrac{7}{2}x$에 $x=40$을 대입하면 $y=\dfrac{7}{2}\times40=140$

따라서 필라테스를 40분 동안 할 때 소모되는 열량은 140 kcal
이다.

(ⅱ) 줄넘기 : $y=bx$로 놓고 $x=2$, $y=16$을 대입하면

　$16=2b$, $b=8$　　∴ $y=8x$

　$y=8x$에 $x=40$을 대입하면 $y=8\times40=320$

　따라서 줄넘기를 40분 동안 할 때 소모되는 열량은 320 kcal이다.

(ⅰ), (ⅱ)에서 소모되는 열량의 차는 $320-140=180$ (kcal)

15 　　　　　　　　　　　　　　　　　정답 ㄷ, ㄹ

ㄱ. y는 x에 정비례한다.

ㄴ. $y=100x$이므로 $\dfrac{y}{x}$의 값이 100으로 일정하다.

ㄷ. 1시간 동안 가동했을 때 소모되는 전력량은 100 Wh이므로
　x시간 동안 가동했을 때 소모되는 전력량은 $100x$ Wh이다.
　　∴ $y=100x$

ㄹ. $y=100x$에 $x=5$를 대입하면 $y=100\times5=500$이므로 이 선풍
　기를 5시간 동안 가동했을 때 소모되는 전력량은 500 Wh이다.

따라서 옳은 것은 ㄷ, ㄹ이다.

16 　　　　　　　　　　　　　　　　　정답 48

$y=\dfrac{4}{3}x$에 $x=6$을 대입하면 $y=\dfrac{4}{3}\times6=8$　　∴ A$(6, 8)$

$y=\dfrac{a}{x}$의 그래프가 점 A$(6, 8)$을 지나므로

$y=\dfrac{a}{x}$에 $x=6$, $y=8$을 대입하면 $8=\dfrac{a}{6}$　　∴ $a=48$

17 　　　　　　　　　　　　　　　　　정답 10

$y=\dfrac{a}{x}$에 $x=-4$, $y=4$를 대입하면 $4=\dfrac{a}{-4}$　　∴ $a=-16$

즉, x와 y 사이의 관계식은 $y=-\dfrac{16}{x}$

$y=-\dfrac{16}{x}$에서 y가 정수이려면 $|x|$는 16의 약수이어야 하므로
x의 값은 -16, -8, -4, -2, -1, 1, 2, 4, 8, 16이다.

따라서 반비례 관계 $y=-\dfrac{16}{x}$의 그래프 위의 점 중 x좌표와 y좌표
가 모두 정수인 점은 $(-16, 1)$, $(-8, 2)$, $(-4, 4)$, $(-2, 8)$,
$(-1, 16)$, $(1, -16)$, $(2, -8)$, $(4, -4)$, $(8, -2)$, $(16, -1)$
의 10개이다.

18 　　　　　　　　　　　　　　　　　정답 5 m

주어진 그림에서 파장은 주파수에 반비례하므로

$y=\dfrac{a}{x}$로 놓고 $x=20$, $y=15$를 대입하면

$15=\dfrac{a}{20}$, $a=300$　　∴ $y=\dfrac{300}{x}$

$y=\dfrac{300}{x}$에 $x=60$을 대입하면 $y=\dfrac{300}{60}=5$

따라서 주파수가 60 MHz일 때, 파장은 5 m이다.

MEMO